计算机系列教材

钱雪忠　李荣　沈佳宁　陈国俊　编著

新编Java语言程序设计

清华大学出版社
北京

内 容 简 介

本书力求做到：概念清晰但不烦琐；例题精选而具有代表性；从实用角度与面向对象编程思维出发来提升读者的 Java 应用编程能力。

本书内容全面，重点突出，通俗易懂、循序渐进、深入浅出，全书共分 17 章，主要内容包括 Java 概述、语言基础、选择控制、循环控制、方法、数组、对象和类、继承和多态、抽象类和接口、Java 异常处理、常用类和接口、图形用户界面、文件输入输出、多线程编程、数据库编程、网络程序设计、JSP 应用技术等。

本书每章都给出了较多的例题与应用实例，各章后有适量的习题以便于读者学习与巩固所学知识。

本书可作为高等院校理工科各专业"Java 语言程序设计"类课程的教材，也可供参加自学考试人员、应用系统开发设计人员及其他对程序设计感兴趣的读者参阅。

图书在版编目（CIP）数据

新编 Java 语言程序设计 /钱雪忠等编著. —北京：清华大学出版社，2017（2023.9 重印）
（计算机系列教材）
ISBN 978-7-302-46199-9

Ⅰ. ①新…　Ⅱ. ①钱…　Ⅲ. ①JAVA 语言－程序设计－教材　Ⅳ. ①TP312.8

中国版本图书馆 CIP 数据核字（2017）第 019997 号

责任编辑：袁勤勇　李　晔
封面设计：常雪影
责任校对：胡伟民
责任印制：曹婉颖

出版发行：清华大学出版社
　　　　网　　　　址：http://www.tup.com.cn, http://www.wqbook.com
　　　　地　　　　址：北京清华大学学研大厦 A 座　　　邮　　编：100084
　　　　社　总　机：010-83470000　　　　　　　　邮　购：010-62786544
　　　　投稿与读者服务：010-62776969，c-service@tup.tsinghua.edu.cn
　　　　质　量　反　馈：010-62772015，zhiliang@tup.tsinghua.edu.cn
　　　　课 件 下 载：http://www.tup.com.cn,010-83470236
印 装 者：涿州市般润文化传播有限公司
经　　销：全国新华书店
开　　本：185mm×260mm　　　印　　张：28　　　字　　数：685 千字
版　　次：2017 年 3 月第 1 版　　　　　　　印　　次：2023 年 9 月第 5 次印刷
定　　价：69.80 元

产品编号：072747-03

　　教材与课程思政的融合关乎学生的专业素养和道德品质。本书结合党的二十大报告相关材料内容，设计了具有时代特色的思政题目和案例，引导学生在学习 Java 语言知识的同时接受思政教育。课程思政不仅深入挖掘中华民族传统文化、现实社会中学生密切关注的社会问题中的思政元素，还将其完美地嵌入学习任务中，让学生在潜移默化中受到教育，帮助塑造学生的世界观、价值观和人生观。本书在系统讲解 Java 语言程序设计的同时，结合 Java 语言的程序特点，形成带有思政元素的独特知识点，并分布在各个章节中，使学生在学习专业知识的过程中，也能体会到思想政治教育的知识性、时代性和创新性，培养学生科技强国、守正创新、大国工匠精神等，达到寓教于学的目的。

　　Java 语言是国内外广泛使用的计算机程序设计语言之一，是当前 Web 类应用系统开发的首选语言。由于 Java 语言功能丰富、表达能力强、使用灵活方便、应用面广、可移植性好等许多特点，自 1995 年以来，Java 语言迅速在全世界普及推广。目前 Java 语言是全球最优秀的程序设计语言之一。

　　本书是编者在一线教学实践的基础上，为适应当前本科教育教学改革创新的要求，更好地践行语言类课程注重实践教学与创新能力培养的要求，组织新编而成的语言教程。教程编写中融合了同类其他教材的优点，并努力求变创新，新编教材具有如下特点：

　　（1）突出 Java 语言实用的重点概念，在重点概念讲清楚的基础上，并不求语法概念的详尽与周全，而只求轻快明晰、循序渐进、通俗易懂、深入浅出。

　　（2）全书内容可分为基础篇（第 1～6 章）、核心篇（第 7～10 章）、应用篇（第 11～17 章）三部分。

　　（3）精选例题，引入了较多应用性实例，注重与加强程序阅读、参考、编写和实践的能力，重在面向对象编程思维的培养与训练。

　　（4）从实际操作出发，发现问题解决问题，举一反三，一题多解，增强实用能力。

　　（5）能明晰 Java 语言各主要语言成分的意义与价值，以"类+对象"为核心提高读者的编程能力。

　　（6）基本知识介绍、典型习题与知识点把握等多方面相结合，使读者扎实掌握相关知识。

　　（7）语言编程环境以 NetBeans、Eclipse 或 MyEclipse 为主。

　　全书内容共分 17 章，主要内容包括 Java 概述、语言基础、选择控制、循环控制、方法、数组、对象和类、继承和多态、抽象类和接口、Java 异常处理、常用类和接口、图形用户界面、文件输入输出、多线程编程、数据库编程、网络程序设计、JSP 应用技术等。

本书内容充实全面，主要章节除基本知识外，还有章节要点与引言、应用实例、本章小结、适量习题等，以配合读者对知识点的掌握。课程讲授时可根据学生、专业、课时等情况对内容适当取舍。本教程对教师提供全部 PPT 演示稿、参考答案、例题程序、实验安排等。

本书可作为高等院校理工科各专业"Java 语言程序设计"类课程的教材，也可供参加自学考试人员、应用系统开发设计人员、工程技术人员及其他对程序设计感兴趣的读者参阅。

本书由钱雪忠主持编写，由江南大学、无锡太湖学院、华东理工大学等相关师生合作编写，参编人员有钱雪忠、李荣、沈佳宁、陈国俊等，参与编辑与程序调试的有钱恒、秦静、罗靖、韩利钊、樊路、马富天、王卫涛、金辉、吴进、姚琳燕等研究生。编写中还得到江南大学物联网工程学院"智能系统与网络计算研究所"同仁们的大力协助与支持，使编者获益良多，谨此表示衷心的感谢。

由于时间仓促，编者水平有限，书中难免有疏漏和欠妥之处，敬请广大读者与同行专家批评指正。

联系方式 Email：qxzvb@hotmail.com, xzqian@jiangnan.edu.cn。

作　者

2016 年 8 月编者于江南大学

FOREWORD

基 础 篇

核　心　篇

应 用 篇

基础篇

第 1 章 Java 概述

Java 语言是一种功能强大的跨平台面向对象程序设计语言，是目前应用最为广泛的计算机语言之一。它具有简单、面象对象、分布性、安全健壮性、高性能、结构中立、可移植、多线程、动态性等特点。本章就 Java 语言的相关知识作简要介绍。

学习重点或难点：

- 程序设计语言与 Java 语言介绍
- 简单的 Java 程序
- Java 语法概述
- Java 程序运行环境

学习本章后将对 Java 语言及 Java 语言程序有初步认识，并能开展 Java 语言程序的运行与实践。

引言：程序设计语言有很多种，那么为什么要选择 Java 这种程序设计语言呢？答案是 Java 能够让用户开发和部署可用于 Internet 上的服务器、台式机、小型手持设备和智能手机的应用程序。互联网将会对计算技术的未来产生深远的影响，而 Java 肯定会在未来计算机语言中占很大的比重。全面认识与了解 Java 语言是学习它的第一步吧。

1.1 程序设计语言简介

思政材料

语言？程序？程序设计？

自从第一台计算机诞生以来，程序设计语言和程序设计方法不断发展。

语言是思维的载体。人和计算机打交道，必须要解决一个"语言"沟通的问题。计算机并不能理解和执行人们使用的自然语言，而只能接受和执行二进制的指令。计算机能够直接识别和执行的这种指令，称为机器指令，这种机器指令的集合就是机器语言指令系统，简称为**机器语言**。为了解决某一特定问题，需要选用指令系统中的某一些指令，这些指令按要求选取并组织起来就组成一个"程序"。如下程序是 8086 指令系统对应的二进制代码程序，能完成两个十六进制数相加的功能：

```
10111000  00111111100001011
10001110  11011000
10100001  0000000000000010
00000001  00000110  0000000000000000
10110100  01001100
11001101  00100001
```

换言之，一个程序是完成某一特定任务的一组指令序列，或者说，为实现某一算法的指令序列称为"**程序**"，机器世界中真正存在的就是这样的二进制程序。

用机器语言编制的程序虽然能够直接被计算机识别、直接执行，但是机器语言本身随不同类型的机器而异，所以可移植性差，而且机器语言本身难学、难记、难懂、难修改，给使用者带来了极大的不便。于是，为了绕开机器指令，克服机器指令程序的缺陷，人们提出了程序设计语言的构想，即使用人们熟悉、习惯的语言符号来编写程序，最好是直接使用人们相互交流的自然语言来编程。在过去的几十年中，人们创造了许多介于自然语言和机器指令之间的各种程序设计语言。按语言的级别来分，则大致可分为：**汇编语言（低级语言）**和**高级语言**。

汇编语言的特点是使用一些"助记符号"来替代那些难懂难记的二进制代码，所以汇编语言相对于机器指令便于理解和记忆，但它和机器语言的指令基本上是一一对应，两者都是针对特定的计算机硬件系统的，可移植性差，因此称它们都是"面向机器的低级语言"。为了直观地了解汇编语言程序，如下给出一段实现 X、Y 两个 16 位二进制数相加的 8086 汇编程序：

```
;X，Y 分别为 16 位二进制数，程序实现 X=X+Y（不考虑溢出）。
DATA SEGMENT              ;定义数据段开始
X DW 123H                 ;定义一个字变量（16 位）X
Y DW 987H                 ;定义一个字变量（16 位）Y
DATA ENDS                 ;定义数据段结束
CODE SEGMENT              ;定义代码段开始
ASSUME CS:CODE,DS:DATA    ;建立段寄存器与段之间的映射关系
START:MOV AX,DATA         ;取 DATA 段地址送 AX 寄存器
MOV DS,AX                 ;将数据段地址送数据段寄存器 DS
MOV AX,Y                  ;取变量 Y 值送给寄存器 AX
ADD X,AX                  ;将 X 的值与 AX 的内容相加，结果送给 X，实现 X=X+Y
MOV AH,4CH                ;将 DOS 调用的 4CH 功能号送 8 位寄存器 AH
INT 21H                   ;执行 DOS 功能调用，退出程序，回到 DOS
CODE ENDS                 ;定义代码段结束
END START                 ;源程序结束，主程序从标号 START 开始
```

高级语言类似于自然语言（主要是英语），由专门的符号根据词汇规则构成单词，由单词根据句法规则构成语句，每种语句有确切的语义并能由计算机解释。高级语言包含许多英语单词，有"自然化"的特点；高级语言书写计算表达式接近于熟知的数学公式的规则。高级语言与机器指令完全分离，具有通用性，一条高级语言语句常常相当于几条或几十条机器指令。所以高级语言的出现，给程序设计从形式和内容上都带来了重大的变革，大大方便了程序的编写，提高了可读性。例如，BASIC、C、Visual Basic（简称 VB）、Visual C++（简称 VC++）、VB.NET、C#.NET、Java 等都是高级语言。高级语言一般能细分为第三代高级语言、第四代高级语言、……，分类依据是高级语言的逻辑级别、表达能力、接近自然语言的程度等。如 Turbo C 2.0（简称 TC）为**第三代高级语言**，而 VB 6.0、VC++ 6.0、C#、VB.NET、Java 等可认为是**第四代高级语言**。第四代高级语言一般是具有面向对象特性、具有快速或自动生成部分应用程序能力的高级语言，它表达能力强，编写程序效率高，是更接近人们平时使用的语言，高一级别的语言一般具有低一级别语言的语言表达能力。

如下是输入两个整数并随即显示两整数之和的 Turbo C 2.0 语言程序（第三代高级语言）：

```
#include <stdio.h>                    /* Turbo C 2.0 在 DOS 环境运行的 */
void main(){                          //main 主函数
  int num1,num2;                      //定义两整型变量
  printf("Input two numbers: ");      //屏幕上显示输入提示
  scanf("%d %d",&num1,&num2);         //通过键盘读两个整数
  printf("The sum is %d\n",num1+num2);//屏幕上显示两整数之和
}
```

如下则是显示（或打印）"Hello World" 的简单 Java 语言程序（第四代高级语言）：

```
public class HelloWorld {                  //类 HelloWorld
    //第一个 Java 程序，它将打印字符串 Hello World
    public static void main(String[] args){ //程序执行入口，main()主方法
        System.out.println("Hello World");//标准输出设备上输出 Hello World
    }
}
```

显然，高级语言程序要比面向机器的低级语言要易懂、明了，并且简短得多。

应该看到的是，高级语言是不断发展变化的，不断有新的更好的语言产生，同时也有旧且功能差而不再实用的语言消亡。而 Java 语言自产生以来，已历经 20 余年，具有强大的生命力与活力，该语言是当今最热门、最实用的高级语言之一。

1.2 Java 语言发展简史

- 1992－1993 年，一个名叫"OAK"的编程语言诞生了，它主要用于创建交互式 TV。
- 1995 年 5 月 23 日，Java 语言诞生。
- 1996 年 1 月，第一个 JDK——JDK 1.0 诞生。
- 1996 年 4 月，10 个最主要的操作系统供应商申明将在其产品中嵌入 Java 技术。
- 1996 年 9 月，约 8.3 万个网页应用了 Java 技术来制作。
- 1997 年 2 月 18 日，JDK 1.1 发布。
- 1997 年 4 月 2 日，JavaOne 会议召开，参与者逾一万人，创下当时全球同类会议规模之纪录。
- 1997 年 9 月，JavaDeveloperConnection 社区成员超过十万。
- 1998 年 2 月，JDK 1.1 被下载超过 2 000 000 次。
- 1998 年 12 月 8 日，Java 2 企业平台 J2EE 发布。
- 1999 年 6 月，Sun 公司发布 Java 的三个版本：标准版（JavaSE，以前是 J2SE）、企业版（JavaEE，以前是 J2EE）和微型版（JavaME，以前是 J2ME）。
- 2000 年 5 月 8 日，JDK 1.3 发布。
- 2000 年 5 月 29 日，JDK 1.4 发布。

- 2001 年 6 月 5 日，NOKIA 宣布，到 2003 年将出售 1 亿部支持 Java 的手机。
- 2001 年 9 月 24 日，J2EE 1.3 发布。
- 2002 年 2 月 26 日，J2SE 1.4 发布，自此 Java 的计算能力有了大幅提升。
- 2004 年 9 月 30 日 18:00PM，J2SE 1.5 发布，成为 Java 语言发展史上的又一里程碑。为了表示该版本的重要性，J2SE 1.5 更名为 Java SE 5.0。
- 2005 年 6 月，JavaOne 大会召开，Sun 公司公开 Java SE 6。此时，Java 的各种版本已经更名，以取消其中的数字 2：J2EE 更名为 Java EE，J2SE 更名为 Java SE，J2ME 更名为 Java ME。
- 2006 年 12 月，Sun 公司发布 JRE 6.0。
- 2009 年 04 月 20 日，甲骨文以 74 亿美元收购 Sun 公司。取得 Java 的版权。
- 2010 年 11 月，由于甲骨文对于 Java 社区的不友善，因此 Apache 扬言将退出 JCP（Java Community Process，是一个开放的国际组织，主要由 Java 开发者以及被授权者组成，职能是发展和更新）。
- 2011 年 7 月 28 日，甲骨文发布 Java 7.0 的正式版。
- 2014 年 3 月 19 日，甲骨文公司发布 Java 8.0 的正式版。
- 2014 年 11 月甲骨文公司发布了 Java 9.0 的新特性。

关于 Java 的历史，参见 www.java.com/en/Javahistory/index.jsp（或 http://oracle.com.edgesuite.net/timeline/Java/）。

1.3　Java 语言的特点及版本

Java 语言是一个跨平台的编程语言，可以在 Windows 系统、Mac 系统、UNIX 系统、Linux 系统、PDA 平台运行。Java 编程语言的风格十分接近 C 语言、C++语言。Java 是一个纯粹的面向对象的程序设计语言，它继承了 C++语言面向对象技术的核心。Java 舍弃了 C 语言中容易引起错误的指针（以引用取代）、运算符重载（operator overloading）、多重继承（以接口取代）等特性，增加了垃圾回收器功能，用于回收不再被引用的对象所占据的内存空间，使得程序员不用再为内存管理而担忧。

1．Java 语言的特点

1）Java 语言是简单的

Java 语言的语法与 C 语言和 C++语言很接近，使得大多数程序员很容易学习和使用。另一方面，Java 丢弃了 C++中很少使用的、很难理解的、令人迷惑的那些特性，如操作符重载、多继承、自动的强制类型转换。特别地，Java 语言不使用指针，而是使用引用；并提供了自动的废料收集，使得程序员不必为内存管理而担忧。

2）Java 语言是面向对象的

Java 吸取了 C++面向对象的概念，将数据封装于类中，利用类的优点,实现了程序的简洁性和便于维护性。Java 语言提供类、接口和继承等原语，为了简单起见，只支持类之间的单继承，但支持接口之间的多继承，并支持类与接口之间的实现机制（关键字为 implements）。Java 语言全面支持动态绑定，而 C++语言只对虚函数使用动态绑定。Java 提供了众多的一般对象的类，通过继承即可使用父类的方法。Java 提供的 Object 类及其子类的继承关系如同一棵倒立的树，根类为 Object 类，Object 类功能强大，经常会使用到它及其他派生的子类。总之，Java 语言是一个纯的面向对象程序设计语言。

3）Java 语言是分布式的

Java 语言支持 Internet 应用的开发，在基本的 Java 应用编程接口中有一个网络应用编程接口（Java net），它提供了用于网络应用编程的类库，包括 URL、URLConnection、Socket、ServerSocket 等。库函数提供了用 HTTP 和 FTP 协议传送和接收信息的方法。这使得程序员使用网络上的文件和使用本机文件一样容易。Java 的 RMI（远程方法激活）机制也是开发分布式应用的重要手段。

4）Java 语言是健壮的

Java 的强类型机制、异常处理、垃圾的自动收集等是 Java 程序健壮性的重要保证。对指针的丢弃是 Java 的明智选择。Java 的安全检查机制使得 Java 更具健壮性。Java 致力于检查程序在编译和运行时的错误。类型检查能够帮助检查出许多开发早期出现的错误。Java 自己操纵内存，减少了内存出错的可能性。Java 还实现了真数组，避免了覆盖数据的可能。

5）Java 语言是安全的

Java 舍弃了 C++的指针对存储器地址的直接操作，程序运行时，内存由操作系统分配，这样可以避免病毒通过指针侵入系统。Java 对程序提供了安全管理器，防止程序的非法访问。Java 通常被用在网络环境中，为此，Java 提供了一个安全机制以防恶意代码的攻击。除了 Java 语言具有的许多安全特性以外，Java 对通过网络下载的类具有一个安全防范机制（类 ClassLoader），如分配不同的名字空间以防替代本地的同名类、字节代码检查，并提供安全管理机制（类 SecurityManager）让 Java 应用设置安全哨兵。

6）Java 语言是体系结构中立的

Java 程序（后缀为.java 的文件）在 Java 平台上被编译为体系结构中立的字节码格式（后缀为.class 的文件），然后可以在实现这个 Java 平台的任何系统中运行。这种途径适合于异构的网络环境和软件的分发。

7）Java 语言是可移植的

这种可移植性来源于体系结构中立性，另外，Java 还严格规定了各个基本数据类型的长度。Java 系统本身也具有很强的可移植性，Java 编译器是用 Java 实现的，Java 的运行环境是用 ANSI C 实现的。

8）Java 语言是解释型的

如前所述，Java 程序在 Java 平台上被编译为字节码格式，然后可以在实现这个 Java 平台的任何系统中运行。在运行时，Java 平台中的 Java 解释器对这些字节码进行解释执行，执行过程中需要的类在联接阶段被载入到运行环境中。

9）Java 是高性能的

与那些解释型的高级脚本语言相比，Java 的确是高性能的。事实上，Java 的运行速度随着 JIT(Just-In-Time)编译器技术的发展越来越接近于 C++。

10）Java 语言是多线程的

在 Java 语言中，线程是一种特殊的对象，它必须由 Thread 类或其子（孙）类来创建。通常有两种方法来创建线程：其一，使用型构为 Thread(Runnable)的构造子将一个实现了 Runnable 接口的对象包装成一个线程；其二，从 Thread 类派生出子类并重写 run 方法，使用该子类创建的对象即为线程。值得注意的是，Thread 类已经实现了 Runnable 接口，因此，任何一个线程均有它的 run 方法，而 run 方法中包含了线程所要运行的代码。线程的活动由一组方法来控制。Java 语言支持多个线程的同时执行，并提供多线程之间的同步机制（关键字为 synchronized）。

11）Java 语言是动态的

Java 语言的设计目标之一是适应于动态变化的环境。Java 程序需要的类能够动态地载入到运行环境，也可以通过网络来载入所需要的类。这也有利于软件的升级。另外，Java 中的类有一个运行时刻的表示，能进行运行时刻的类型检查。

Java 语言的优良特性使得 Java 应用具有无比的健壮性和可靠性，这也减少了应用系统的维护费用。Java 对对象技术的全面支持和 Java 平台内嵌的 API 能缩短应用系统的开发时间并降低成本。Java 的编译一次、到处可运行的特性使得它能够提供一个随处可用的开放结构和在多平台之间传递信息的低成本方式。特别是 Java 企业应用编程接口（Java Enterprise APIs）为企业计算及电子商务应用系统提供了有关技术和丰富的类库。

12）Java 7.0 的新特性

Java 7.0 的新特点具体有：

（1）对集合类的语言支持；

（2）自动资源管理；

（3）改进的通用实例创建类型推断；

（4）数字字面量下画线支持；

（5）switch 中使用 string；

（6）二进制字面量；

（7）简化可变参数方法调用。

13）Java 8 的新特性

Java 8 正式版是一个有重大改变的版本，该版本对 Java 做了重大改进。主要新特性概括表现在：函数式接口、Lambda 表达式、集合的流式操作、注解、安全性、IO/NIO、全球化功能等方面。Java 8 还对 Java 工具包 JDBC、Java DB、JavaFX 等方面都有许多改进和增强。这些新增功能简化了开发，提升了代码可读性，增强了代码的安全性，提高了代码的执行效率，为开发者带来了全新的 Java 开发体验，从而推动了 Java 这个平台的前进。

Java 8 的新特点具体有：

（1）全面支持物联网技术的开发；

（2）更少的代码意味着更高的生产力；

（3）应用更现代（日期与时间类库的更新）；

（4）嵌入式技术更好的支持与实施；

（5）JavaFX 8 富客户端应用程序；

（6）Java 8.0 与 JavaScript 的集成支持；

（7）Java 8.0 平台有全球社区的支持；

（8）Java 8.0 可用性高并免费下载。

14）Java 9.0 的新特性

（1）统一的 JVM 日志；

（2）支持 HTTP 2.0；

（3）Unicode 7.0 支持；

（4）安全数据包传输（DTLS）支持；

（5）Linux/AArch64 支持。

2．Java 语言的版本

Java 是面向对象的高级编程语言，版本包括 J2EE、J2SE、J2ME 和 JavaCard。不同版本针对不同的应用来提供不同的服务，也就是提供不同类型的类库。

1）J2EE（Java 2 Platform Enterprise Edition）企业版（Java EE）

J2EE 是为开发企业环境下的应用程序提供的一套解决方案，主要针对企业网，着重于企业服务器端的应用（Server-side Application）。该技术体系中包含的技术有 EJB、JSP、Servlet、XML、事务控制等，主要针对 B/S 结构的 Web 应用程序开发。

2）J2SE（Java 2 Platform Standard Edition）标准版（Java SE）

J2SE 是为开发普通桌面和商务应用程序提供的解决方案，针对 PC 为主，可以完成一些桌面应用程序的开发，如 Eclipse、QQ、各种音乐视频播放器等，也可用于开发中小企业 Web 网站等。该技术体系是其他版本的基础。

3）J2ME（Java 2 Platform Micro Edition）小型版或微缩版（Java ME）

J2ME 是为开发电子消费产品和嵌入式设备提供的解决方案，主要针对小型电子产品，开展嵌入式系统开发。该技术体系主要应用于小型电子消费类产品，如移动手机（手机游戏、手机软件等）、PDA、机顶盒中的应用程序等。

Java 手机软件平台采用的基本 Java 平台是 CLDC（Connected Limited Device Configuration）和 MIDP（Mobile Information Device Profile），是 J2ME（Java 2 Micro Edition）的一部分，在中国一般称为"无线 Java"技术。此前，有人把它叫做"K-Java"。针对手机应用程序的开发，Sun 提供了免费的 J2ME WirelessToolkit。

注意：这里的小型电子消费品不是指搭载了 iOS 或 Android 操作系统的手机，iOS 和 Android 系统都有自己的开发组件。

4）JavaCard（IC 智能卡的应用程序）

Java Card 技术主要是让智慧卡或与智慧卡相近的装置以具有安全防护性的方式来执行小型的 Java Applet，此技术也被广泛运用在 SIM 卡、提款卡上。

Java Card 的产品皆以 Java Card Platform specifications（爪哇卡平台规格）为标准，此技术规格标准由升阳电脑所研发。整体而言，Java Card 的主要特点及诉求在于移携性与安全性。

J2SE 是基础，J2SE 包含那些构成 Java 语言核心的类。J2SE 压缩一点，再增加一些 CLDC 或 MIDP 等方面的特性就是 J2ME；J2SE 扩充一点，再增加一些 EJB 等企业应用方面的特性就是 J2EE。对于初学者，一般都是从 J2SE 入手的。

从目前开发领域的分布情况上看，Web 开发约占了 50%以上，JavaME 移动或嵌入式应用约占 15%，C/S 应用约占 12%，系统编程及其他约占 20%。

1.4 初识简单的 Java 程序

为了整体上对 Java 语言源程序有个初步了解，这里先简单给出 Java 的几种常见应用程序，试图呈现出 Java 语言源程序的程序结构概况与特点。虽然有关内容还未介绍，但可从这些例子直观地了解到组成某种 Java 源程序的基本样式和书写格式等。

纵观前面讲述的 4 个 Java 版本及其应用，可以概括地说，Java 提供了 4 种类型的程序：Java 应用程序（Application）、Java 小应用程序（Applet）、Java Servlets（及 JSP）应用程序和 Java 类程序（JavaBean 等）。

1. Java 应用程序——Java Application 程序

在 Java 语言中，能够独立运行的程序称为 Java 应用程序（Application）。Java Application 是完整的程序，客户端只要有支持 Java 的虚拟机，它就可以独立运行而不需要其他文件的支持。Java Application 程序可在客户端机器中读写操作，可使用自己的主窗口、标题栏和菜单，程序可大可小，能够以命令行方式运行，主类必须有一个 main() 主方法，作为程序运行的入口。

Java Application 程序被编译以后，用普通的 Java 解释器就可以使其边解释边执行。

Java Application 程序运行于客户端计算机，与客户端用户交互，完成一定的功能，像 Word、Excel、Windows 记事本等都属于这类应用程序。

例 1-1 实现两整数加、减、乘、除功能的 Application Java 语言程序。

注意：程序中用 "/* ...*/" 或 "//" 引出的内容为注释部分，对语句或程序起到说明性作用，程序不执行注释部分。

```
public class TwoNumber{                  /* 类 TwoNumber */
  private int num1=100,num2=10;          /* 类的 num1、num2 属性(或变量) */
  public TwoNumber(){                    //类的构造方法 1
    System.out.println("num1 = "+num1+", num2 = "+num2);
  }
  public TwoNumber(int x1,int x2){       //类的构造方法 2
    num1=x1; num2=x2;
    System.out.println("num1 = "+num1+", num2 = "+num2);
  }
  public void twoNumberAdd (){           //twoNumberAdd()方法
    System.out.println("num1+num2= " + (num1+num2) );
  }
  public void twoNumberMinus(){          //twoNumberMinus()方法
```

```
        System.out.println("num1-num2= " + (num1-num2) );
    }
    public void twoNumberMultiply(){      //twoNumberMultiply()方法
        System.out.println("num1*num2= " + num1*num2 );
    }
    public void twoNumberDivide(){        //twoNumberDivide()方法
        System.out.println("num1/num2= " + num1/num2 );
        javax.swing.JOptionPane.showMessageDialog(null, "num1/num2= " +
num1/num2);                    /* 能在消息框中显示文本（输出显示的另一种方式）*/
    }
    public static void main(String[] args){ //程序执行入口，main()主方法
        TwoNumber twoNum1= new TwoNumber();    //创建一个 TwoNumber 类的对象
        twoNum1.twoNumberAdd();                //执行对象方法
        twoNum1.twoNumberMinus();
        twoNum1.twoNumberMultiply();
        twoNum1.twoNumberDivide();
        TwoNumber twoNum2= new TwoNumber(200,100);//创建另一个 TwoNumber 对象
        twoNum2.twoNumberAdd();                     //执行对象方法
        twoNum2.twoNumberMinus();
        twoNum2.twoNumberMultiply();
        twoNum2.twoNumberDivide();
    }
}
```

说明：本 Java 语言程序有个主类 TwoNumber，主类必须要有一个 main()主方法，程序就从 main()主方法开始运行，这里 main()主方法中分别创建类 TwoNumber 的两个对象 twoNum1、twoNum2，并分别调用两对象的加、减、乘、除方法，来完成对两整数的加、减、乘、除的功能并输出。其中 twoNum2 对象的创建利用了带 2 参数的构造方法。

使用如下命令编译并运行程序：

```
Javac TwoNumber.java
Java  TwoNumber
```

运行结果如下（消息框显示情况略）：

```
num1 = 100, num2 = 10
num1+num2= 110
num1-num2= 90
num1*num2= 1000
num1/num2= 10
num1 = 200, num2 = 100
num1+num2= 300
num1-num2= 100
num1*num2= 20000
num1/num2= 2
```

2．Java 小应用程序——Java Applet 程序

Applet 程序（也称 Java 小程序）运行于各种网页文件中，用于增强网页的人机交互、

动画显示、声音播放等功能的程序。Java Applet 程序不能单独运行，它必须依附于一个用 HTML 语言编写的网页并嵌入其中，通过与 Java 兼容的浏览器来控制执行。

运行 Java Applet 程序的解释器不是独立的软件，而是嵌在浏览器中作为浏览器软件的一部分。Java Applet 必须通过网络浏览器或者 Applet 观察器才能执行。

Java Applet 一般翻译成 Java 小程序后存储在服务器上，客户端在访问时下载它，并在客户端执行它，来完成某种功能（主要是图形化交互的功能）。因为是从网上下载执行的，因此 Java Applet 的功能受到限制，它不能访问任何敏感数据，以防止程序提供者编写恶意代码破坏客户端系统。

例 1-2 显示"Hello World !!!" 的 Java Applet 程序

```java
import java.awt.Graphics;
import java.applet.Applet;
public class HelloWorldApplet extends Applet
{
    public String s;
    public void init()
    {
        s=new String("Hello World !!!");
    }
    public void paint(Graphics g) {
        g.drawString(s,25,25);
    }
}
```

修改 Applet1.html 文件，加入 applet 标签，网页代码如下：

```html
<html>
  <title>Hello World</title>
  <body>
   <applet code= HelloWorldApplet.class  width=400  height=400></applet>
  </body>
</html>
```

说明：Graphics 类——使得 applet 能绘制直线、矩形、椭圆形、字符串等。

方法 init()——初始化，实现了字符串的创建。

方法 paint()中 g 为 Graphics 类的对象。调用了 Graphics 的 drawString 方法绘制字符串。此方法执行的结果最左侧字符的基线位于此图形上下文坐标系统的(25,25)位置处，绘制出字符串"Hello World !!!"。

用支持 Java 的浏览器，比如 IE 11.0，打开 Applet1.html，效果如图 1-1 所示。

用 Java 自带的 appletviewer 浏览，输入：

```
appletviewer Applet1.html
```

注意：HelloWorldApplet.class 应与 Applet1.html 处于相同目录下。

然而，随着 Web 新技术的不断发展与变迁及 Applet 需要装 JRE、下载速度慢等不足，现在 Java Applet 程序已使用得不多，为此本书后续将不会作更多的介绍。

图 1-1　浏览器运行 Applet 效果图

图 1-2　appletviewer 浏览 Applet 效果图

3．Servlet 应用——Java Servlet 程序

Servlet 就是一个 Java 类，它是通过 Web 容器（Container）载入、初始化，受到容器的管理才得以成为一个 Servlet；容器就是用 Java 编写的一个应用程序，负责与服务器沟通管理 Servlet 所需要的各种对象与资源、Servlet 生命周期，如果没有了容器，Servlet 就只是一个 Java 程序语言所编写的类。

Servlet 是 Java 技术对 CGI 编程的解决方案，是运行于 Web Server 上的作为来自于 Web browser 或其他 HTTP client 端的请求和在 Server 上的数据库及其他应用程序之间的中间层程序。

Servlet 程序运行在服务器端，响应客户端请求，扩展了服务器的功能。运行 Servlet 需要服务器的支持，需要在服务器中进行部署。Servlet 用到的包在 J2EE 的 API 中能找到，所有的 Servlet 都必须实现 Servlet 接口。

例 1-3　在 Web 页上输出"Servlet HelloWorld at /WebApplication1"内容。

程序通过 Get 或 Post 方式，由 processRequest 方法向客户端输出 Web 页内容。客户端 Web 浏览器解释后显示出如图 1-3 所示的运行效果。

```
import java.io.IOException;
import java.io.PrintWriter;
import javax.servlet.ServletException;
import javax.servlet.annotation.WebServlet;
import javax.servlet.http.HttpServlet;
import javax.servlet.http.HttpServletRequest;
import javax.servlet.http.HttpServletResponse;
```

```
@WebServlet(urlPatterns = {"/HelloWorld"})
public class HelloWorld extends HttpServlet {
  protected void processRequest(HttpServletRequest request,
HttpServletResponse response) throws ServletException, IOException {
    response.setContentType("text/html;charset=UTF-8");
    try (PrintWriter out = response.getWriter()){//如下输出 Web 页
      out.println("<!DOCTYPE html>");
      out.println("<html>");
      out.println("<head>");
      out.println("<title>Servlet HelloWorld</title>");
      out.println("</head>");
      out.println("<body>");
      out.println("<h1>Servlet HelloWorld at "+request.getContextPath()+
"</h1>");
      out.println("</body>");
      out.println("</html>");
    }
  }
  protected void doGet(HttpServletRequest request, HttpServletResponse
response) throws ServletException, IOException {
    processRequest(request, response);
  }
  protected void doPost(HttpServletRequest request, HttpServletResponse
response) throws ServletException, IOException {processRequest(request,
response); }
}
```

图 1-3　HelloWorld Servlet 程序运行结果

4．JSP 程序——实质上也是 Servlet 程序

JSP（全称 JavaServer Pages）是由 Sun Microsystems 公司倡导和许多公司参与共同创建的一种使软件开发者可以响应客户端请求，而动态生成 HTML、XML 或其他格式文档的 Web 网页的技术标准。JSP 技术是以 Java 语言作为脚本语言的，JSP 网页为整个服务器端的 Java 库单元提供了一个接口来服务于 HTTP 的应用程序。用 JSP 开发的 Web 应用是跨平台的，既能在 Linux 下运行，也能在其他操作系统上运行。

JSP 就是嵌入了 Java 代码的 HTML 程序。JSP 和 Servlet 同是服务器端的技术。实际上，JSP 文档在后台被自动转换成 Servlet。JSP 是 Java Servlet 的一个变种，其实它们的内核还是一样的。使用 JSP 便于实现网页的动静分离，相对于 Servlet，JSP 在服务器的部署与使用更简单。

例 1-4 在 Web 页上输出"JSP Hello World！"标题及当前的日期与时间等信息。

程序中<% %>间的即为 Java 语句，服务器端执行后结果同 HTML Web 页面内容一同输出到客户端，客户端 Web 浏览器解释后显示出如图 1-4 所示的运行效果。

```jsp
<%@page contentType="text/html" pageEncoding="UTF-8"%>
<%@page import = "java.util.*,java.text.*"%>
<!DOCTYPE html>
<html><head><meta       http-equiv="Content-Type"       content="text/html;
charset=UTF-8"><title>JSP Page</title></head>
    <body>
      <h1>JSP Hello World!</h1>
      <h2> Today is：<%= new java.util.Date() %> </h2>
      <h3>The time in second is:<%= System.currentTimeMillis()/1000 %></h3>
      <% Date time = new Date();
        int hours = time.getHours();
        int minutes = time.getMinutes();
        int seconds = time.getSeconds();
        out.print("现在的时间是：" + hours + ":" + minutes + ":" + seconds);
      %>
    </body>
</html>
```

图 1-4 "JSP Hello World!"JSP 程序运行结果

5. JavaBean 程序——Java 类程序（JavaBean 等）

JavaBean 是符合某种规范的 Java 组件，也就是 Java 类。它必须满足如下规范：

（1）必须有一个零参数的默认构造方法（Java 类不给出构造方法时，默认有一个零参数的构造方法）；

（2）必须有 get 和 set 方法，类的字段必须通过 get 和 set 方法来访问（get 方法无参，set 方法有参）；

（3）必须定义成 public class 类，不含有 public 属性。

例 1-5 下面就来看一个 JavaBean 的例子。一般网页登录都需要输入用户名和密码，可以把用户名和密码存放在 JavaBean（UserBean.java）中。

```java
package myproject.formbean;
public class UserBean { //定义了 JavaBean——UserBean
    private String name;
    private String password;
    public String getName() {
        return name;
    }
    public void setName(String name) {
        this.name = name;
    }
    public String getPassword() {
        return password;
    }
    public void setPassword(String password) {
        this.password = password;
    }
}
```

JSP 页面中访问上面 JavaBean 的程序如下（formbean.jsp）：

```jsp
<%@page language="Java" pageEncoding="utf-8"%>
<!DOCTYPE HTML PUBLIC "-//W3C//DTD HTML 4.01 Transitional//EN">
<html>
  <head><title>表单 Bean 例子 2</title>
    <meta http-equiv="Content-Type" content="text/html; charset=utf-8">
    <link rel="StyleSheet" href="style.css" type="text/css" />
  </head>
  <body><form action="" method="post"><%request.setCharacterEncoding
("utf-8"); %>
  <table><tr><td><span class="blue10">用户名:</span></td>
    <td><input type="text" name="mUserName" size="20"><br></td></tr>
  <tr><td><span class="blue10">密  码:</span></td>
    <td><input type="password" name="mPassword" size="20"> <br> </td>
</tr>
    <tr><td></td><td>        
    <input type=submit value="submit"/></td></tr>
  </table>
  </form>
  <jsp:useBean id="user" class="myproject.formbean.UserBean"/>
  <jsp:setProperty name="user" property="name" param="mUserName"/>
  <jsp:setProperty name="user" property="password" param="mPassword"/>
  <hr/>
  用户名: <jsp:getProperty name="user" property="name"/><br>
  密  码: <jsp:getProperty name="user" property="password"/>
</body></html>
```

1.5 Java 程序语法概述

上面介绍了 4 种类型的 Java 语言程序，下面来了解 Java 程序的结构、编写规则、组成要素等。这里对 Java 程序语法先进行概述，有利于读者总体上的了解与把握，后续章节还将会详细展开学习。

1.5.1 Java 程序的结构特点

Java 程序的基本组成单元是类。一个 Java 程序可以被认为是一系列由类实例化的对象的集合，而这些对象通过调用彼此的方法来协同工作。下面简要介绍类、对象、方法和实例变量等的概念。

- 类：类是一个模板，它描述一类对象的状态和行为。
- 对象：对象是类的一个实例，有具体的状态和行为。例如，一条狗是一个对象，它的状态有颜色、名字、品种等；行为有摇尾巴、叫、吃等。
- 方法：方法就是行为，一个类可以有很多方法。运算、数据修改以及所有动作都是在方法中完成的。
- 实例变量：每个对象都有独特的实例变量，对象的状态由这些实例变量的值决定。

1.5.2 Java 程序的书写规则

从书写清晰、便于阅读、理解、维护的角度出发，编写 Java 程序时，应注意以下规则：

（1）大小写敏感。Java 是大小写敏感的，这就意味着标识符 Hello 与 hello 是不同的。

（2）类名。对于所有的类来说，类名的首字母应该大写。如果类名由若干单词组成，那么每个单词的首字母应该大写，例如，MyFirstJavaClass。

（3）变量和方法名。所有的变量和方法名都应该以小写字母开头。如果变量或方法名含有若干单词，则后面的每个单词首字母大写。例如，变量 radius 和方法 showInputDialog。

（4）常量名。常量名中的字母全部大写，两个单词间用下画线连接。例如，PI 和 MAX_VALUE。

（5）源文件名。源文件名必须和类名相同。当保存文件的时候，应该使用类名作为文件名保存（切记 Java 是大小写敏感的），文件名的后缀为.java。（如果文件名和类名不相同，则会导致编译错误）。

（6）主方法入口。所有的 Java Application 程序由 public static void main(String[] args) 方法开始执行，并由该方法执行结束而结束。

（7）适当的注释。源程序一般需要注释的地方有：在程序开头写个摘要解释一下程序的功能；较大程序、主要步骤或难以读懂之处可加上简明扼要的注释（具体见 1.5.3 节）。

（8）适当的缩进和空白。保持一致的缩进风格会使程序更加清晰、易读、易于调试和维护。一般在嵌套结构中，每个内层语句应该比外层缩进 2 或 3 格；两元运算符两边各加一个空格；应该使用一个空行来对功能代码分段（由于篇幅所限，本书中的程序未保留某些空行）。

1.5.3 Java 语言字符集与词汇

计算机语言有严格的使用规范。如果编写程序时没有遵循这些规则，计算机就不能理解程序。Java 语言规范（Java language specification）是对语言的技术定义，它包括 Java 程序设计语言的语法和语义。完整的 Java 语言规范可以在 java.sun.com/docs/books/jls （http://www.oracle.com/technetwork/Java/index.html）上找到。

1．Java 语言的字符集

字符是组成语言的最基本的元素。计算机内部使用二进制数。一个字符在计算机内是以由 0 和 1 构成的序列的形式存储的。字符映射为它的二进制形式称为编码。字符有多种不同的编码方式，Java 支持统一码（Unicode），统一码是由统一码协会建立的一种编码方案，它支持世界不同语言的可书写文本的交换、处理和显示。统一码一开始被设计为 16 个二进位的字符编码，它所能表示的字符只有 65 536 个，不足以表示全世界所有的字符。因此，统一码标准被扩展后能表示多达 1 112 064 个字符。

一个 16 比特位统一码占两个字节，用以\u 开头的 4 位十六进制数表示，范围从'\u0000' 到 '\uFFFF'。大多数计算机采用 ASCII 码（美国标准信息交换码），它是表示所有大小写字母、数字、标点符号和特殊控制字符组成的 7 位编码表。Unicode 码包括 ASCII 码，从'\u0000' 到 '\u007f' 对应的 128 个 ASCII 字符（参见附录 A 中的 ASCII 编码表）。在 Java 中可以使用'A' 或 '\u0041' 来表示字符 A。

Java 中在字符常量、字符串常量和注释中还可以使用汉字或其他可表示的图形符号（Unicode 编码）。下面是 Java 中常见的字符。

（1）字母：小写字母 a～z 共 26 个；大写字母 A～Z 共 26 个。

（2）数字：0～9 共 10 个。

（3）空白符：空格符、制表符、换行符等统称为空白符。空白符只在字符常量和字符串常量中起作用。在其他地方出现时，只起间隔作用，解释或编译程序对它们忽略不计。

（4）标点和特殊字符。

- 算术运算符：[+ - * / % ++ --]
- 逻辑运算符：[&& || !]
- 条件运算符：[? :]

- 关系运算符：[< > >= <= == !=]
- 位运算符：　　[& | ~ ^ >> << >>>]
- 其他：　　　　[() [] {} . , ;]

另外，Java 语言可使用转义字符方式表示任意字符，如'\n'为换行字符。在 Java 语言中，以反斜杠（\）开头的多个字符表示一个转义字符，转义字符一般用于表示某些非图形（或非可视）字符。

2．Java 语言的词汇

在 Java 语言中使用的词汇分为六类：标识符、关键字、运算符、分隔符、常量、注释符。

1）标识符

标识符是用来标识类名、变量名、方法名、数组名、文件名等的有效字符序列。也就是说，标识符就是一个名字。

标识符以一个字母（**A~Z** 或者 **a~z**）、下画线（**_**）或美元符（**$**）开始，随后也可跟数字、字母、下画线或美元符。标识符区分大小写、没有长度限制、可以为标识符取任意长度的名字，关键字不能用作标识符。标识符虽然可由程序员随意定义，但标识符是用于标识某个量的符号。因此，命名应尽量有相应的含义，以便于阅读理解，做到"顾名思义"。

下面是几个有效的标识符：

birthday　age　_system_varl　$max　_value　__1_value

下面是几个非法的标识符：

3max （不能以数字开头）；　room# （包含非法字符"#"）；class （"class"为保留字）；　-salary（不能以"-"符开头）

注意：Java 较高版本已经支持用汉字作为标识符或标识符的一部分，但一般不这样用。

2）关键字

Java 中一些赋以特定的含义，并用作专门用途的单词称为关键字（又称保留字）。这些关键字不能用于常量、变量、类名等的标识符名称。Java 语言的关键字分为以下几类：

（1）类型　package，class，abstract，interface，implements，native，this，super，extends，new，import，instanceof，public，private，protected

（2）数据类型　char，double，enum，float，int，long，short，boolean，void，byte

（3）控制类型　break，case，continue，default，do，else，for，goto，if，return，switch，while，throw，throws，try，catch，synchronized，final，finally，transient，strictfp

（4）存储类型　register，static

（5）其他类型　const，volatile

最新 Java 关键字一共只有 50 个（详见附录 B）。关键字的注意事项：

（1）所有 Java 关键字都是小写的，例如，true、false 和 null 为小写，而不是像在 C++语言中那样为大写。

（2）无 sizeof 运算符，因为所有数据类型的长度和表示是固定的，与平台无关，不是像在 C 语言中那样数据类型的长度根据不同的平台而变化。这正是 Java 语言的一大特点。

（3）goto 和 const 虽然从未被使用，但也被作为 Java 关键字保留了下来。

3）运算符

Java 语言中含有相当丰富的运算符。运算符与变量、函数一起组成表达式，表示各种运算功能。运算符由一个或多个字符组成，如：+、-、*、/、<=、? : 等。

4）分隔符

在 Java 语言中采用的分隔符有**逗号和空格**两种。逗号主要用在类型说明和方法参数表中，分隔各个变量。空格多用于语句各单词之间，作间隔符。在关键字与标识符之间必须要有一个以上的空格符作间隔,否则将会出现语法错误，例如把"int a;"写成 "inta;"，Java 编译器会把 inta 当成一个标识符处理，其结果必然出错。

5）常量

常量代表程序运行过程中不能改变的值。Java 常量有两种形式：第 1 种就是一个常量值，这个值本身，我们可以叫它常量，举几个例子：整型常量 123；实型常量 3.14；字符常量 'a'；逻辑常量 true、false；字符串常量 "helloworld" 。

另一种，表示不可变的变量，这种也叫常量，从语法上来讲也就是，加上 final，使用 final 关键字来修饰某个变量，然后只要赋值之后，就不能改变了，就不能再次被赋值了，例如，"final int i = 0;"，那么这个 i 的值是绝对不能再被更改了，只能是 0，所以说不可变的变量就是常量。

6）注释符

类似于 C/C++，Java 也支持单行以及多行注释。注释中的字符将被 Java 编译器忽略。

```java
public class HelloWorld {
    /* 这是第一个 Java 程序
     * 它将打印 Hello World
     * 这是一个多行注释的示例
     */
    public static void main(String[] args){
        //这是单行注释的示例
        /* 这个也是单行注释的示例 */
        System.out.println("Hello World");
    }
}
```

程序编译时，不对注释和 Java 空（白）行做任何处理。注释可出现在程序中的任何位置。注释用来向用户提示或解释程序的含义。在调试程序时对暂不使用的语句也可用注释符标注起来，使翻译跳过这些而不做处理，待调试结束后再按需去掉注释符。

实际上，Java 语言提供了 3 种形式的注释：单行注释、多行注释和文档注释。

文档注释，类似于多行注释，形如：

```java
/**
```

```
*  提示信息 1
*  提示信息 2
*  …
*/
```

文档注释出现在任何声明（如类的声明、类的成员变量或成员方法的声明）之前时，会被 JavaDoc 文档工具读取作为 JavaDoc 文档内容，文档是对代码结构和功能的描述。

1.6 JVM、JRE、JDK、API 和 IDE

JVM、JRE、JDK、API 等是 Java 编程语言的核心概念，有必要先搞清楚。

1．Java 虚拟机（Java Virtual Machine，JVM）

JVM 是 Java 编程语言的核心。当运行一个程序时，JVM 负责将字节码转换为特定的机器代码。JVM 也是平台特定的，并提供核心的 Java 方法，例如内存管理、垃圾回收和安全机制等。JVM 是可定制化的，可以通过 Java 选项（Java options）定制它，比如配置 JVM 内存的上下界。JVM 之所以被称为虚拟的，是因为它提供了一个不依赖于底层操作系统和机器硬件的接口。这种独立于硬件和操作系统的特性正是 Java 程序可以一次编写、多处执行的原因。

2．Java 运行时环境（Java Runtime Environment，JRE）

JRE 是 JVM 的实施实现，它提供了运行 Java 程序的平台。JRE 包含了 JVM、Java 二进制文件和其他成功执行程序所需的类文件（Java API）。JRE 不包含任何像 Java 编译器、调试器之类的开发工具。如果只是想要执行 Java 程序，那么只需安装 JRE，而不用安装 JDK。

3．Java 开发工具包（Java Development Toolkit，JDK）

Java 开发工具包是 Java 环境的核心组件，并提供编译、调试和运行一个 Java 程序所需的所有工具、可执行文件和二进制文件。JDK 是一个平台特定的软件，有针对 Windows、Mac 和 UNIX 系统的不同的安装包。可以说 JDK 是 JRE 的超集，它包含了 JRE、Java 编译器、调试器和核心类等。目前 JDK 的版本号是 1.8，也被称为 Java 8。

本书使用 Java SE 介绍 Java 程序设计。Java SE 也有很多版本，本书采用最新的版本 Java SE 8。Sun 公司发布 Java 的各个版本都带有 Java 开发工具包（JDK），Java SE 8 对应的 Java 开发工具包称为 JDK 1.8（也称为 Java SE JDK 8）。

JDK、JRE 和 JVM 的区别：JDK 是用于**开发**的，而 JRE 是用于**运行** Java 程序的；JDK 和 JRE 都包含了 JVM，从而可以运行 Java 程序；JVM 是 Java 编程语言的核心并且具有平台独立性。

4．API 应用程序接口（Application Program Interface，API）

应用程序接口（API）包括为开发 Java 程序而预定义的类和接口。Java 语言的规范是稳定的，但是 API 一直在扩展。在 Sun 公司的 Java 网站上（http://www.oracle.com/technetwork/Java/api-141528.html），可以查看和下载最新版的 Java API 规范。

5．IDE 集成开发环境（Integrated Development Environment，IDE）

JDK 是由一套独立程序构成的集合，每个程序都是从命令行调用的，用于开发和测试 Java 程序。除了 JDK，还可以使用某种 Java 开发工具（例如，NetBeans、Eclipse 和 Notepad++等）——它们是为了快速开发 Java 程序而提供的一个集成开发环境的软件。

编辑、编译、链接、调试和在线帮助都集成在一个图形用户界面中，这样，只需在一个窗口中输入源代码或在窗口中打开已有的文件，然后单击按钮、菜单选项或者使用功能键就可以编译和运行源代码。

JVM、JRE、JDK、API 和 IDE 的关系见图 1-5。

图 1-5 JVM、JRE、JDK、API 和 IDE 的关系示意图

1.7 Java 开发环境

下面介绍在 Windows 系统下如何搭建 Java 开发环境及运行 Java 程序。

1.7.1 如何运行 Java 程序

1．Java 开发环境——Java 平台

运行 Java 程序，必须要建立 Java 平台（Java Platform）（如图 1-6 所示），它由以下几部分组成：

（1）Java 编程语言；

（2）Java 虚拟机（Java Virtual Machine，JVM）；

（3）Java 应用程序编程接口（Java Application Programming Interface，Java API）。

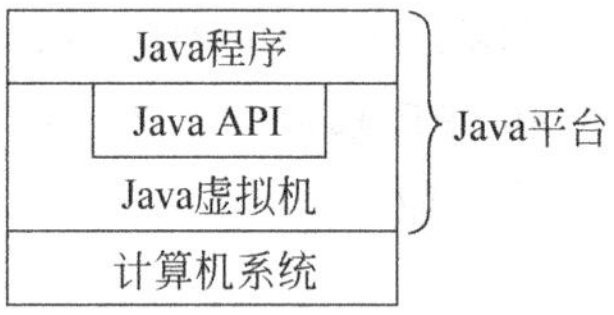

Java 平台的建立一般是在不同类型的计算机系统上

图 1-6 Java 平台

安装 Java JRE 或 Java JDK 来完成的。

2．Java 程序编辑、编译与解释执行过程

运行 Java 程序必须经过编辑（.java 文件）、编译（.class 文件）、加载与解释执行等过程，如图 1-7 所示。

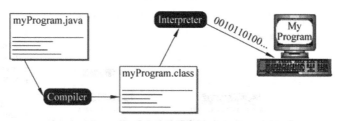

图 1-7　Java 程序编辑、编译与解释执行过程示意图之一

我们知道，Java 虚拟机（JVM）即是可运行 Java 代码的虚拟计算机，Java 源程序通过编译器编译成不依赖于机器（跨平台）的字节码（bytecode），通过 Java 虚拟机把字节码解释成具体平台上的机器指令来执行。详细执行过程如图 1-8 所示。

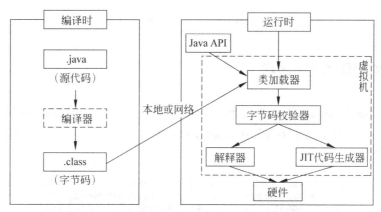

图 1-8　Java 程序编辑、编译与解释执行过程示意图之二

下面来下载与安装 JDK。

1.7.2　下载 JDK

首先需要下载 Java 开发工具包 JDK，下载地址：http://www.oracle.com/technetwork/Java/Javase/downloads/index.html，点击如图 1-9 所示的下载页面相应（Java Platform (JDK) 8u73 / 8u74）的按钮或链接。

下载后 JDK 的安装根据提示进行，安装 JDK 的同时 JRE 也会一并安装。安装过程中可以自定义安装目录等，例如选择安装目录为 C:\Program Files\Java\jdk1.8.0_73。

图 1-9　Java 开发工具包 JDK 下载界面

1.7.3　JDK 的具体安装过程

（1）到 http://www.oracle.com/technetwork/Java/Javase/downloads/index.html 下载 JDK 8 for Windows（文件名为 jdk-8u73-windows-x64.exe）后。双击该文件，首先出现欢迎安装窗口，如图 1-10 所示。

图 1-10　欢迎安装窗口

（2）单击"下一步"按钮，进入如图 1-11 所示的自定义安装窗口。通过此窗口，可以选择要安装的模块和路径。

图 1-11　自定义安装窗口

（3）单击"下一步"按钮，进入正在安装窗口，通过正在安装窗口，可以了解 JDK 安装进度。

（4）JDK 安装完毕后，自动进入自定义安装 JRE 窗口，如图 1-11 和图 1-12 所示。可以选择 JRE 的安装模块和路径。

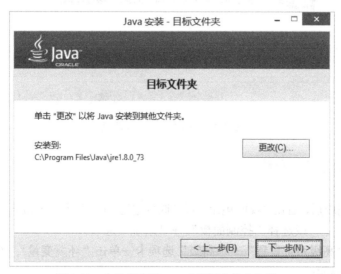

图 1-12　自定义安装 JRE "目标文件夹" 窗口

（5）单击"下一步"按钮，开始 JRE 的安装，如图 1-13 所示。

（6）JRE 安装结束后，自动进入完成窗口，如图 1-14 所示。单击"关闭"按钮，进入免费注册页面，通过注册可以获得新版本、修补程序和更新通知等增值服务。

图 1-13　安装 Java 进度显示图

图 1-14　JDK 安装成功界面

1.7.4　配置系统环境变量

（1）安装完成后，右击"我的电脑"或"这台电脑"（这里是 Windows 8.0 操作系统），单击"属性"命令（或选择"控制面板"→"系统"选项）；

（2）选择"高级系统设置"→"高级"选项卡→单击"环境变量"；然后就会出现如图 1-15 所示的界面；

（3）在"系统变量"中设置 3 项属性：JAVA_HOME、CLASSPATH、PATH（大小写无所谓），若已存在则单击"编辑"按钮，不存在则单击"新建"按钮。如：

变量名为 JAVA_HOME，变量值为 C:\Program Files\Java\jdk1.8.0_73；

说明：JDK 的安装路径按实际安装情况可以更换。

图 1-15　环境变量设置界面

变量名为 CLASSPATH，变量值为.;%JAVA_HOME%\lib\dt.jar;%JAVA_HOME%\lib\tools.jar;

说明：记得前面有个"."。

变量名为 Path，变量值为%JAVA_HOME%\bin;%JAVA_HOME%\jre\bin;

这是 Java 的环境配置，配置完成后直接启动 NetBeans 或 eclipse 等，一般 Java IDE 会自动完成 Java 环境的配置。

1.7.5　测试 JDK 是否安装成功

1. JDK 安装后会产生的目录

\bin 目录：Java 开发工具，包括 Java 编译器、解释器等。
\demo 目录：一些实例程序。
\lib 目录：Java 开发类库。
\jre 目录：　Java 运行环境，包括 Java 虚拟机、运行类库等。
…

2. Java 开发工具

Javac：Java 编译器，用来将 Java 程序编译成 Bytecode。

Java：Java 解释器，执行已经转换成 Bytecode 的 Java 应用程序。

Jdb：Java 调试器，用来调试 Java 程序。

Javap：反编译，将类文件还原回方法和变量。

Javadoc：文档生成器,创建 HTML 文件。

Appletviewer：Applet 解释器,用来解释已经转换成 Bytecode 的 Java 小应用程序。

3．测试安装成功

（1）单击"开始"→"运行"命令，输入 cmd；

（2）输入命令"Java –version"、Java、Javac 几个命令，根据出现画面，可判断环境变量配置成功与否，如图 1-16 所示。

图 1-16　Java 安装与环境变量配置成功界面

1.7.6　编译命令和执行命令的用法

JDK 所提供的开发工具主要有编译程序、解释执行程序、调试程序、Applet 执行程序、文档管理程序、包管理程序等，这些程序都是控制台程序，要以命令的方式执行。其中，编译程序和解释执行程序是最常用的程序，它们都在 JDK 安装目录下的 bin 文件夹中。

1．编译程序

JDK 的编译程序是 Javac.exe，该命令将 Java 源程序编译成字节码，生成与之同名但后缀名为.class 的文件。通常情况下编译器会把.class 文件放在和 Java 源文件相同的一个文件夹里，除非在编译过程中使用了-d 选项。Javac 的一般用法如下：

```
Javac [选项…] file.java
```

其中，常用选项包括：

-classpath<路径>　该选项用于设置路径，在该路径上 Javac 寻找需被调用的类。该路径是一个用分号分开的目录列表。

-d directory　该选项用于指定存放生成的类文件的位置。

-g　该选项在代码产生器中打开调试表，以后可凭此调试产生字节代码。

-nowarn　该选项用于禁止编译器产生警告。

-verbose　该选项用于输出有关编译器正在执行的操作的消息。

-sourcepath <路径>　该选项用于指定查找输入源文件的位置。

-version　该选项标识版本信息。

2．执行程序

JDK 的解释执行程序是 java.exe，该程序将编译好的 class 加载到内存，然后调用 JVM 来执行它。它的一般用法如下：

```
Java [选项…] file [参数…]
```

其中，常用选项包括：

-classpath　用于设置路径，在该路径上 Javac 寻找需被调用的类。该路径是一个用分号分开的目录列表。

-client　选择客户虚拟机（这是默认值）。

-server　选择服务虚拟机。

-hotspot　与 client 相同。

-verify　对所有代码上使用校验。

-noverify　不对代码进行校验。

-verbose　每当类被调用时，向标准输出设备输出信息。

-version　输出版本信息。

1.7.7　集成开发环境

正所谓"工欲善其事，必先利其器"，我们在开发 Java 程序过程中同样需要一款不错的集成开发环境（或工具），目前市场上的 IDE 很多，这里推荐几款：Notepad++、NetBeans、Eclipse、IntelliJ IDEA、Jcreator LE、Borland Jbuilder、Myeclipse、Jbuilder、Jdeveloper、Sun ONE Studio 等。

以上多种不同的 Java 语言集成编程环境，对 Java 语言的编译功能大同小异，一般都提供对 Java 语言程序的编辑、编译、解释与运行功能，并且往往把这些功能集成到一个操作界面，呈现出功能丰富、操作便捷、直观易用等特点。

那么选用哪一种集成开发环境呢？本书将选用 Netbeans IDE 8.0 集成开发环境。

1．Notepad++

Notepad++ 是在微软视窗环境之下的一个免费的代码编辑器（记事本），下载地址：https://notepad-plus-plus.org/。

记事本是一个免费的源代码编辑器，支持大多数语言的源程序编辑。在 Microsoft Windows 环境下运行，它的使用是由 GPL 许可的。Notepad++是用 C++写的，基于强大的编辑组件 Scintilla，用纯 Win32 API 和 STL 以确保更高的执行速度和更小的程序大小。

2．NetBeans

NetBeans 是开源免费的 Java IDE，下载地址：https://netbeans.org/。

NetBeans IDE 是为软件开发者提供的一个自由、免费、开源集成开发环境。它提供了使用 Java 平台以及 C/C++、PHP、HTML5、JavaScript 和 Groovy 等创建专业桌面、企业、Web 和 Mobile 应用程序所需的所有工具，能帮助程序员编写、编译、调试和部署程序，帮助用户快速方便地创建各类应用程序。

NetBeans 项目由一个活跃的开发社区提供支持，为用户带来了丰富的产品文档和培训资源以及大量的第三方插件。新版 NetBeans IDE 8.0.2 更新包含了一系列新的功能和改进，进一步改善了对 Java 8、Java EE、PHP、JavaScript、C/C++等语言的支持。

Netbeans IDE 8.0 环境（或其他 Java 语言程序运行环境）下运行 Java 程序使用的具体操作方法请参照本书的相关实验部分、辅助资料或相关学习辅导书，这里略。

3．Eclipse

Eclipse 是另一个免费开源的 Java IDE，下载地址：http://www.eclipse.org/，还可以根据需要下载中文包用于对其进行汉化。

Eclipse 是著名的跨平台的自由集成开发环境（IDE），最初主要用于 Java 程序开发，通过安装不同的插件，Eclipse 可以支持不同的计算机语言，比如 C++和 Python 等。

Eclipse 的本身只是一个框架平台，但是众多插件的支持使得 Eclipse 拥有其他功能相对固定的 IDE 软件很难具有的灵活性。许多软件开发商都以 Eclipse 为框架开发自己的 IDE。

4．MyEclipse

MyEclipse 是一个十分优秀的用于开发 Java、J2EE 的 Eclipse 插件集合，MyEclipse 的功能非常强大，支持也十分广泛，尤其是对各种开源产品的支持十分不错。MyEclipse 可以支持 JavaServlet、AJAX、JSP、JSF、Struts、Spring、Hibernate、EJB3、JDBC 数据库链接工具等多项功能。可以说 MyEclipse 是几乎囊括了目前所有主流开源产品的专属 Eclipse 开发工具。

在结构上，MyEclipse 的特征可以被分为 7 类：

（1）JavaEE 模型；

（2）Web 开发工具；

（3）EJB 开发工具；

（4）应用程序服务器的连接器；

（5）JavaEE 项目部署服务；

（6）数据库服务；

（7）MyEclipse 整合帮助。

MyEclipse 企业级工作平台（MyEclipse Enterprise Workbench，简称 MyEclipse）是对 Eclipse IDE 的扩展，利用它可以在数据库和 JavaEE 的开发、发布以及应用程序服务器的整合方面极大地提高工作效率。它是功能丰富的 JavaEE 集成开发环境，包括了完备的编码、调试、测试和发布功能，完整支持 HTML、Struts、JSP、CSS、Javascript、Spring、SQL、Hibernate。

简单而言，Eclipse 是 Java 的一个集成开发环境，MyEclipse 是 Eclipse 的一个插件。如果需要开发 Java Web 项目就选用 MyEclipse。MyEclipse 6.0 以前版本需先安装 Eclipse。MyEclipse 6.0 以后版本安装时不需安装 Eclipse。

1.8　上机实践要求

1．上机实践的重要性

Java 语言程序设计是一门实践性很强的课程，该课程的学习有其自身的特点，学习者必须通过大量的编程训练，在实践中掌握程序设计语言，培养程序设计的基本能力，并逐步理解和掌握程序设计的思想和方法。具体地说，通过上机实践，应该达到以下几点要求：

（1）使学习者能很好地掌握一种程序设计开发环境的基本操作方法（例如，NetBeans、Eclipse、MyEclipse 和 Notepad 等），掌握应用程序开发的一般步骤。

（2）在程序设计和调试程序的过程中，可以帮助学习者进一步理解书中各章节的主要知识点，特别是一些语法规则的理解和运用，程序设计中的常用算法与构造及其应用，也就是所谓"在编程中学习编程"。

（3）通过上机实践，提高程序分析、程序设计和程序调试的能力。程序调试是一个程序员最基本的技能，不会调试程序的程序员不可能编制出好的程序。通过不断地积累经验，摸索各种比较常用的技巧，可以提高编程的效率和程序代码的质量。

2．上机实践的准备工作

上机前需要做好如下准备工作，以提高上机实践的效率。

（1）在计算机上安装一种 Java 程序设计开发工具，并学会基本的操作方法。

（2）复习与本次实践相关的教学内容和主要知识点。

（3）准备好编程题相关的 UML 图、流程图和全部源程序，并能对源程序先进行人工程序检查与模拟运行。

（4）对程序中有疑问的地方做出标记，充分估计程序运行中可能出现的问题，以便在程序调试过程中给予关注与修改。

（5）准备好运行和调试程序所需的数据。

3．上机实践的基本步骤

上机实践可以按如下基本步骤来进行：

（1）运行 Java 程序设计开发工具，进入程序设计开发环境。

（2）新建一个工程项目或程序文件，输入准备好的程序。

（3）不要立即进行编译，应该首先仔细检查刚刚输入的程序，如有错误及时改正，保存文件后再进行编译。

（4）如果在编译和连接的过程中发现错误（**语法错误**），根据系统的提示**从第一个错误开始**（因为第一个错误可能引发多个错误点，后面的错误与前面的错误往往是有关联的），逐个找出出错语句的位置和原因，全部或部分错误得到改正后，再进行编译再查错。

（5）运行程序，如果有**运行错误**或运行结果不正确，修改程序可能有**逻辑错误**的语句，反复调试直到结果正确为止（Eclipse 等集成开发环境都有调试功能与调试工具，具体介绍略）。

（6）保存源程序和相关程序文档资源。

（7）对学生来说，实验后应提交实验报告，主要内容应包括程序清单、调试数据和运行结果，还应该包括对运行结果的分析、评价与收获体会等内容。

1.9　本章小结

本章简单介绍程序设计语言的发展变化、Java 语言的发展与特点、简单的 Java 程序、Java 语言的语法概述及基本概念、Java 语言开发环境等。学习本章后能对 Java 语言有个总体认识，对 Java 语言程序有个大体把握。实践操作方面，要逐步掌握 Java 语言程序的上机操作方法，对本章的 4 种类型的简单程序能上机运行、熟悉与再认识。

1.10　习题

一、选择题

1．Java 语言源程序的后缀名为（　　　）。

    A．.exe　　　　　　B．.obj　　　　　　C．.java　　　　　　D．.cpp

2．下列选项中，合法的 Java 标识符有（　　　）。

    A．fieldname　　　B．super　　　　　C．3number　　　　D．#number

    E．$number

3．下面的 main()方法中，可以作为程序入口方法的是（　　　）。

    A．public void main(String argv[])

    B．public static void main()

    C．public static void main(String args)

  D．public static void main(String[] args)

  E．private static void main(String argv[])

  F．static void main(String args)

  G．public static void main(String[] string)

4．若定义了一个类 public class MyClass，则其源文件名应当是（   ）。

  A．MyClass.src B．MyClass.j C．MyClass.java D．MyClass.class

5．JVM 用于运行（   ）。

  A．源代码文件 B．字节码文件 C．数据文件 D．可执行文件

6．一个 Java 程序的执行是从（   ）。

  A．主类的 main 方法开始，到 main 方法结束

  B．主类的 main 方法开始，到本程序文件的最后一个方法结束

  C．主类的文件的第一方法开始，到主类 main 方法结束

  D．本程序文件的第一个方法开始，到本程序文件的最后一个方法结束

7．Java 程序的基本组成单元是（   ）。

  A．类   B．对象   C．方法   D．函数

8．以下叙述中，正确的是（   ）。

  A．在对一个 Java 语言程序进行编译的过程中，可发现注释中的拼写错误

  B．Java 语言源程序不必通过编译就可以直接运行

  C．Java 语言源程序经编译形成的字节码可以直接运行

  D．在对 Java 语言程序进行编译和加载运行过程中都可能发现错误

9．下列 4 组选项中，均不是 Java 语言关键字的选项是（   ）。

  A．define   B．gect   C．include   D．while

   IF   char   scanf   go

   type   printf   case   pow

10．Java 语言中语句的结束符是（   ）。

  A．，   B．；   C．。   D．;

二、简答题

1．什么是语言？语言分几类？各有什么特点？

2．汇编语言与高级语言有何区别？

3．简述 Java 语言的特点。

4．Java 语言中为何要加注释语句？该如何表示一个注释行和一个注释段？

5．什么是 JVM？它是如何工作的？

6．描述 Java 的历史。Java 可以在任何机器上运行吗？在计算机上运行 Java 时需要什么？

7．Java 编译器的输入和输出是什么？

8．Java 区分大小写吗？Java 的关键字是大写还是小写的？

9. 下面的程序是错的。重新排行使程序在 morning 之后显示 afternoon。

```
public static void main(String[] args) {
}
public class Welcome{
    System.out.println("afternoon");
    System.out.println("morning");
}
```

三、编程题

1. 编写程序，分别显示 Welcome to Java、Welcome to Computer Science。

2. 编写程序，显示 Welcome to Java 五次。

3. 编写程序，显示下面图案。

四、上机操作题

1. 下载最新 Java 开发工具包 JDK（http://www.oracle.com/technetwork/Java/Javase/downloads/index.html）并完成安装。

2. 查看 JDK 软件包 bin 目录下的 Java 编译器 javac.exe 和 Java 解释器 java.exe 的常用选项。

3. 查阅 Java API 文档或 http://docs.oracle.com/javase/8/docs/api/index.html，列出 java.lang.Math 类中的常用方法，并总结 Math 类的功能。

第2章 语言基础

本章介绍了 Java 语言的一些基本知识和基本概念，包括 Java 语言的基本数据类型、Java 语言的数据运算符及表达式等。它们是学习、理解与编写 Java 语言程序的基础。

学习重点或难点：

- Java 语言的数据类型
- 常量和变量
- 运算符和表达式

学习本章后将对 Java 语言的基本数据及其基本运算有个全面的了解与把握。

引言：本章将学习如何解决基础的实际问题，将学到如何利用基本数据类型、变量、常量、运算符、表达式以及输入/输出来进行基本的程序设计。本章介绍的编程技能可以总体概括在如下例题中。

例 2-1 "计算给定半径的圆面积"。程序主体由定义、输入、处理与输出组成。

```
public class ComputeCircleArea {
  public static void main(String[] args) {
    double radius,area;                      //①变量等的定义部分
    radius=30;                               //②变量等的赋值、输入等给值部分
    area = radius * radius * 3.14159;  //③计算、处理部分
    //④显示、输出处理结果部分
    System.out.println("半径为: " + radius + "的圆的面积是: " + area);
  }
}
```

2.1 Java 数据类型

Java 语言处理的数据是分类型的，Java 语言的数据类型分为**基本数据类型**（或内置数据类型）与**引用数据类型**（或称引用类型）。不同类型的数据都要存储在内存中后才能加以操作处理，内存数据分为变量（数据可变化）与常量（数据不可变），并且变量与常量是区分数据类型的，不同类型的变量或常量意味着分配的内存存储空间大小是不同的或内存数据组织方式是不同的。为此，一般某类型的变量只能用来储存该类型的数据（或兼容类型数据）。下面介绍 Java 语言的两大数据类型：**基本数据类型**与**引用数据类型**。

2.1.1 基本数据类型

Java 语言提供了 8 种基本数据类型，可分为 4 类：整型（字节型、短整型、整型、

长整型）、实型（浮点型、双精度型）、字符型、布尔型，如表 2-1 所示。

表 2-1 Java 语言的基本数据类型

数据类型	类型名	占用位数（字节数）	取值范围	默认值
布尔型	boolean	8(1 byte)	true,false	false
字符型	char	16(2 bytes)	'\u0000'（0）～'\uffff'（65535）	'\u0000'
字节型	byte	8(1 byte)	-128（-2^7）～127（2^7-1）	0
短整型	short	16(2 bytes)	-32 768（-2^{15}）～32 767（$2^{15}-1$）	0
整型	int	32(4 bytes)	-2 147 483 648（-2^{31}）～2 147 485 647（$2^{31}-1$）	0
长整型	long	64(8 bytes)	-9 223 372 036 854 775 808（-2^{63}）～9 223 372 036 854 775 807（$2^{63}-1$）	0
浮点型	float	32(4 bytes)	约 1.4E-45～3.402 823 5E38 即 2^{-149}～$(2-2^{-23})\times 2^{127}$	0.0f
双精度型	double	64(8 bytes)	约 4.9E-324～1.797 693 134 862 315 7E308 即 2^{-1074}～$(2-2^{-52})\times 2^{1024}$	0.0d

注意：基本数据类型都有固定的内存占用字节数，不随运行平台的变化而变化。

1．布尔型（boolean）

boolean 数据类型表示一位的信息，只有两个取值：true 和 false，这种类型只作为一种标志来记录 true/false 情况，默认值是 false。例如：

```
boolean bl = true;
```

这里，定义了一个布尔类型的变量 bl，并初始化 true 值。如何定义变量的相关内容后面还会再具体说明。

在程序流程控制中常用到 true、false 或布尔型变量。

注意：在 C 语言中允许将数字值转换成逻辑值（即布尔值 true 和 false），这在 Java 编程语言中是不允许的。

2．字符型（char）

char 类型是一个单一的 16 位 Unicode 字符，是用单引号括起来的一个字符，最小值是'\u0000'（即为 0），最大值是'\uffff'（即为 65 535）。Java 支持统一码（Unicode），统一码是由统一码协会建立的一种编码方案，它支持世界不同语言的可书写文本的交换、处理和显示。统一码一开始设计为 16 位，16 位至多只能表示 65 536 个字符，不足以表示全世界所有字符，因此，后对 Unicode 编码有扩展。为了简化，本书只考虑原来的 16 位统一码字符。这些字符都可以存储在一个 char 型变量中。例如：

```
char letter = 'A';
```

字符型数据是区分大小写的，为此'A'与'a'是不同的，字符'2'与整数 2 也是完全不同的，空格字符是' '。同 C 语言中一样，Java 中也提供转义字符，\称为转义符，如表 2-2 所示。

表 2-2　Java 语言转义字符表

转义字符	含　义	ASCII 码值 （十进制）	Unicode 值 （十六进制）
\a	响铃(BEL)	007	\u0007
\b	退格(BS)	008	\u0008
\f	换页(FF)	012	\u0012
\n	换行(LF)	010	\u000a
\r	回车(CR)	013	\u000d
\t	水平制表(HT)	009	\u0009
\v	垂直制表(VT)	011	\u000b
\s	空格	032	\u0020
\\	反斜杠	092	\u005c
\'	单引号字符	039	\u0027
\"	双引号字符	034	\u0022
\0	空字符(NULL)	000	\u0000
\ddd	八进制(ddd) ASCII 字符	八进制字符 (ddd)对应的十进制值	\u0000
\uxxxx	十六进制(xxxx)Unicode 字符	十六进制字符 (xxxx)对应的十进制值	\uxxxx

注意：字符型数据一定是单引号（''）括起来的，双引号（""）括起来的是字符串常量，如："Java"。

3．字节型（byte）

byte 数据类型是 8 位、有符号的，以二进制补码表示的整数，byte 类型用在大型数组中，主要代替整数来节约空间，因为 byte 变量占用的空间只有 int 类型的四分之一。例如：

```
byte a = 100, byte b = -50;
```

4．短整型（short）

short 数据类型是 16 位、有符号的以二进制补码表示的整数，Short 数据类型也可以像 byte 那样节省空间。一个 short 变量是 int 型变量所占空间的二分之一。例如：

```
short s = 1000, short r = -20000;
```

5．整型（int）

int 数据类型是 32 位、有符号的以二进制补码表示的整数，一般地整型变量默认为

int 类型。例如：

```
int a 100000, int b = -200000;
```

6. 长整型（long）

long 数据类型是 64 位、有符号的以二进制补码表示的整数，这种类型主要使用在需要比较大整数的系统中。例如：

```
long a = 100000L, Long b = -200000L
```

7. 浮点型（float）

float 数据类型是单精度、32 位、符合 IEEE 754 标准的浮点数，float 在存储大型浮点数组的时候可省略内存空间，浮点数不能用来表示精确的值，如货币量。例如：

```
float f1 = 234.5f;    //加 f 或 F 表示是 float 类型的常量
```

8. 双精度型（double）

double 数据类型是双精度、64 位、符合 IEEE 754 标准的浮点数，浮点数的默认类型为 double 类型，double 类型同样不能表示精确的值。例如：

```
double d1 = 123.4,d2=1.234e5,d3=1234d;   //加 d 或 D 表示是 double 类型的常量
```

双精度型比浮点型具有更高的精度和更大的数值表示范围，因而使用得比较多。

例 2-2　对于数值类型的基本类型的取值范围，无须强制去记忆，因为它们的值都已经以常量的形式定义在对应的包装类中了。请看下面的例子：

```
public class PrimitiveTypeTest {
  public static void main(String[] args) {
    System.out.println("基本类型: byte 二进制位数: " + Byte.SIZE); //byte
    System.out.println("包装类: java.lang.Byte");
    System.out.println("最小值: Byte.MIN_VALUE=" + Byte.MIN_VALUE);
    System.out.println("最大值: Byte.MAX_VALUE=" + Byte.MAX_VALUE);
    System.out.println("基本类型: short 二进制位数: " + Short.SIZE); //short
    System.out.println("包装类: java.lang.Short");
    System.out.println("最小值: Short.MIN_VALUE=" + Short.MIN_VALUE);
    System.out.println("最大值: Short.MAX_VALUE=" + Short.MAX_VALUE);
    System.out.println("基本类型: int 二进制位数: " + Integer.SIZE); //int
    System.out.println("包装类: java.lang.Integer");
    System.out.println("最小值: Integer.MIN_VALUE=" + Integer.MIN_VALUE);
    System.out.println("最大值: Integer.MAX_VALUE=" + Integer.MAX_VALUE);
    System.out.println("基本类型: long 二进制位数: " + Long.SIZE); //long
    System.out.println("包装类: java.lang.Long");
    System.out.println("最小值: Long.MIN_VALUE=" + Long.MIN_VALUE);
    System.out.println("最大值: Long.MAX_VALUE=" + Long.MAX_VALUE);
```

```
System.out.println("基本类型: float 二进制位数: " + Float.SIZE); //float
System.out.println("包装类: java.lang.Float");
System.out.println("最小值: Float.MIN_VALUE=" + Float.MIN_VALUE);
System.out.println("最大值: Float.MAX_VALUE=" + Float.MAX_VALUE);
System.out.println("基本类型: double 二进制位数: " + Double.SIZE);
System.out.println("包装类: java.lang.Double");//double
System.out.println("最小值: Double.MIN_VALUE=" + Double.MIN_VALUE);
System.out.println("最大值: Double.MAX_VALUE=" + Double.MAX_VALUE);
System.out.println("基本类型: char 二进制位数: " + Character.SIZE);
System.out.println("包装类: java.lang.Character");//char
//以数值形式而不是字符形式将 Character.MIN_VALUE 输出到控制台
System.out.println("最小值: Character.MIN_VALUE="+(int)Character.
MIN_VALUE);
//以数值形式而不是字符形式将 Character.MAX_VALUE 输出到控制台
System.out.println("最大值: Character.MAX_VALUE="+(int)Character.
MAX_VALUE);
    }
}
```

输出的最小最大值同表 2-1，具体输出略。

float 和 double 的最小值和最大值都是以科学记数法的形式输出的，结尾的"E+整数"表示 E 之前的数字要乘以 10 的多少次方。比如 3.14E3 就是 3.14×1000=3140，3.14E-3 就是 3.14/1000=0.00314。

实际上，Java 中还存在另外一种基本类型 void，它也有对应的包装类 java.lang.Void，不过我们无法直接对它们进行操作。

例 2-3　改写计算圆面积的程序。引言中计算圆面积的程序，半径是固定的。为了运行时能对不同的半径计算，可以使用 Scanner 类从控制台输入。

Java 使用 System.out 来表示标准输出设备，而 System.in 来表示标准输入设备。默认情况下，输出设备是显示器，而输入设备是键盘。为了完成控制台输出，只需使用 println 方法就可以在控制台上显示基本值或字符串。Java 并不直接支持控制台输入，但是可以使用 Scannner 类创建它的对象，以读取来自 System.in 的输入。如下所示：

```
Scanner input=new Scanner(System.in);
```

表明用 System.in 创建了一个 Scanner 类型对象。调用 Scanner 对象的方法可来完成对不同类型数据的输入。如下是这些方法：nextByte()、nextShort()、nextInt()、nextLong()、nextFloat()、nextDouble()、next()，它们能对应分别读取一个 byte、short、int、long、float、double、字符串类型的值，nextLine()能读取一行文本。

如下是利用 nextDouble()方法来读取半径的改写程序：

```
public class ComputeCircleAreaWithConsoleInput {
  public static void main(String[] args) {
    double radius,area;                      //①定义
    System.out.print("请输入圆的半径: ");
    Scanner input=new Scanner(System.in);    //②输入
```

```
radius=input.nextDouble();
area = radius * radius * 3.14159;          //③计算
System.out.println("半径为: " + radius + "的圆的面积是: " + area);
                                             //④输出
    }
}
```

2.1.2 引用类型

类、接口、数组、枚举等称为引用类型。由引用类型定义的变量称为引用变量，新创建的引用类型对象在内存中分配空间，它们可以通过引用变量来访问。

譬如，类对象的引用类型变量由类的构造方法创建，可以使用该引用变量访问所引用的类对象。这些变量在声明时被指定为一个特定的类型，比如类 Animal、Employee 等。变量一旦声明后，类型就不能被改变了。

对象、数组等都是引用数据类型的。所有引用类型变量的默认值都是 null。一个引用变量可以用来引用与之兼容的任何类型。

例如，定义 animal 引用变量：Animal animal = new Animal()

```
public class Animal{
    public void move(){
        System.out.println("动物可以移动");
    }
}
```

有了 animal 引用变量，就可以引用对象方法了，如：

```
animal.move();
```

引用变量的进一步介绍见下文，如 5.3.2 节。

2.1.3 数据类型转化

数据类型是可以转换的。转换的方法有两种：**一种是自动类型转换；另一种是显式（强制）类型转换。**

1. 自动类型转换

自动转换发生在不同数据类型的量混合运算时或赋值时，自动转换遵循以下规则：

（1）若参与运算量的类型不同，则先转换成同一类型，然后进行运算。转换按小范围类型自动转成大范围类型（称为**扩展类型**）来进行。即转换是按数据占内存长度增加的方向进行，以保证精度不降低。

数值扩展类型转换按 byte→short→int→long→float→double 进行；整型与浮点数进行运算，Java 会自动地将整数转换为浮点值。

例如，3*4.5 就自动成了 3.0*4.5 了。

"System.out.println((double)1/2);" 的显示结果为 0.5，因为 1 首先被转换为 1.0，然后用 2（会先转为 2.0）除 1.0。

所有数值运算符都可以用在 char 型操作数上。如果另一个操作数是一个数字或字符，那么 char 型操作数就会被自动转换成一个数字。如果另一个操作数是一个字符串，字符就会与该字符串相连。

```
int i='2' + '3';
System.out.println("i =" + i);          //输出 i = 101
int j= 2 + 'a';
System.out.println("j =" + j);          //输出 j = 99
System.out.println(j + "对应的 Unicode 字符是 " + (char)j);
                                        //输出 99 对应的 Unicode 字符是 c
System.out.println("chapter " + '2');  //输出 chapter 2
```

（2）在赋值运算中，赋值号（=）两边量的数据类型不同时，赋值号右边量的类型将转换为左边量的类型，自动转换参照（1）所述进行。即当把小范围类型的变量值赋给大范围类型的变量时，系统自动完成数据类型的转换。例如：

```
double x = 100;      //如果输出 x 的值，结果将是 100.0
```

如果右边量的数据类型为大范围类型时，不能自动类型转换，要进行强制类型转换。

字符型与整型间可以相互转换。char 型数据可以转换成任意一种数值类型，反之亦然。将一个整数转化成一个 char 类型数据时，只用到该数据的低 16 位，其余部分都被忽略。

```
char ch = 65;        //ch 得到 'A'
byte b=  'a'         // b 得到 97
```

字符型与整型间相互转换，如果转换结果适用于目标变量，就可以使用隐式转换方式；否则，必须使用显式转换方式。

2．显式类型转换

显式类型转换是通过类型转换运算来实现的。其一般形式：

(类型说明符) (表达式)

其功能是把表达式的运算结果强制转换成类型说明符所表示的类型。

要将大范围类型转成小范围类型称为**缩窄类型**。缩窄类型要通过强制类型转换来进行，否则会有语法错误，缩窄类型还会带来数值精度的降低，数值类型的值会按四舍五入或舍去等方式进行强制转换。例如：

```
(float) a            //把 a 的值转换为单精度浮点数
(int)(x+y)           //把 x+y 的结果转换为整型
int x = (int)129.34; //如果输出 x 的值，结果将是 129，舍去了小数部分
```

在使用显式转换时应注意以下问题：

（1）类型说明符和表达式都必须加括号(单个变量可以不加括号)，如把(int)(x+y)写成(int)x+y，则成了把 x 转换成 int 型之后再与 y 相加了。

（2）无论是显式转换或是自动转换，都只是为了**本次运算**的需要而对变量的数据长度进行的**临时性转换**，而不改变数据说明时对该变量定义的类型及该变量的已有值。例如：

```
float f=5.75f;
System.out.println("(int)f="+(int)f+",f="+f);//(int)强制类型转换为整型
```

会输出结果：

```
(int)f=5,f=5.75
```

说明：(int)f 虽强制转为 int 型，但只在当前运算中起作用，是一次性、临时的，而 f 本身的类型并不改变，f 的值还是 5.75 也没改变。

```
char ch=(char)0XAB0041;        //ch 得到 'A'
char ch=(char)65.25;           //ch 得到 'A'
byte b=(byte)'\uFFF4';         //b 得到低字节 F4，其对应无符号值 244，补码值-12。
```

例 2-4 编写保留营业税小数点后两位的程序。

```
import java.util.Scanner
public class SalesTax {
  public static void main(String[] args) {
    Scanner input = new Scanner(System.in);        //定义 Scanner 对象 input
    System.out.println("请输入购买量: ");
    double purchaseAmount = input.nextDouble();    //读取购买量
    double tax = purchaseAmount * 0.06;            //计算营业税
    System.out.println("营业税为: "+(int)(tax*100)/100.0);
                                                   //利用(int)保留两位小数
  }
}
```

2.2 常量和变量

2.2.1 常量

常量就是指在程序执行期间其值不能发生变化的数据。如整型常量 123，实型常量 1.23，字符型常量 'A'，布尔型常量 true。

定义常量的语法为：

```
final datatype CONSTNAME=VALUE;
```

final 是 Java 的关键字，表示定义的是常量，datatype 为数据类型，CONSTNAME 为常量的名称（一般为大写），VALUE 是常量的值。

例如，定义常量 PI，并令 PI=3.1415927，定义形式为：

```
final double PI = 3.1415927;
```

虽然常量名也可以用小写，但为了便于识别，通常使用大写字母表示常量。

byte、short、int 和 long 都可以用十进制、八进制以及十六进制的方式来表示。当使用常量的时候，前缀 0 表示八进制，而前缀 0x 代表十六进制。例如：

```
int decimal = 100;
int octal = 0144;
int hexa =  0x64;
```

和其他语言一样，Java 的字符串常量也是包含在两个引号之间的字符序列。下面是字符串型字面量的例子：

```
"Hello World", "two\nlines", "\"This is in quotes\""
```

字符串常量和字符常量都可以包含任何 Unicode 字符。例如：

```
char a = '\u0001';  string a = "\u0001";
```

2.2.2 变量

变量是 Java 的基本存储单元。在 Java 中，使用变量之前需要先声明变量。变量声明通常至少包括 3 部分：变量类型、变量名和初始值。其中变量的初始值是可选的，声明变量的基本语法格式为：

type identifier [= value][, identifier [= value]...];

type 是 Java 的基本类型、类或接口类型的名称，identifier（标识符）是变量名，=value 表示用具体的值对变量进行初始化，即把某个值赋给变量。

以下列出了一些变量的声明实例。注意有些给变量初始化了。

```
byte a, b, c;                  //声明三个字节型整数: a、b、c。
int x1, y1, z1=99;             //声明三个整数并赋予 z1 初值。
short z = 22;                  //声明并初始化 z。
double e = 2.718281828459;     //声明了自然对数的底数 e。
char x = 'x';                  //变量 x 的值是字符'x'。
```

Java 语言支持的变量类型有局部变量（亦称方法变量）、实例变量（也叫成员变量）、静态变量（也叫做类变量）等，后面将具体介绍。

1．局部变量

局部变量（亦称方法变量）声明在方法、构造方法或者语句块中，局部变量在方法、构造方法或者语句块被执行的时候创建，当它们执行完成后，变量将会被销毁。

访问修饰符不能用于局部变量。局部变量只在声明它的方法、构造方法或者语句块中可见。局部变量是在栈中分配的。

局部变量没有默认值，所以局部变量被声明后，必须经过初始化，才可以使用。

例 2-5　局部变量的初始化与作用域。age 是一个局部变量，定义在 pubAge()方法中，它的作用域就限制在这个方法中。

```java
public class Test{
    public void pupAge(){
        int age = 0;        //局部变量的初始化
        age = age + 7;
        System.out.println("Puppy age is : " + age);
    }
    public static void main(String args[]){
        Test test = new Test();
        test.pupAge();
    }
}
```

以上实例编译运行结果为：

```
Puppy age is: 7
```

在上面的例子中，age 变量若没有初始化，即语句"int age = 0;"改为"int age;"，那么在编译时就会出错。编译运行结果如下：

```
Test.java:4: 错误: 可能尚未初始化变量 age
age = age + 7;
    ^
1 个错误
```

2．实例变量

实例变量（亦称成员变量）声明在一个类中，但在方法、构造方法和语句块之外。当一个对象被实例化之后，每个实例变量的值就跟着确定了，实例变量在对象创建的时候创建，在对象被销毁的时候销毁，实例变量的值应该至少被一个方法、构造方法或者语句块引用，使得外部能够通过这些方式获取实例变量信息。

实例变量可以声明在使用前或者使用后，访问修饰符可以修饰实例变量，通过使用访问修饰符可以使实例变量对子类可见。实例变量对于类中的方法、构造方法或者语句块是可见的，一般情况下应该把实例变量设为私有。

实例变量具有默认值。数值型变量的默认值是 0，布尔型变量的默认值是 false，引用类型变量的默认值是 null。变量的值可以在声明时指定，也可以在构造方法中指定。

实例变量可以直接通过变量名访问。但在静态方法以及其他类中，就应该使用完全限定名：ObejectReference.VariableName。

例 2-6 实例变量及其使用。

```java
import java.io.*;
public class Employee{
    public String name;                      //这个public成员变量对外可见
    private double salary;                    //私有变量，仅在该类可见
    public Employee (String empName){         //在构造器中对name赋值
        name = empName;
    }
    public void setSalary(double empSal){     //设定salary的值
        salary = empSal;
    }
    public void printEmp(){                    //打印信息
        System.out.println("name : " + name+", salary :" + salary);
    }
    public static void main(String args[]){
        Employee empOne = new Employee("Ransika");
        empOne.setSalary(1000);
        empOne.printEmp();
    }
}
```

以上实例编译运行结果为：

```
name : Ransika, salary :1000.0
```

3．静态变量

静态变量也称为类变量，在类中以 static 关键字声明，但必须在方法、构造方法和语句块之外。无论一个类创建了多少个对象，类只拥有类变量的一份副本。

静态变量除了被声明为常量外很少使用。常量是指声明为 public/private、final 和 static 类型的变量。常量初始化后不可改变。

静态变量储存在静态存储区。经常被声明为常量，很少单独使用 static 声明变量。

静态变量在程序开始时创建，在程序结束时销毁。

与实例变量具有相似的可见性。但为了对类的使用者可见，大多数静态变量声明为 public 类型。

默认值和实例变量相似。数值型变量默认值是 0，布尔型默认值是 false，引用类型

默认值是 null。变量的值可以在声明的时候指定，也可以在构造方法中指定。此外，静态变量还可以在静态语句块中初始化。

静态变量可以通过：ClassName.VariableName 的方式访问。

静态变量被声明为 public static final 类型时，静态变量名称必须使用大写字母。如果静态变量不是 public 和 final 类型，那么其命名方式与实例变量以及局部变量的命名方式一致。

例 2-7 静态变量及其使用。

```
import java.io.*;
public class Employee{
    private static double salary; //salary是静态的私有变量
    public static final String DEPARTMENT = "Development ";//DEPARTMENT
是一个常量
    public static void main(String args[]){
        salary = 1000;
        System.out.println(DEPARTMENT+"average salary:"+salary);
    }
}
```

以上实例编译运行结果为：

```
Development average salary:1000
```

注意：如果其他类想要访问该变量，可以这样访问：Employee.DEPARTMENT。

2.2.3 变量作用域

变量的定义不但包括变量名和变量类型，同时还包括它的作用域，变量的作用域指明可以访问该变量的程序代码的范围。按作用域来分，变量可分为以下几种：局部变量、类成员变量、方法参数和异常处理参数等。

Java 中各类变量的作用域有如下规定：

（1）局部变量定义在方法中或方法内的一个代码块（往往以两个大括号{ }为界定，譬如"for(){ }"循环代码块）中，其作用域为它所在的代码块。

（2）方法参数用于将方法外的数据传递给方法，其作用域就是方法的整个方法体。

（3）类成员变量的定义在类里面，但不在类里面的某个方法中定义，其作用域为整个类。

（4）异常处理参数将数据传递给异常处理代码，其作用域是异常处理部分。

例 2-8 变量及其作用域。

```
public class VariableScope{
    static int k=0; //类成员变量
    public static void sum(int x){
        float s=0.0f;
        try{
            for(int i=1;i<=x;i++){
                s+=(float)x/i+k;            i 的作用域
            }
            System.out.println("The sum is:"+s);
        }
        catch(Exception ex){
            System.out.println("\n"+ex.toString());    ex 的作用域
        }
    }
    public static void main(String[] args){
        sum(100);
    }
}
```

（竖排标注：s 的作用域 x 的作用域 k 的作用域）

本例中各变量的作用域情况：

（1）局部变量 s 的作用域为界定方法体的两个大括号 { } 之间的区域；变量 i 的作用域为 for 循环所确定的一对大括号 { } 之间（包括 for( )）的区域；

（2）例子中的方法参数变量 x，其作用域就是整个 sum()方法中；

（3）类成员变量 k，其作用域为整个 VariableScope 类；

（4）异常处理参数 ex 其作用域在"catch(){ }"范围中。

注意：

（1）并列或不相交区域内可以使用同名变量（实质是不同的变量）；

（2）变量不能在作用域外使用；

（3）在同一作用域内或嵌套块中，变量只能声明一次；

（4）如果一个局部变量和一个类变量具有相同的名字，那么局部变量优先，而同名的类变量将被隐藏（hidden）。

2.3 运算符和表达式

计算机的最基本用途之一就是执行数学运算来求值，作为一门计算机语言，Java 也提供了一套丰富的运算符来操纵数据。这里可以把运算符分成以下 6 组：

（1）赋值运算符；

（2）算术运算符；

（3）关系运算符；

（4）逻辑运算符；

（5）位运算符；

（6）其他运算符。

2.3.1 赋值运算符与赋值表达式

当需要为不同的变量赋值时，就必须使用赋值运算"="，这里不是"等号"的意思，而是"赋值"的意思。由"="连接的式子称为赋值表达式。其一般形式为：

变量=表达式

例如：x=a+b、w=sin(a)+sin(b) 等。

赋值表达式的功能是计算表达式的值再赋予左边的变量。要特别注意的是，赋值号"="左边一定是变量。如：a+b=100，这样的赋值表达式是错误的。

赋值表达式的值为赋值后变量的值，为此，下列语句是正确的：

```
System.out.println(x=32);  //输出赋值后 x 的值 32。
```

赋值运算符具有右结合性。因此 a=b=c=5 可理解为 a=(b=(c=5))

按照 Java 语言规定，任何表达式在其未尾加上分号就构成为语句。为此，赋值语句一般形式如下：

变量=表达式;

因此，如"x=8;a=b=c=5;"都是赋值语句。

2.3.2 算术运算符与算术表达式

算术运算符用在数学表达式中，它们的作用和在数学中的作用类似。表 2-3 列出了所有的算术运算符。**算术表达式**是由算术运算符和括号将运算对象（也称操作数）连接起来的符合 Java 语法规则的式子。以下是算术表达式的例子：

a+b、(a*2)/c、(x+r)*8-(a+b)/7、++i、sin(x)+sin(y)、(++i)-(j++)+(k--)

表 2-3 Java 算术运算符

运算符	描　　　述	例　　　子
+	加法：相加运算符两侧的值，如：a + b	15+20 等于 35
-	减法：左操作数减去右操作数，如：a - b	20 – 26 等于-6
*	乘法：相乘运算符两侧的值，如：a * b	4 * 8 等于 32
/	除法：左操作数除以右操作数，如：a / b	32 / 8 等于 4
%	取模：右操作数除左操作数的余数，如：a % b	12 % 6 等于 0
++ (单目)	自增++ 操作数的值增加 1 ，如：a++,++a	a=20;a++;a 的值为 21
-- (单目)	自减-- 操作数的值减少 1，如：a--,--a	a=20;a--;a 的值为 19
- (单目)	取负运算，如：-a	a=20;b=-a;b 的值为-20

例 2-9 算术运算符及其表达式。

```
public class Test {
  public static void main(String args[]) {
    int a = 10, b = 20, c = 25, d = 25;
    System.out.println("a + b = " + (a + b)); //a + b = 30
    System.out.println("a - b = " + (a - b)); //a - b = -10
    System.out.println("a * b = " + (a * b)); //a * b = 200
    System.out.println("b / a = " + (b / a)); //b / a = 2
    System.out.println("b % a = " + (b % a)); //b % a = 0
    System.out.println("c % a = " + (c % a)); //c % a = 5
    System.out.println("a++   = " + (a++));   //a++   = 10
    System.out.println("a--   = " + (a--));   //a--   = 11
    //查看 d++（使用 d 的值后加 1）与 ++d（d 加 1 后再使用 d 的值）的不同
    System.out.println("d++   = " + (d++));   //d++   = 25
    System.out.println("++d   = " + (++d));   //++d   = 27
  }
}
```

2.3.3　关系运算符

关系运算实际上就是"比较运算"，将两个值进行比较，判断比较的结果是否符合给定的条件，如果符合则表达式的结果为 true，否则为 false。关系运算符及其说明如表 2-4 所示。

表 2-4　Java 关系运算符

运算符	描　　　述	例　　子
==	检查两个操作数的值是否相等，如果相等则条件为真	(A==B)为 true
!=	检查两个操作数的值是否相等，如果值不相等则条件为真。注意："<>"不是 Java 语言的不等于运算符	(A != B) 为 true
>	检查左操作数的值是否大于右操作数的值，如果是那么条件为真	(A> B) 为 true
<	检查左操作数的值是否小于右操作数的值，如果是那么条件为真	(A <B) 为 true
>=	检查左操作数的值是否大于或等于右操作数的值，如果是那么条件为真	(A> = B) 为 true
<=	检查左操作数的值是否小于或等于右操作数的值，如果是那么条件为真	(A <= B) 为 true

例 2-10　关系运算符及其比较结果。

```
public class Test {
  public static void main(String args[]) {
    int a = 10,b = 20;
    System.out.println("a == b = " + (a == b)); //a == b = false
    System.out.println("a != b = " + (a != b)); //a != b = true
    System.out.println("a > b = " + (a > b));  //a > b = false
    System.out.println("a < b = " + (a < b));  //a < b = true
    System.out.println("b >= a = " + (b >= a)); //b >= a = true
    System.out.println("b <= a = " + (b <= a)); //b <= a = false
  }
```

```
}
```

2.3.4 逻辑运算符

逻辑运算符经常用来连接关系表达式，对关系表达式进行逻辑运算，因此逻辑运算符的运算对象必须是逻辑型数据，逻辑表达式的运行结果为逻辑值。Java 中的逻辑运算符有 3 种，分别是&&（逻辑与）、||（逻辑或）、!（逻辑非），其中前两个是双目运算符，第三个为单目运算符。具体的运算规则如表 2-5 所示。

表 2-5 列出了逻辑运算符的基本运算，假设布尔变量 A 为 true，变量 B 为 false。

表 2-5　Java 逻辑运算符

运算符	描　　述	例　　子
&&	称为逻辑与运算符。当且仅当两个操作数都为真时，条件才为真	（A && B）为 false
||	称为逻辑或运算符。如果两个操作数任何一个为真，则条件为真	（A || B）为 true
!	称为逻辑非运算符。用来反转操作数的逻辑状态。如果条件为 true，则逻辑非运算符将得到 false，反之将得到 true	!（A && B）为 true
^	称为逻辑异或运算符。如果两个操作数值不同，则结果为真	（A ^ B）为 true

例 2-11　下面的简单示例程序演示了逻辑运算符的用法。

```
public class Test {
  public static void main(String args[]) {
    boolean a = true,b = false;
    System.out.println("a && b = " + (a&&b));        //a && b = false
    System.out.println("a || b = " + (a||b) );       //a || b = true
    System.out.println("!(a && b) = "+!(a && b));     //!(a && b) = true
    System.out.println("a ^ b = " + a ^ b);           //a ^ b = true
  }
}
```

2.3.5 位运算符

位运算符用来对二进制位进行运算，位运算符会对两个运算数对应的位执行布尔代数运算。Java 定义的位运算符应用于整数类型(int)、长整型(long)、短整型(short)、字符型(char)和字节型(byte)等类型。位运算符作用在所有的位上，并且按位运算。

1."与"运算符（&）

如果两个输入位都是 1，则按位"与"运算符（&）生成一个输出位 1；否则生成一个输出位 0。

2．"或"运算符（|）

如果两个输入位里只要有一个是 1，则按位"或"运算符（|）生成一个输出位 1；只有在两个输入位都是 0 的情况下，它才会生成一个输出位 0。

3．"异或"运算符（^）

如果两个输入位的某一个是 1，但不全都是 1，那么"异或"运算（^）生成一个输出位 1，其他会生成一个输出位 0。

4．"非"运算符（~）

按位"非"（~，也称为取补运算）属于一元运算符；它只对一个运算数进行运算（其他位运算符都是二元运算符）。按位"非"生成与输入位相反的值——若输入 0，则输出 1；若输入 1，则输出 0。非运算符对运算数的各位取相反值，例"~2"结果为-3。

位运算符可与等号（=）联合使用，以便合并位运算和赋值运算：&=，|=和^=都是合法的（由于~是一元运算符，所以不可与=联合使用）。

2.3.6 移位运算符

移位运算符运算的运算对象也是二进制的"位"，但是它们只可以被用来处理整数类型。

1．左移位运算符（<<）

左移位运算符（<<）能将运算符左边的运算对象向左移动运算符右侧指定的位数（在低位补 0），移位的结果是：左边的运算数乘以 2 的幂，指数的值是由右边的运算数给出的。例如，256<<1 等于 $256*2^1=512$，32<<3 等于 $32*2^3=256$。

2．"有符号"右移位运算符（>>）

"有符号"右移位运算符（>>）则将运算符左边的运算对象向右移动运算符右侧指定的位数。"有符号"右移位运算符使用了"符号扩展"：若符号为正，则在高位插入 0；若符号为负，则在高位插入 1。移位的结果是左边的运算数被 2 的幂来除，而指数的值由运算符右边的运算数给出。例如，256>>1 等于 $256/2^1=128$，32>>3 等于 $32/2^3=4$。

3．"无符号"右移位运算符（>>>）

Java 中增加了一种"无符号"右移位运算符（>>>），它使用了"零扩展"：无论正负，都在高位插入 0。

表 2-6 列出了位运算符与部分移位运算符的基本运算，假设整数变量 A 的值为 60 和变量 B 的值为 13。

表 2-6　Java 逻辑运算符

运算符	描　　述	例　　子
&	按位与运算符，当且仅当两个操作数的某一位都非 0，结果的该位才为 1	（A&B），得到 12，即 0000 1100
|	按位或运算符，只要两个操作数的某一位有一个非 0，结果的该位就为 1	（A|B）得到 61，即 0011 1101
^	按位异或运算符，两个操作数的某一位不相同，结果的该位就为 1	（A^B）得到 49，即 0011 0001
~	按位补运算符翻转操作数的每一位	（~A）得到-61，即 1100 0011
<<	按位左移运算符。左操作数按位左移右操作数指定的位数	A << 2 得到 240，即 1111 0000
>>	按位右移运算符。左操作数按位右移右操作数指定的位数	A >> 2 得到 15 即 1111
>>>	按位右移补零运算符。左操作数的值按右操作数指定的位数右移，移动得到的空位以零填充	A>>>2 得到 15 即 0000 1111

例 2-12　位运算符及其操作演示。

```java
public class Test {
  public static void main(String args[]) {
    int a = 60;      /* 60 = 0011 1100 */
    int b = 13;      /* 13 = 0000 1101 */
    int c = 0;
    c = a & b;       /* 12 = 0000 1100 */
    System.out.println("a & b = " + c );
    c = a | b;
    System.out.println("a | b = " + c );       /* a | b =61,即 0011 1101 */
    System.out.println("a^ b = " + (a ^ b));  /* a ^ b =49,即 0011 0001 */
    System.out.println("~a = " + ~a );         /*~a = =-61,即 1100 0011 */
    System.out.println("a << 2=" +(a << 2));/*a << 2=240,即 1111 0000 */
    System.out.println("a >> 2 = " + a >> 2 ); /* a >> 2=15,即 1111 */
    System.out.println("a >>> 2="+(a >>> 2));/*a >>> 2=15,即 0000 1111 */
  }
}
```

2.3.7　条件运算符

条件运算符也被称为三元运算符，它有三个运算对象。使用条件运算符的语法格式如下：

<布尔表达式> ? 表达式 1：表达式 2

布尔表达式即逻辑表达式是由主要由关系运算符或逻辑运算符表达的式子，其值为 true 或 false。如果"布尔表达式"的结果为 true，就计算"表达式 1"，而且这个计算结果也就是运算符最终产生的值；如果"布尔表达式"的结果为 false，就计算"表达式 2"，同样，它的结果也就成为了运算符最终产生的值。例如：

```
int a = 3, b = 6, c;
c = (a>b)? a+1:a+2;   //执行后的 c 的值为 5。
```

例 2-13 条件运算符及其操作演示。

```
public class Test {
  public static void main(String args[]){
    int a =10, b;
    b = (a == 1) ? 20: 30;
    System.out.println( "Value of b is : " + b ); //Value of b is : 30
    b = (a == 10) ? 20: 30;
    System.out.println( "Value of b is : " + b );  //Value of b is : 20
  }
}
```

2.3.8 复合赋值运算符

表 2-7 给出了 Java 语言支持的赋值运算符。

表 2-7 Java 复合赋值运算符

运算符	描　　述	例　　子
=	简单的赋值运算符，将右操作数的值赋给左侧操作数	C = A + B 将把 A + B 得到的值赋给 C
+=	加和赋值运算符，它把左操作数和右操作数相加赋值给左操作数	C += A 等价于 C = C + A
-=	减和赋值运算符，它把左操作数和右操作数相减赋值给左操作数	C - = A 等价于 C = C - A
*=	乘和赋值运算符，它把左操作数和右操作数相乘赋值给左操作数	C * = A 等价于 C = C * A
/=	除和赋值运算符，它把左操作数和右操作数相除赋值给左操作数	C / = A 等价于 C = C / A
%=	取模和赋值运算符，它把左操作数和右操作数取模后赋值给左操作数	C%= A 等价于 C = C%A
<<=	左移位赋值运算符	C << = 2 等价于 C = C << 2
>>=	右移位赋值运算符	C >> = 2 等价于 C = C >> 2
&=	按位与赋值运算符	C&= 2 等价于 C = C&2
^=	按位异或赋值运算符	C ^= 2 等价于 C = C ^ 2
|=	按位或赋值运算符	C | = 2 等价于 C = C | 2

例 2-14 下面的简单示例程序演示了赋值运算符的用法。

```
public class Test {
  public static void main(String args[]) {
    int a = 10, b = 20, c = 0;
    c = a + b; System.out.println("c = a + b = " + c );//c = a + b = 30
```

```
c += a ;    System.out.println("c += a  = " + c ); //c += a = 40
c -= a ;    System.out.println("c -= a  = " + c ); //c -= a = 30
c *= a ;    System.out.println("c *= a  = " + c ); //c *= a = 300
a = 10; c = 15; c /= a ;
System.out.println("c /= a = " + c );  //c /= a = 1
a = 10; c = 15;
c %= a ;  System.out.println("c %= a  = " + c );  //c %= a = 5
c <<= 2 ; System.out.println("c <<= 2 = " + c );  //c <<= 2 = 20
c >>= 2 ; System.out.println("c >>= 2 = " + c );  //c >>= 2 = 5
c >>= 2 ; System.out.println("c >>= 2 = " + c );  //c >>= 2 = 1
c &= a ;  System.out.println("c &= 2 + c );        //c &= 2 = 0
c ^= a ;  System.out.println("c ^= a = " + c );   //c ^= a = 10
c |= a ;  System.out.println("c |= a = " + c );   //c |= a = 10
    }
  }
```

2.3.9 instanceof 运算符

该运算符用于操作对象实例,检查该对象是否是一个特定类型(类类型或接口类型)。
instanceof 运算符使用格式如下:

引用变量 instanceof 类或接口类型

如果运算符左侧变量所指的对象是运算符右侧类或接口(class/interface)的一个对象,
那么结果为真。例如:

```
String name = 'James';
boolean result=name instanceof String;//由于 name 是 String 类型,所以返回 true
```

如果被比较的对象兼容于右侧类型,该运算符仍然返回 true。看下面的例子。

例 2-15 instanceof 使用举例。

```
class Vehicle { }
public class Car extends Vehicle {
  public static void main(String args[]){
    Vehicle a = new Car();
    boolean result = a instanceof Car;
    System.out.println( result);
  }
} //运行结果为: true
```

2.3.10 Java 运算符优先级

当多个运算符出现在一个表达式中时,谁先谁后呢? 这就涉及到运算符的优先级别的
问题。在一个多运算符的表达式中,运算符优先级不同会导致最后得出的结果差别甚大。

例如，(1+3)+(3+2)*2，这个表达式如果按加号最优先计算，答案就是 18；如果按照乘号最优先，答案则是 14。

再如 "x = 7 + 3 * 2;"，这里 x 得到 13，而不是 20，因为乘法运算符比加法运算符有较高的优先级，所以先计算 3 * 2 得到 6，然后再加 7。

附录 C 给出了 Java 语言运算符及其优先级，表中具有最高优先级的运算符在表的最上面，最低优先级的在表的底部。

2.3.11　表达式计算举例

计算贷款支付额是常见的日常问题。贷款可以是房贷、车贷、抵押贷款等。

例 2-16　问题要求用户输入利率、年数以及贷款总额，并要求显示月支付金额和总偿还金额。

分析：计算月支付额的公式为：

月支付额＝（贷款总额*月利率）÷（1-1÷（1+月利率）^{（年数*12）}）

在这个公式计算中，需要用到 Math 类中的方法 pow(a,b) 来计算 a^b。譬如：Math.pow(2,3) 结果为 $2^3 = 8.0$。

本例程序步骤为：

（1）提示用户输入年利率、年数和贷款总额；

（2）利用年利率获取月利率；

（3）使用前面的公式计算月支付额；

（4）计算总支付额，它是月支付额乘以 12 再乘以年数；

（5）显示月支付额和总支付额。

本例程序如下：

```
import java.util.Scanner;
public class ComputeLoan {
 public static void main(String[]  args) {
  Scanner input = new Scanner(System.in);            //创建 Scanner 对象
  System.out.print("输入年利率，譬如: 5.0 ");
  double annualInterestRate =  input.nextDouble(); //输入年利率
  double monthlyInterestRate =  annualInterestRate /1200; //计算月利率
  System.out.print("输入贷款年数，譬如: 10 ");
  int numberOfYears = input.nextInt();              //输入贷款年数
  System.out.print("输入总贷款金额，譬如: 200000.0 ");
  double loanAmount =  input.nextDouble();          //输入总贷款金额
  double monthlyPayment = loanAmount * monthlyInterestRate / (1 -1 /
    Math.pow(1 + monthlyInterestRate, numberOfYears  * 12 ));
                                                    //计算月支付额
  double totalPayment = monthlyPayment * numberOfYears * 12;
                                                    //计算总支付额
  System.out.print("月支付额为: "+(int)(monthlyPayment*100)/100.0);
                                                    //两位小数显示
```

```
    System.out.println("总支付额为: "+(int)(totalPayment*100)/100.0);
  }
}
```

2.4　对话框输入输出

　　输入输出在基本程序设计中起到非常重要的作用，控制台输入输出是最基本的输入输出方式。而通过对话框方式来进行输入与输出，因有其灵活与便捷性而推荐采用。

　　控制台方式输入或输出，消息对话框中输出，前面已有介绍。本节主要介绍从输入对话框获取输入的方法。

　　从输入对话框获取输入，那就是通过调用 JOptionPane.showInputDialog()方法从一个输入对话框中获取输入，正如通过调用 JOptionPane.showMessageDialog()方法在消息对话框中显示文本一样。

　　JOptionPane 是 Java 预定义的类，在包 javax.swing 中。

　　JOptionPane.showMessageDialog()方法在消息对话框中显示文本有如下两种调用方式：

　　（1）JOptionPane.showMessageDialog(null,"需要显示的文本内容")；

　　（2）JOptionPane.showMessageDialog(null,"需要显示的文本内容","消息框标题"，

JOptionPane.INFORMATION_MESSAGE)；

　　JOptionPane. showInputDialog()方法从输入对话框获取输入，也有如下两种调用方式：

　　（1）JOptionPane. showInputDialog("输入提示信息字符串")；

　　（2）JOptionPane. showInputDialog(null, "输入提示信息字符串","输入框标题"，

JOptionPane.QUESTION_MESSAGE)；

　　在举例说明从输入对话框获取输入前，先介绍 String 类型及字符串与数值类型的相互转换方法。

2.4.1　String 类型

　　char 类型只能表示一个字符。为表示一串字符，要使用称为 String（字符串）的数据类型。例如，下面代码将 message 声明为一个字符串，其值为"Welcome to Java!"：

```
String message = "Welcome to Java!";
```

　　String 实际上与 System 类、JOptionPane 类和 Scanner 类一样，都是一个 Java 库中预定义的类。String 类型不是基本类型，而是引用类型。任何类都可以将变量表示为引用类型，引用类型将在第 5 章中进一步讨论。这里只需要会声明 String 变量、会对之赋值与连接操作。例如：

```
String message="Welcome" + "to" + "Java!" //连接成 Welcome to Java !
String s = "i + j is " + i + j        //s 连接成 i + j is 12  假设 i=1,j=2
```

```
String s2 = "i + j is " +( i + j)        //s2 连接成 i + j is 3  假设 i=1,j=2
```

为了从控制台读取字符串，调用 Scanner 对象上的 next()方法。例如，下面的代码就可以从键盘读取三个字符串：

```
Scanner input = new Scanner(System.in);
System.out.println("请读取三个字符串: ");
String s1=input.next(); String s2=input.next(); String s3 = input.next();
System.out.println("s1 is " + s1 + "; s2 is " + s2 + "; s3 is " + s3);
```

next()方法读取以空白字符（即' '、'\t'、'\f'、'\r'或'\n'）结束的字符串。可以使用 nextLine()方法读取一整行文本。nextLine()方法读取以按下回车键为结束标志的字符串，请不妨一试。

2.4.2　将字符串转换为数值

showInputDialog()方法从输入对话框读取的输入是一个字符串。如果输入的是一个数字值 123，它会返回"123"。必须把字符串转化为数字值以得到数字型的输入。

要把一个字符串转换为一个 int 型值，使用 Integer 类中的 parseInt 方法，例如：

```
int intValue = Integer.parseInt(intString);
                                    //intString 为整型值字符串，如"123"。
```

要把一个字符串转换为一个 double 型值，应使用 Double 类中的 parseDouble 方法，例如：

```
double doubleValue = Double.parseDouble(doubleString);
                            //doubleString 为浮点型值字符串，如"123.45"。
```

Integer 类和 Double 类都包含在包 java.lang 中，java.lang 是自动导入的。

2.4.3　使用对话框输入输出

例 2-17　本例要求同前面例 2-16，例 2-16 是从控制台读取输入，本例改使用对话框方式来实现输入输出。修改后的程序如下：

```
import javax.swing.JOptionPane;
public class ComputeLoanUsingInputDialog {
  public static void main(String[] args) {
    String annualInterestRateString = JOptionPane.showInputDialog("输入
年利率, 譬如: 5.0 ");                                    //输入年利率
    String numberOfYearsString = JOptionPane.showInputDialog("输入贷款年
数, 譬如: 10 ");                                        //输入贷款年数
    String loanAmountString = JOptionPane.showInputDialog("输入总贷款金额,
譬如: 200000.0 ");                                      //输入总贷款金额
    double annualInterestRate = Double.parseDouble
```

```
                                              (annualInterestRateString);
    double monthlyInterestRate = annualInterestRate /1200; //计算月利率
    int numberOfYears = Integer.parseInt(numberOfYearsString); //转成 int
    double loanAmount= Double.parseDouble(loanAmountString);//转成 double
    double monthlyPayment = loanAmount * monthlyInterestRate / (1 - 1 /
        Math.pow(1 + monthlyInterestRate, numberOfYears * 12 ));
                                                    //计算月支付额
    double totalPayment = monthlyPayment * numberOfYears * 12;
                                                    //计算总支付额
    JOptionPane.showMessageDialog(null, "月支付额为: "+(int)
(monthlyPayment*100)/100.0 + "\n总支付额为: "+(int)(totalPayment*100)/100.0);
                                                    //显示

    }
}
```

2.5 本章小结

本章介绍了 Java 的语言基础，即 Java 的基本数据类型、常量与变量、运算符与表达式等，利用这些 Java 的基本语言要素，已能编写基本的由定义、输入、处理与输出组成的实用 Java 程序。

2.6 习题

一、选择题

1. 对于声明语句 "int a=5,b=3;"，表达式 b=(a=(b=b+3)+(a=a*2)+5)执行后，a 和 b 的值分别是（   ）。

    A. 10，6　　　　　B. 16，21　　　　　C. 21，21　　　　　D. 10，21

2. "int x=20,y=30; k=(x>y)?y:x;" 程序段执行后变量 k 的值是（   ）。

    A. 20　　　　　　B. 30　　　　　　C. 10　　　　　　D. 50

3. "short s1=32 766; s1+=2; System.out.println(s1);" 程序段执行后，将输出（   ）。

    A. 编译无法通过　　　　　　B. 32 768　　　　　C. 0

    D. -32 767　　　　　　　　E. -32 768

4. 内部数据类型 byte 的取值范围是（   ）。

    A. 0～65 535　　　　　　　B. −128～127

    C. −32 768～32 767　　　　D. −256～255

5. 下列哪些是不能通过编译的语句？（   ）。

    A. int i=32;　　　　　　　B. float f=45.0;

    C. double d=45.0;　　　　　D. char a='c';

6. 整型类型有 long、int、short、byte 4 种，它们分别在内存中占用（ ）字节。

    A. 1、2、3、8　　　　　　B. 8、4、2、1

　　　　C．4、2、1、1　　　　　　　　　　D．1、2、2、4

7．下列变量定义中，不合法的是（　　　）。

　　A．boolean flag=true;　　　　　　B．int k=1+'a';

　　C．char ch="a";　　　　　　　　D．float radius=1/2;

8．一个方法定义的返回值类型是 float，它不能在 return 语句中返回的值类型是
（　　　）。

　　A．char　　　　B．float　　　　C．long　　　　D．double

　　E．short　　　　F．int

9．下列语句正确的是（　　　）。

　　A．byte b=127;　　　　　　　　B．boolean b=null;

　　C．long=1L;　　　　　　　　　D．Double d=0,.123d;

10．i++与++i，下列说法正确的是（　　　）。

　　A．i++是先增量，后引用；++i 是先引用，后增量

　　B．i++是先引用，后增量；++i 也是先引用，后增量

　　C．i++是先引用，后增量；++i 是先增量，后引用

　　D．i++是先增量，后引用；++i 也是先增量，后引用

11．以下哪个不是 Java 的原始数据类型？（　　　）

　　A．int　　　　　　B．boolean　　　　C．float　　　　D．Char 引用数据类型

12．设 x = 1，y = 2，z = 3，则表达式 y+=z--/++x 的值是（　　　）。

　　A．3　　　　　　B．3.5　　　　　C．4　　　　　　D．5

13．设有定义"int i=123; long j=456;"，下面赋值不正确的语句是（　　　）。

　　A．j=i;　　　　B．j=(long)i;　　　C．i=(int)j;　　　D．i=j;

14．关于 Java 中数据类型叙述正确的是（　　　）。

　　A．整型数据在不同平台下长度不同

　　B．boolean 类型数据只有两个值：true 和 false

　　C．数组属于简单数据类型

　　D．Java 中的指针类型和 C 语言的一样

15．设 int x=1,float y=2，则表达式 x / y 的值是（　　　）。

　　A．0　　　　　　B．1　　　　　　C．2　　　　　D．以上都不是

二、简答题

1．使用常量的好处是什么？声明一个值为 20 的 int 型常量 SIZE。

2．假设 int a=1 和 double d=1.0，并且每个表达式都是独立的，那么下面表达式的结
果是什么？

```
a=46 / 9 ; a=46%9 +4 *4 - 2; a=45+43%5*(23*3%2); a%=3 / a+3;
d=4+d*d+4; d+=1.5*3+(++a); d-=1.5*3+a++;
```

3．12.3, 12.3e+2, 23.4e-2, -334.4, 20, 39F, 40D，哪些是正确的浮点数直接量？

4．'1', '\u345dE', '\u3fFa', '\b', '\t，哪些是正确的字符直接量？

5. 给出下面语句的输出结果（编写程序验证你的结果）。

```
System.out.println("1"+1);  System.out.println('1'+1);
System.out.println("1"+1+1);
System.out.println("1"+(1+1));  System.out.println('1'+1+1);
```

6. 给出下面表达式的结果（编写程序验证你的结果）。

```
1+"Welcome"+1+1、1+"Welcome"+(1+1)、1+"Welcome"+('\u0001'+1)、
1+"Welcome" +'a'+1
```

7. 找出并修改下列代码中的错误：

```java
public class Test {
  public void main(String[] args) {
    int i, k=100.0 ,j=i+1;
    System.out.println("j is "+ j + " and k is " + k);
  }
}
```

8. 给出以下代码的输出结果。

```java
public class Test{
  public static void main(String[] args) {
    System.out.println("3.5*4/2-2.5 is ");
    System.out.println(3.5*4/2-2.5);
  }
}
```

第3章 选　　择

Java 中的控制语句有以下几类：选择语句、循环语句、跳转语句等。选择语句使得程序在执行时可以根据条件表达式的值，有选择地执行某些语句或不执行另一些语句。Java 语言支持 if 和 switch 两种选择语句。

学习重点或难点：

- 关系运算与逻辑运算
- if 语句
- switch 语句

学习本章后将会有按条件选择不同功能处理程序的编写能力。

引言：例 2-3 读取圆半径并计算圆面积的程序。若读到的 radius 是一个负值，程序就会输出一个不合规或非法的结果。为此，对读到的半径值要根据不同情况做出相应的处理。

例 3-1 对例 2-3 程序的进一步修改。

```
public class ComputeCircleAreaWithAnyRadius {
  public static void main(String[] args) {
    double radius,area;                      //①定义
    System.out.print("请输入圆的半径: ");
    Scanner input=new Scanner(System.in);    //②输入
    radius=input.nextDouble();
    if (radius<0) System.out.println("输入错误: 半径不能为负的。");
    else {
      area = radius * radius * 3.14159;      //③计算
      System.out.println("半径为: " + radius + "的圆的面积是: " + area);
                                             //④输出
    }
  }
}
```

由此，可预见学习本章的一点意义了，根据条件去做处理，程序将更适应实际功能处理的要求，处理程序也更完整与完善。

3.1　布尔（逻辑）表达式

条件语句要用到条件的表示，也就是要用到布尔表达式或逻辑表达式，上面条件语句中的 radius<0 就是一个布尔表达式。关系表达式和逻辑表达式都是能表达条件的布尔表达式。

布尔表达式的结果值为真 true 或假 false，boolean 类型变量专门用来存储布尔（或

逻辑）直接量 true 或 false。例如：

```
boolean buyCar = true;
System.out.println("你买车了吗？\n" + "回答: " + buyCar);
```

boolean 变量用于处理布尔表达式相关的表达与运算等。

3.1.1 关系表达式

在程序中经常需要比较两个量的大小关系，以决定程序下一步的工作。比较两个量的运算符称为关系运算符，具体在 2.3.3 节已有介绍。

1．关系运算符的结合性

关系运算符都是双目运算符，其结合性均为左结合。关系运算符的优先级低于算术运算符，高于赋值运算符。在六个关系运算符中，<、<=、>、>=的优先级相同，高于==和!=，==和!=的优先级相同。

2．关系表达式

关系表达式的一般形式为：

表达式　关系运算符　表达式

例如，a+b>c-d　x>3/2　'a'+1<c　-i-5*j==k+1 都是合法的关系表达式。

关系表达式的值是"真"和"假"，用 true 和 false 表示。如：5>0 的值为真，即为 true。

对于(a=3)>(b=5)，由于 3>5 不成立，故其值为假，即为 false。

例 3-2 输出一些关系表达式的运算值。

```
public class Test {
  public static void main(String args[]) {
   char c='k';int i=1,j=2,k=3;double x=3e+5,y=0.85;
   System.out.printf("%s,%s,",'a'+5<c,-i-2*j>=k+1); //请注意各运算的优先级
   System.out.printf("%s,%s,",1<j==j<5,x-5.25<=x+y);//printf()输出格式详
见 3.5 节
   System.out.printf("%s,%s\n",i+j+k==-2*j,k==j==false);
   }
} //运行结果: true,false,true,true,false,true
```

说明：在本例中求出了各种关系表达式的值。字符变量是以它对应的 ASCII 码参与运算的。对于含多个关系运算符的表达式，如 k==j==false，根据运算符的左结合性，先计算 k==j，该式不成立，其值为 false，再计算 false== false，成立，故表达式的值为 true。

3.1.2　逻辑表达式

组合多种条件构成复合或复杂条件时，需要用到逻辑运算符与逻辑表达式。

1．逻辑运算符及其优先级

Java 语言中提供了 4 种逻辑运算符（具体在 2.3.4 节已有介绍）：

（1）&& 与运算，如：x && y（说明：x,y 为变量、常量、关系表达式、其他表达式等）；

（2）|| 或运算，如：x || y ；

（3）! 非运算，如：!x ；

（4）^ 逻辑异或运算，如：x ^ y。

逻辑异或^、与运算&&和或运算||均为双目运算符，具有左结合性。非运算符!为单目运算符，具有右结合性。逻辑运算符优先级的从高到低表示如下：!（非）→^（异或）→&&（与）→||（或）。"&&"和"||"低于关系运算符，"!"高于算术运算符。具体参见附录 C。

按照运算符的优先顺序可以得出：

a>b && c>d 等价于 (a>b)&&(c>d)； !(b==c) || d<a 等价于 (!(b==c))||(d<a)
a+b>c && x+y<b 等价于 ((a+b)>c)&&((x+y)<b) ； a+b>c ^ a<b 等价于 ((a+b)>c) ^ (a<b)

2．逻辑运算及其取值

逻辑运算的值为"真"和"假"两种，用 true 和 false 来表示。其求值规则如下：

（1）**与运算 &&**：参与运算的两个量都为真时，结果才为真，否则为假。

例如，5.0>4.9 && 4>3，由于 5.0>4.9 为真，4>3 也为真，相与的结果也为真。

（2）**或运算||**：参与运算的两个量只要有一个为真，结果就为真。两个量都为假时，结果为假。例如，5.0>4.9||5>8，由于 5.0>4.9 为真，相或的结果也就为真。

（3）**非运算!**：参与的运算量为真时，结果为假；参与的运算量为假时，结果为真。

例如，!(5.0>4.9)的结果为假，即为 false。

（4）**异或运算^**：参与运算的两个量一真一假时，结果为真，其他结果为假。

例如，5.0>4.9 ^ 5>8 的结果为真，即为 true。

逻辑运算!、&&、||的"真值表"见表 3-1，其中 x、y 为各种取值的运算量，可以是逻辑类型的常量、变量、关系表达式等。

表 3-1　逻辑运算真值表

x	y	!x	x&&y	x||y	x^y	x	y	!x	x&&y	x||y	x^y
true	true	false	true	true	false	false	true	true	false	true	true
true	false	false	false	true	true	false	false	true	false	false	false

注意：在 Java 语言中，逻辑表达式的运算结果："假"或"不成立"结果为 false，"真"或"成立"结果为 true。

3．逻辑表达式

逻辑表达式的一般形式为：

[表达式或逻辑值] 逻辑运算符 表达式或逻辑值

其中的表达式可以是关系表达式，也可以是逻辑表达式，从而组成了表达式嵌套的情形。

例如： (a&&b)&&c，根据逻辑运算符的左结合性，上式也可写为：

```
a&&b&&c
```

逻辑表达式的值是式中各种逻辑运算的最后值，以 true 或 false 来表示。

例 3-3 输出一些逻辑表达式的运算值。

```
public class Test {
  public static void main(String args[]) {
    char c='k'; int i=1,j=2,k=3; float x=(float)3e+5,y=(float)0.85;
    System.out.printf("%s,%s, ",!(x!=0)&&!(y!=0),!!!(x!=0));
    System.out.printf("%s,%s, ",x!=0||(i!=0)&&(j-3!=0),i<j&&x<y);
    System.out.printf("%s,%s\n",i==5&&c!=0&&(j==8),x+y!=0||i+j+k!=0);
  }
} //运行结果: false,false, true,false, false,true
```

说明：本例中!(x!=0)和!(y!=0)分别为 false，!(x!=0)&&!(y!=0)也为 false，故其输出值为 false。由于 x!=0 为 true，故!!!(x!=0)的逻辑值为 false。对 x!=0||(i!=0)&&(j-3!=0)式，x!=0 为 true，按 Java 逻辑表达式的求解特性，||或运算右边部分就不计算了，整个逻辑表达式的值为 true。对 i<j&&x<y 式，由于 i<j 的值为 true，而 x<y 为 false，故表达式的值为 true 与 false 相与，最后为 false，对 i==5&&c!=0&&(j==8)式，由于 i==5 为假，即值为 false，该表达式由两个与运算组成，所以整个表达式的值为 false。对于式 x+y!=0||i+j+k!=0，由于 x+y 的值为非 0，x+y!=0 为 true，故整个逻辑或表达式的值为 true。

注意：逻辑表达式求解时有个特性，即并非所有的逻辑运算符都被执行，只在必须执行下一个逻辑运算符才能求出表达式的结果时，才执行该运算符，也即在已明确表达式的真或假值时，后续对结果没有影响的运算将不再执行。譬如：

（1）如 a&&b&&c，只在 **a** 为真时，才判别 **b** 的值；只在 **a**、**b** 都为真时，才判别 **c** 的值。也即 a 为假时，表达式为假，就不判断 b 与 c 了；a 为真，b 为假时，表达式亦为假，就不判断 c 了。

（2）如 a||b||c，只在 **a** 为假时，才判别 **b** 的值；只在 **a**、**b** 都为假时，才判别 **c** 的值。也即 a 为真时，表达式为真，就不判断 b 与 c 了；a 为假，b 为真时，表达式亦为真，就不判断 c 了。例如：

```
int a=1,b=2,c=3,d=4;boolean bl1=true,bl2=true;
```

```
bl1=(a>b)&&(bl2=c>d);  /*结果 bl1=false,bl2=true, 而非 bl2=false*/
```

例如，"int x=5;" 表达式 false||++x==6 的值为 true，表达式求值后 x 为 6；而 "int x=5;" 表达式 false &&++x==6 的值为 false，表达式求值后 x 为 5，而非 x 为 6（因为++x 未执行）。

思政材料

3.2 if 语句

if…else 语句或许是控制程序流程最基本的形式，其中 else 是可选的，所以可按下述 3 种形式来描述 if 语句。

3.2.1 不带 else 的 if 语句

没有 else 的 if 语句语法格式为：

if （条件表达式）
{   //如果条件表达式的值为 **true**
    语句；或 语句块；
}   //当单语句时{ }可省，下同

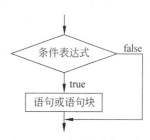

图 3-1   if 语句的执行逻辑

程序的执行流程如图 3-1 所示。如果条件表达式的值为 true，则执行 if 语句中的代码块；否则执行 if 语句块后面的代码。

例 3-4   if 语句的简单示例。

```
public class Test {
    public static void main(String args[]){
        int x = 10;
        if( x < 20 ){
            System.out.print("这是 if 语句");
        }
    }
} //运行输出结果为: 这是 if 语句
```

3.2.2 带有 else 的 if 语句

带有 else 的 if 语句语法格式为：

if （条件表达式）{   //如果条件表达式的值为 **true**
    语句块 **1**；
}
else {   //如果条件表达式的值为 **false**
    语句块 **2**；
}

程序的执行流程如图 3-2 所示。

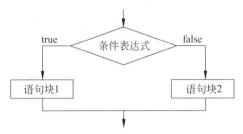

图 3-2　if…else 语句的执行逻辑

例 3-5　if…else 语句的简单示例。

```java
import java.util.Scanner;        //Scanner 在 java.util 包中，为此要导入该包
public class Test {
   public static void main(String args[]){
      Scanner input=new Scanner(System.in);
      System.out.print("请输入整数 x 的值: ");
      int x=input.nextInt();       //调用 nextInt()方法来完成读取整型值
      if( x < 20 )
         System.out.print("这是 if 子语句");
      else
         System.out.print("这是 else 子语句");
   }
}
```

3.2.3　if…else if…else 语句

当有多个分支选择时，可采用 if…else if…else…语句，其一般形式为：

```java
if(条件表达式 1){
   语句块 1; //如果条件表达式 1 的值为 true 的执行语句块
}else if(条件表达式 2){
   语句块 2; //如果条件表达式 2 的值为 true 的执行语句块
}else if(条件表达式 3){
   语句块 3; //如果条件表达式 3 的值为 true 的执行语句块
   …
}else if(条件表达式 m){
   语句块 m; //如果条件表达式 3 的值为 true 的执行语句块
}else {
   语句块 n; //如果以上条件表达式都不为 true 的执行语句块
}
```

其语义是：依次判断条件表达式的值，当出现某个值为真时，则执行其对应的语句块。然后跳到整个 if 语句之后继续执行程序。如果所有的条件表达式均为假，则执行语句块 n。然后继续执行后续程序。if…else if…else 语句的执行过程如图 3-3 所示。

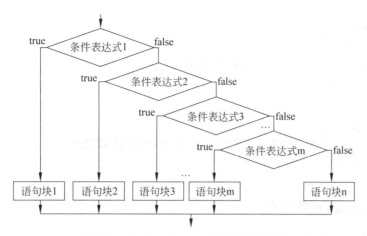

图 3-3 if…else if…else 语句的执行过程

使用 if、else if、else 语句的时候，需要注意下面几点：

- if 语句至多有 1 个 else 语句，else 语句在所有的 else if 语句之后。
- if 语句可以有若干个 else if 语句，它们必须在 else 语句之前。
- 一旦其中一个 else if 语句检测为 true，其他的 else if 以及 else 语句都将跳过执行。

例 3-6 判断某个字符所属的类别。

```
public class Test {
  public static void main(String args[]){
    char c='A';
    if(c<32)  //或 if(Character.isISOControl(c))
      System.out.print("This is a control character\n");
    else if(c>='0'&&c<='9')  //或 else if(Character.isDigit(c))
      System.out.print("This is a digit\n");
    else if(c>='A'&&c<='Z')  //或 else if(Character.isUpperCase(c))
      System.out.print("This is a capital letter\n");
    else if(c>='a'&&c<='z')  //或 else if(Character.isLowerCase(c))
      System.out.print("This is a small letter\n");
    else
      System.out.print("This is an other character\n");
  }
} //运行结果: This is a capital letter
```

说明：本例也可以如程序注释那样，用 Character 判断字符的方法来表达所属字符条件。

3.2.4 if 语句的嵌套

使用嵌套的 if 语句是合法的。就是说，可以在上面 3 种 if 语句形式中的"语句块"中包含任一种形式的 if 语句，而形成嵌套的 if 语句。

譬如，如下是嵌套的 if…else 语句的语法格式：

```
if(条件表达式 1){
    [ 语句块 11 ]
    if 语句 1   //if 语句 1 可以是任一形式的 if 语句
    [ 语句块 12 ]
}
else {
    [ 语句块 21 ]
    if 语句 2   //if 语句 2 可以是任意的上面 3 种形式的 if 语句
    [ 语句块 22 ]
}
```

例 3-7 嵌套的 if 语句示例。

```
public class Test {
  public static void main(String args[]){
    int x = 10, y = 10;
    if( x == 30 ){
        if( y == 10 ) System.out.print("X = 30 and Y = 10");
    }
    else {
        if( y == 10 ) System.out.print("X <> 30 and Y = 10");
        else System.out.print("X <> 30 and Y <> 10");
    }
  }
} //运行结果为: X = <> 30 and Y = 10
```

例 3-8 编写一个一年级学生减法练习程序。随机产生两个一位整数，大的减小的，程序提示学生输入答案，并判断对错。程序如下:

```
import java.util.Scanner;
public class SubtractionQuiz {
  public static void main(String args[]){
    int number1=(int)(Math.random()*10);       //随机产生两个整数
    int number2=(int)(Math.random()*10);
    if(number1< number2 ){                      //若 number1 小，则交换
        int temp = number1; number1 = number2; number2 = temp;
    }
    System.out.print(number1 + "-" + number2 + "= ? "); //提示输入答案
    Scanner input =  new Scanner(System.in);
    int answer = input.nextInt();
    if( number1-number2 ==answer ){             //判断回答是否正确?
        System.out.print("回答正确，很棒! ");
    }
    else
      System.out.print("回答不对,请确认: "+number1+"-"+number2+"= "+ (number1
-number2));
  }
}
```

3.3 switch 语句

switch 语句是多条件分支的开关控制语句，它的一般格式定义如下（其中 break 语句是可选的）：

```
switch(表达式)
{ case 常量值1:
     语句块1;
     [break;]
  case 常量值2: 语句块2; [break;]
   …
  case 常量值n: 语句块n; [break;]
  default:
     语句块;
}
```

switch 语句判断一个表达式与一系列值中某个值是否相等，每个值称为一个分支。

注意:

（1）switch 后面括号中表达式的值必须是 byte、char、short 或 int 类型的常量表达式，而不能用浮点类型或 long 类型，也不能为一个字符串。

（2）switch 语句可以拥有多个 case 语句。每个 case 后面跟一个要比较的常量值和冒号。

（3）case 语句中的常量值的数据类型必须与表达式的数据类型相同，而且只能是常量或者字面常量。

（4）break 语句用来在执行完一个 case 分支后，使程序跳出 switch 语句，即终止 switch 语句的执行。但在特殊情况下，多个不同的 case 值要执行一组相同的运算，这时一组中前面的 case 可以去掉 break。

（5）switch 语句可以包含一个可选 default 分支，该分支必须是 switch 语句的最后一个分支。default 在没有 case 语句的值和表达式值相等的时候执行。default 分支不需要 break 语句。

（6）一个 switch 语句可以代替 if…else if…else 语句或多个 if…else 语句组成的选择语句，而 switch 语句从思路上显得更清晰。

例 3-9 switch 语句的示例。

```
public class Test {
  public static void main(String args[]){
    char grade = args[0].charAt(0); //运行时参数给值,或改为直接赋值char grade= 'C';
    switch(grade)
    { case 'A' :
        System.out.print("Excellent!");
        break;
      case 'B' :
```

```
    case 'C' : System.out.print("Well done."); break;
    case 'D' : System.out.print("You passed.");
    case 'F' : System.out.print("Better try again."); break;
    default : System.out.print("Invalid grade.");
  }
 System.out.println(" Your grade is " + grade);
 }
}
```

运行结果如下：

```
$ Java Test A
Excellent! Your grade is a A
```

3.4 条件表达式

条件运算符（?:）在 2.3.7 节已有介绍，这里再做些补充。条件表达式通常用于赋值语句之中。例如，条件 if 语句：

```
if(a>b) max=a;
else max=b;
```

可用条件表达式写为：

```
max=(a>b)?a:b;
```

执行该语句的语义是：如 a>b 为真，则把 a 赋予 max，否则把 b 赋予 max。

使用条件表达式时，还应注意以下几点：

（1）条件运算符的运算优先级低于关系运算符和算术运算符，但高于赋值符。

因此：max=(a>b)?a:b 可以去掉括号而写为：

```
max=a>b?a:b
```

（2）条件运算符 "?和:" 是一对运算符，不能分开单独使用。

（3）条件运算符的结合方向是自右至左。

例如，a>b?a:c>d?c:d，应理解为：

```
a>b?a:(c>d?c:d)
```

这就是条件表达式嵌套的情形，即其中的第二个表达式又是一个条件表达式。

例 3-10 输入一个年份，判断其是否为闰年？

说明：闰年的条件是某年年份可以被 4 整除而不能被 100 整除，或者可以被 400 整除。为此，闰年可以用一个布尔表达式来表示：(year % 4 ==0 && year %100 != 0) || (year % 400 ==0)。程序如下：

```
import java.util.Scanner;
```

```
public class LeapYear {
  public static void main(String args[]){
     Scanner input = new Scanner(System.in);
     System.out.print("请输入一个年份: ");
     int year = input.nextInt();
     boolean isLeapYear=(year % 4==0 && year %100 != 0)||(year % 400 == 0)
     System.out.println((isLeapYear? (year + "是闰年! "): (year + "不是闰
年! ")));
  }
}
```

3.5 格式化控制台输出

控制台输出，前面主要用到的是 System.out 的 print()或 println()方法，实际上还有一个 printf()方法可以格式化输出（3.1.1 节已使用）。调用这个方法的语法是：

```
System.out.printf(format,item1,item2,...,itemk);
```

这里的 format 是指一个子串和格式标识符构成的字符串。格式标识符指定每个条目应该如何显示。这里的"item1,item2,...,itemk"可以是数值、字符、布尔值或字符串。一个标识符是以百分号（%）开头的转换码。这里是一些常用的标识符：

（1）%b 用于输出布尔值；

（2）%c 用于输出字符；

（3）%d 用于输出十进制整数；

（4）%f 用于输出浮点数；

（5）%e 用于输出标准科学记数形式的数；

（6）%s 用于输出字符串。

例如：

```
int count = 5;
double amount =45.56;
System.out.printf ("count 变量是 %d ; amount 变量是 %f ", count, amount);
```

对应的格式标识符　　要输出的条目

对应的格式标识符

显示结果是：count 变量是 5；amount 变量是 45.560000。

条目与标识符必须在次序、数量和类型上匹配。另外，还可在标识符中指定宽度和精度，譬如：%5c（输出字符，总长度 5 个字符位，字符前加 4 个空格）、%6b（总长度 6 个字符位，false 前加一个空格或 true 前加 2 个空格）、%5d（总长度 5 个字符位，整数数字位小于 5 则前加空格，大于 5 位则自动增加宽度）、%10.2f（输出的浮点数宽度至少为 10，包括小数点和小数点后 2 位，给小数点前分配 7 位，根据小数点前实际位数加空格或自动扩展宽度）、%10.2e（科学记数法显示浮点数，宽度控制情况类似于%10.2f，如："1.23e+002"）、%15s（输出字符串的宽度至少 15 位，宽度控制类似，若不足 15，在实际字符串前加空格或自动增加宽度输出实际字符串）。通过举例相信你对标识符中指定宽度和精度已有了解，实际中参照试用即可。

默认情况下，格式输出是右对齐的。可以在标识符中放一个负号（-），表明该条目在输出时是左对齐的。例如：

```
System.out.printf("%8d%8s%8.1f\n",1234, "Java",5.6);
System.out.printf("%-8d%-8s%-8.1f\n",1234, "Java",5.6); //请自己比较输出
```
样式。

具体可参阅 http://docs.oracle.com/javase/8/docs/api/index.html 中 java.util.Formatter 类。

3.6 本章小结

本章介绍了条件语句相关的内容，包括关系运算与关系表达式、布尔（逻辑）运算与布尔（逻辑）表达式、if 语句、switch 语句和条件表达式等。通过本章的学习，使我们有能力去编写逻辑严密并且功能更完备的程序。

3.7 习题

一、选择题

1. 对于如下代码段，可以引起 default 输出的 m 值是（　　）。

```
switch(m) {
  case 0:System.out.println("case 0");
  case 1:System.out.println("case 1");
  case 2:break;
  default:System.out.println("default");
}
```

  A. 0　　　　　　　B. 1　　　　　　　C. 2　　　　　　　D. 3

2. 下面程序段的执行结果是（　　）。

```
public class Test {
  public static void main(String[] args) {
    try{ return;}
    finally { System.out.println("Thank you!");  }
  }
}
```

  A. 无任何输出　　B. Thank you!　　C. 编译错误　　　D. 以上都不对

3. 下面代码段的运行结果是（　　）。

```
boolean m=true;
if (m=false) System.out.println("False");
else System.out.println("True");
```

A．False　　　　　B．True　　　　　C．None　　　　　D．编译时错误

4．"int i=8, j=16; if(i-1＞j) i--; else j--;"语句序列执行后，i 的值是（　　　）。

A．15　　　　　B．16　　　　　C．7　　　　　D．8

5．下列语句序列执行后，k 的值是（　　　）。

```
int i=10, j=18, k=30;
switch( j-i )
{ case 8: k++;
  case 9: k+=2;
  case 10: k+=3;
  default: k/=j; }
```

A．31　　　　　B．32　　　　　C．2　　　　　D．33

6．设有定义"float x=3.5f, y=4.6f, z=5.7f;"，则以下的表达式中，值为 true 的是（　　　）。

A．x＞y‖x＞z　　B．x != y　　C．z＞(y＋x)　　D．x＜y & !(x＜z)

7．关于选择结构下列哪个说法正确？（　　　）

A．if 语句和 else 语句必须成对出现

B．if 语句可以没有 else 语句对应

C．switch 结构中每个 case 子句必须有 break 语句

D．switch 结构中必须有 default 语句

二、简答题

1．按照 Java 的运算规则，写出下面各表达式的值。

（1）6+5/4-3　　　　　　　　　　　　（2）2+2*(2*2-2)%2/2

（3）10+9*((8+7)%6)+5*4%3*2+1　　　（4）1+2+(3+4)*((5*6%7*8)-9)-10

（5）k=(int)3.14159+(int)2.71828

2．如果 x=2、y=4、z=5，则经过下面的各组代码操作后，这 3 个变量的值分别为多少？

（1）if (3*x+y<=z-1) x=y+2*z; else y=z-y;z=x-2*y;

（2）if (3*x+y<=z-1) {x=y+2*z;} else {y=z-y;z=x-2*y;}

3．是否允许做如下的类型转换？如果允许，给出转换结果。

（1）boolean b=true; int i=(int) b;　　　　（2）int i=1; boolean b=(boolean) i;

4．假设 int x=2 又 int y=3，给出下列代码的输出？如果 x=3 而 y=2，输出是什么？当 x=3 而 y=3 时，输出又是什么？

```
if (x>2) if (y>2) { int z=x+y; System.out.println("z is "+z); }
else System.out.println("z is "+z);
```

5．执行下列 switch 语句之后，y 是多少？

```
int x=3,y=3;
switch(x+3) {
  case 6: y=1;
  default: y+=1;
```

```
    }
```

6. 使用 switch 语句改写下面的 if 语句，并画出 switch 语句的流程图。

```
if (a==1) x+=5;
else if (a==2) x+=10;
else if (a==3) x+=16;
else if (a==4) x+=34;
```

三、编程题

1. 编写程序，读取三角形的三条边，如果输入值合法，就计算这个三角形的周长和面积；否则，显示这些输入值不合法。如果任意两条边的和大于第三边，则输入值都是合法的。

2. 假设一个直角三角形放在一个平面坐标系中。其直角点在（0，0）处，其他两个点分别在（200，0）和（0，100）处。编写程序，提示用户输入一个点的 x 坐标和 y 坐标，然后判定这个点是否在该三角形内。

3. 地铁售票机。某线路上共有 10 个车站，3 种票价（3 元、4 元、5 元）。该线路上的售票机有如下功能：

（1）查询两站间的票价。计算机按照下面的原则处理：乘 1～5 站，票价 3 元；乘 6～8 站，票价 4 元；乘 9～10 站，票价 5 元。

（2）收取票钱。乘客输入欲购买的车票类型和数量，并输入钞票。如果输入金额不够，则继续等待，直到或超过票价为止（为简化也可只输入一次金额）；如果输入的金额超过票价，则打印一张车票，并退回多余金额；如果输入的金额正好，则打印车票。请用程序模拟该地铁售票机，并编写相应的测试用例。

提示：输入金额用输入语句中的数字表示，退余额和车票用输出语句显示。

第4章 循　环

循环控制是程序中一种很重要的控制结构，它充分发挥了计算机擅长自动重复运算的特点，使计算机能反复执行一组语句，直到满足某个特定的条件为止，循环结构程序最能体现程序的功能魅力。Java 语言提供了实现重复操作的 3 种循环语句：while 语句、do…while 语句和 for 语句。这 3 种循环语句功能相当，都能实现在某条件下反复执行某程序段的功能。多种循环语句的综合或嵌套使用，可以实现各种不同的复杂程序功能，这很灵活也非常有用。能正确、灵活、熟练、巧妙地掌握和运用它们是程序设计的基本要求。

学习重点或难点：

- 循环的基本语句结构和流程
- 循环的嵌套
- continue 语句和 break 语句
- 循环在常用算法中的应用

学习本章后将会领略到 Java 语言循环结构程序的复杂与功能魅力，将有能力编写更复杂功能的程序。

引言：在不用循环控制结构时，要实现 1+2+3+…+999+1000 的简单计算功能，程序可以要这样设计：

```
int sum=0,i=1;      //i 为 1
sum=sum+i; i++;     //加 1 后 i 为 2
sum=sum+i; i++;     //加 2 后 i 为 3
...                                       } 1000 行
sum=sum+i; i++;     //加 999 后 i 为 1000
sum=sum+i; i++;     //加 1000 后 i 为 1001
System.out.println("1+2+3+...+999+1000=" + sum);
```

这样的程序显然是不能接受的。采用循环控制结构后，程序可改为：

```
int sum=0,i=1;
while (i<=1000) {
   sum=sum+i;
   i++;
}
System.out.println("1+2+3+...+999+1000=" + sum);
```

若要从 1 累加到 10 000，只要把上面程序中的 1000 改为 10 000 就行。

4.1 循环语句

Java 语言中提供的循环控制语句有：while 循环语句、do…while 循环语句、for 循环语句 3 种。

4.1.1 while 循环语句

while 循环语句的格式如下：

while(条件表达式){
　　循环体语句;
}

在循环刚开始时，会计算一次"条件表达式"的值。当条件为假（false）时，将不执行循环体，直接跳转到循环体外，执行循环体外的后续语句；当条件为真（true）时，便执行循环体。每执行完一次循环体,都会重新计算一次条件表达式，当条件为真时，便继续执行循环体，直到条件为假才结束循环。

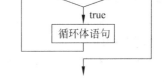

while 循环语句的执行逻辑如图 4-1 所示，只要条件表达式为 true，循环体语句会一直循环执行下去。

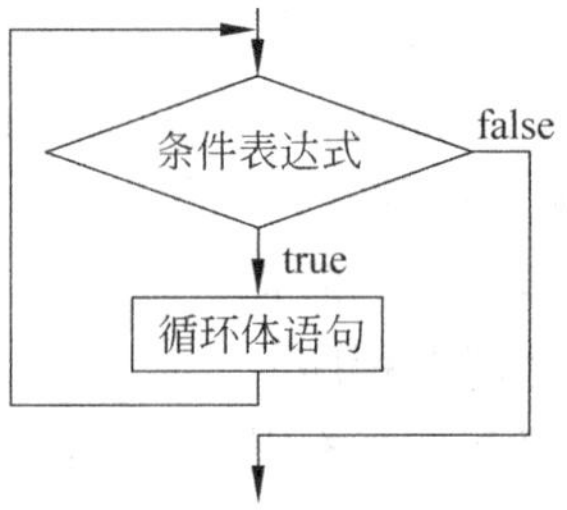

图 4-1　while 循环语句的执行逻辑

例 4-1　输出 i 从 1～1000 的变化值及累加和。

```java
public class Test {
  public static void main(String args[]) {
    int sum=0,i=1;
    while (i<=1000) {
      System.out.println("value of i : " + i );
      sum=sum+i++; //或 sum+=i++;
    }
    System.out.println("1+2+3+...+999+1000=" + sum);
  }
}
```

运行结果如下：

```
value of i : 1
value of i : 2
...
value of i : 999
value of i : 1000
1+2+3+...+999+1000= 500500
```

例 4-2　猜猜计算机"脑子"里想的是什么数。

分析：程序功能可以这样分析设计，先随机产生一个 0～100 之间（含 0 与 100）的整数；程序循环提示用户输入一个猜测的数字，程序告诉用户所猜数是太大还是太小；直到用户猜对该随机数为止。参考程序如下：

```java
import java.util.Scanner;
public class GuessNumber {
  public static void main(String args[]) {
    int number = (int)(Math.random()*101);  //产生一个 0~100 间的随机数
    Scanner input = new Scanner(System.in);
    System.out.println("请你猜猜一个 0 到 100 间的神奇的数:" );
    int guess = -1;
    while (guess != number) {
      System.out.println("\n 请输入你的猜测:");
      guess=input.nextInt();
      if(guess == number) System.out.println("Yes,the number is "+ number);
      else if (guess>number) System.out.println("你猜得太高了!");
      else System.out.println("你猜得太低了!");
    }
  }
}
```

4.1.2　do...while 循环语句

do...while 循环语句的格式如下：

```
do {
    循环体语句;
} while(条件表达式);
```

do...while 循环与 while 循环的不同在于：它先执行循环体中的语句，然后再判断条件是否为真，如果为真，则继续循环；如果为假，则终止循环。因此，do...while 循环至少要执行一次循环语句。do...while 循环语句的逻辑如图 4-2 所示。

注意：条件表达式在循环体的后面，所以循环体语句在检测条件表达式之前已经执行了。如果条件表达式的值为 true，则循环体语句一直执行，直到条件表达式的值为 false。

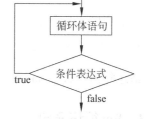

图 4-2　do…while 循环语句执行逻辑

例 4-3　用 do…while 循环实现 1～1000 的累加。

```java
public class Test {
  public static void main(String args[]){
    int sum=0,i=1;
    do{ System.out.println("value of i : " + i );
        sum+=i++;
    } while (i<=1000)
```

```
        System.out.println("1+2+3+...+999+1000=" + sum);
    }
}
```

例 4-4 读取和计算个数不确定的整数之和。

分析：可以这样设计程序，不断地读数并累加，直到读到一个特殊值(正常读取范围以外的某个值)而结束。参考程序如下：

```
import java.util.Scanner;
public class SentinelValue {
    public static void main(String args[]) {
        Scanner input = new Scanner(System.in);
        int sum = 0, data;
        do { System.out.println("请输入一个整数(0 表示输入结束:");
            int data = input.nextInt();
            sum += data;
        } while (data != 0);
        System.out.println("输入数之和为: " + sum);
    }
}
```

如果要获取大量的处理数值，那么从键盘上输入是非常乏味又易错的。可以将这些数用空格隔开，保存在一个文本文件（如：input.txt）中，然后使用下面的命令运行这个程序：

```
java SentinelValue < input.txt
```

这个命令称为**输入重定向**。程序会改从文件 input.txt 中读取，而不从键盘输入。

类似地，还有**输出重定向**，输出重定向将输出发送到文件，而不是显示屏。输出重定向的命令，如：

```
java ClassName > output.txt
```

可以在同一个命令中同时使用输入重定向和输出重定向。例如：

```
java SentinelValue < input.txt > output.txt
```

请运行后，查看 output.txt 文件的内容。

4.1.3　for 循环语句

for 循环语句是三种循环语句中功能最强、使用最广泛的一个。for 循环语句的格式如下：

for(表达式 1;表达式 2;表达式 3)
{
　　循环体语句;
}

表达式 1 一般是一个赋值语句，它用来给循环控制变量赋初值；

表达式 2 是一个布尔类型的条件表达式，它决定什么时候退出循环；

表达式 3 一般用来修改循环变量，控制循环变量每循环一次后按什么方式变化。

上述三个表达式之间用 ";" 分开。

for 循环语句的逻辑结构如图 4-3 所示，for 循环语句的执行过程：

（1）在循环刚开始时，先计算表达式 1，在这个过程中，一般完成的是初始化循环变量或其他变量，也可以是空语句。

（2）根据表达式 2 的值来决定是否执行循环体。表达式 2 是一个返回布尔值的表达式，若该值为假，将不执行循环体语句，并退出循环；若该值为真，将执行循环体语句。

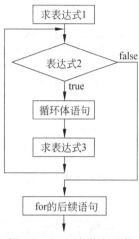

图 4-3　for 语句执行逻辑

（3）执行完一次循环体后，计算表达式 3。在这个过程中一般会修改循环变量的值。

（4）转入第（2）步继续执行。

例 4-5　for 循环语句的简单示例——计算 1+2+…+1000 的值。

```java
public class Test {
  public static void main(String args[]) {
    int sum=0,i;
    for(i = 1; i <= 1000; i++) {
      System.out.println("value of i : " + i );
      sum=sum+i;
    }
    System.out.println("1+2+3+...+999+1000=" + sum);
  }
}
```

4.1.4　增强 for 循环语句

在 Java 5 中引入了一种主要用于数组的增强型 for 循环语句。

Java 增强 for 循环语句的语法格式如下：

for（**声明语句** ： **表达式**）
{
　　循环体语句;
}

"声明语句" 声明新的局部变量，该变量的类型必须和数组元素的类型匹配。其作用域限定在循环体语句范围，其值与此时数组元素的值相等。

"**表达式**"是要访问的数组名,或者是返回值为数组的方法。

例 4-6　Java 增强 for 循环语句示例

```
public class Test {
   public static void main(String args[]){
      int [] numbers = {10, 20, 30, 40, 50};
      for(int x : numbers ){
         System.out.print( x ); System.out.print(",");
      }
      String[] names ={"James","Larry","Tom","Lacy"};
      for( String name : names ) System.out.print( name + ",");
   }
} //运行结果为: 10,20,30,40,50,James,Larry,Tom,Lacy,
```

4.2　循环的比较及其嵌套

1．循环的比较

3 种循环都可以用来处理同一个问题,一般可以互相代替。

while 和 do…while 循环,循环体中应包括使循环趋于结束的语句。

for 语句功能最强,强在其语句表达简洁、紧凑,能完全替代 while 和 do…while 循环。

用 while 和 do…while 循环时,循环变量初始化的操作应在 while 和 do…while 语句之前完成,而 for 语句可以在"表达式 1"中实现循环变量的初始化。

2．什么是循环的嵌套

一个循环体内又包含另一个完整的循环结构,称为循环的嵌套。内嵌的循环中还可以嵌套循环,这就是多重循环。上述 3 种循环(while 循环、do…while 循环和 for 循环)语句之间可以相互嵌套使用。例如,下面几种都是合法的嵌套形式:

```
(1) while(...)
    { ...
      while(...)
      {
        ...
      }
    }
```

```
(3) do
    { ...
      while(...)
      {
        ...
      }
    } while( );
```

```
(2) while(...)
    { ...
      do
      {
        ...
      } while(...);
    }
```

```
(4) for(...)
    {
      for(...)
      {
        ...
      }
    }
```

2 层嵌套至少有 9 种组合嵌套形式（不包含并列内循环的情况），若嵌套到 3 层或 4 层，则嵌套组合形式将更多。实际编程中往往按方便性、编程习惯等采用某种嵌套形式。

例 4-7 显示 3 位二进制数的各种可能值的情况。

```java
public class DisplayThreeBitBinaryNumber {
  public static void main(String args[]){
    int i,j,k;
    System.out.print("i j k\n");
    for (i=0; i<2; i++)
      for(j=0; j<2; j++)
        for(k=0; k<2; k++) System.out.printf("%d %d %d\n", i, j, k);
  }
}
```

4.3 跳转语句

循环控制结构中用到的跳转语句主要有两个。

1. break 语句

在 Java 语言中，break 用于强行退出循环，不执行循环中剩余的语句。如果 break 句出现在嵌套循环中的内层循环，则 break 只会退出其当前所在的一层循环。

2. continue 语句

当程序运行到 continue 语句时，就会停止本次执行中的循环体剩余的语句，而回到下一轮循环的开始处，继续判断执行可能有的后续循环。

4.3.1 break 关键字

break 主要用在循环语句或者 switch 语句中，用来跳出整个语句块。

break 跳出其当前所在的最里层的循环，并且继续执行该循环后续的语句。

break 的用法很简单，其就是循环结构中的一条完整语句。其语法如下：

break;

例 4-8 break 语句的使用示例。

```java
public class Test {
  public static void main(String args[]) {
    int [] numbers = {10, 20, 30, 40, 50};
    for(int x : numbers ) {
      if( x == 30 ) break;
      System.out.print(" "+x );
    }
```

```
      }
   } //运行结果为: 10 20
```

4.3.2 continue 关键字

continue 只用于循环控制结构中，其作用是让程序立刻跳转，去判断下一次循环的执行。

在 for 循环中，continue 语句使程序立即跳转到更新子句（表达式 3 或下一数组元素），开始下一轮循环的判读与执行。

在 while 或者 do...while 循环中，程序立即跳转到条件表达式的判断子句。

continue 就是循环体中一条简单的语句，其语法如下：

```
continue;
```

例 4-9 continue 语句的使用示例。

```
public class Test {
   public static void main(String args[]) {
      int [] numbers = {10, 20, 30, 40, 50};
      for(int x : numbers ) {
         if( x == 30 ) continue;
         System.out.print(" "+x );
      }
   }
} //运行结果为: 10 20 40 50
```

例 4-10 显示从 2 开始连续的 50 个素数，每行 10 个分 5 行显示。

分析：大于 1 的整数，如果它的正因子只有 1 和它本身，那么该整数就是素数。

本题功能可以分解为：

（1）判断一个正整数是否为素数；

（2）针对 number=2,3,4,...，测试是否为素数；

（3）用 count 统计素数的个数；

（4）打印每个素数，每行 10 个。

程序的算法描述如下：

（1）素数个数设置在常量 NUMBER_OF_PRIMES 中，count 初始化为 0，number 初始值为 2

（2）while(count<NUMBER_OF_PRIMES) {

（3）   测试 number 是否是素数

（4）   if 该数是素数 {

（5）   打印该素数并给 count 加 1

（6）   }

（7）   给 number 加 1

（8）}

为了测试某个数是否是素数，就要检测它是否能被 2，3，4，…，一直到该数一半的整数整除。如果有一个能被整除，那它就不是素数并判断结束。全部都不能整除，该数才是素数。完整的参考程序如下：

```java
public class PrimeNumber {
    public static void main(String args[]) {
        final int NUMBER_OF_PRIMES = 50;              //总素数 50
        final int NUMBER_OF_PRIMES_PER_LINE = 10; //每行显示数 10
        int number =2;                                //是否是素数的待测试的数
        int count = 0;                                //对素数计数变量
        boolean isPrime;                              //是素数的标志变量
        System.out.println("从 2 开始的连续 50 个素数是: \n" );
        while (count < NUMBER_OF_PRIMES) {
            isPrime = true;                           //当前数是否为素数?先假设是
            for(int divisor =2 ; divisor<=number /2;divisor ++) {
                                                      //测试 number 是否是素数
                if (number % divisor == 0) {     //条件成立，number 就不是素数
                    isPrime = false; break;          //退出 for 循环
                }
            }
            if (isPrime){                             //是素数
              count++;                                //计数加 1
              if (count % NUMBER_OF_PRIMES_PER_LINE == 0)
                System.out.println(number);          //输出数并换行
              else System.out.print(number + " ");
            }
            number++;                                 //下一个待判断的数
        }
    }
}
```

4.4 应用实例

例 4-11   使用确认对话框控制循环，功能：提示连续输入整数，求其之和。
参考程序如下：

```java
import javax.swing.JOptionPane;
public class SentinelValueUsingConfirmationDialog {
    public static void main(String args[]) {
        int sum = 0;
        int option = JOptionPane.YES_OPTION;
        while (option == JOptionPane.YES_OPTION) {
            String dataString= JOptionPane.showInputDialog("请输入一个整数:");
            sum += Integer.parseInt(dataString);
            option = JOptionPane.showConfirmDialog(null,"继续输入? ");
```

```
        }
        JOptionPane.showMessageDialog(null,"以上整数之和为: " + sum);
    }
}
```

思政材料

例 4-12 我国 2010 年有 13.7 亿人口，要求根据人口平均年增长率（一般为 0.5%～2.1%）的大小，计算从 2010 年起经过多少年后我国的人口增加到或超过 15 亿。

分析：在输入人口平均年增长率后，循环计算新一年的人口数直到或超过 15 亿，最后输出经过的年数。算法流程图如图 4-4 所示。

```
import javax.swing.JOptionPane;
public class PopulationIncrease {
    public static void main(String args[]) {
        float sum=13.7f,rate;
        int year=0;
        String dataString =
JOptionPane.showInputDialog("请输入年平均增长率: ");
        rate = Float.parseFloat(dataString);
        do{ sum=sum*(1+rate); year++;
        } while(sum<15);
        System.out.printf("year=%d\n",year);
    }
}
```

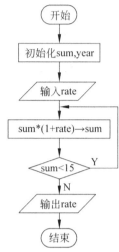

图 4-4 本例流程图

例 4-13 用公式 $\frac{\pi}{4}=1-\frac{1}{3}+\frac{1}{5}-\frac{1}{7}+\cdots\cdots$ 求 π 的近似值，直到最后一项的绝对值小于 10^{-6} 为止。

分析：用公式求 π 的近似值，可分解为如下 4 步。

（1）初始化变量，1→t（数列某项的值），0→pi（放计算过程中 π 的值），1→n（各项分母的变化），1→s（各项正负的变化）；

（2）当某项 t 的绝对值小于 10^{-6} 时，循环执行：pi+t→pi, n+2→n, -s→s, s/n→t；

（3）pi*4→pi 得到最终 π 值；

（4）输出 pi 的值。

```
public class ComputerPi {
    public static void main(String args[]) {
        int s; float n,t,pi;
        t=1;pi=0;n=1.0f;s=1;          //注意初始值的正确设置
        while(Math.abs(t)>1.0e-6)    //手工运行循环前几次，核查是否按公式前几项执行
        {  pi+=t;
           n+=2;
           s=-s;
           t=s/n;
        }
```

```
      pi=pi*4;
      System.out.printf("pi=%10.6f\n",pi);
   }
}
```

例 4-14 求出所有水仙花数。

在数论中，水仙花数（Narcissistic number）也称为自恋数、自幂数、阿姆斯壮数或阿姆斯特朗数（Armstrong number），是指一个 N 位数，其各个数之 N 次方之和等于该数。这里取 N 为 3，即一个 3 位数其各位数字的立方和等于该数本身。例如 153 是一个水仙花数，因为 $153=1^3+5^3+3^3$。

分析：本题采用穷举法，穷举法又称测试法。**穷举法**的基本思想是假设各种可能的解，让计算机进行测试，如果测试结果满足条件，则假设的解就是所要求的解。如果所要求的解是多值的，则假设的解也应是多值的，在程序设计中，实现多值解的假设往往使用多重循环进行组合。本题采用穷举法，对 100～999 之间的数字进行各数位拆分，再按照水仙花数的性质计算并判断，满足条件的输出，否则进行下次循环判断。

```
public class NarcissisticNumber {
  public static void main(String args[]) {
    int i, j, k, n;                     /*定义变量为基本整型*/
    for (i = 100; i < 1000; i++)        /*对100~1000内的数进行穷举*/
    { j = i % 10;                       /*分离出个位上的数*/
      k = i / 10 % 10;                  /*分离出十位上的数*/
      n = i / 100;                      /*分离出百位上的数*/
      if (j*j*j + k*k*k + n*n*n==i)     /*判断各位上的立方和是否等于其本身*/
        System.out.printf("%5d", i);    /*将水仙花数输出*/
    }
  }
}
```

思考：类似的，能求出 N 不是 3 的其他水仙花吗？

例 4-15 求 Fibonacci 数列的前 40 个元素。该数列的特点是第 1、2 两个数为 1、1。从第 3 个数开始，每数是其前两个数之和。

分析：从题意可以用如下等式来表示斐波那契数列：

$f_1=1(n=1)$，$f_2=1(n=2)$，$f_n=f_{n-1}+f_{n-2}(n≥3)$

```
public class ComputerFibonacci {
  public static void main(String args[]) {
    int i;long f1,f2,f3;                    /*定义整型变量i等*/
    f1 = 1;f2 = 1;                          /*数列中的f1、f2赋初值为1*/
    System.out.printf("%10d%10d", f1,f2);   /*输出数列中的前2个元素*/
    for (i = 3; i < 41; i++)
    { f3 = f1 + f2;               /*数列中从第3项开始每一项等于前两项之和*/
      f1=f2;f2=f3;                          /*刷新f1,f2 */
      System.out.printf("%10d", f3);        /*输出产生的元素*/
      if (i % 5 == 0) System.out.printf("\n"); /*每5个元素进行一次换行*/
    }
```

```
        }
    }
```

运行结果如下:

```
      1         1         2         3         5
      8        13        21        34        55
     89       144       233       377       610
    987      1597      2584      4181      6765
  10946     17711     28657     46368     75025
 121393    196418    317811    514229    832040
1346269   2178309   3524578   5702887   9227465
14930352  24157817  39088169  63245986  102334155
```

例 4-16 百钱百鸡问题。已知公鸡每只 5 元,母鸡每只 3 元,小鸡 1 元 3 只。要求用 100 元钱正好买 100 只鸡,问公鸡、母鸡、小鸡各多少只?

分析:此问题可以用穷举法求解。设公鸡、母鸡、小鸡数分别为 x、y、z,则根据题意只能列出两个方程:

$$x + y + z = 100, \quad 5x + 3y + z/3 = 100$$

使用多重循环组合出各种可能的 x、y 和 z 值,然后进行测试。

```java
public class HundredDollarHundredChicken {
    public static void main(String args[]) {
        int x, y, z;
        for (x = 1; x<=20; x++)
            for (y = 1; y<=33; y++)
            {   z = 100-x-y;
                if (5*x+3*y+z/3==100 && z%3==0)
                    System.out.printf("\n公鸡=%d,母鸡=%d,小鸡=%d",x,y,z);
            }
    }
}
```

例 4-17 用二分法求方程 $2x^3-4x^2+3x-6 = 0$ 在 (-10, 10) 之间的根。

分析:用二分法求方程 f(x)=0 的根的示意图如图 4-5 所示,其算法为:

S1:估计根的范围,在真实根的附近任选两个近似根 x1, x2;

S2:如果满足 f(x1)*f(x2)<0,则转 S3;否则,继续执行 S1;

S3:找到 x1 与 x2 的中点,如 x0,这时 x0=(x1+x2)/2,并求出 f(x0);

S4:如果 f(x0)*f(x1)<0,则替换 x2,赋值 x2=x0,f(x2)=f(x0);否则,替换 x1,赋值 x1=x0,f(x1)=f(x0);

S5:如果 f(x0)的绝对值小于指定的误差值,则 x0 即为所求方程的根;否则转 S3;

S6:打印方程的根 x0。

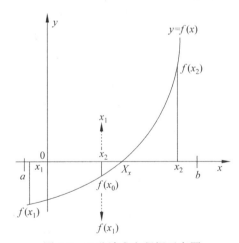

图 4-5 二分法求方程根示意图

```
import java.util.Scanner;
public class BisectionSeekRoot {
    public static void main(String args[]) {
        float x0,x1,x2,fx0,fx1,fx2;
        Scanner input = new Scanner(System.in);
        do
        {  System.out.print("Input x1 and x2: ");
           x1 = input.nextFloat();  x2 = input.nextFloat();
           fx1=x1*((2*x1-4)*x1+3)-6;
           fx2=x2*((2*x2-4)*x2+3)-6;
        }while(fx1*fx2>0);
        do
        {  x0=(x1+x2)/2;
           fx0=x0*((2*x0-4)*x0+3)-6;
           if ((fx0*fx1)<0) { x2=x0; fx2=fx0; }
           else { x1=x0; fx1=fx0; }
        } while(Math.abs(fx0)>=1e-5);
        System.out.printf("The root of the equation is:%6.2f\n",x0);
    }
}
```

运行结果如下：

```
Input x1 and x2: -12,12
The root of the equation is:  2.00
```

例 4-18　应用牛顿切线法求解方程：$xe^x-2=0$。

分析：首先要注意方程的解在一个闭区间 $[a,b]$ 上存在且唯一。切线法的几何意义如图 4-6 所示。直线 x_2p_1 是过 p_1 点的切线，此切线与 x 轴的交点接近 x_x 点，若过函数的点（$x_2,f(x_2)$）再作一条切线，则与 x 轴的交点会更加接近 x_x 点，以此类推，切线与 x 轴的交点将逐渐逼近函数与 x 轴的交点。通过图 4-6 可以推出迭代公式，根据数学公式计算切线 x_2p_1 的斜率：

$\text{tg}c=f'(x_1)=\dfrac{f(x_1)}{x_1-x_2}$，整理得 $x_2=x_1-\dfrac{f(x_1)}{f'(x_1)}$，因

此，得到迭代公式为：$x_k=x_{k-1}-\dfrac{f(x_{k-1})}{f'(x_{k-1})}$

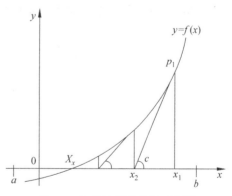

图 4-6　切线法原理几何示意图

```
import java.util.Scanner;
public class TangentSeekRoot {
    public static void main(String args[]) {
        double x1,a,x2=0.0;
        Scanner input = new Scanner(System.in);
        System.out.print("输入初值x1="); x1 = input.nextDouble();
        System.out.print("输入精确值a=");a = input.nextDouble();
```

```
    x2= x1-(x1-2* Math.exp(-x1))/(1+x1);   /*得到新的近似值*/
    while(Math.abs(x2-x1)>=a)               /*判断精度是否达到*/
    {  x1=x2;                               /*将新得到的近似值,赋给 x1 初值*/
       x2=x1-(x1-2* Math.exp(-x1))/(1+x1);/*将新得到的初值代入牛顿公式结果
赋给 x2*/
    }
    System.out.printf("方程的近似解 x=%f\n",x2);  /*x2 是最后近似解*/
  }
}
```

运行结果如下：

```
输入初值x1=1.0
输入精确值a=0.000001
方程的近似解x=0.852606
```

例 4-19　求定积分 $\int_{4}^{5}(x^3 + 2x^2 - x)\mathrm{d}x$ 的值。

分析：定积分的几何意义就是 $f(x)$ 和 $f(a)$、$f(b)$ 及 x 轴所围成的曲边梯形的面积。为求此曲边梯形的面积，有很多近似方法，比如矩形法、梯形法、辛普森（Simpson）法等。下面介绍矩形法和梯形法，其他方法请参阅相关书籍。

解法一：矩形法。矩形法示意图如图 4-7 所示，其算法为：

S1：将积分区间[a,b]分成长度相等的 n 个小区间，区间端点分别为 x_0、x_1、x_2、x_3、…、x_n，其中 $x_0=a$、$x_n=b$。

S2：对每一个小曲边梯形，用对应的矩形的面积来代替其面积。图中小曲边梯形的面积用阴影部分所围成的矩形的面积所代替。

S3：求这样的 n 个小矩形的面积之和，和即为所求的定积分。

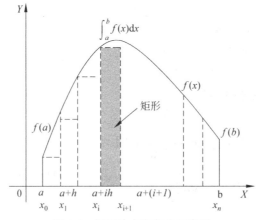

图 4-7　矩形法求定积分示意图

因而用矩形法求定积分的公式为：

$$\int_{a}^{b} f(x)\mathrm{d}x = \sum_{i=0}^{n-1} f(x_i)(b-a)/n$$

每个小矩形的宽度为:

$$h = \frac{b-a}{n}$$

端点:

$$x_i = a + ih$$

对 $\int_4^5 (x^3 + 2x^2 - x)\mathrm{d}x$ 而言有:

$$a=4, \quad b=5, \quad h=(5\text{-}4)/10=0.1, \quad f(x) = x^3 + 2x^2 - x$$

```java
import java.util.Scanner;
public class RectangleDefiniteIntegral {
  public static void main(String args[]) {
    int n,i; double a,b,x,h,f,sum=0;
    Scanner input = new Scanner(System.in);
    System.out.print("Input the Number of interval:");
    n = input.nextInt();            /*输入小区间个数 n, 一般 n 越大积分值越精确*/
    System.out.print("Input the integral interval: ");
    a = input.nextDouble();         /* 输入积分的上下限区间[a,b] */
    b = input.nextDouble();
    h=(b-a)/n;                      /* 矩形宽度 */
    for(i=0;i<n;i++)
    {   x=a+i*h;
        f=x*x*x+2*x*x-x;            /* 矩形高度 */
        sum=sum+f*h;
    }
    System.out.printf("The value is:%f\n",sum);
  }
}
```

运行结果如下:

```
Input the Number of interval:200
Input the integral interval: 4 5
The value is:128.221731
```

解法二: 梯形法。梯形法示意图如图 4-8 所示,其算法为:

S1: 将积分区间[a,b]分成长度相等的 n 个小区间,区间端点分别为 x_0、x_1、x_2、x_3、……、x_n, 其中 $x_0=a$、$x_n=b$。

S2: 对每一个小曲边梯形,用对应的梯形的面积来代替其面积。图中小曲边梯形的面积用阴影部分所围成的梯形的面积所代替。

S3: 求这样的 n 个小梯形的面积之和,和即为所求的定积分。

因而用梯形法求定积分的公式为:

$$\int_a^b f(x)\mathrm{d}x = \frac{1}{2}h(f(a) + f(b)) + \sum_{i=1}^{n-1} f(x_i)h \qquad h = \frac{b-a}{n}$$

$$x_i = a + ih$$

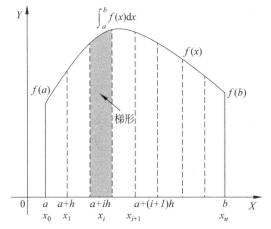

图 4-8　梯形法求定积分示意图

```java
import java.util.Scanner;
public class TrapezoidDefiniteIntegral {
 public static void main(String args[]) {
   int n,i; double a,b,x, h,sum;
   Scanner input = new Scanner(System.in);
   System.out.print("Input the Number of interval:");
   n = input.nextInt();        /*输入小区间个数 n */
   System.out.print("Input the integral interval: ");
   a = input.nextDouble();   /* 输入积分的上下限区间[a,b] */
   b = input.nextDouble();
   h=(b-a)/n;
   sum=0.5*h*(f1(a)+f1(b));
   for(i=1;i<=n-1;i++)
   {  x=a+i*h;
      sum=sum+h*f1(x); }
   System.out.printf("The value is:%f\n",sum);
 }
 static double f1(double x1){
   return(x1*(x1*x1+2*x1-1));
 }
}
```

运行结果如下：

```
Input the Number of interval:200
Input the integral interval: 4 5
The value is:128.416731
```

例 4-20　小游戏：看谁算得准与快。

要求：计算机随机出 50 内两个数求和题，共 10 题，每道题有 3 次计算机会，1 次就正确得 10 分，第 2 次正确得 7 分，第 3 次正确得 5 分。最后打印总分、总耗时等。

```java
import java.util.Scanner;
public class ComputerAccurateAndFast {
```

```java
public static void main(String args[]) {
  int num1,num2,answer,result,i,j,k,score=0;
  long ltstart,ltend; float timeuse;
  Scanner input = new Scanner(System.in);
  ltstart=System.currentTimeMillis(); //获得当前时间的毫秒数
  for(i=1;i<=10;i++){
    num1=(int)(Math.random()*51);num2=(int)(Math.random()*51);
                                        //产生两随机数
    result=num1+num2;answer=-1;
    for(j=0,k=1;k<=3;k++)          //注意 j=0 不可少，请思考少的话会有怎样的后果
    {  System.out.printf("[%d]->Please input %d + %d =",i,num1,num2);
      answer =input.nextInt();;        //输入你的回答
      if(answer<0) break;              //若输入负值，表示你要中间退出
      else if(answer==result)          //回答正确，j 记录回答次数 k 而退出循环
      {  System.out.printf("You are a clever boy/girl.\n"); j=k; break;}
      else System.out.printf("  Don't give up.\n");
    }
    switch(j)                          //按哪次正确回答来记分
    {  case 1: score=score+10;break;
      case 2: score=score+7;break;
      case 3: score=score+5;break; }
    System.out.printf("  Your score is %d.\n",score);
    if (answer<0) {                    //负数提前退出
      System.out.printf("  You has given up.\n");break;
    }
  }
  ltend= System.currentTimeMillis();      //获得当前时间的毫秒数
  timeuse=((float)(ltend-ltstart))/1000;  //计算游戏间隔秒数
  System.out.printf("The total time you used is %d millsecond(%f
second).%5.2f 分/秒.\n",ltend-ltstart,timeuse,score/timeuse);
  }
}
```

说明：程序通过二重循环完成，外循环控制题数，内循环控制 3 次回答。注意程序中 break 的多次使用，输入负数可提前结束游戏，请多次运行游戏程序，来领略游戏程序要求你算得既快又准的情况。

4.5 本章小结

循环结构是基本程序设计中相对比较难理解和运用的结构，读者在掌握循环结构时，首先要弄清楚循环的概念以及具体循环语句结构的运行流程；应学会根据已有的算法流程图结构，去套用书中介绍的循环语句结构来解决问题；学会自己分析问题，将问题中的某些重复性工作抽取出来，找出其中的规律，画出流程图，最后用某种合适的循环语句实现；通过学习，自己积累一些经典算法，学会将这些算法融会贯通，运用到实际问题的解决中去。

4.6 习题

一、选择题

1. 循环中执行到 break 语句，则（   ）。
    A．从最内层的循环退出   B．从最内层的 switch 退出
    C．可以退出所有循环或 switch   D．当前层的循环或 switch 退出

2. "for(int x=0,y=0;! (x!=0)&&y<=5;y++);" 语句执行循环的次数是（   ）。
    A．0   B．5   C．6   D．无限次

3. 在 Java 中，可以跳出当前多重嵌套循环的是（   ）。
    A．continue   B．break   C．return   D．方法调用

4. 循环体至少被执行一次的语句是（   ）。
    A．for 循环   B．while 循环   C．do 循环   D．方法调用任一种循环

5. for 循环：for(x=0,y=0;(y!=123) &&(x<4);x++) 语句执行循环的次数是（   ）。
    A．是无限循环   B．循环次数不定
    C．最多执行 4 次   D．最多执行 3 次

6. 如下循环代码的运行输出结果是（   ）。

```
public static void main(String[] args) {
  int i; for(foo('A'),i=0;foo('B') && (i<2); foo('C')){ ++i; foo('D'); }
}
static boolean foo(char c) {
  System.out.print(c); return true;
}
```

    A．ABCDABCD   B．ABCDBCDB   C．ABDCBDCB   D．运行时抛出异常
    E．编译错误

7. 如下代码的输出结果是（   ）。

```
public class Test {
  public static void main(String arg[]) {
    int i=5;
    do System.out.println(i);
    while(--i>4);
    System.out.println("Finished");
  }
}
```

    A．5   B．4   C．6   D．Finished
    E．None

8. 如下代码的输出结果是（   ）。

```
public static void main(String[] args){
  for(int i=1;i<=10;i++){
```

```
    if(i%2==0||i%5==0) continue;
    System.out.print(i + " ");
  }
}
```

A. 1   B. 1 3 4   C. 1 3 5 7 9   D. 1 3 7 9

9. 以下是应用程序中定义的静态方法 printBinary，若在其 main 方法中有方法调用语句 printBinary(-2)，则输出的结果是（　　　）。

```
static void printBinary(int i) {
  System.out.print(i + "的二进制数表示为: \t");
  for(int j = 31; j >=0; j--)
    if(((1 << j) & i) != 0) System.out.print("1");
    else System.out.print("0");
  System.out.println(); //换行
}
```

A. 11111111111111111111111111111111

B. 11111111111111111111111111111110

C. 11111111111111111111111111110001

D. 00000000000000000000000000000000

二、简答题

1. 下面两段循环体要各重复多少次？各自循环的输出是什么？

```
int i=1;
while (i<10)
  if (i%2==0) System.out.println(i++);
```
(a)

```
int i=1;
while (i<10)
if (i++%2==0) System.out.println(i++);
```
(b)

2. 假设输入是 2 3 4 5 0，那么下面代码的输出结果是什么？

```
import java.util.Scanner;
public class Test {
  public static void main(String[] args) {
    Scanner input=new Scanner(System.in);
    int number,max;
    number=input.nextInt(); max=number;
    while(number!=0) {
      number=input.nextInt();
      if (max<number) max=number;
    }
    System.out.println("max is "+max+",number "+number);
  }
```

```
}
```

3. 假设输入是 2　3　4　5　b　0，那么下面代码的输出结果是什么？

```
import java.util.Scanner;
public class Test {
  public static void main(String[] args) {
    Scanner input=new Scanner(System.in);
    int number,sum=0,count;
    number=input.nextInt();  sum=number;
    for(count=0;count<5;count++) {
        number=input.nextInt();  sum+=number;
    }
    System.out.println("sum is "+sum+",count is "+ ++count);
  }
}
```

4. 在下面的循环中，执行完 break 语句之后，执行哪条语句？显示输出。

```
for(int i=1;i<4;i++){
  for(int j=1;j<4;j++){
    if (i*j>2) break; System.out.println(" i*j= " +i*j);
  }
  System.out.println(" i= "+i);
}
```

5. 给出下面程序的输出结果。

```
public class Test {
 public static void main(String[] args) {
  int i=0;
  while(i++<5) {
   for(int j=i;j>1;j--)System.out.print(j+" ");
   System.out.println("****");
  }
 }
}
```

6. 运行程序，给出结果。

```
public class Test {
  public static void main(String[] as){
  int i=1,j=10;
  do if (i++>--j) continue;
  while (i<5);
   System.out.println("I = "+i+" j="+j);
  }
}
```

三、编程题

1. 计算半径 r=1 到 r=10 时(r 为整数)的圆面积，当面积 area 大于 100 结束。

2. 求 100～200 间的全部素数。

3. 新郎和新娘问题。三对情侣参加婚礼，三个新郎为 A、B、C，三个新娘为 X、Y、Z。有人不知道谁和谁结婚，于是询问了六位新人中的三位，但听到的回答是这样的：A 说他将和 X 结婚；X 说她的未婚夫是 C；C 说他将和 Z 结婚。这人听后知道他们在开玩笑，全是假话。请编程找出谁将和谁结婚。

4. 验证谷角猜想。日本数学家谷角静夫在研究自然数时发现了一个奇怪现象：对于任意一个自然数 n，若 n 为偶数，则将其除以 2；若 n 为奇数，则将其乘以 3，然后再加 1。如此经过有限次运算后，总可以得到自然数 1。人们把谷角静夫的这一发现叫做"谷角猜想"。编写一个程序，由键盘输入一个自然数 n，把 n 经过有限次运算后，最终变成自然数 1 的全过程打印出来。

5. 求任意两个正整数的最大公约数和最小公倍数。

6. 设有红、黄、绿 3 种颜色的球，其中红球 3 个、黄球 3 个、绿球 6 个，现将这 12 个球混放在一个盒子里，从中任意摸出 8 个球，编程计算摸出球的各种颜色搭配。

7. 百马百担问题：有 100 匹马，驮 100 担货，大马驮 3 担，中马驮 2 担，两匹小马驮 1 担，问大、中、小马各多少？

8. 使用下列的数列可以近似计算 π：$\pi=4(1-1/3+1/5-1/7+1/9-1/11+\cdots+1/(2i-1)-1/(2i+1))$，编程显示当 $i = 10000，20000，\cdots，100000$ 时 π 的值。

第5章 方 法

在前面几章中我们经常使用到 System.out.println()，那么它是什么呢？println()是一个方法(Method)，而 System 是系统类(Class)，out 是标准输出对象(Object)。这句话的用法是调用系统类 System 中的标准输出对象 out 中的方法 println()。

那么什么是方法呢？Java 方法是语句的集合，它们在一起执行实现一定的功能。方法包含于类或对象中，简单来说，数据与方法构成类。方法在程序中被创建，在程序中可被引用。本章对方法的定义、调用、方法参数传递等做介绍，为学习后续内容打好基础。

学习重点或难点：

- 方法的定义
- 方法重载
- 构造方法
- 方法的调用与参数传递
- 变量作用域
- 垃圾回收机制

学习本章后对 Java 的方法有一个全面把握，为后续类与对象的创建与使用创造条件。

引言：假如需要分别计算 1～1000、500～1500、1000～2000 的累加和，并计算总和，可以如下程序段实现：

```
int sum = 0, sumAll = 0;
for(int i =1; i<=1000; i++) sum +=i;
System.out.println("1 到 1000 的累加和是: " + sum); sumAll += sum;
sum = 0;
for(int i =500; i<=1500; i++) sum +=i;
System.out.println("500 到 1500 的累加和是: " + sum); sumAll += sum;
sum = 0;
for(int i =1000; i<=2000; i++) sum +=i;
System.out.println("1000 到 2000 的累加和是: " + sum); sumAll += sum;
System.out.println("1 到 1000、500 到 1500、1000 到 2000 各自累加和之总和是:
"+sumAll);
```

这样，你很容易发现，程序很重复、很相似。如果可以编写一个通用的代码程序，来复用而实现相同的功能有多好。Java 语言有方法来实现这种愿望。方法（如同一般程序设计语言中的函数、过程或子程序）就是用来创建可重用代码的一种机制。

例 5-1　如下对应上面功能的程序段：

```
public class TestSum {
 public static int sum(int i1,int i2) {  //定义含 i1 和 i2 两参数的 sum 方法
```

```
    int sum = 0;
    for(int i =i1; i<=i2; i++) sum +=i;
    System.out.println(i1+"到"+i2+"的累加和是: "+sum);//输出也可移到 main 方法中
    return sum;
  }
 public static void main(String[] args){//main 是程序的主方法,是程序的执行起点
    int sumAll = 0;
    //如下 3 句可写成一句: sumAll+=sum(1,1000)+sum(500,1500)+sum(1000,2000);
    sumAll+=sum(1,1000);//调用方法计算 1 到 1000 的累加和,返回的累加和再加入到 sumAll
    sumAll+=sum(500,1500);
    sumAll+=sum(1000,2000);
    System.out.println("1 到 1000、500 到 1500、1000 到 2000 各自累加和之总和是:
"+sumAll);
  }
}
```

方法是为完成一个功能而组合在一起的语句组。在前面章节里,已使用过预定义的方法,如 System.out.println、JOptionPane、showMessageDialog、Double.parseDouble、Math.random 等,这些是 Java 库中预定义的。本章将学习如何定义自己的方法以及应用方法抽象来解决复杂问题。

5.1　方法定义

一般情况下,定义一个方法包含以下语法:

修饰符　返回值类型　方法名　(参数类型　参数名,…){
　　　…
　　　方法体
　　　…
　　　return 返回值;
}

方法包含一个方法头和一个方法体。下面是一个方法的所有部分。

修饰符:修饰符,这是可选的,告诉编译器如何调用该方法。定义了该方法的访问类型。

返回值类型:方法可能会返回值。返回值类型是方法返回值的数据类型。有些方法执行所需的操作,但没有返回值,在这种情况下,返回值类型是 **void**。

方法名:是方法的实际名称。方法名和参数列表共同构成**方法签名**。

参数类型:参数类型是给参数指定的数据类型,各参数像是一个个占位符。当方法被调用时,传递值给各参数。这个值被称为实参值或实参变量。参数列表是指方法的参数类型、顺序和参数的个数。参数是可选的,方法可以不包含任何参数,但要保留空的括号"()"。

方法体:方法体包含具体的语句,定义该方法的具体功能。

图 5-1 给出了如何定义一个方法。

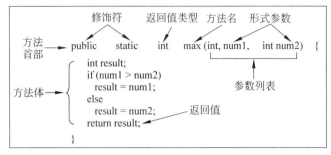

图 5-1 方法定义示意图

如：

```
public static int age(int birthday){...}
```

参数可以有多个，如：

```
static float interest(float principal,int year){...}
```

注意：在一些其他语言中，方法指过程、子程序和函数。一个返回非 void 类型返回值的方法称为函数；一个返回 void 类型返回值的方法叫做过程。

例如，下面的方法包含两个参数 num1 和 num2，它返回这两个参数的最大值。

```
public static int max(int num1, int num2){/* 返回两个整型变量数据的较大值 */
    int result;
    if (num1 > num2) result = num1;
    else result = num2;
    return result;
}
```

5.2　方法调用

Java 支持两种调用方法的方式，根据方法是否返回值来选择。

（1）当程序调用一个方法时，程序的控制权交给了被调用的方法。当被调用方法的返回语句执行或者到达方法体闭括号的时候交还控制权给调用程序。

当方法返回一个值的时候，方法调用通常被当作一个值或一个值表达式。例如：

```
int larger = max(30, 40);
```

（2）如果方法的返回值是 void，则方法调用一定是一条语句形式。例如，方法 println()返回 void。下面的调用是以语句方式进行的：

```
System.out.println("Welcome to Java!");
```

5.2.1 有返回值方法

例 5-2 下面的例子演示了如何定义一个有返回值的方法，以及如何调用它。

```java
public class TestMax {
  public static void main(String[] args) { /** 主方法 */
    int i = 5,j = 2;
    int k = max(i, j);
    System.out.println("The maximum between "+i+" and "+j+" is "+k);
  }
  public static int max(int num1, int num2){ /** 返回两个整数变量较大的值 */
    int result;
    if (num1 > num2) result = num1;
    else result = num2;
    return result;
  }
}
```

以上实例编译运行结果为：

```
The maximum between 5 and 2 is 5
```

这个程序包含 main 方法和 max 方法。main 方法是被 JVM 调用的，除此之外，main 方法和其他方法没什么区别。

main 方法的头部是不变的，如上例所示，带修饰符 public 和 static，返回 void 类型值，方法名字是 main，此外带一个 String[]类型参数。String[]表明参数是字符串数组。

5.2.2 无返回值方法

如何声明和调用一个无返回值（void）方法呢？

下面的例子声明了一个名为 printGrade 的方法，并且调用它来打印给定的分数。

例 5-3 无返回值（void）方法调用示例。

```java
public class TestVoidMethod {
  public static void main(String[] args) {
    printGrade(78.5);   // 方法以独立语句形式调用
  }
  public static void printGrade(double score) {
    if (score >= 90.0) {
      System.out.println('A');
    }
    else if (score >= 80.0) System.out.println('B');
    else if (score >= 70.0) System.out.println('C');
    else if (score >= 60.0) System.out.println('D');
    else System.out.println('F');
```

```
    }
  } // 运行结果为: C
```

这里 printGrade 方法是一个 void 类型方法，它不返回值。一个 void 方法的调用一定是一个独立语句，而有返回值的方法，可以出现在表达式中来完成调用。所以，这里 printGrade 方法被在 main 方法中第 2 行以语句形式调用。就像任何以分号结束的语句一样。

5.2.3 嵌套调用

Java 语言中不允许嵌套的方法定义。因此**各方法之间是平行**的，不存在上一级方法和下一级方法的问题。但是 Java 语言允许在一个方法的定义中出现对另一个方法的调用。这样就出现了方法的嵌套调用。即在被调方法中又调用其他方法。这与其他语言的子程序嵌套的情形是类似的。其关系可表示如图 5-2 所示。

图 5-2 方法间调用示意图

图 5-2 表示了两层嵌套的情形。其执行过程是：执行 main 方法中调用 a 方法的语句时，即转去执行 a 方法，在 a 方法中调用 b 方法时，又转去执行 b 方法，b 方法执行完毕返回 a 方法的断点（即调用点）继续执行，a 方法执行完毕返回 main 方法的断点继续执行。

例 5-4　计算 $s=2^2!+3^2!$

本题可编写两个方法：一个是用来计算平方值并调用方法 fun2 的方法 fun1，另一个是用来计算阶乘值的方法 fun2。主方法先调 fun1 计算出平方值，再在 fun1 中以平方值为实参，调用 fun2 计算其阶乘值，然后返回 fun1，再返回主方法，在循环程序中计算累加和。

```java
public class TestNestedCallMethod {
  public static void main(String[] args) {
    int i; long s=0;
    for (i=2;i<=3;i++) s=s+fun1(i);
    System.out.printf("\ns=%d\n",s);
  }
  static long fun1(int p) {
    int k; long r;
    k=p*p;
    r=fun2(k);
    return r;
  }
```

```
    static long fun2(int q)
    {  long c=1; int i;
       for(i=1;i<=q;i++) c=c*i;
       return c;
    }
}
```

说明：在主程序中，执行循环程序依次把 i 值作为实参调用方法 fun1 求 i^2 值。在 fun1 中又发生对方法 fun2 的调用，这时是把 i^2 的值作为实参去调 fun2，在 fun2 中完成求 i^2! 的计算。fun2 执行完毕把 C 值(即 i^2!)返回给 fun1，再由 fun1 返回主方法实现累加。至此，由方法的嵌套调用实现了题目的要求。由于数值可能会很大，所以方法和一些变量的类型都说明为长整型，否则会造成溢出而产生计算错误。

5.2.4 递归调用

使用递归就是使用递归方法编程，递归方法就是直接或间接调用自身的方法。

许多数学函数都是使用递归来定义的。这样的函数在 Java 中也能来定义与调用。这里以 n 的阶乘来举例说明，数字 n 的阶乘递归定义为：

$$\begin{cases} 0!=1; \\ n!=n\times(n-1)\times\cdots\times2\times1 = n\times(n-1)! \end{cases}$$

设计算 n!的方法是 factorial(n)，根据 n 阶乘的递归定义公式，计算 factorial(n)的递归算法可以简单地描述如下：

```
if (n==0) return 1;
else return n* factorial(n-1);
```

例 5-5 输入一个非负整数，显示该数的阶乘值。

```
import java.util.Scanner;
public class ComputerFactorial {
  public static void main(String[] args) {
    Scanner input = new Scanner(System.in);
    System.out.print("请输入一个非负整数: ");
    int n = input.nextInt();
    System.out.print(n + "的阶乘值是: " + factorial(n));
  }
  public static long factorial(int n) {
    if (n==0) return 1;
    else return n * factorial(n-1);
  }
}
```

设 func 方法功能同 factorial 递归定义方法，则 func(5)方法的递归调用过程如图 5-3 所示。

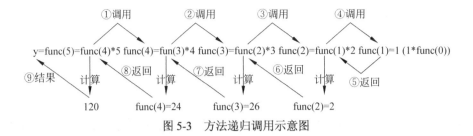

图 5-3　方法递归调用示意图

5.3　方法参数传递

5.3.1　基本数据类型参数传递

方法的形式参数是基本数据类型时，形式参数就相当于方法定义范围内的变量（即局部变量），形参变量只在方法内有效，形参变量在方法调用结束时也就被释放了，不会影响到调用方法的主程序中同名或不同名的变量（即实参变量）。

方法的形式参数是基本数据类型时，参数传递是所谓的值传递方式，即只是把参数值传给调用的方法，而不会把方法对参数可能有的改变值回传回来。看看下面的程序代码。

例 5-6　自定义类 SimpleValue。

本程序的功能是定义一个**简单值类** SimpleValue，实现基本数据的参数传递。

```
class SimpleValue{
  public static void main(String[] args){
    int x = 5;
    change(x);
    System.out.println(x); //输出为5，而不是方法中改变的3
  }
  public static void change(int x){
    x = 3;
  }
}
```

例 5-7　本例演示按值传递的效果。该程序创建一个方法，该方法用于交换两个变量。

```
public class TestPassByValue {
  public static void main(String[] args) {
    int num1 = 1, num2 = 2;
    System.out.println("Before swap method, num1 is " +num1+" and num2 is
"+num2);
    swap(num1, num2);  // 调用 swap 方法
    System.out.println("After swap method, num1 is" + num1 + "and num2 is"
+num2);
  }
```

```
public static void swap(int n1, int n2) { /** 方法内交换两个变量的方法 */
  System.out.println("\tInside the swap method");
  System.out.println("\t\tBefore swapping n1 is " + n1 + " n2 is " + n2);
  int temp = n1; n1 = n2;  n2 = temp; // 开始交换 n1 与 n2 的值
  System.out.println("\t\tAfter swapping n1 is " + n1 + " n2 is " + n2);
  }
}
```

以上实例编译运行结果如下：

```
Before swap method, num1 is 1 and num2 is 2
        Inside the swap method
                Before swapping n1 is 1 n2 is 2
                After swapping n1 is 2 n2 is 1
After swap method, num1 is 1 and num2 is 2
```

传递两个参数调用 swap 方法。有趣的是，方法被调用后，实参的值并没有改变。请思考为什么？

调用一个方法时候需要提供实参值，必须按照参数列表指定的顺序对应提供实参值。例如，下面的方法连续 n 次打印一个消息：

```
public static void nPrintln(String message, int n) {
  for (int i = 0; i < n; i++) System.out.println(message);
}
```

调用形式如："nPrintln("Good!",3);"或"对象.nPrintln("I am a student.",5);"等。请注意实参的顺序。

5.3.2　引用数据类型参数传递

对象是通过对象引用变量（reference variable）来访问的，使用如下语法格式声明这样的对象引用变量：

类名 对象引用变量;

接着，再把创建的对象的引用赋值给引用变量，如：

对象引用变量=new 类名();

也可以写一条语句，包括声明对象引用变量、创建对象以及将对象的引用赋值给这个引用变量，格式如：

类名 对象引用变量=new 类名();

如：

```
Circle myCircle = new Circle();//myCircle 中放的是 Circle 对象的一个引用
```

对象的引用变量并不是对象本身，它们只是对象的句柄（名称）。就好像一个人可以有多个名称一样（如中文名、英文名等），一个对象也可以有多个句柄或引用名。

注意：对象引用变量与对象是不同的（如同人名与其对应的人是两个概念），但是大多数情况下，这种差异是可以忽略的。因此可以简单地说 myCircle 是一个 Circle 对象（就如说某个具体人名就认为是该人一样）。

例 5-8　自定义类 ReferenceValue。

```java
class ReferenceValue{
    int x ;
    public static void main(String[] args){
        ReferenceValue obj = new ReferenceValue();
        obj.x = 5;
        System.out.println("chang 方法调用前的 x =  " + obj.x);
        change(obj);
        System.out.print("; chang 方法调用后的 x =  " + obj.x);
    }
    public static void change(ReferenceValue obj){
        obj.x=3;
    }
}// 输出的结果是: chang 方法调用前的 x =  5; chang 方法调用后的 x =  3
```

注意：实际上，**所有传递给方法的参数都是值传递的**。对于基本类型的参数，传递的是参数具体的值；而对于引用数据类型的参数，则传递的是对象的引用。只是传递引用变量的效果大不一样。请读者多思考思考。

5.4　方法重载

上面使用的 max 方法仅仅适用于 int 型数据。如果你想得到两个浮点类型数据的最大值呢？解决方法是创建另一个有相同名字但参数类型不同的方法，如下面代码所示：

```java
public static double max(double num1, double num2) {
    if (num1 > num2) return num1;
    else return num2;
}
```

这样，如果你调用 max 方法时传递的是 int 型参数，则 int 型参数的 max 方法就会被调用；如果传递的是 double 型参数，则 double 类型的 max 方法会被调用，这叫做**方法重载**。

就是说，一个类的两个方法拥有相同的名字，但是有不同的参数列表。Java 编译器根据**方法签名**判断哪个方法应该被调用。

方法重载可以让程序更清晰易读。执行密切相关任务的方法应该使用相同的名字，调用同名但不同的方法可由参数的不同自动去匹配其实现。

重载的方法必须拥有不同的参数列表。但要注意，不能仅仅依据修饰符或者返回类型的不同来重载方法。

5.5 变量作用域

变量的范围是程序中该变量可以被引用（或有效使用）的区域。

方法内定义的变量被称为局部变量。请注意：

（1）局部变量的作用范围从声明开始，直到包含它的块（一般块由{ }来体现）结束。

（2）局部变量必须先声明才可以使用。

（3）方法的形式参数（定义方法时参数列表中的参数称为形式参数）的作用域涵盖整个方法体，形式参数实际上也是方法的一个局部变量。

（4）for 循环的初始化部分声明的变量，其作用范围在整个 for 循环。但循环体内声明的变量的适用范围是从它声明到循环体结束。

for 循环包含如图 5-4 所示的变量声明。

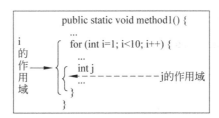

图 5-4　for 循环内变量作用域

注意：可以在一个方法里的不同的非嵌套块中多次声明一个具有相同名称的局部变量，但不能在嵌套块内两次声明局部变量。

5.6 命令行参数

有时候你希望在运行一个程序时再传递给它消息。这要通过运行时传递命令行参数给 main()函数来实现。

在 main()方法的括号里面有一个形式参数 "String args[]"，args[]是一个字符串数组，可以接收系统所传递的参数，而这些参数则来自于用户的输入，即在运行程序的过程中将用户输入传递到一个程序中。在命令行执行一个程序通常的形式是：

Java 类名 ［参数列表］

其中的参数列表中可以容纳多个参数，参数间以空格或制表符隔开，它们被称为**命令行参数**。系统传递给 main()方法的实际参数正是这些命令行参数。由于 Java 中数组的下标是从 0 开始的，**所以形式参数中的 args[0]，…，args[n-1]依次对应第 1，…，n 个参数**。如图 5-5 所示。

例 5-9 本例展示了 main()方法是如何接收这些命令行参数并打印出来的。

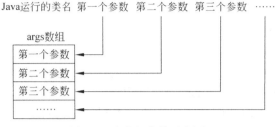

图 5-5　命令行参数示意图

```
public class CommandLine {
  public static void main(String args[]){
    for(int i=0; i<args.length; i++){
      System.out.println("args[" + i + "]: " +args[i]);
    }
  }
}
```

如下所示，运行程序：

```
Java CommandLine this is a command line 200 -100
```

运行结果如下：

```
args[0]: this
args[1]: is
...... (略)
```

5.7　构造方法

5.7.1　构造方法的定义与作用

构造方法是一种特殊类型的方法。当一个对象被创建时候，构造方法用来初始化该对象。构造方法和它所在类的名字相同，但构造方法没有返回值，为此不能在方法中用 return 语句返回一个值。

构造方法的语法格式如下：

```
[访问修饰符]　<类名>([参数列表]){
    构造方法的语句体
}
```

其中，**修饰符**为类声明中的 public、protected、private；**参数列表**为参数，可以为空；**构造方法的语句体**，也可以为空。

构造方法在程序设计中非常有用，它可以为类的成员变量进行初始化工作。当一个类的实例对象刚产生时，这个类的构造方法就会被自动调用，可以在这个方法中加入要完成初始化工作的代码。通常会使用构造方法给一个类的实例变量赋初值，或者执行其他必要的步骤来创建一个完整的对象。

不管是否自定义了构造方法，所有的类都有构造方法，因为 Java 自动提供了一个默认构造方法，这个默认构造方法没有参数，在其方法体中也没有任何代码，它把所有成员初始化为 0，除此外什么也不做。一旦定义了自己的构造方法，默认构造方法就会失效。

下面是一个使用构造方法的例子：

```java
// 一个简单的构造方法
class MyClass {
   int x;
   MyClass() { //是构造方法
     x = 10;
   }
}
```

你可以像下面这样调用构造方法来初始化一个对象：

```java
public class ConstructionDemo {
   public static void main(String args[]) {
     MyClass t1 = new MyClass();
     MyClass t2 = new MyClass();
     System.out.println(t1.x + " " + t2.x);
   }
} //运行结果为: 10 10
```

大多时候需要一个有参数的构造方法。

例 5-10 一个使用有参数构造方法的例子。

```java
class MyClass {            // 一个简单的构造方法
   int x;
   MyClass(int i ) {       //有参数的构造方法
     x = i;
   }
}
```

你可以像下面这样调用构造方法来初始化一个对象：

```java
public class MyClassDemo {
   public static void main(String args[]) {
     MyClass t1 = new MyClass( 10 );
     MyClass t2 = new MyClass( 20 );
     System.out.println(t1.x + " " + t2.x);
   }
} //运行结果为: 10 20
```

例 5-11 另一个关于构造方法的例子。

```java
class Employee{
  private double employeeSalary = 1800;
```

```
  public Employee() {
    System.out.print("构造方法被调用!  ");
  }
  public void getEmployeeSalary() {
    System.out.println("职员的基本薪水为: "+employeeSalary);
  }
}
public class TestEmployee{
  public static void main(String[] args){
    Employee e1=new Employee();
    e1.getEmployeeSalary();
    Employee e2=new Employee();
    e2.getEmployeeSalary();
  }
} //运行结果为: 构造方法被调用!  职员的基本薪水为: 1800.00
  //               构造方法被调用!  职员的基本薪水为: 1800.00
```

通过运行的结果可以发现，**每创建一个 Employee 对象，Employee()方法都会被自动调用一次。**这就是"构造方法"的作用与运行效果。

5.7.2 构造方法的重载

构造方法也可以被重载，这种情况其实是很常见的，先来看下面的例子。

例 5-12 自定义类 Employee，创建并使用类 Employee 的三个构造方法。

本程序的功能是定义一个职员类 Employee，并声明该类的三个对象，并输出这三个对象的具体信息，验证构造方法的重载。

```
class Employee{
  private double employeeSalary = 1800;
  private String employeeName = "姓名未知";
  private int employeeNo;
  Employee(){
    System.out.println("不带参数的构造方法被调用!");
  }
  public Employee(String name){
    employeeName = name;
    System.out.println("带有姓名参数的构造方法被调用!");
  }
  public Employee(String name,double salary){
    employeeName = name;
    employeeSalary = salary;
    System.out.println("带有姓名和薪水这两个参数的构造方法被调用!");
  }
  public String toString() {  //输出员工的基本信息
    String s;
    s="编号:"+employeeNo+" 姓名: "+employeeName+" 工资: "+employeeSalary;
    return s;
```

```
  }
}
public class TestEmployee{
  public static void main(String[] args){
    Employee e1=new Employee();
    System.out.println(e1.toString());
    Employee e2=new Employee("李萍");
    System.out.println(e2.toString());
    Employee e3=new Employee("王嘉怡",2400);
    System.out.println(e3.toString());
  }
}
```

思考一下，声明构造方法时，可以使用 private 访问修饰符吗？运行这段程序，看看有什么结果。

```
class Customer{
  private Customer(){
    System.out.println("the constructor  is calling!");
  }
}
class TestCustomer{
  public static void main(String[] args){
    Customer c1 = new Customer();
  }
}
```

编译上面的程序，会出现找不到构造方法 Customer()的错误。因为 Customer()构造方法是私有的，不可以被外部调用，**可见构造方法一般都是 public 的**，因为它们在对象产生时会被系统自动调用。

5.8　可变参数

从 JDK 1.5 开始，Java 支持传递同类型的可变参数给一个方法。

方法的可变参数的声明如下所示：

typeName...parameterName

在方法声明中，在指定参数类型后加一个省略号（…）。一个方法中只能指定一个可变参数，它必须是方法的最后一个参数。任何普通的参数必须在它之前声明。

例 5-13　可变参数方法使用示例。

```
public class VariableParameter {
  public static void main(String args[]) {
    printMax(34, 3, 3, 2, 56.5);  // 调用可变参数的方法
    printMax(new double[]{1, 2, 3});
  }
```

```
    public static void printMax( double... numbers) {
      if (numbers.length == 0) {
        System.out.println("No argument passed"); return;
      }
      double result = numbers[0];
      for (int i=1;i<numbers.length;i++) if (numbers[i]>result) result=
numbers[i];
      System.out.println("The max value is " + result);
    }
} // 运行结果为: The max value is 56.5
  //              The max value is 3.0
```

5.9 垃圾回收机制

在 C++中，常用析构方法（作用与构造方法相反，用来在系统释放对象前做一些清理工作。）去释放对象在生存期间所占用的一些资源，但在 Java 中没有用于销毁和清理对象的析构方法，Java 提供了垃圾回收（Garbage Collection，GC）机制负责释放对象所占用的内存空间及相关资源。

5.9.1 finalize()方法

Java 允许定义这样的方法，它在对象被垃圾收集器析构(回收)之前调用，这个方法叫做 finalize()，它用来清除回收对象。

它的工作原理应该是这样的：一旦垃圾收集器准备好释放对象占用的存储空间，那么它首先调用 finalize()，而且只有在下一次垃圾收集过程中，才会真正回收对象的内存空间。所以如果使用 finalize()，就可以在垃圾收集期间进行一些重要的清除或清扫工作。例如，你可以使用 finalize()来确保一个对象打开的文件被关闭了。finalize()最有用处的地方之一是观察垃圾收集的过程。要给一个类增加终结器（finalizer），只需要定义 finalize()方法即可。Java 回收该类的一个对象时，就会调用这个方法。在 finalize()方法中指定对象撤销前必须执行的操作，这样在对象释放之前，Java 运行系统调用该对象的 finalize()方法。

使用 finalize()方法的一般格式如下：

```
protected void finalize()
{
    语句块; //在这里放置终结对象等的代码
}
```

其中关键字 protected 是防止该类之外的其他对象或代码访问该方法。当然，Java 的内存回收可以由 JVM 来自动完成。如果你手动使用，则可以使用上面的方法。

例 5-14 Java 垃圾收集器使用示例

```
public class FinalizationDemo {
  public static void main(String[] args) {
    Cake c1 = new Cake(1);
    Cake c2 = new Cake(2);
    Cake c3 = new Cake(3);
    c2 = c3 = null;//C2、C3 对象回收
    System.gc(); //调用 Java 垃圾收集器
  }
}
class Cake extends Object {
  private int id;
  public Cake(int id) {
    this.id = id;
    System.out.println("Cake Object " + id + " is created");
  }
  protected void finalize() throws java.lang.Throwable {
    super.finalize();
    System.out.println("Cake Object " + id + " is disposed");
  }
}
```

运行以上代码，输出结果如下：

```
...>Java FinalizationDemo
Cake Object 1 is created
Cake Object 2 is created
Cake Object 3 is created
Cake Object 3 is disposed
Cake Object 2 is disposed
```

例 5-15　另一个关于 finalize()方法的示例。

```
class Person{
  public void finalize(){
    System.out.println("the object is going!");
  }
  public static void main(String[] args){
    new Person(); new Person(); new Person();
    System.out.println("the program is ending!");
  }
} //运行后的结果是: the program is ending!
```

上面的程序产生了三个匿名对象，这些对象在执行 System.out.println("the program is ending!")语句前都变成了垃圾（没法引用它们），没有看到垃圾回收时 finalize 方法被调用的效果。

5.9.2 System.gc 的作用

Java 的垃圾回收器被执行的偶然性有时候也会给程序运行带来麻烦，比如说，在一

个对象成为垃圾时需要马上被释放，或者程序在某段时间内产生大量垃圾时，释放垃圾占据的内存空间似乎成了一件棘手的事情，如果垃圾回收器不启动，finalize()方法也不会被调用。为此，Java 里提供了一个 System.gc()方法，使用这个方法可以强制启动垃圾回收器来回收垃圾。

例 5-16　Java 的垃圾回收器使用示例二。

```
class Person{  //对例 5-15 的程序作修改
  public void finalize(){
     System.out.print(" the object is going!");
  }
  public static void main(String[] args){
     new Person(); new Person(); new Person();
     System.gc();
     System.out.print(" the program is ending!");
  }
} //运行的结果如下: the object is going! the object is going! the object is
going! the program is ending!
```

5.10　模块化程序设计

模块化程序设计方法就是按照"自顶向下、逐步求精"的思想，将系统功能逐步细分，使每个功能非常单一（一般不超过 50 行）。某一功能，如果重复实现两遍及以上，即应考虑将其模块化——将它写成通用方法。程序实现中要尽可能利用他人编写的现成类及其方法。

模块化程序设计模块分解的基本原则是：**高聚合、低耦合及信息隐藏**。

高聚合是指一个模块只能完成单一的功能，不能"身兼数职"；**低耦合**是指模块之间参数传递尽量少，尽量不要通过全局变量来实现数据传递；**信息隐藏**是指把不需要调用者知道的信息都包装在模块内部隐藏起来。只有实现了高聚合、低耦合，才可能最大程度地实现信息隐藏，从而实现真正意义上的模块化程序设计。

在程序设计中，常将一些常用的功能模块编写成类或类方法，放在 Java 语言库中供公共选用。程序员要善于利用库类及其方法，以减少重复编写程序段的工作量。

在编写某个方法时，遇到具有相对独立功能的程序段，也应独立编写成另一个方法，并在一个方法中调用另一个方法；当某一个方法拥有较多的代码时（一般方法代码 50行左右），也应将方法中相对独立的代码分成另一个方法。

方法不能嵌套定义，但是方法能嵌套调用，即方法调用方法，前者称为调用方法，后者称为被调方法。程序功能就在 main 方法开始的层层对象方法调用与被调用中完成实现。

5.11 应用实例

例 5-17 从键盘输入 4 个整数，求 4 个整数的最大值和最小值。

分析：编写两个求两个数间最大数与最小数的方法，并嵌套调用方法来实现本题目。

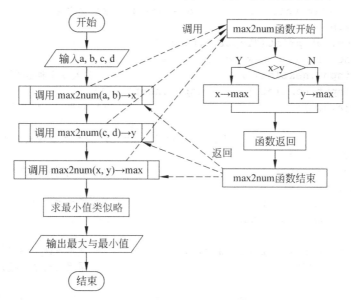

图 5-6 本例程序流程图

```java
import java.util.Scanner;
public class MaxMin4Num {
  public static int max2num(int x,int y)
  { int max;
    max=(x>y) ? x : y;
    return(max);        /* 返回方法值 */
  }
  public static int min2num(int x,int y)
  { int min; min=(x<y) ? x : y;
    return min;         /* 返回方法值 */
  }
  public static void main(String args[]) {
    int a,b,c,d,max,min;
    System.out.print("Please input a,b,c,d:");
    Scanner input = new Scanner(System.in);
    a = input.nextInt(); b = input.nextInt();  /* 输入 4 个整数 */
    c = input.nextInt(); d = input.nextInt();
    max=max2num(max2num(a,b),max2num(c,d));     /* 方法调用作参数 */
    System.out.printf("max=%d\n", max);
    min=min2num(min2num(a,b),min2num(c,d));     /* 方法调用作参数 */
    System.out.printf("min=%d\n", min);
  }
}
```

例 5-18 求一元二次方程 ax^2+bx+c 的根，并考虑判别式的各种情况。

分析：在主方法 main()中输入 a、b、c，并调用求根方法 root()；在求根方法中计算判别式 disc，判断 3 种情况，据此调用不同的根计算方法 root1()、root2()、root3()。

```java
import java.util.Scanner;
public class RootsQuadraticEquation {
  public static void main(String args[]) { /* 主方法 */
    int a,b,c;
    System.out.print("Input a,b,c: ");
    Scanner input = new Scanner(System.in);
    a = input.nextInt();                        /*输入 3 个整数*/
    b = input.nextInt(); c = input.nextInt();
    root(a,b,c);                                /* 调用求方程根方法 */
  }
  public static void root(int a,int b,int c)    /* 求方程根方法 */
  { float disc,r;
    disc=b*b-4*a*c;                             /* 求判别式的值 */
    if(disc==0)
    { r=root1(a,b,c);                           /* 调用求两个相等实根方法 */
      System.out.printf("x1=%7.2f\tx2=%7.2f\n",r,r);
    }
    else if(disc>0) root2(a,b,c);               /* 调用求两个不相等实根方法 */
    else root3(a,b,c);                          /* 调用求两个虚根方法 */
  }
  public static float root1(int a,int b,int c)  /* 求方程两个相等实根方法 */
  { float r;
    r=(-b)/(2.0f*a);                            /* 计算相等的实根 */
    return(r);
  }
  public static void root2(int a,int b,int c)   /* 求方程两个不相等实根方法 */
  { float disc,x1,x2; disc=b*b-4*a*c;
    x1=(float)(-b+Math.sqrt(disc))/(2.0f*a);    /* 计算实根 x1 */
    x2=(float)(-b- Math.sqrt(disc))/(2.0f*a);   /* 计算实根 x2 */
    System.out.printf("x1=%7.2f\tx2=%7.2f\n",x1,x2);
  }
  public static void root3(int a,int b,int c)   /* 求方程两个虚根方法 */
  { float disc,p,q; disc=b*b-4*a*c;
    p=-b/(2.0f*a);                              /* 计算虚根实部 p */
    q= (float)Math.sqrt(-disc)/(2.0f*a);        /* 计算虚根虚部 q */
    System.out.printf("x1=%7.2f+%7.2fi\tx2=%7.2f-%7.2fi\n",p,q,p,q);
  }
}
```

思政材料

说明：本程序有多层次的方法调用关系，是值得学习的，如图 5-7 所示。

例 5-19 求 $\sum_{i=1}^{3}\dfrac{1}{i!}+\sum_{i=6}^{9}\dfrac{1}{i!}+\sum_{i=12}^{15}\dfrac{1}{i!}$ 的值。

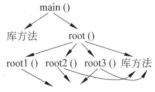

图 5-7 方法调用关系图

分析：从表达式中可以看出，每项都是一样的，不同的是起止数，因此每项的计算可以由一个相同的方法来完成。而每项中还有一个阶乘，因此还需要一个求阶乘的方法。

```java
public class Evaluation {
  public static double fac(int n)              /* 求 n 的阶乘方法 */
  { double s=n;
    if(n<=1) return 1;                         /* 小于 1 的数的阶乘都返回 1 */
    for( ; --n>0; )              /* 先将 n 值减 1，再判断 n 值是否为 0（真） */
      s *= n;                    /* 计算阶乘 s=s*n，计算的是：s=n*(n-1)*...*2*1 */
    return s;                                  /* 返回 n!值 */
  }
  public static double sum (int n1, int n2)/* 求项的值：n1 和 n2 为起止数 */
  { int i; double s=0;
    for (i=n1;i<=n2;i++) s=s+1.0/fac(i);
    return s;
  }
  public static void main(String args[]) {
    double s;
    s=sum(1,3)+sum(6,9)+sum(12,15);
    System.out.printf("\ns=%f",s);
  }
}
```

例 5-20 编写一个程序，输入年月日，输出该日为该年的第几天（使用方法调用处理）。

分析：本题可编写 leap 方法用于返回是否闰年的信息；month_days 方法用于返回各不同月份的天数；days 方法用于累加所输入月份之前的天数。使用主方法接收从键盘输入的日期，嵌套调用三个方法。源程序如下：

```java
import java.util.Scanner;
public class WhatDayOfTheYear {
  public static int leap(int year)               //定义方法 leap，判断是否为闰年
  { int lp; lp=(year%4==0&&year%100!=0||year%400==0)?1:0;
    return lp;
  }
  public static int month_days(int year,int month)        //返回各月份的天数
  { int d;
    switch(month)
    { case 1:
      case 3:
      case 5:case 7:case 8:case 10:
      case 12:d=31;break;                               //多个月份并列
      case 2:d=leap(year)>0?29:28;break;               //调用方法 leap
      default:d=30;
    }
    return d;
  }
  public static int days(int year,int month,int day)//累加所输入月份之前的
```

天数
```
    {  int i,ds=0;
       for(i=1;i<month;i++) ds=ds+month_days(year,i);//调用方法 month_days
累加天数
       ds=ds+day; return ds;
    }
    public static void main(String args[]) {
       int year,month,day,t_day;
       System.out.print("Input year-month-day:\n");
       Scanner input = new Scanner(System.in);
       year = input.nextInt(); month = input.nextInt(); day =
input.nextInt();
       t_day=days(year,month,day);    //调用方法 days
       System.out.printf("%d-%d-%d is %dth day of the year!\n", year, month,
day, t_day);
    }
}
```

例 5-21 求两数的最大公约数与最小公倍数

分析：本题可以利用试除法、辗转相除法分别编写求两数的最大公约数或最小公倍数的方法，主程序调用两方法即可。

（1）**试除法**。

```
import java.util.Scanner;
public class GcdAndLcm {
 public static int gcd(int m,int n)   /*求最大公约数，方法: m,n 循环尝试同时整
除 min */
    {  int min;
       if(m<=0||n<=0) return -1;
       if(m>n) min=n;                    /*取输入的两个数中最小的数赋给 min*/
       else min=m;
       while(min!=0)                     //循环直到 min 为 0
       {  if(m%min==0&&n%min==0)         /*m,n 分别对 min 取余*/
           return min;                   /*返回最大公约数*/
         min--;
       } return -1;
    }
    public static int lcm(int m,int n)//求最小公倍数方法: m,n 循环尝试同时被 max
整除
    {  int max;
       if(m<=0||n<=0) return -1;
       if(m>n) max=m;                    /*将 m 和 n 两个数中最大的数赋给 max*/
       else max=n;
       while(max!=0) //循环直到 max 超出整数的最大范围，此时方法结果是错的，为什么？
       {  if(max%m==0 && max%n==0) return max; /*max 分别对 m,n 取余*/
         max++;
       } return -1;
    }
```

```
public static void main(String args[]) {
  int m,n;
  System.out.print("请输入两个数，求这两个数的最大公约数和最小公倍数！\n");
  Scanner input = new Scanner(System.in);
  m = input.nextInt(); n = input.nextInt();
  System.out.printf("%d和%d的最大公约数是%d\n",m,n,gcd(m,n));
  System.out.printf("%d和%d的最小公倍数是%d\n",m,n,lcm(m,n));
 }
}
```

思考：已知两数的最大公约数，最小公倍数可以直接计算得到的，公式如：m*n/最大公约数。在什么情况下，lcm方法的结果肯定是错的。

也可以利用编写递归方法来求两数的最大公约数，程序如下：

（2）**辗转相除法**（递归方法实现）。

```
import java.util.Scanner;
public class GcdAndLcm2 {
  public static int gcd(int a,int b) {
    if (b!=0) return gcd(b,a%b); else return a;
  }
  public static void main(String args[]) {
    int n1,n2,it;
    System.out.print("请输入两个数，求这两个数的最大公约数和最小公倍数！\n");
    Scanner input = new Scanner(System.in);
    n1 = input.nextInt(); n2 = input.nextInt();
    if(n1>n2) { it=n1; n1=n2; n2=it; }
    System.out.printf("%d和%d的最大公约数是%d\n",n1,n2, gcd(n2,n1));
    System.out.printf("%d和%d的最小公倍数是%d\n",n1,n2, n1*n2/ gcd(n2, n1));
  }
}
```

例 5-22 用递归方法求解斐波那契（Fibonacci）数列

分析：输出斐波那契数列已在第4章采用循环方法实现，这里可用递归方法求解。容易得到第 n 项的递归公式为：

$$fib(n) = \begin{cases} n & (n = 0,1) \quad \text{/*递归结束条件*/} \\ fib(n-2) + fib(n-1) & (n > 1) \quad \text{/*递归方式*/} \end{cases}$$

由公式可以看出，第 n 项斐波那契数列值是前 2 项的和，这就是递归方式；而当 n=0 和 1 时，斐波那契数列就是 n 值本身，这就是递归结束条件。

```
import java.util.Scanner;
public class ComputerFibonacci {
  public static void main(String args[]) {
    long s;                        /* 第 i 项斐波那契数列的值 */
    int i=0;                       /* 斐波那契数列某项的序号 */
    do
    { s=fib(i);                    /* 求斐波那契数列第 i 项 */
      System.out.printf("Fib(%d)=%d\n",i,s);/*显示斐波那契数列第 i 项的值*/
```

```
      System.out.print("Input Fibonacci Number:");
      Scanner input = new Scanner(System.in);
      i = input.nextInt();              /* 输入要求的某一项的序号 */
    }while(i>0);                        /* 循环输入序号，直到 i 值小于等于 0 */
  }
  public static long fib(int n)        /* 定义求第 n 项斐波那契数列值的方法*/
  { if(n==0||n==1) return n;           /* 判断是否为结束条件 */
    else return fib(n-2)+fib(n-1);     /* 求斐波那契数列的递归方式 */
  }
}
```

说明：运行程序，输入不同的 n 值查看运行结果，当 n 较大（n>40）时发现程序要耗费较长的时间，而第 4 章的实现方法有较快的速度，可见用递归方法解决问题往往性能较差。

例 5-23 利用递归方法来产生、输出杨辉三角形。

分析：分析杨辉三角形的各元素，可知某元素都是其上一行对应两元素之和，而上行两个元素又递归的是它们各自上一行的对应两元素之和，……，如此递归直到元素是杨辉三角形两边的 1 为止，而后逐级回代得到这个杨辉三角形的元素值，如图 5-8 所示，第 9 行中间元素递归调用情况。利用这样的方法可以产生杨辉三角形每个元素，主程序只要调用递归方法控制逐行逐个输出就行。

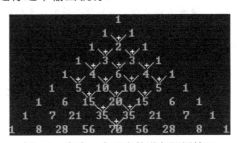

图 5-8 产生一个元素的递归调用情况

```
import java.util.Scanner;
public class YangHuiTriangle {
  static final int N = 13;
  public static void main(String args[]) {
   int n,i,j,k;
   System.out.printf("输入要打印的行数 n(n<=%d):",N);
   Scanner input = new Scanner(System.in);
   n = input.nextInt();
   for(i=0;i<n;i++)                                    //控制输出 1~n 行
   { for(k=0;k<42-2*i;k++) System.out.printf(" ");     //输出数字前的空格
     for(j=0;j<=i;j++)System.out.printf("%4d",num(i,j));//输出 i 行 0~i 编
号的元素
     System.out.printf("\n");
   }
  }
  public static int num(int i,int j)          //获取杨辉三角形中(i,j)编号的数
```

```
{ if(i==j||j==0) return(1);              //开头和末尾的 1
  else return(num(i-1,j-1)+num(i-1,j));  //中间元素的递归产生
  }
}
```

说明：递归设计的程序显得非常简单清晰、便捷有效。但是，实际上会产生大量的递归方法调用（如图 5-8 所示产生一个 70 元素值将惊人地调用 num()方法 139 次），这样的递归方法调用是很耗费空间与时间资源的，为此，本方法求解杨辉三角问题是比较慢的。读者不妨不考虑输出格式，设置较大的 n 值来比较与体会。当然，本程序算是另辟蹊径的一种求解方法。

例 5-24　应用牛顿切线法求解方程：$xe^x-2=0$。

分析：本问题在第 4 章已有求解，具体分析略，这里利用自定义方法来实现。

```
import java.util.Scanner;
public class NewtonTangentMethod {
  public static double fun(double x)     /*代入牛顿公式，将值返回*/
  { return x-(x-2*Math.exp(-x))/(1+x); }
  public static double result(double x1,double a)/*传递的 x1 为初值，a 为精
确值
  { double x2=0.0;
    x2=fun(x1);                          /*得到新的近似值*/
    while(Math.abs(x2-x1)>=a)            /*判断精度*/
    { x1=x2;                             /*将新得到的近似值，赋给 x1 初值*/
      x2=fun(x1); }                      /*将新得到的初值代入公式，将返回值赋给 x2*/
    return x2;                           /*返回最后近似解*/
  }
  public static void main(String args[]) {
    double x1,a;
    Scanner input = new Scanner(System.in);
    System.out.print("输入初值 x1="); x1 = input.nextDouble();
    System.out.print("输入精确值 a="); a = input.nextDouble();
    System.out.printf("方程的近似解 x=%f\n",result(x1,a));
  }
}
```

例 5-25　哥德巴赫猜想。哥德巴赫猜想是一个伟大的世界性的数学猜想，其基本思想是：任何一个大于 2 的偶数都能表示成为两个素数之和。这里可以编写程序实现验证哥德巴赫猜想对 100 以内的正偶数成立。

分析：要验证哥德巴赫猜想对 100 以内的正偶数成立，可以将正偶数分解为两个数之和，再对这两个数分别判断，如果均是素数则满足题意，若不是则重新分解另两数再继续判断。可以把素数的判断过程编写成自定义方法 goldbach_conjecture( )，对每次分解出的两个数分别利用方法判断即可。若所有正偶数均可分解为两个素数，则哥德巴赫猜想得到验证。

```
public class GoldbachConjecture {
  public static int goldbach_conjecture(int i)  //即素数判断方法
```

```
  {  int j;
     if (i <= 1) return 0;
     if (i == 2) return 1;
     for (j = 2; j < i; j++)
     {  if (i % j == 0) return 0;
        else if (i != j + 1) continue;
        else return 1;
     } return 1;
  }
  public static void main(String args[]) {
    int i, j, k, flag1, flag2, n = 0;
    for (i = 6; i < 100; i += 2)
    for (k = 2; k <= i / 2; k++)
    {  j = i - k;
       flag1 = goldbach_conjecture(k);
       if (flag1!=0)
       {  flag2 = goldbach_conjecture(j);
          if (flag2!=0)
          {  System.out.printf("%3d=%3d+%3d,", i, k, j);
             n++; if(n % 5 == 0) System.out.printf("\n");
          }
       }
    }
  }
}
```

例 5-26 抢 30 游戏。这是中国民间的一个游戏。两人从 1 开始轮流报数，每人每次可报一个数或两个连续的数，谁先报到 30，谁就为胜者。这里一方为人另一方为计算机。

分析：谁先抢是可选的，可通过产生 0 或 1 随机数来决定，然后循环控制两方交替抢数直到某一方先抢到 30 而获胜。

```
import java.util.Scanner;
public class Rob30Game {
  public static int human(int t)
  { int num;
    do{ System.out.print("Please count(1 or 2):");
      Scanner input = new Scanner(System.in);
      num = input.nextInt();
      if(num>2||num<1||t+num>30) System.out.printf("Error input,again!");
      else System.out.printf("You count:%d\n",t+num);    //当前你抢到的数
    }while(num>2||num<1||t+num>30); return t+num;          /*返回当前的抢数*/
  }
  public static int computer(int t)
  { int c; System.out.printf("Computer count:");
    if((t+1)%3==0) System.out.printf(" %d\n",++t);    /*若剩余的数的模为 1,
则取 1*/
    else if((t+2)%3==0){t+=2;System.out.printf(" %d\n",t);}//若剩余数的模
```

为 2，则取 2

```
    else{c=(int)(Math.random()*2)+1;t+=c;System.out.printf(" %d\n",t);}
                                            //随机取 1 或 2
    return t;
}
public static void main(String args[]) {
 int   ct=0;System.out.printf("\n*****Catch   Thirty*****\n*****Game
Begin*****\n");
    if((int)(Math.random()*2)==1) ct=human(ct); /*取随机数决定机器和人谁先抢*/
    while(ct!=30)                       /*游戏结束条件*/
     if((ct=computer(ct))==30)
        System.out.printf("\nComputer wins!\n");/*计算机取一个数，若为 30 则机
器胜*/
     else if((ct=human(ct))==30) System.out.printf("\nHuman wins!\n");
                                        //若为 30 则人胜
    System.out.printf("*****Game Over*****\n");
  }
}
```

说明：多次游戏后，你觉得游戏时先抢有利还是相反？试着设计与修改游戏规则，能实现其他的抢数游戏。

5.12   本章小结

本章主要掌握 Java 语言程序中方法的概念、定义及调用规则、方法的返回值及其类型。掌握调用方法的过程中实参和形参之间的结合规则与数据传递规则（单向按值传递），了解变量在调用方法和退出方法后的变化，掌握变量的作用域及其使用，掌握方法嵌套调用、递归调用，正确使用系统提供的库类及其方法，利用方法实现一些简单的算法，并调用方法输出执行方法所得结果等。

编写与使用方法是类设计与实现非常重要的方面，也是局部功能模块化程序设计所必须掌握的。

5.13   习题

一、选择题

1. 给出下面的代码段：

```
public class Base{
    int w,x,y,z;
    public Base(int a,int b) {
       x=a; y=b;
    }
    public Base(int a,int b,int c,int d) {
       //赋值：x=a,y=b
       w=c; z=d;
```

```
    }
}
```

在代码"//赋值：x=a,y=b"处写入正确代码是（   ）。

    A．Base(a,b);   B．x=a,y=b;   C．x=a;y=b;   D．this(a,b);

2．下面代码片段执行后的输出是（   ）。

```
static void func(int a,String b, String c) {
    a=a+1;  b.trim();  c=b;
}
public static void main(String[] args){
    int a=0; String b= "Hello World"; String c= "OK";
    func(a,b,c);
    System.out.println(" "+a+ ","+b+ ","+c);
}
```

    A．0,Hello World,OK   B．1,HelloWorld, HelloWorld

    C．0,HelloWorld,OK   D．1,Hello World, Hello World

3．下列说法正确的是（   ）。

    A．实例变量就是类的变量   B．实例变量是用 static 修饰的变量

    C．方法变量在方法执行时创建   D．方法变量在使用前必须初始化

4．如下代码的执行结果是（   ）。

```
public class Inc {
  public static void main(String arg[]) {
    Inc inc=new Inc();
    int i=0;
    inc.fermin(i);
    System.out.println(i);
  }
  void fermin(int j) {
    j++;
  }
}
```

    A．编译错误   B．输出 2   C．输出 1   D．输出 0

5．下列方法定义中，正确的是（   ）。

    A．int x( ){ char ch='a'; return (int)ch; }

    B．void x( ){ ...return true; }

    C．int x( ){ ...return true; }

    D．int x(int a, b){ return a+b; }

6．应用程序 Test.java 的源程序如下，在命令行输入：java Test　aaa　bb　c，回车后输出的结果是（   ）。

```
public class Test {
  public static void main(String args[]) {
```

```
    int  k1=args.length;
    int  k2=args[1].length();
    System.out.print(k1+"  "+k2);
  }
}
```

    A. 3 2   B. 1 2   C. 1 3   D. 3 3

二、简答题

1. 下面关于参数传递程序的运行结果是（　　　）。

```java
public class Example {
  String str=new String("good");
  char[] ch={'a', 'b', 'c'};
  public static void main(String[] args) {
    Example ex=new Example();
    ex.change(ex.str,ex.ch);
    System.out.print(ex.str+"? and ?");
    System.out.print(ex.ch);
  }
  public void change(String str,char[] ch) {
    str="test?ok"; ch[0]= 'g';
  }
}
```

2. 下面程序的运行结果是（　　　）。

```java
class Tester {
  int var;
  Tester (double var) {
    this.var=(int) var;
  }
  Tester (int var) {
    this(" good-bye");
  }
  Tester (String s) {
    this();
    System.out.print(s);
  }
  Tester () {
    System.out.print(" Hello");
  }
  public static void main(String[] args) {
    Tester t=new Tester(9);
  }
}
```

三、编程题

1. 编写一个方法计算下面的数列：$m(i) = 4(1-1/3+1/5-1/7+1/9-1/11+\cdots+1/(2i-1) - 1/(2i+1))$，编程一个测试程序显示下面的值：$m(10)$，$m(20)$，$\cdots$，$m(90)$，$m(100)$。

2．使用下面的方法头编写一个方法，返回一年的天数：

```
public static void printMatrix(int n)
```

编程一个测试程序显示从 2000 年到 2010 年每年的天数。

3．回文素数是指一个数同时为素数和回文数。例如，131 是素数同时也是一个回文数。编写程序显示前 100 个最小的回文素数。每行显示 10 个并正确对齐。

4．反素数是指一个数将其逆向之后也是一个素数的非回文数素数。例如，17 是素数，而 71 也是素数，所以 17 和 71 是反素数。编写程序，显示前 100 个反素数。每行显示 10 个并正确对齐。

5．用递归法编写一方法将一个整数 n 转换成若干字符显示在屏幕上。例如，整数-258 转换成 4 个字符"-258"显示。

6．计算 $e^x = 1 + x + \dfrac{x^2}{2!} + \dfrac{x^3}{3!} + \cdots$ 的前 20 项和。

7．编写一个程序实现如下功能：利用自定义方法，实现将一个十进制数转换成十六进制数。

第6章 数　　组

思政材料

在解决实际问题的过程中，往往需要处理大量相同类型的数据，而且这些数据被反复使用。在这种情况下，可以考虑使用数组来处理这种问题。数组就是相同类型的数据按顺序组成的一种复合型数据类型。使用数组的最大好处是：可以让一批相同性质的数据共用一个数组名，而不必为每个数据命名一个名字。使用数组不仅使程序书写大为简便清晰，可读性大大提高，而且便于用循环语句简单处理这类数据。Java 语言中根据数组的组成规则可以分为一维数组、二维数组和多维数组。

学习重点或难点：

- 数组的基本概念
- 二维（及多维）数组的定义和引用
- 数组的基本操作（排序、查找等）
- 一维数组的定义和引用
- 数组为方法参数

学习本章后将可以方便地处理大量相同类型的数据，所编写的程序处理数据的能力将大大提高。

引言：假设要读取 100 个整数，计算它们的平均值，然后找出有多少个数小于平均值。解决这个问题，需要将这些数全部存储到变量中。必须要声明 100 个不同的变量，并且要重复 100 次左右完全相同的代码，这样编写程序是烦琐、冗余且低效而不现实的。实际上，可以声明一个数组，如 numbers[100]来代替直接声明 100 个独立变量 number0，number1，…，number99。数组是通过数组名和下标来使用数组中的数据。现在，可以将 100 个数存储在数组 numbers[100]中，并通过对它的便捷操作来完成预期功能要求了。参考程序如下：

```java
public class ProcessNumbers {
  final int NUMBER_OF_ELEMENTS = 100; //自己运行时，100 可以改小
  public static void main(String args[]) {
    double[] numbers =new double[NUMBER_OF_ELEMENTS],sum = 0;
    java.util.Scanner input = new java.util.Scanner(System.in);
    for (int i=0; i< NUMBER_OF_ELEMENTS ; i++ ) {
      System.out.print("请输入一个新数: ");
      numbers[i] = input.nextDouble(); /*输入数*/
      sum +=numbers[i];
    }
    double average = sum / NUMBER_OF_ELEMENTS;
    int count = 0;
    for (int i=0;i<NUMBER_OF_ELEMENTS;i++) if (numbers[i]<average) count++;
    System.out.println(NUMBER_OF_ELEMENTS + "个数的平均值是:" + average);
    System.out.println("小于平均值的数有: " + count + "个。");
```

```
    }
}
```

6.1 一维数组

6.1.1 一维数组声明

声明一维数组有下列两种格式：

（1）**数组元素类型**[ ] **数组名字**； //首选的方法
（2）**数组元素类型 数组名字**[ ]；

注意：建议使用"数组元素类型[ ] 数组名字"的声明风格声明数组变量。"数组元素类型 数组名字[ ]"的风格是来自 C/C++语言，在 Java 中采用是为了让 C/C++ 程序员能够快速理解 Java 语言。

例如，采用不同的格式分别声明一维数组 a 和 b。

```
int[] a;  double b[];
```

数组 a 和 b 中可分别存放 int 和 double 类型的数据。

6.1.2 一维数组初始化

声明数组仅为数组指定数组名和数组元素的类型，并没有为元素分配实际的存储空间。Java 数组的初始化可以通过直接指定初值的方式来完成，也可以用 new 运算符来完成。

1．直接指定初值的方式

在声明一个数组的同时将数组元素的初值依次写入赋值号后的一对大括号内，给这个数组的所有元素赋初值。例如：

```
int[ ] a1={23,-9,38,8,65};
```

2．用关键字 new 初始化数组

只为数组分配存储空间而不对数组元素赋初值。用关键字 new 来初始化数组有两种方式：

（1）先声明数组，再创建并初始化数组。格式如下：

```
类型标识符  数组名[ ];     //数组的声明
数组名=new 类型标识符[数组长度];
```

上面的语法语句做了两件事：

（1）使用"类型标识符[数组长度]"创建了一个数组并初始化；

（2）把新创建的数组的引用赋值给数组名。

数组长度通常是整型常量，用于指明数组元素的个数。例如：

```
int myList[]; myList = new double[10];
```

图 6-1 描绘了数组 **myList**。这里 **myList** 数组里有 10 个 double 元素，它的下标为 0～9。

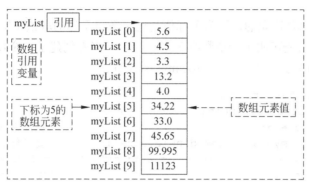

图 6-1　数组及其下标变量示意图

（2）在声明数组的同时用 new 关键字创建并初始化数组。格式如下：

类型标识符　数组名[] = **new 类型标识符**[数组长度]；

或者

类型标识符[] **数组名**= **new 类型标识符**[数组长度]；

例如：

```
int[] a=new int[10];
```

另外，还可以使用如下的方式创建数组。

类型标识符　数组名[] = {**值 1，值 2，...，值 n**}；

或者

类型标识符[] **数组名**= {**值 1，值 2，...，值 n**}；

例如：

```
int[] a={1,2,3,4,5,6,7,8,9,10}; int[] a2=new int[]{1,2,3,4,5,6,7,8,9};
int a3[]=new int[]{1,2,3,4,5,6,7,8,9};
```

6.1.3　一维数组的引用

一维数组元素的引用格式如下：

数组名[数组下标]

数组下标的取值范围是 0～(数组长度-1)，下标从 0 开始，下标值可以是整型常量或整型变量表达式。

例如，在有了"int[ ] a=new int[10];"声明语句后，下面的两条赋值语句是合法的：

a[3]=25；a[3+6]=90;

语句"a[10]=8;"却是错误的，因为下标值超过了数组下标的取值范围。

例 6-1 本例首先声明了一个数组变量 myList，接着创建了一个包含 5 个 double 类型元素的数组，并且把它的引用赋值给 myList 变量。

```java
public class TestArray {
  public static void main(String[] args) {
    int size = 5;                           //数组大小
    double[] myList = new double[size];     //定义数组
    myList[0] = 5.6; myList[1] = 4.5; myList[2] = 3.3; myList[4] = 4.0;
    double total = 0;                        //初始化所有元素的总和变量
    for (int i = 0; i < size; i++) total += myList[i]; //累加
    System.out.println("总和为: " + total);
  }
}
```

6.1.4　一维数组的处理

数组的元素类型和数组的大小都是确定的，所以当处理数组元素的时候，可以使用基本循环或者 foreach 循环。

例 6-2 本例完整地展示了如何创建、初始化和操纵数组。

```java
public class TestArray {
 public static void main(String[] args) {
   double[] myList = {1.9, 2.9, 3.4, 3.5};
   for (int i = 0; i < myList.length; i++) {   //打印所有数组元素
     System.out.println(myList[i] + " ");
   }
   double total = 0;
   for (int i = 0; i < myList.length; i++) {   //计算所有元素的总和
    total += myList[i];
   }
   System.out.println("Total is " + total);
   double max = myList[0];                      //查找最大元素
   for (int i=1; i<myList.length; i++) if (myList[i]>max) max=myList[i];
   System.out.println("Max is " + max);
 }
}
```

例 6-3 使用 foreach 循环来显示数组 myList 中的所有元素。

```java
public class TestArray {
  public static void main(String[] args) {
    double[] myList = {1.9, 2.9, 3.4, 3.5};
    for (double element: myList) System.out.println(element); //打印所有
数组元素
  }
}
```

6.2 二维及多维数组

在 Java 中,把二维数组实际上看成是其每个数组元素是一个一维数组的一维数组。这里面最根本的原因是计算机存储器的编址是一维的,即存储单元的编号从 0 开始一直连续编到最后一个最大的编号。逻辑上的二维或多维数组最终还要存放于一维地址空间里的。

6.2.1 二维数组声明

二维数组的声明只需要给出两对方括号,格式如下:

类型标识符 数组名[ ][ ];

或

类型标识符[ ][ ] 数组名;

其中,类型说明符可以是 Java 的基本类型、类或接口;数组名是用户遵循标识符命名规则给出的一个标识符;两个方括号中前面的方括号表示行,后面的方括号表示列。

6.2.2 二维数组初始化

二维数组声明同样也是为数组命名和指定其数据类型。它不为数组元素分配内存,只有经初始化后才能为其分配存储空间。二维数组的初始化也分为直接指定初值和用 new 运算符两种方式。

1. 直接指定初值的方式

在数组声明时对数据元素赋初值就是用指定的初值对数组初始化。例如:

```java
int[ ][ ] arr1={{3,-9,6},{8,0,1},{11,9,8}};//定义了一个 3 行 3 列的数组
```

声明并初始化数组 arr1,它有 3 个元素,每个元素又都是有 3 个元素的一维数组。

2．用关键字 new 初始化数组

（1）先声明数组，再初始化数组。格式如下：

类型标识符 数组名［ ］［ ］；
数组名=new 类型标识符［**数组长度**］［**数组长度**］；

其中，对数组名、类型说明符和数组长度的要求与一维数组一致。例如：

```
int arra[ ][ ];      //声明二维数组
arra=new int[3][4]; //初始化成 3 行 4 列的二维数组
```

（2）在声明数组的同时用 new 关键字初始化数组。格式如下：

类型标识符 数组名［ ］［ ］ **= new 类型标识符**［**数组长度**］［**数组长度**］；或者
类型标识符［ ］［ ］ **数组名= new 类型标识符**［**数组长度**］［］；

例如：

```
int arr1[ ][ ]=new int[4][3];
int[ ][ ] arr2=new int[4][ ];//初始化第 1 维，如 arr2[0]=new int[4]可初始化
                             第 2 维
float arrf[ ][ ]=new float[10][ ];
```

另外，还可以使用如下的方式创建二维数组。

类型标识符 数组名[][]={{**值 11,值 12,...,值 1n**},...,{**值 m1,值 m2,...,值 mn**}};

或者

类型标识符[][] **数组名**={{**值 11,值 12,...,值 1n**},...,{**值 m1,值 m2,...,值 mn**}};

例如：

```
int [][] a={{1,2,3},{4,5,6},{7,8,9},{10,11,12}};
```

6.2.3 二维数组的引用与处理

可用.length 方法测定二维数组的长度，即元素的个数。只不过当使用"数组名.length"的形式测定的是数组的行数；而使用"数组名[i].length"的形式测定的是该行的列数。例如，若有如下的初始化语句：

```
int[][] arr1={{3, -9},{8,0,1},{10,11,9,8} };
```

则 arr1.length 的返回值是 3，表示数组 arr1 有 3 行或 3 个元素。而 arr1[2].length 的返回值是 4，表示 arr1[2]的长度为 4，即有 4 个元素（可理解 arr1[2]一行有 4 个元素）。

二维数组元素的引用格式如下：

数组名 [数组下标 1] [数组下标 2]

数组下标 1 的取值范围是 0~（数组长度-1）。数组下标 2 的取值范围是 0~（**数组名[数组下标 1].length-1**），下标都是从 0 开始，下标值可以是整型常量或整型变量表达式。

例 6-4 本例完整地展示了如何创建、初始化和操纵二维数组。

```java
public class TestArray2 {
  public static void main(String[] args) {
    int[][] matrix = new int[10][10];
    int maxRow=0,indexOfMaxRow=0;
    for(int row=0;row< matrix.length;row++){          //使用随机值初始化数组
      for(int column=0;column< matrix[row].length;column++){
        matrix[row][column]=(int)(Math.random()*100);
      }
    }
    for(int column=0;column< matrix[0].length;column++){ //对数组按列求和
      int total=0;
      for(int row=0;row< matrix.length;row++) total+=matrix[row][column];
      System.out.println("列"+column+"之和为: "+total);
    }
    for(int column=0;column< matrix[0].length;column++)//先计算出第一行之和
       maxRow+=matrix[0][column];
    for(int row=1;row< matrix.length;row++){          //哪一行的和最大
      int totalOfThisRow=0;
      for(int column=0; column < matrix[row].length;column++)
        totalOfThisRow +=matrix[row][column];
      if (totalOfThisRow>maxRow) {
        maxRow=totalOfThisRow; indexOfMaxRow=row;
      }
    }
    System.out.println("行"+ indexOfMaxRow +"元素之和最大，为: "+ maxRow);
    for(int row=0;row< matrix.length;row++){          //打印所有数组元素
      for(int column=0;column< matrix[row].length;column++)
        System.out.print(matrix[row][column] + " ");
      System.out.println(" ");
    }
  }
}
```

6.2.4 多维数组

二维数组的声明、初始化及元素引用等能类似扩展到多维数组（三维及以上数组）。以下仅通过举例来直观说明。

定义两个三维数组：

```
int [][][] a=new int[3][4][5];
double [][][] b={{{1.0,2.0,3.0,4.0},
                  {5.0,6.0,7.0,8.0},
                  {9.0,10.0,11.0,12.0}},
                 {{13.0,14.0,15.0,16.0},
                  {17.0,18.0,19.0,20.0},
                  {21.0,22.0,23.0,24.0}}};
```

在三维数组 b 中查找最大元素的程序段如下：

```
double max = b[0][0][0];   //查找最大元素
for (int i = 0; i < b.length; i++) {
   for (int j = 0; j < b[0].length; j++) {
      for (int k = 0; k < b[0][0].length; k++) {
         if (b[i][j][k] > max) max = b[i][j][k];
      }
   }
} //这里 3 重循环的大括号{}都可省
System.out.println("Max is " + max);
```

6.3　数组为方法参数

6.3.1　数组作为方法参数

数组可以作为参数传递给方法。例如，下面的例子就是一个打印 int 数组中元素的方法。

```
public static void printArray(int[] array) {
   for (int i=0; i<array.length; i++) System.out.print(array[i]+" ");
}
```

下面例子调用 printArray 方法打印出 3、1、2、6、4 和 2：

```
printArray(new int[]{3, 1, 2, 6, 4, 2});
```

注意：new int[]{3, 1, 2, 6, 4, 2} 该数组没有显式地引用变量，称为匿名数组。

Java 使用值传递（pass by value）方式将实参传递给方法（形参）。传递基本数据类型变量的值与传递引用数据类型（譬如：数组）的值，按值传递的方式是一样的，但两者的传递效果是大不相同的。

（1）对于基本数据类型参数，传递给形参变量的是实参值。方法中对形参变量的改变，不会影响到实参变量或实参值。

（2）对数组、对象等引用类型参数，给方法传递的是引用值。从语义上讲，参数传递的是实参与形参两者的共享信息，即实参与形参匹配到了相同的对象或数组。为此，如果方法中改变了对象或数组（通过对形参的操作而改变），方法外将会看到对象或数组也一样变化了。

例 6-5 关于数组元素与数组参数传递的实例。

```
public class Test {
  public static void main(String[] args) {
    int[] a = new int[]{0,1,2,3,4,5,6,7,8,9};          //a 代表引用数据类型
    int x=1;                                           //x 代表基本数据类型
    System.out.print("x is " + x + "; a[10] is ");     //输出方法调用前的 x
    for(int z : a ) System.out.print(z +" ");          //输出方法调用前的 a 数组元素
    System.out.println(" ");
    ischange(x,a);                                     //调用方法 ischange()
    System.out.print("x is " + x + "; a[10] is ");     //输出方法调用后的 x
    for(int z : a) System.out.print(z +" ");           //输出方法调用后的 a 数组元素
  }
  public static void ischange(int y,int[] b) {
    y = 999;
    for(int z =0 ; z< b.length ; z++ ) b[z] +=  100;
  }
}
```

运行输出：

```
x is 1; a[10] is 0 1 2 3 4 5 6 7 8 9
x is 1; a[10] is 100 101 102 103 104 105 106 107 108 109
```

可见传递基本数据类型变量的值与传递引用数据类型（譬如：数组）的引用值，效果是截然不同的。就本例来说，实参 x 传值给形参 y，内存中 x 与 y 是不同的内存空间变量，对形参 y 的改变自然不会影响到实参 x；而实参数组 a 的引用传给形参数组 b，就使得 b 得到了与 a 相同的引用，意即两者对应了相同的数组，情况如图 6-2 所示。这样，方法中对形参数组元素的改变自然同时作用到了实参数组元素。给人的感觉是在方法调用后，带回了对数组的所有改变。

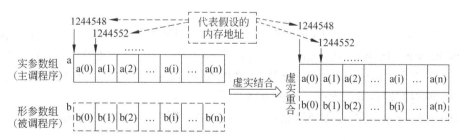

图 6-2 数组虚实结合示意图

从图 6-2 可以分析得出，实参数组通过虚实结合与形参数组完全重合了，为此**形参数组的大小与实参数组的大小是一样的**，一般不会出现数组越界问题的。

6.3.2 数组为方法返回值

以下示例中 result 数组作为方法的返回值。

```
public static int[] reverse(int[] list) {
  int[] result = new int[list.length];
  for (int i = 0,j = result.length - 1; i<list.length; i++, j--) {
    result[j] = list[i];
  }
  return result;
}
```

6.4 Arrays 类

java.util.Arrays 类能方便地操作数组，它提供的所有方法都是静态的，主要具有以下功能：

- 给数组赋值：通过 fill 方法。

public static void fill(int[] a, int val)将指定的 int 值分配给指定 int 型数组指定范围中的每个元素。同样的方法适用于所有的其他基本数据类型（byte、short、int 等）。

- 对数组排序：通过 sort 方法按升序排序。

public static void sort(Object[] a)对指定对象数组根据其元素的自然顺序进行**升序**排列。同样的方法适用于所有的其他基本数据类型（byte，short，int 等）。

- 比较数组：通过 equals 方法比较数组中元素值是否相等。

public static boolean equals(long[] a, long[] a2)如果两个指定的 long 型数组彼此相等，则返回 true。如果两个数组包含相同数量的元素，并且两个数组中的所有相应元素对都是相等的，则认为这两个数组是相等的。换句话说，如果两个数组以相同顺序包含相同的元素，则两个数组是相等的。同样的方法适用于所有的其他基本数据类型（byte、short、int 等）。

- 查找数组元素：通过 binarySearch 方法能对排序好的数组进行二分查找法操作。

public static int binarySearch(Object[] a, Object key)用二分查找算法在给定数组中搜索给定值的对象（byte、int、double 等）。数组在调用前必须排好序。如果查找值包含在数组中，则返回搜索键的索引；否则返回 (-(插入点) - 1)。

java.util.Arrays 类的具体使用见 6.5 节的**例 6-7**、**例 6-8**、**例 6-12** 应用实例。

6.5 应用实例

例 6-6 查找一个数在数组中的位置。

分析：对于一个无序的数组，要在里面查找一个数，有两种方式：一种是先排序，再用折半查找法（即二分法）等查找；另一种方法就是直接使用顺序查找法查询数据。

本例中是一组无序数据，最好的办法就是采用顺序查找法。顺序查找法的基本思想就是从头到尾依次比较，直到找到所要的数为止。

```java
public class SeekArray {
  public static void main(String[] args) {
    final int N = 20;
    int a[]=new int[N],i,j=-1,b;
    java.util.Scanner input = new java.util.Scanner(System.in);
    System.out.printf("Input %d numbers:\n",N);
    for(i=0;i<=N-1;i++) a[i]=input.nextInt();    //输入数组各元素
    System.out.printf("\nInput other numbers:\n",N);
    b=input.nextInt();                           //输入要查找的数
    for(i=0;i<=N-1;i++)                          /* 开始顺序查找法 */
      if(a[i]==b){ j=i;break;} /* 记录所找到的数的位置，找到该数后退出循环 */
    if(j==-1)                                    /* 输出数据的位置 */
      System.out.printf("数组中值为 %d 的数据没有找到。\n",b);
    else System.out.printf("值为 %d 的数据是数组中的第 %d 个元素。\n",b,j+1);
  }
}
```

例 6-7 把一个整数按大小顺序插入已排好序的数组中。

分析：不妨先把数组按从大到小排序，然后可把欲插入的数与数组中各数逐个比较，当找到第一个比插入数小的下标为 i 的数组元素时，该元素之前即为插入位置；然后从数组最后一个元素开始到该元素为止，逐个后移一个单元；最后把插入数赋予 i 下标元素即可。如果被插入数比所有的元素值都小，则插入到最后位置。**数组操作内存变化示意图如图 6-3 所示。**

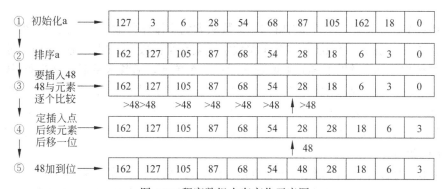

图 6-3 程序数组内存变化示意图

```java
import java.util.Arrays;
import java.util.Comparator;
public class SeekAndInsertArray {
  public static void main(String[] args) {
    int i,j,p,q,s,n;Integer a[]=new Integer[11];
    a[0]=127;a[1]=3;a[2]=6;a[3]=28;a[4]=54;a[5]=68;a[6]=87;a[7]=105;
a[8]=162; a[9]=18;
```

```
java.util.Scanner input = new java.util.Scanner(System.in);
//排序程序段 开始
for(i=0;i<10;i++) /*二重循环排序*/
{  p=i;q=a[i];
   for(j=i+1;j<10;j++)
     if(q<a[j]) {p=j;q=a[j];}
   if(p!=i){s=a[i];a[i]=a[p];a[p]=s;}      /* p不等于 i 需要交换*/
   System.out.printf("%d ",a[i]);                  排序段程序可换成调用
}                                                  Arrays.sort() 方法来实现
//排序程序段 结束
//如下利用 Arrays.sort() 方法来降序排序, Arrays.sort(a,0,10);为升序排。
//Arrays.sort(a, 0, 10, new MyComparator()); //a[0]开始的 10 个按降序排
System.out.print("\ninput number:");
n=input.nextInt();                              /* 输入插入数 n*/
for(i=0;i<10;i++)
  if(n>a[i])
    {for(s=9;s>=i;s--)a[s+1]=a[s]; break;}//break用得好，插入后就要结束
循环
    a[i]=n;
    for(i=0;i<=10;i++) System.out.printf("%d ",a[i]); System.out.printf
("\n"); //输出
  }
}
class MyComparator implements Comparator<Integer> {
  public int compare(Integer o1, Integer o2) {
     return o2 - o1;
  }
}
```

说明：本程序首先对数组 a 中的 10 个数从大到小排序并输出排序结果。然后输入要插入的整数 n。再用一个 for 语句把 n 和数组元素逐个比较，如果发现有 n>a[i] 时，则由一个内循环把下标 i 及以下各元素值顺次后移一个单元。后移应从后向前进行(从 a[9] 开始到 a[i] 为止)。后移结束跳出外循环。插入点为 i，把 n 赋予 a[i] 即可。如所有的元素均大于被插入数，则并未进行过后移工作。此时 i=10，结果是把 n 赋于 a[10]。最后一个循环输出插入数后的数组各元素值。程序运行时，输入数 48。从结果中可以看出 48 已插入到 54 和 28 之间。

例 6-8 对含有 30 个成绩的一维数组排序。（采用冒泡排序方法）

分析：排序方法有很多种，如冒泡法、选择法等。选择排序法前面已介绍过。本例采用冒泡法（也称起泡法、还称交换法）从小到大排序。

冒泡法的思想是：将相邻的两个数进行比较，将小的调到前头。冒泡法排序过程为：

（1）比较第一个数与第二个数，若为逆序 a[0]>a[1]，则交换；然后比较第二个数与第三个数；依次类推，直至第 n-1 个数和第 n 个数比较为止。第一趟冒泡排序，结果最大的数已被放置在最后一个元素位置上；

（2）对前 n-1 个数进行第二趟冒泡排序，结果使次大的数被放置在第 n-1 个元素位置；

（3）重复上述过程，共经过 n-1 趟冒泡排序后，排序完成。排序示例如图 6-4 所示。冒泡法在第一趟比较中要进行 n-1 次两两比较，在第 j 趟比较中要进行 n-j 次比较。

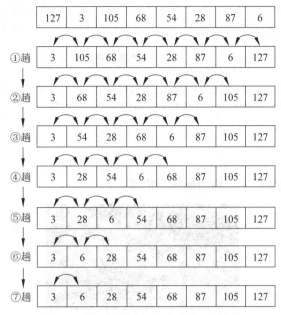

图 6-4　冒泡法排序数组内存变化示例图

```
public class BubbleSorting {
  public static void main(String[] args) {
    final int N = 30;
    java.util.Scanner input = new java.util.Scanner(System.in);
    int a[]=new int[N],i,j,t; System.out.printf("Input %d score:",N);
    for(i=0;i<=N-1;i++) a[i]=input.nextInt(); System.out.printf("\n");
                                                      /* 输入成绩 */
    //冒泡法排序 开始
    for(j=0;j<=N-2;j++)
      for(i=0;i<=N-j-2;i++)
        if(a[i]>a[i+1]){t=a[i]; a[i]=a[i+1]; a[i+1]=t;} /*按条件交换两数*/
    //冒泡法排序 结束
    //如下语句利用 Arrays.sort() 方法来升序排序，可替换上面的排序程序段
    //java.util.Arrays.sort(a);                          //升序排序
    System.out.printf("The sorted score:\n");          /* 开始输出数据 */
    for(i=0;i<=N-1;i++)
    { if(i%6==0) System.out.printf("\n");              /*每 6 个数换行*/
      System.out.printf("%4d ",a[i]);                  /*排序后输出成绩*/
    }
  }
}
```

例 6-9　产生 40 个斐波那契数，存放于数组中并输出。

分析：上章已有例题实现，这里利用数组来实现，产生数列放于数组中以利于后续

处理。

```java
public class Fibonacci {
  public static void main(String[] args) {          /*使用数组的实现程序 */
    int i;long f[]=new long[40];f[0]=1l;f[1]=1l; /*定义并初始化数组*/
    for (i = 2; i < 40; i++)
      f[i] = f[i - 1] + f[i - 2]; /*数列中从第 3 项开始每一项等于前两项之和*/
    for (i = 0; i < 40; i++)
    { System.out.printf("%10d", f[i]);                /*输出数组中的 40 个元素*/
      if ((i+1) % 5==0) System.out.printf("\n");/*每 5 个元素进行一次换行*/
    }
  }
}
```

例 6-10 利用数组产生、输出杨辉三角形。

分析：所谓杨辉三角形，如上所示（9 层），除等腰三角形两边均为 1 外，其他每个数均为其上行左右两数之和。可以采用二维或一维数组来存放杨辉三角形的每行，并根据上下行元素间的关系，利用 a[i][j]=a[i-1][j-1]+a[i-1][j]或 a[j]=a[j-1]+a[j] 一维时来产生新行非 1 元素。

源程序 1（方法 1——利用二维数组）：

```java
public class YangHuiTriangle {
 public static void main(String[] args) {
   final int N = 13;
   int i,j,a[][]=new int[N][N];
   for (i=0;i<N;i++){a[i][0]=1;a[i][i]=1;}//设置两边的 1, 每行有 0~i 个下标
元素
   for (i=2;i<N;i++)                       //产生 3~N 行值为非 1 的元素
     for (j=1;j<=i-1;j++)
       a[i][j]=a[i-1][j-1]+a[i-1][j];     //i 行元素由上 i-1 行左右两元素之和
   for (i=0;i<N;i++) {                      //输出杨辉三角形
     for(j=0;j<42-2*i;j++)//因为每个数占 4 列，所以下一行要少打 2 个空格就刚好错开
       System.out.printf(" ");
     for (j=0;j<=i;j++) System.out.printf("%4d",a[i][j]); //每元素占 4 位
     System.out.printf("\n");
   }
}}
```

源程序 2（方法 2——利用一维数组）：

```
public class YangHuiTriangle2 {
 public static void main(String[] args) {
   final int N = 13;
   int i,j,a[]=new int[N];a[0]=1;a[1]=1;              //初始化 2 元素为 1
   System.out.printf("%46d\n",a[0]);                 //先输出三角形顶角元素 1
   for (i=1;i<N;i++) {
     for(j=0;j<42-2*i;j++)System.out.printf("");//有规律输出每行数字前的空格
     for (j=0;j<=i;j++) System.out.printf("%4d",a[j]);
     System.out.printf("\n"); //输出一维数组当前 0~i 下标元素
     if (i<12) {a[i+1]=1;        //产生新一行的数组元素，先赋值新行最右边元素为 1
     for (j=i;j>=1;j--) a[j]=a[j-1]+a[j];}//从右到左产生新的 a[i]~a[1]数组元素
   }
}}
```

说明：方法 2 比方法 1 节省了存储空间，方法 1 则存储了整个杨辉三角形，而方法 2 只保留了最新最后的一行数据。

例 6-11　在二维数组 a 中选出各行最大的元素组成一个一维数组 b。如：

$$a=\begin{pmatrix} 3 & 16 & 87 & 65 \\ 4 & 32 & 11 & 108 \\ 10 & 25 & 12 & 37 \end{pmatrix}$$

则　b=(87 108 37)。

分析：本题的编程思路是，在数组 a 的每一行中寻找最大的元素，找到之后把该值赋予数组 b 相应的元素。程序如下：

```
public class TwoDimensionalArray {
 public static void main(String[] args) {
   int a[][]={{3,16,87,65},{4,32,11,108},{10,25,12,27}},b[]=new int[3],
i,j, lmax;
   for(i=0;i<=2;i++)            //产生各行最大值并放置于 b[i]
   { lmax =a[i][0];            //每行第 1 个元素初始化给行最大变量
     for(j=1;j<=3;j++)if(a[i][j]>lmax) lmax=a[i][j]; //逐个比较找行最大数
     b[i]= lmax;              //行最大值放数组 b 中
   }
   System.out.printf("\narray a:\n"); //输出数组 a
   for(i=0;i<=2;i++)
   { for(j=0;j<=3;j++) System.out.printf("%5d",a[i][j]); System.out. printf
("\n");}
   System.out.printf("\narray b:\n"); //输出数组 b
   for(i=0;i<=2;i++)  System.out.printf("%5d",b[i]); System.out.printf
("\n");
}}
```

说明：程序中第一个 for 语句中又嵌套了一个 for 语句，组成了双重循环。外循环控制逐行处理，并把每行的第 0 列元素赋予 lmax。进入内循环后，把 lmax 与后面各列元素比较，并把比 lmax 大者赋予 lmax。内循环结束时 lmax 即为该行最大的元素，然后把 lmax 值赋予 b[i]。等外循环全部完成时，数组 b 中已装入了 a 各行中的最大值。后面的两个 for 语句分别输出数组 a 和数组 b。

例 6-12 随机产生 N 个数，按升序排序，然后在其中查找数据 k，若找到，显示查找成功的信息，并将该数据删除；若没有找到，则将数据 k 插入到这些数中，插入操作后数据仍然有序。

分析：在 N 个数中查找数据 k，可以采用顺序查找法、二分查找法等方法。

二分查找法又称折半查找法，这种方法要求待查找的数据是有序的。假设有序数据存放在一维数组 a 中，其查找数据 k 的基本思想是：将 a 数组中间位置的元素与待查找数 k 比较，如果两者相等，则查找成功；否则利用中间位置数据将数组分成前后两块，当中间位置的数据大于待查找数据 k 时，则下一步从前面一块查找 k；当中间位置的数据小于待查找数据 k 时，下一步从后面一块查找 k；重复以上过程，直至查找成功或失败(low>high)。二分查找法操作示例见图 6-5。

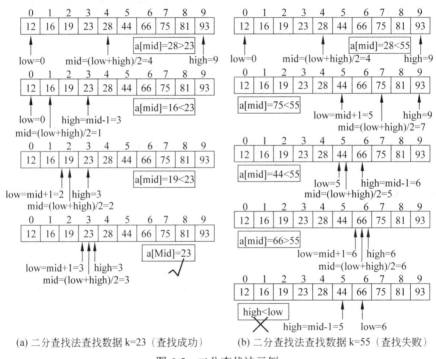

(a) 二分查找法查找数据 k=23（查找成功）　　(b) 二分查找法查找数据 k=55（查找失败）

图 6-5　二分查找法示例

根据二分查找法的查找结果，再做后续删除或添加操作（涉及数组元素前移或后移操作）。

```java
public class SeekDeleteAndInsert {
  public static void main(String[] args) {
    int a[]=new int[20],k,i,n,low,high,mid,point = -1;
    java.util.Scanner input = new java.util.Scanner(System.in);
    System.out.print("Please enter the number of data(<20): ");
    n = input.nextInt(); /*输入原始数据的个数*/
    System.out.printf("Please enter %d order data:",n);
```

```
    for(i=0;i<n;i++) a[i] = input.nextInt();  /*按从小到大的顺序输入数据*/
    System.out.print("Please enter the number to be located:");
    k = input.nextInt();                      /*输入要查找的数据*/
    low=0; high=n-1;                          //二分查找 开始
    while(low<=high)                          /*二分查找*/
    { mid=(low+high)/2;
      if(a[mid]==k){ point=mid; break; }      /*记录查找值的位置*/
      else if(a[mid]<k) low=mid+1;
      else high=mid-1;
    }                                         //二分查找结束
    //如下语句利用 Arrays.binarySearch()方法来二分查找,可替换上面的二分查找程序段
    //point = java.util.Arrays.binarySearch(a,k);  //二分查找
    if(point>= 0)                             /*如果查找成功则删除数据*/
    { System.out.printf("The index of data is: %d,Now delete it.\n",
point);
      for(i=point;i<n;i++) a[i]=a[i+1];       /*删除数据*/
      for(i=0;i<n-1;i++) System.out.printf("%4d",a[i]); System.out. printf
("\n");
    }
    else                                      /*如果查找失败则插入数据*/
    { System.out.printf("The data is not in the array! Now insert.\n");
      i=n-1;
      while(i>=0 && a[i]>k){a[i+1]=a[i]; i=i-1;}/*查找并空出插入数据的位置*/
      a[++i]=k;    /*插入数据*/
      for(i=0;i<=n;i++) System.out.printf("%4d",a[i]); System.out.printf
("\n");
    }
  }
}
```

6.6 本章小结

数组是程序设计中最常用的数据结构。用数组处理实际问题时，一般操作过程是：先将所求解的数据先存入数组中，接着对数组数据处理，最后控制数组元素输出。本章内容有：

（1）数组可分为一维、二维或多维的；按存放内容数组可分为数值数组（整数组、实数组）、字符数组以及对象数组等。

（2）数组类型说明由类型说明符、数组名、数组长度（数组元素个数）三部分组成。数组元素又称为**下标变量**。数组的类型是指下标变量取值的类型。

（3）对数组的赋值可以用数组初始化赋值、赋值语句赋值、从控制台（包括文件等）读取动态取值等方法实现。

本章内容还包括数组作为方法的参数或方法的返回值等相关内容。

6.7 习题

一、选择题

1. 表示一个多维数组的元素时，每个下标（　　　）。
   A. 用逗号分隔　　　　　　　　　　B. 用方括号括起来再用逗号分隔
   C. 用逗号分隔再用方括号括起　　　D. 分别用方括号括起

2. 一个数组（　　　）。
   A. 其所有元素的类型都相同
   B. 可以是任何类型
   C. 其每个元素在内存中的存储位置都是随机的
   D. 其首元素的下标为 1

3. 下列语句中，正确的数组创建语句是（　　　）。
   A. float f[][]=new float[6][6];　　　B. float []f[]=new float[6][6];
   C. float f[][]=new float[][6];　　　　D. float [][]f =new float[6][6];
   E. float [][]f =new float[6][];

4. 为了定义 a1、a2、a3 三个整型数组，下面声明语句全部正确的是（　　　）。
   A. intArray[] a1,a2; int a3[]={1,2,3,4,5};
   B. int[] a1,a2; int a3[]={1,2,3,4,5};
   C. int a1,a2[]; int a3={1,2,3,4,5};
   D. int[] a1,a2; int a3={1,2,3,4,5};

5. 设要在一维数组 a 中存储 10 个 int 类型数据，正确的定义应当是（　　　）。
   A. int a[5+5]={0};　　　　　　　　B. int a[10]={1,2,3,0,0,0,0};
   C. int a[]={1,2,3,4,5,6,7,8,9,0};　　D. int a[2*5]={0,1,2,3,4,5,6,7,8,9};

6. 设要在二维数组 a 中存储 10 个 int 类型数据，正确的定义应当是（　　　）。
   A. int a[5+5]={{1,2,3,4,5},{6,7,8,9,0}};
   B. int a[2][5]={{1,2,3,4,5},{6,7,8,9,0}};
   C. int a[][5]={{1,2,3,4,5},{6,7,8,9,0}};
   D. int a[][5]={{0,1,2,3},{}};
   E. int a[][]={{1,2,3,4,5},{6,7,8,9,0}};
   F. int a[2][5]={ };

7. 执行代码 "String[] s=new String[10];" 后，正确的是（　　　）。
   A. s[10]为""　　　B. s[10]为 null　　C. s[0]为未定义　　D. s.length 为 10

8. 若有定义 "byte[] x={11,22,33,-66};"，其中 0≤k≤3，则对 x 数组元素错误的引用是（　　　）。
   A. x[5-3]　　　　B. x[k]　　　　C. x[k+5]　　　　D. x[0]

9. 有整型数组 "int[] x={12,35,8,7,2};"，则调用方法 Arrays.sort(x)后，数组 x 中元素值依次是（　　　）。

A. 2 7 8 12 3 5　　　B. 12 3 5 8 7 2　　　C. 3 5 12 8 7 2　　　D. 8 7 12 3 5 2

10. 下面代码的输出是（　　　）。

```java
public class T {
  public static void main(String[] args) {
    int anar[]=new int[5];
    System.out.println(anar[0]);
  }
}
```

A. 编译时错误　　B. null　　　　　　　C. 0　　　　　　　　D. 5

11. 下面代码的输出是（　　　）。

```java
public class Test {
  static long a[]=new long[10];
  public static void main(String[] args) { System.out.println(a[6]); }
}
```

A. 编译时错误　　B. null　　　　　　　C. 0　　　　　　　　D. 运行时错误

二、简答题

1. 程序的输出结果为：_____。

```java
public class Abc {
  public static void main(String args[ ]) {
    int i, s = 0, a[ ] = { 10 , 20 , 30 , 40 , 50 , 60 , 70 , 80 , 90 };
    for ( i = 0 ; i < a.length ; i ++ ) if ( a[i]%3 == 0 ) s += a[i] ;
    System.out.println("s="+s);
  }
}
```

2. 程序的输出结果为：_____。

```java
public class Test {
  public static void main(String[] args) {
    int a[] = { 0, 0, 0, 0, 0, 0 };
    calculate(a, a[5]);
    System.out.println("the value of a[0] is " + a[0]);
    System.out.println("the value is a[5] is " + a[5]);
  }
  static int calculate(int x[], int y) {
    for (int i = 1; i < x.length; i++) if (y < x.length) x[i] = x[i-1]+1;
    return x[0];
  }
}
```

3. 以下程序段的输出结果为_____。

```java
public class TestArray {
  public static void main(String  args[ ]){
```

```
int i, j,a[ ] = { 5,9,6,8,7};
for ( i = 0 ; i < a.length-1; i ++ ) {
  int  k = i;
  for ( j = i ; j < a.length ;  j++ ) if ( a[j]<a[k] ) k = j;
  int temp =a[i]; a[i] = a[k]; a[k] = temp;
}
for ( i =0 ; i<a.length; i++ ) System.out.print(a[i]+"  ");
System.out.println( );
  }
}
```

4．数组有没有 length()这个方法？String 有没有 length()这个方法？举例说明使用方法。

三、编程题

1．寻找二维数组的最大值，并输出最大值的位置。

2．查找一个字符在字符数组中的位置。

3．打印 5×5 螺旋方阵问题。**分析**：如下图 5×5 的螺旋方阵，有 5 行 5 列，螺旋方阵有这样的规律，它的第 1 行从左到右顺序递增，然后从第 1 行最后 1 列（即第 5 列）从上到下顺序递增，再从第 5 列最后 1 行（即第 5 行）从右到左顺序递增，再从第 5 行最后 1 列（即第 1 列）从下到上顺序递增（到第 2 行），以此类推，形成一个螺旋方阵。

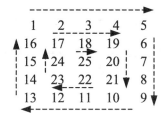

4．假设随机产生的整数数组 a 有 4 行 4 列，计算每行的平均值，保留 2 位小数，然后输出平均值和每行的最大值。

核 心 篇

第 7 章 对 象 和 类

前几章虽然已经编写了多个功能完整的程序，但这些程序实际上主要是利用基本数据类型和结构化程序设计方法所编写的，并没有体现出 Java 语言的面向对象的特点和优越性。本章开始将针对 Java 语言的核心内容展开学习。对象和类是面向对象编程技术中最基本、最核心的概念与内容。本章将介绍面向对象程序设计的基本概念、类的声明、对象的创建与使用、Java 修饰符、Java 源文件等内容。

学习重点或难点：

- 类的定义和使用
- 关键字 this 的用法
- 对象的创建和使用
- Java 修饰符

类和对象是 Java 语言的核心内容，本章将引领我们真正进入面向对象程序设计的天地。

引言：通过前面章节的学习，我们已经能够使用选择、循环、方法和数组等来解决很多程序设计问题。但是，这些还不足以用来开发图形用户界面和大型软件系统。假设希望开发一个有完善功能的 GUI（图形用户界面）大型软件系统，那么必须采用 Java、C++、C#这样的面向对象程序设计语言。本章开始介绍面向对象程序设计思想与方法，将会有助于更有效地开发 GUI 和大型软件系统。

7.1 面向对象程序设计概述

面向对象程序设计代表了一种全新的程序设计思路，与传统的面向过程的开发方法是不同的。面向对象的程序设计和问题求解更符合人们日常自然的思维习惯。面向对象程序的基本组成成分是类与对象。

程序在运行时由类生成对象，对象之间通过发送消息进行通信，相互协作完成相应的功能。对象是面向对象程序的核心。面向对象程序涉及的主要概念有抽象、封装、继承、多态等。

7.1.1 面向过程的程序设计

典型的面向过程的程序设计方法，采用模块分解与功能抽象，自顶向下、分而治之。

程序结构为：程序 = 数据结构+算法。

数据是单独的整体，而算法也是单独的整体，也就是说，数据和算法是分离的，当程序规模变大时，数据结构相对复杂，对这些数据的处理算法也将变得复杂，有时会超出程序员的控制能力。

7.1.2 面向对象的程序设计

典型的面向对象程序设计方法，将数据和数据的算法封装在一起形成对象。程序结构为：

对象 ＝ （数据结构＋ 算法） 程序 ＝ 对象 ＋ 对象 ＋ 对象 ＋ … ＋ 对象

对象的封装机制的目的在于将对象的使用者和设计者分开，使用者只需了解接口，而设计者的任务是如何封装一个类、哪些内容需要封装在类的内部及需要为类提供哪些接口。

面向对象程序设计方法是一种以对象为中心的思维方式。它包括以下几个主要概念：抽象、对象、类和封装、继承、多态性、消息、结构与关联。

7.1.3 面向对象方法的特征

不同于面向过程的程序设计中以"数据结构+算法"为研究和实现的主体，面向对象的程序设计是以解决问题域中所设计的各种对象为中心的。

1．抽象

抽象就是抽出事物的本质特性而暂时不考虑它们的细节。

2．对象

思政材料

对象是客观世界存在的具体实体，具有明确定义的**状态**和**行为**。对象可以是有形的，如一本书、一只钟表等，也可以是无形的，如记账单、一项记录等。

拿动物狗来举例，它的状态有名字、品种、颜色，行为有叫、摇尾巴和跑。

对比现实对象和软件对象，它们之间十分相似。

软件对象也有状态和行为。软件对象的状态就是属性，行为通过方法体现。

对象是封装了数据结构（属性）及可以施加在这些数据结构上的操作（方法）的封装体。属性和方法是软件对象的两大要素。属性是对象静态特征的描述，方法是对象动态特征的描述。

在软件开发中，方法操作对象内部状态（属性）的改变，对象的相互调用也是通过方法来完成的。图 7-1 是汽车对象的示意图。

再如，各种圆对象，亦有它的状态（属性）与行为（方法），如图 7-2 所示。

3．类

类是一组具有共同特性的对象成员的集合。类又是一个抽象的概念。类是对象模板，

图 7-1　汽车对象　　　　　　　　　　图 7-2　圆对象

用于创建具有相同状态属性和相同操作（服务）的对象。因此，类概括为包括属性（状态）和方法（类的服务、行为和操作只是叫法上的区别，规范说法为方法）。对象是类的一个实例，自然亦有具体的状态（属性）和行为（方法）。图 7-3 给出了类的示例。

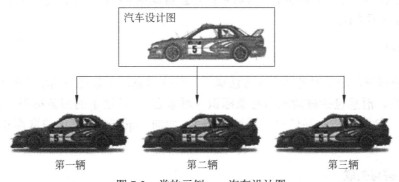

图 7-3　类的示例——汽车设计图

汽车设计图就是"类"，由这个图纸设计出来的若干的汽车就是按照该类产生的"对象"。由此可见，类是对象的模板、图纸，而对象（Object）是类（Class）的一个个实例（Instance），是现实世界的一个个实体，一个类可以对应多个对象。如果将对象比作汽车，那么类就是汽车的设计图纸。所以面向对象程序设计的重点是类的设计，而不是对象的设计。

4．封装

封装是把对象的属性和操作结合在一起，构成一个独立的封装体。封装性也就是信息隐藏，通过封装把对象的实现细节对外界隐藏起来了。

5．继承

继承使得一个类可以继承另一个类的属性和方法。这样通过抽象出共同的属性和方法组建新的类，便于代码的重用。如图 7-4 所示为常见几何图形的层次关系。

子类正方形（Square）继承了父类矩形（Rectangle）的特性，同时子类正方形又具有自身新的属性和服务。其他子类情况类似。

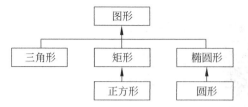

图 7-4　图形的层次关系图

6. 多态性

多态性是指不同类型的对象接收相同的消息时产生不同的行为。当对象接收到发送给它的消息时，根据该对象所属于的类动态选用在该类中定义的实现算法。如在图 7-4 中，设有方法 getArea()消息发出，不同的子类如 Rectangle（矩形）、Triangle（三角形）等对该消息的响应是不同的，不同的子类会自动判断自己的所属类并执行相应的 getArea()服务或方法。

7. 消息

向某个对象发出的服务请求（方法调用）称作消息。对象提供的服务的消息格式称作消息协议。消息包括被请求的对象标识（对象名）、被请求的服务标识（方法名）、输入信息（参数）和应答信息（返回值等）。如向 Square 类发送获取面积的消息：getArea()。

8. 结构与关联

对象间存在着各种各样的关系。其主要包括部分/整体、一般/特殊、实例连接、消息连接。

（1）**部分/整体**，该关系中有两种方式：组合和聚集。组合关系中部分和整体的关系很紧密。聚集关系中则比较松散，一个部分对象可以属于几个整体对象。如图 7-5 所示的组合关系。

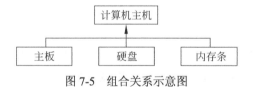

图 7-5　组合关系示意图

（2）**一般/特殊**，也就是继承关系。有时称作泛化和特化关系。

（3）**实例连接**，表现了对象之间的静态联系。**对象之间的实例连接称作链接，对象类之间的实例连接称作关联**。表现在代码层面，被关联类以类属性的形式出现在关联类中，也可能是关联类引用了一个类型为被关联类的全局变量。

（4）**消息连接**，表现了对象之间的动态联系，它表现了这样一种联系：一个对象发送消息请求另一个对象的服务，接收消息的对象响应消息，执行相应的服务。

7.2 类与对象

7.2.1 类的声明

类可以看成是创建 Java 对象的模板。类亦可理解成 Java 一种新的数据类型，这种数据类型中封装了数据的内容和对数据内容的操作。

类的基本定义方法如下：

```
[修饰符] class 类名 [extends 父类] [implements 接口名]
{
    类成员变量声明    //类属性
    类方法声明
}
```

1. 类头部

修饰符：类的修饰符说明了类的属性，分为**访问控制符、抽象类说明符和最终类说明符**三种，格式如下：

[public | protected | private] [static] [final | abstract]

访问控制符：public、private 和 protected。
抽象类说明符：abstract。
最终类说明符：final。
类修饰符应用示例如下：

```
public class Employee{…}    //public 级别
class Employee{…}           //默认访问级别
```

static：一般类是不允许声明为静态的，只有内部类（类中定义的类）才可以。

class 关键字：类的修饰符后面的 class 标志一个类定义的开始（注意：class 全是小写的，不能写成 Class），类名由编程者自己定义。

类名：类名指的是具体创建的类的名字，应遵循 Java 命名方式。

extends 关键字：关键字后面为类的父类的名字，用来说明当前类是哪个已经存在类的子类，存在继承关系。

implements 关键字：关键字后面为类所实现的接口列表，用来说明当前类中实现了哪个接口定义的功能和方法。

2. 成员变量的声明（类的属性）

```
[修饰符]  数据类型  变量名;
```

修饰符格式如下：

```
[public | protected | private ] [static] [final | abstract]
```

public：表示该变量可被所有其他类引用。

private：表示该变量仅可被该类自身引用和修改，不能被其他任何类（包括子类）引用。

protected：表示该变量可由该类自身、子类、同一包中的其他类引用。

default：没有指定 public、private 和 protected 的情况，表示该变量可由该类自身、同一包中的其他类引用。

static：表明是类成员变量，该变量对所有的实例对象一致，引用时前缀可使用类名（类名.类成员变量）或对象名。

final：数值不变常量，定义同时应对其进行初始化。

数据类型：根据存储数据的类型，可以是任何 Java 的有效数据类型。

变量名：定义变量必需的名字，用于标识该变量。

例如，在 Employee 中声明的类的属性：

```
private int employeeNo;       //职员编号
private int employeeName;     //职员姓名
```

3．成员方法的声明

类的方法也称为类的成员函数，用来规定类属性上的操作，实现类对外界提供的服务，也实现了类间的消息响应。方法包括：方法声明和方法体。

```
[修饰符] 返回值类型 方法名(参数列表) throws 异常1 {   //以下是方法体声明
    局部变量声明；
    语句序列；
}
```

修饰符：与类中属性的声明一致，包括[public | protected | private] [static] [final | abstract]等修饰符。

返回值类型：是方法返回值的数据类型。

方法名：方法名是动词-名字的组合，应遵循 Java 命名约定。

参数列表：传递给方法的一组信息，它被明确地写在方法名后面的括号内。

下面的代码显示了 Employee 类中方法的定义：

```
class Employee{
    ... //省略
    public void setEmployeeSalary(double salary){     //设置职员的薪水
      employeeSalary = salary ;
    }
    public String toString() {                        //输出职员的基本信息
      String s;
      s = "编号："+employeeNo+" 姓名："+employeeName+" 工资："+employeeSalary;
      return s;
    }
```

```
}
```

下面通过一个简单的类来理解 Java 中类的定义：

```
public class Dog{
    public String breed;
    Private int age;
    public String color;
    public void barking(){
    }
    public void hungry(){
    }
    protected void sleeping(){
    }
    ...
}
```

一个类可以包含以下类型变量：

- **局部变量**。在方法、构造方法或者语句块中定义的变量被称为局部变量。变量声明和初始化都是在方法中，方法结束后，变量就会自动销毁。
- **成员变量**。成员变量是定义在类中，方法体之外的变量。这种变量在创建对象的时候实例化。成员变量可以被类中的方法、构造方法和特定类的语句块访问。
- **类成员变量**。类成员变量也声明在类中，方法体之外，但必须声明为 static 类型。

一个类可以拥有多个方法，在上面的例子中：barking()、hungry() 和 sleeping() 都是 Dog 类的方法。

每个类都有构造方法。如果没有显式地为类定义构造方法，Java 编译器将会为该类提供一个默认构造方法。在**创建一个对象的时候，至少要调用一个构造方法**。构造方法的名称必须与类同名，一个类可以有多个重载的构造方法。下面是一个构造方法示例：

```
public class Puppy{         //Puppy（小狗）类
    public Puppy(){         //默认构造方法
    }
    public Puppy(String name){
        ...                 //这个构造器仅有一个参数：name
    }
}
```

7.2.2　类的实例对象及使用

仅有设计图是无法实现汽车的功能的，只有产生了实际的汽车才行，同样，要想实现类的属性和行为，必须创建类的具体对象。

1．创建类的对象

对象是根据类创建的。在 Java 中，使用关键字 new 来创建一个新的对象。创建对象需要以下三步。

- **声明**：声明一个对象，包括对象名称和对象类型（类名）。

Java 声明对象的格式如下：

类名 对象名；

例如，如下构建一个职员类的实际对象：

```
Employee  employee;
```

- **实例化**：使用关键字 new 来创建一个对象。

在使用对象之前必须给它们分配内存，这由 new 关键字实现的，如：

```
employee = new Employee();
```

- **初始化**：使用 new 创建对象时，会调用构造方法初始化对象。

变量或对象在被初始化之前是不能使用的，必须进行初始化。

例 7-1 自定义类 Employee，创建并使用类 Employee 的两个对象。

```java
public class Employee
{ //定义一个职员类 Employee，并声明该类的一个对象，并输出这个对象的具体信息。
  private long id;
  private String name;
  private int age;
  private boolean sex;
  private String phone;
  public Employee(long id, String name,int age, boolean sex, String phone)
  {
     this.id = id;
     this.name = name;
     this.age = age;
     this.sex = sex;
     this.phone = phone;
  }
  public int getAge() {
     return age;
  }
  public String getSex() {
     if (sex) return "女";
     return "男";
  }
  public String getPhone() {
     return phone;
  }
  public static void main(String[] args) {
     Employee emplyee = new Employee(1, "张三", 18, false, "65534568");
     System.out.println(emplyee.getAge());
     System.out.println(emplyee.getSex());
     System.out.println(emplyee.getPhone());
```

```
    }
  }
```

2. 访问对象的实例变量（属性）和方法

通过已创建的对象来访问成员变量（或实例变量）和成员方法，一般形式如下所示：

```
ObjectReference = new Constructor(…);//通过类构造方法 Constructor()实例化
对象
    ObjectReference.variableName;           //访问对象 ObjectReference 的成员变量
    ObjectReference.MethodName(…);          //访问对象 ObjectReference 的成员方法
```

例 7-2 本例展示如何访问实例变量和调用成员方法。

```java
public class Puppy{
  int puppyAge;
  public Puppy(String name){ //这个构造器仅有一个参数: name
    System.out.println("Passed Name is :" + name );
  }
  public void setAge( int age ){ puppyAge = age; }
  public int getAge( ){
    System.out.println("Puppy's age is :" + puppyAge );
    return puppyAge;
  }
  public static void main(String[] args){
    Puppy myPuppy = new Puppy( "tommy" );   /* 创建对象 */
    myPuppy.setAge( 2 );                     /* 通过方法来设定 age */
    myPuppy.getAge( );                        /* 调用另一个方法获取 age */
    System.out.println("Variable Value:"+myPuppy.getAge( ));
    System.out.println("Variable Value:"+myPuppy.puppyAge);
                                             //也可这样访问成员变量
  }
}
```

编译并运行上面的程序，产生如下结果：

```
Passed Name is :tommy
Puppy's age is :2
Puppy's age is :2
Variable Value :2
Variable Value :2
```

7.3 this 引用句柄

this 关键字在 Java 程序里的作用和它的词义很接近，this 在方法内部就是**这个方法所属的对象的引用变量**。

例如，对于类 ClassA 中的构造方法：

```
public ClassA(String x){
    name = x;
}
```

可以改写成如下形式：

```
public ClassA(String x){
    this.name = x;
}
```

在成员方法中，对访问的同类中成员前加不加 this 引用，效果都是一样的。但在有些情况下，还是非得用 this 关键字不可的。

（1）通过构造方法将外部传入的参数赋值给类成员变量，构造方法的形式参数名称与类的成员变量名相同。

```
class Customer{
    String name;
    public Customer(String name) {
        name = name;
    }
}
```

在语句"name = name;"中，根本分不出哪个是成员变量，哪个是方法的形式参数变量，最终会产生错误的结果。

形式参数就是方法内部的一个局部变量，成员变量与方法中的局部变量同名时，在该方法中对同名变量的访问只能是指那个局部变量（这时局部变量优先或局部变量能屏蔽成员变量）。如果明白了这个道理和 this 关键字的作用，就可以修改上面的程序代码，来达到预期的目的。

```
class Customer{
    String name;
    public Customer(String name) {
        this.name = name;
    }
}
```

（2）假设有一个容器类和一个部件类，在容器类的某个方法中要创建部件类的实例对象，而部件类的构造方法要接收一个代表其所在容器的参数，程序代码如下：

```
class Container{  //容器类
    Component comp;
    public void addComponent(){
        comp = new Component(this);//将 this 作为对象引用传递
    }
}
class Component{  //部件类
    Container myContainer;
```

```
public Component(Container c){
    myContainer = c;
  }
}
```

这就是通过 this 引用把当前的对象作为一个参数传递给其他的方法和构造方法的应用。

（3）构造方法是在使用 new 产生对象时被 Java 系统自动调用的，而不能在程序中像调用其他方法一样去调用构造方法。但是作为特例，可以在一个构造方法里调用其他重载的构造方法，这时不是用构造方法名，而是用 this(参数列表)的形式，根据其中的参数列表，选择相应的构造方法。

```
public class Person{
  String name;
  int age;
  public Person(String name){
      this.name = name;
  }
  public Person(String name,int age){
    this(name); //构造方法中调用其他重载的构造方法，必须使用 this
    this.age = age;
  }
}
```

7.4 Java 修饰符

Java 语言提供了很多修饰符，主要分为两类：访问修饰符和非访问修饰符。

修饰符用来定义类、方法或者变量，通常放在语句的最前端。下面是一些例子：

```
public class ClassName {
  ... //类定义
}
private boolean myFlag;
static final double weeks = 9.5;
protected static final int BOXWIDTH = 42;
public static void main(String[] arguments) {
  ... //方法体
}
```

7.4.1 访问控制修饰符

在面向对象程序设计时，为了使某些类对象的数据和成员不被其他对象访问，以保证数据的隐私和信息隐藏，在 Java 中引入了"访问控制修饰符"的概念，通过修饰符的限定来保护对类、变量（属性）、方法的访问。

Java 支持 public、protected、private 和默认（无关键字）4 种不同的访问权限。

（1）默认的，也称为 default，是指不使用任何修饰符：在同一包内可见。

（2）私有的，以 private 修饰符指定：在同一类内可见。

（3）受保护的，以 protected 修饰符指定：对同一包内的类和所有子类可见。

（4）公有的，以 public 修饰符指定：对所有类可见。

1．缺省访问控制修饰符——不使用任何关键字

假如一个类没有访问控制符，说明它具有缺省的访问控制特性。这种缺省的访问控制权规定该类只能被同一个包中的类访问和引用，而不可以被其他包中的类使用，这种访问特性称为包访问性。

通过声明类的更明确访问控制符可以使整个程序结构清晰、严谨，减少可能产生类间干扰和错误。

使用缺省访问修饰符声明的变量和方法，对同一个包内的类是可见的。接口里的变量都隐式声明为 public static final，而接口里的方法缺省情况下访问权限为 public。

如下例所示，变量和方法的声明可以不使用任何修饰符，表示它们在所在包中可见。

```
String version = "1.5.1";
boolean processOrder() {
    return true;
}
```

2．私有访问控制修饰符——private

用 private 修饰的属性或方法只能被该类自身所访问和修改，而不能被任何其他类，包括该类的子类来获取和引用。如图书类 BookDetails 中的私有数据：

```
private String isbn;   //ISBN 号
private String name;   //书名
```

private 对这些属性的修饰确保它们只能被本类 BookDetails 自身的方法访问，任何其他类的方法都无法访问这些属性。

方法大多数是公有的，但是私有方法也经常使用。这些私有的方法只能被同一个类的方法调用。

私有访问控制修饰符是最严格的访问级别，所以被声明为 private 的方法、变量和构造方法只能被所属类访问，**并且类和接口不能声明为 private**。

声明为私有访问类型的变量只能通过类中公共的 getter 方法被外部类访问。

private 访问修饰符的使用主要用来隐藏类的实现细节和保护类的数据。

下面的类使用了私有访问修饰符：

```
public class Logger {
  private String format;
  public String getFormat() {
```

```
    return this.format;
  }
  public void setFormat(String format) {
    this.format = format;
  }
}
```

在上例中，Logger 类中的 format 变量为私有变量，所以其他类不能直接得到和不能直接设置该变量的值。为了使其他类能够操作该变量，定义了两个public方法：getFormat()（返回 format 的值）和 setFormat(String)（设置 format 的值）。

3. 受保护的访问控制修饰符——protected

用 protected 修饰的成员变量、方法和构造器可以被类自身与它在同一个包中的其他类、在其他包中的该类的子类所访问。

protected 访问修饰符不能修饰类和接口，方法和成员变量能够声明为 protected，但是接口的成员变量和成员方法不能声明为 protected。

子类能访问 protected 修饰符声明的方法和变量，这样就能阻止不相关的类使用这些方法和变量。

下面的父类使用了 protected 访问修饰符，子类重载了父类的 openSpeaker()方法。

```
class AudioPlayer {
  protected boolean openSpeaker(Speaker sp) {
    ... //实现细节略
  }
}
class StreamingAudioPlayer extends AudioPlayer {
  boolean openSpeaker(Speaker sp) {
    ... //实现细节略
  }
}
```

如果把 openSpeaker()方法声明为 private，那么除了 AudioPlayer 之外的类将不能访问该方法。如果把 openSpeaker()声明为 public，那么所有的类都能够访问该方法。如果只想让该方法对同包的类及其所在类的子类可见，则将该方法声明为 protected。

4. 公有访问控制修饰符——public

一个类被声明为公共类，表明它可以被所有的其他类所访问和引用，这里的访问和引用是指这个类作为整体对外界是可见和可使用的，程序的其他部分可以创建这个类的对象、访问这个类内部可见的成员变量和调用它的可见的方法。

一个类作为整体对程序的其他部分可见，并不能代表类内的所有属性和方法也同时对程序的其他部分可见，前者只是后者的必要条件，类的属性和方法能否为所有其他类所访问，还要看这些属性和方法自己的访问控制符。

被声明为 public 的类、方法、构造方法和接口能够被任何其他类访问。

如果几个相互访问的 public 类分布在不同的包中，则需要导入相应 public 类所在的包。由于类的继承性，类所有的公有方法和变量都能被其子类继承。

以下方法使用了公有访问控制修饰符：

```
public static void main(String[] arguments) {
    ... //省略
}
```

Java 程序的 main() 方法必须设置成公有的，否则，Java 解释器将不能运行该类。

5．访问控制和继承

请注意以下方法继承的规则：

（1）父类中声明为 public 的方法在子类中也必须为 public。

（2）父类中声明为 protected 的方法在子类中要么声明为 protected，要么声明为 public，不能声明为 private。

（3）父类中缺省修饰符声明的方法，能够在子类中声明为 private。

（4）父类中声明为 private 的方法，不能够被继承。

7.4.2　非访问控制修饰符

为了实现一些其他的功能，Java 也提供了许多非访问控制修饰符，起到指示作用。

static 修饰符，用来创建类方法和类变量。

final 修饰符，用来修饰类、方法和变量，final 修饰的类不能够被继承，修饰的方法不能被继承类重新定义，修饰的变量变成为常量，是不可修改的。

abstract 修饰符，用来创建抽象类和抽象方法。

synchronized 和 volatile 修饰符，主要用于线程的编程。

transient 修饰符，用于对象的序列化。

1．static 修饰符

static 是静态修饰符，可以修饰类的属性，也可以修饰类的方法。被 static 修饰的属性不属于任何一个类的具体对象，是公共的存储单元。任何对象访问它时，取得的都是相同的数值。当需要引用或修改一个 static 限定的类属性时，可以使用类名，也可以使用某一个对象名，效果相同。

1）静态属性

static 关键字用来声明独立于对象的静态属性（变量），无论一个类实例化多少对象，它的静态属性（变量）只有一个副本。静态变量也被称为类变量。要注意：方法中的局部变量是不能被声明为 static 变量的。定义静态数据的简单方法就是在属性变量的前面加上 static 关键字。例如，下述代码能生成一个 static 数据成员，并对其初始化：

```
class StaticTest {
```

```
   static int i = 48;
}
StaticTest st1 = new StaticTest();
StaticTest st2 = new StaticTest();
```

此时，无论 st1.i 还是 st2.i 都有同样的值 48，因为它们引用的是同样的内存区域。

上述例子采用对象引用属性的方法，也可以通过类直接使用该类的静态属性。正如上面展示的那样，可通过一个对象命名它，如 st2.i。亦可直接用它的类名引用，如 StaticTest.i，而这在非静态成员里是行不通的。

```
StaticTest.i++;
```

其中，++运算符会使静态变量 i 的值增加 1。此时，无论 st1.i 还是 st2.i 的值都是 49。

同样，对静态方法而言既可通过一个"对象"引用静态方法，也可用"类名.方法()"加以引用。如类中添加静态方法的 incr() 后的类：

```
class StaticTest{
   static int i = 47;
   static void incr() {
      StaticTest.i++;
   }
}
```

调用 incr()方法可以通过对象加以调用，具体代码段如下：

```
StaticTest  st1 = new StaticTest(); st1.incr();
```

也可以通过类名直接调用该静态的方法。具体代码如下：

```
StaticTest.incr();
```

2）静态代码块

在类中，也可以将某一块代码声明为静态的，这样的程序块叫静态初始化段。静态代码块的一般形式如下：

static
{
   语句序列
}

如下面代码定义一个静态代码块：

```
static{
   int stVar = 12;   //这是一个局部变量，只在本块内有效
   System.out.println("This is static block." + stVar);
}
```

编译通过后，用 Java 命令加载本程序，程序运行结果首先输出：

```
This is static block. 12
```

接下来才是 main()方法中的输出结果，由此可知，静态代码块甚至在 main()方法之前就被执行。若有多个静态代码块，按前后顺序都先于 main()方法被执行。

3）静态方法

static 关键字可用来声明独立于对象的静态方法。

（1）静态方法的声明和定义。

在声明为静态的方法头加上一个关键字 static。它的一般语法形式如下：

```
［访问权限修饰符］ static ［返回值类型］方法名（［参数列表］）{
    语句序列
}
```

例如，Java 主控类的 main()方法的定义：

```
public static void main(String args[]){
    System.out.println("Java 主类的静态的 main()方法");
}
```

（2）静态方法和非静态方法的区别。

静态方法和非静态方法的区别主要体现在两个方面：

① 在外部调用静态方法时，可以使用"类名.方法名"的方式，也可以使用"对象名.方法名"的方式。而实例方法只有后面这种方式。

② 静态方法在访问本类的成员时，只允许访问静态成员（即静态成员变量和静态方法），不能访问非静态的成员变量。

例 7-3 静态方法访问成员变量的实例。

```
class Test_AccessStatic{
  private static int count;       //定义一个静态成员变量,用于统计对象的个数
  private String name;            //定义一个非静态的成员变量
  public Test_AccessStatic(String Name){
    name = Name;
    count++;                      //正确,可以使用实例变量和静态变量
  }
  //定义一个静态方法,测试静态的方法是否能够调用非静态的数据成员和方法
  public static void accessStaticMethod(){
    int i = 0;                    //正确,可以有自己的局部变量
    count++;                      //正确,静态方法可以使用静态变量
    anotherStaticMethod();        //正确,可以调用静态方法
    //name = "静态对象";           //错误,不能使用实例变量
    //resultMethod();             //错误,不能调用实例方法
  }
  public static void anotherStaticMethod()    //类中另一个静态的方法
  {
    System.out.println("测试能被类中静态和非静态方法调用的静态方法");
    count++;
  }
```

```
//下面定义一个实例方法
public void  resultMethod(){
  anotherStaticMethod();                        //正确，可以调用静态方法
  System.out.println("新建对象的信息" + name ); //正确，可使用实例变量
  System.out.println("新建对象个数" +count );   //可正确调用静态的数据成员
}
public static void main(String args[]){
  Test_AccessStatic t1 = new Test_AccessStatic("第一个对象");
  t1. accessStaticMethod();
  Test_AccessStatic t2 = new Test_AccessStatic("第二个对象");
  t2. accessStaticMethod();
}
}
```

例 7-4　如下所示，static 修饰符用来创建类方法和类变量。

```
public class InstanceCounter {
  private static int numInstances = 0;
  protected static int getCount() { return numInstances; }
  private static void addInstance() { numInstances++; }
  InstanceCounter() { InstanceCounter.addInstance(); }
  public static void main(String[] arguments) {
    System.out.print ("Starting with " + InstanceCounter.getCount() +
"instances.");
    for (int i = 0; i < 500; ++i) new InstanceCounter();
    System.out.println("Created " + InstanceCounter.getCount() +
"instances");
  }
}
```

以上实例运行编辑结果如下：

```
Started with 0 instances. Created 500 instances
```

补充说明：static 一般用来修饰成员变量或方法。但有一种特殊用法——用 static 修饰内部类，普通类是不允许声明为静态的，只有内部类才可以。被 static 修饰的内部类可以直接作为一个普通类来使用，而不需实例化一个外部类，见如下代码：

```
public class OuterClass {
  public static class InnerClass{ //关于内部类见后续章节
    InnerClass(){System.out.println("=== 我是一个内部类'InnerClass' ===");}
  }
}
public class TestStaticClass {
  public static void main(String[] args) { //不需要先 new 一个 OutClass 对象
    new OuterClass.InnerClass(); //而可以直接 new 一个 OutClass.InnerClass
  }
}
```

2．final 修饰符

1）final 成员变量

当变量前面加上 final 关键字时，就是说该变量一旦被初始化便不可改变，对基本类型来说是其值不可变，而对于对象变量来说其引用不可再变，但是 final 对象变量里的数据可以被改变。

final 修饰符通常和 static 修饰符一起使用来创建**类常量**。

其初始化可以在两个地方：一是其定义处，也就是说，在 final 变量定义时直接给其赋值；二是在构造方法中。**final 变量能被显式地初始化并且只能初始化一次**，不能同时既在定义时给了值，又在构造方法中给另外的值。如下面程序代码：

```
public class Test_Final{
    final double PI=3.14; //定义 final 变量时便给数值
    final int I;     //在构造方法中对 final 变量初始化，定义时不能再赋初值
    public Test_Final(){
      I = 100;
    }
}
```

上述类简单地演示了 final 的常规用法。这样在程序的随后部分就可以直接使用这些变量，就像它们是常数一样。

例如：

```
public class Test{
    final int value = 10;
    public static final int BOXWIDTH = 6;     //声明常量
    static final String TITLE = "Manager";    //声明常量
    public void changeValue(){
      value = 12;                             //将输出一个错误
    }
}
```

2）final 方法

将方法声明为 final，那就说明该方法不需要进行扩展，也不允许任何从此类继承的子类来覆写这个方法，但是可以继承这个方法，也就是说，可以直接使用，但是不能被子类修改。

声明 final 方法的主要目的是防止该方法的内容被修改。如下为使用 final 修饰符声明的方法。

```
public class Test{
  public final void changeName(){ //使用 final 修饰符声明的方法
    ... //方法体
  }
}
```

3）final 类

当将 final 用于类身上时，那就意味着此类在一个继承树中是一个叶子类，并且此类的设计已被认为很完美而不需要进行修改或扩展。也即 final 类不能被继承，没有类能够继承 final 类的任何特性。例如：

```
public final class Test {
    ... //类体
}
```

3. abstract 修饰符

1）抽象类

抽象类不能用来实例化对象，声明抽象类的唯一目的是为了将来对该类进行扩充。

一个类不能同时被 abstract 和 final 修饰。如果一个类包含抽象方法，那么该类一定要声明为抽象类，否则将出现编译错误。抽象类可以包含抽象方法和非抽象方法。例如：

```
abstract class Caravan{                    //抽象类 Caravan（大篷车）
    private double price;
    private String model;
    private String year;
    public abstract void goFast();      //抽象方法
    public abstract void changeColor(); //抽象方法
}
```

2）抽象方法

抽象方法是一种没有任何实现的方法，该方法的具体实现由子类提供。抽象方法不能被声明成 final static。

任何继承抽象类的子类必须实现父类的所有抽象方法，除非该子类也是抽象类。

如果一个类包含若干个抽象方法，那么该类必须声明为抽象类。抽象类可以不包含抽象方法。抽象方法的声明以分号结尾，例如"public abstract sample();"，再例如：

```
public abstract class SuperClass{  //抽象类
    abstract void m();              //抽象方法
}
class SubClass extends SuperClass{
    void m(){                      //实现抽象方法
        ...
    }
}
```

4. synchronized 修饰符

synchronized（同步的）关键字声明的方法同一时间只能被一个线程访问。synchronized 修饰符可以应用于 4 个访问控制修饰符。例如：

```
public synchronized void showDetails(){
    ...
}
```

5．volatile 修饰符

Java 语言规范中指出：为了获得最佳速度，允许线程保存共享成员变量的私有副本，而且只有当线程进入或者离开同步代码块时才与共享成员变量的原始值对比。这样当多个线程同时与某个对象交互时，就必须要注意到要让线程及时得到共享成员变量的变化。而 volatile 关键字就是提示 VM：对于这个成员变量不能保存它的私有副本，而应直接与共享成员变量交互。

volatile（不稳定的）修饰的成员变量在每次被线程访问时，都强迫从共享内存中重读该成员变量的值。而且，当成员变量发生变化时，强迫线程将变化值回写到共享内存。这样在任何时刻，两个不同的线程总是看到某个成员变量的同一个值。

6．transient 修饰符

序列化的对象包含被 transient（短暂的）修饰的实例变量时，Java 虚拟机（JVM）跳过该特定的变量。该修饰符包含在定义变量的语句中，用来预处理类和变量的数据类型。例如：

```
public transient int limit = 55;    //不持久
public int b;                       //持久
```

7.5 Java 源文件

7.5.1 源文件声明规则

本节将学习源文件的声明规则。当在一个源文件中定义多个类，并且还有 import 语句和 package 语句时，要特别注意以下规则。

- 一个源文件中只能有一个 public 类。
- 一个源文件可以有多个非 public 类。
- 源文件的名称应该和 public 类的类名保持一致。例如，源文件中 public 类的类名是 Employee，那么源文件应该命名为 Employee.java。
- 如果一个类定义在某个包（见 9.3 节）中，那么 package 语句应该在源文件的首行。
- 如果源文件包含 import 语句，那么应该放在 package 语句和类定义之间。如果没有 package 语句，那么 import 语句应该在源文件的最前面。
- import 语句和 package 语句对源文件中定义的所有类都有效。在同一源文件中，不能给不同的类的不同包声明。

类有若干种访问级别，并且类也分不同的类型：抽象类和 final 类等。

除了上面提到的几种访问控制类类型，Java 还有一些特殊类，如内部类、匿名类等。

7.5.2 import 语句

Java 包主要用来对类和接口进行分类（具体见 9.3 节）。当开发 Java 程序时，可能编写成百上千的类，因此很有必要对类和接口进行分类。

在 Java 中，如果给出一个完整的限定名，包括包名、类名，那么 Java 编译器就可以很容易地定位到源代码或者类。import 语句就是用来提供一个合理的路径，使得编译器可以找到某个类。

例如，下面的命令行将会命令编译器载入"Java 安装目录/java/io 路径下的所有类"。

```
import java.io.*;  //实际上是存在于 rt.jar 包中的 java/io 下的所有类
```

7.5.3 一个简单的例子

例 7-5 本例创建两个类：Employee 和 EmployeeTest。

首先打开文本编辑器，把下面的代码粘贴进去。注意将文件保存为 Employee.java。

Employee 类有 4 个成员变量：name、age、designation 和 salary。该类显式声明了一个构造方法，该方法只有一个参数。

```
import java.io.*;
public class Employee{
   String name;
   int age;
   String designation;
   double salary;
   public Employee(String name){    //Employee 类的构造器
      this.name = name;
   }
   public void empAge(int empAge){  //设置 age 的值
      age =  empAge;
   }
   public void empDesignation(String empDesig){ /* 设置 designation 的值*/
      designation = empDesig;
   }
   public void empSalary(double empSalary){    /* 设置 salary 的值*/
      salary = empSalary;
   }
   public void printEmployee(){                 /* 打印信息 */
      System.out.println("Name:"+ name );
      System.out.println("Age:" + age );
      System.out.println("Designation:" + designation );
      System.out.println("Salary:" + salary);
```

```
  }
}
```

程序都是从 main()方法开始执行。为了能运行这个程序，必须包含 main()方法并且创建一个实例对象。

下面给出 EmployeeTest 类，该类实例化两个 Employee 类的实例，并调用方法设置变量的值。将下面的代码保存在 EmployeeTest.java 文件中。

```
import java.io.*;
public class EmployeeTest{
  public static void main(String args[]){
    Employee empOne=new Employee("James Smith");/*使用构造器创建两个对象*/
    Employee empTwo = new Employee("Mary Anne");
    empOne.empAge(26);                                //调用这两个对象的成员方法
    empOne.empDesignation("Senior Software Engineer");
    empOne.empSalary(1000);
    empOne.printEmployee();
    empTwo.empAge(21);
    empTwo.empDesignation("Software Engineer");
    empTwo.empSalary(500);
    empTwo.printEmployee();
  }
}
```

命令方式编译这两个文件并且运行 EmployeeTest 类，可以看到如下结果：

```
...> Javac Employee.java
...> Javac EmployeeTest.java
...> Java EmployeeTest
Name:James Smith
Age:26
Designation:Senior Software Engineer
Salary:1000.0
Name:Mary Anne
Age:21
Designation:Software Engineer
Salary:500.0
```

7.6 本章小结

通过本章的学习，至少要能清晰掌握以下一些基本知识：

（1）类是对象的模板，它定义对象的属性，并提供创建对象的构造方法以及对对象进行的操作的其他方法；

（2）类也是一种数据类型。可以用它声明对象引用变量，对象引用变量中似乎存放了一个对象，但实际上，它包含的是对该对象的引用。对象本身与对象引用变量是不同的，但在大多数情况下，又不必细区分；

（3）对象是类的实例，可以使用 new 运算符创建对象，使用点运算符(.)通过对象的引用变量来访问对象的成员（属性与方法）；

（4）实例变量或实例方法属于类的一个具体实例。它的使用与各自的实例相关联。静态变量是被同一个类的所有实例所共享的。可以在不使用实例的情况下调用静态方法。为清晰起见，最好使用"类名.变量"和"类名.方法"来调用静态变量和静态方法；

（5）修饰符用来指定类、方法和数据是如何被访问的；

（6）所有传递给方法的参数都是值传递的。对于基本数据类型的参数，传递的是实际值；而若参数是引用数据类型，则传递的是对象的引用。

7.7 习题

一、选择题

1. 以下关于对象的说法中，不合适的是（　　　）。

   A. 组成客观世界的不同事务都可以看成对象

   B. 对象是程序中具有封装性和信息隐藏的独立模块

   C. 对象可以分解、组合，也可以通过相似性原理进行分类和抽象

   D. 对象可以更好地组织计算机处理的内容，体现计算机运行规律，提高程序的执行效率

2. 以下关于对象的说法中，不正确的是（　　　）。

   A. 对象变量是对象的引用

   B. 对象是类的实例

   C. 一个对象可以作为另一个对象的成员

   D. 对象不可以作为方法的参数

3. 在 Java 中，设置包的目的是为了解决（　　　）。

   A. 同名类的冲突　　　　　　　　　B. 代码过大时的管理

   C. 安装打包　　　　　　　　　　　D. 以上 A/B/C 都是

4. 有如下代码

```
class Test{
  private int m;
  public static void fun(){
    //some code ...
  }
}
```

要使成员变量 m 被方法 fun() 直接访问，则应（　　　）。

   A. 将 private int m 改为 protected int m

   B. 将 private int m 改为 public int m

   C. 将 private int m 改为 static int m

D．将 private int m 改为 int m

5．下面程序的执行结果是（   ）。

```
public class Sandys{
  private int court;
  public static void main(String[] args){
    Sandys s=new Sandys(88);
    System.out.println(s.court);
  }
  Sandys(int ballcount) {
    court=ballcount;
  }
}
```

A．编译时错误，因为 court 是私密成员变量

B．没有输出结果

C．输出：88

D．编译时错误，因为 s 没有初始化

6．下面成员变量声明中的有语法错误的是（   ）。

A．public boolean isEven;   B．private boolean isEven;

C．private bolean isOdd;   D．public boolean Boolean;

E．string S;   F．private boolean even=0;

G．private boolean even=false;   H．private String s=Hello;

7．下面成员方法头中的有语法错误的是（如果有）（   ）。

A．public myMethod()   B．private void myMethod()

C．private void String()   D．public String Boolean()

E．public void main(String argv[])   F．public static void main()

G．private static void Main(String argv[])

8．不允许作为类及类成员的访问控制符的是（   ）。

A．public   B．private   C．static   D．Protected

9．给出下面的代码：

```
public class Person{
  int arr[] = new int[10];
  public static void main(String a[]) {
    System.out.println(arr[1]);
  }
}
```

哪些叙述是对的？（   ）

A．编译时出错   B．编译时正确而运行时出错

C．输出 0   D．输出 null

10．关于下面的程序 Test.java 说法正确的是（   ）。

```
public class Test {
  String x="1"; int y;
  public static void main(String args[]) {
    int z=2; System.out.println(x+y+z);
  }
}
```

　　A. 3　　　　　　　B. 102　　　　　　C. 12　　　　　　　D. 程序有编译错误

11. 下列说法哪个正确？（　　　）

　　A. 一个程序可以包含多个源文件

　　B. 一个源文件中只能有一个类

　　C. 一个源文件中可以有多个公共类

　　D. 一个源文件只能供一个程序使用

12. 有下面的类，哪个表达式返回 true？（　　　）

　　A. s1 == s2;　　　B. s2 == s3;　　　C. m == s1;　　　D. s1.equals(m);

```
public class Sample{
  long length;
  public Sample(long l){ length = l; }
  public static void main(String arg[]){
    Sample s1, s2, s3;
    s1 = new Sample(21L); s2 = new Sample(21L);
    s3 = s2;
    long m = 21L;
  }
}
```

13. 下列类定义中，不正确的是（　　　）。

　　A. class X { ... }

　　B. class X extends Y { ... }

　　C. static class X implements Y1,Y2 { ... }

　　D. public class X extends Applet { ... }

二、简答题

1. Java 中类成员的访问修饰符有哪些？它们各有什么作用？

2. 运行程序，给出结果。

```
public class Something {
  public static void main(String[] args) {
    Other o=new Other();
    new Something().addOne(o);
    new Something().addOne(o);
  }
  public void addOne(final Other o) { o.i++; System.out.println(o.i); }
}
class Other { public int i; }
```

3．找出并修改下面代码中的错误，使之可以编译。

```
class A{
    private int x;
    public static main(String args[]) {
        new B();
    }
class B{
    void B(){ System.out.println(x); }
}
```

三、编程题

1．使用静态变量来计算内存中实例化的对象数目。

2．设计一个动物类，它包含动物的基本属性，例如名称、身长、重量等，并设计相应的动作，如跑、跳、走等。

3．设计 Point 类用来定义平面上的一个点，用构造方法传递坐标位置。编写测试类在该类中实现 Point 类的对象。

4．斐波那契数列（Fibonacci）的特点是第 1、2 两个数为 1、1，从第 3 个数开始，每数是前两个数之和，数列如：1，1，2，3，5，8，13，21，…。求这个数列的前 n 个元素。

5．设计一个 Circle 类，该类包括的属性有：圆心坐标和圆的半径；包括的方法有：设置和获取圆的坐标的方法，设置和获取半径的方法，计算圆的面积的方法。另外编写一个 Test 类，测试 Circle 类。

6．按以下要求编写程序。

（1）创建一个 Rectangle 类，添加 width 和 height 两个成员变量；

（2）在 Rectangle 中添加两种方法分别计算矩形的周长和面积；

（3）编程利用 Rectangle 输出一个矩形的周长和面积。

第8章　继承和多态

利用继承不仅使得代码的重用性得以提高,还可以清晰描述事物间的层次分类关系。Java 提供了单继承机制,通过继承一个父类,子类可以获得父类所拥有的方法和属性,并可以添加新的属性和方法来满足新事物的需求。继承关系使一个子类继承父类的特征,并且附加一些新特征。子类是它的父类的特殊化,每个子类实例都是其父类的实例,但反过来就不成立。简单来说,多态(意思是多种形式)就意味着父类型的变量可以引用子类型的对象,多态性也意指不同类型的对象可以响应相同的消息。

学习重点或难点:

- 继承和多态的概念
- 继承机制
- 多态性及其应用

继承和多态都是面向对象程序设计的重要特点,本章的学习将引领我们进入面向对象程序设计的核心地带。

引言: 在面向对象程序设计中,可以从已有的类派生出新类。这称为继承。继承是 Java 在软件重用方面一个重要且功能强大的特征。假设要对圆、矩阵和三角形建模定义类,这些类有很多共同的特性。如何设计这些类来避免冗余并使系统更易于理解和维护呢?答案是使用继承。使用继承机制,产生父类子类层次关系,自然会引出多态的概念。

8.1　继承和多态性的概念

思政材料

8.1.1　继承的概述

继承,就是新的类从已有类那里得到已有的特性。已有的类称为**基类或父类**,产生的新类称为**派生类或子类**。派生类同样也可以作为基类再派生新的类,这样就形成了类的层次结构。

类间的继承关系是软件复用的一种形式。子类(派生类)可以沿用父类(基类)的某些特征,并根据自己的需要添加新的属性和方法。图 8-1 给出了一个车类的继承关系。

由于巴士、卡车和出租车作为交通工具,特将它们的共同特性抽取出来,形成一个父类(也称超类),代表一般化(都有)属性,而巴士、卡车和出租车转化为子类,继承父类的一般特性包括父类的数据成员和行为(方法),如外观颜色和刹车等特性,又产生自己独特的属性和行为,如巴士的最大载客数和报站等,来有别于父类。

继承的方式包括单一继承和多重继承。单一继承(single inheritance)是最简单的方式:一个派生类只从一个基类派生。多重继承(multiple inheritance)是一个派生类有两个或多个基类。这两种继承方式如图 8-2 所示。要注意的是 Java 只支持单一继承。

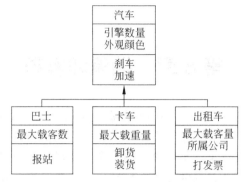

图 8-1　车类的继承关系

说明：本书约定，箭头代表继承的方向，由子类指向父类。

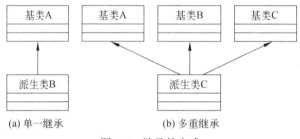

(a) 单一继承　　　　　　　　(b) 多重继承

图 8-2　继承的方式

8.1.2　多态性的概述

多态性（Polymorphism）是面向对象程序设计的重要特性之一，它与封装性和继承性一起构成了面向对象程序设计的三大特性。

多态性主要体现在：向不同的对象发送同一个消息，不同的对象在接收时会产生不同的行为（即方法）。也就是说，每个对象可以用自己的方式去响应共同的消息。

在 Java 语言中，多态性体现在两个方面：由方法重载实现的静态多态性（编译时多态）和方法覆盖实现的动态多态性（也称动态联编）。

1．编译时多态

在编译阶段，具体调用哪个被重载的方法，编译器会根据参数的不同来静态确定调用相应的方法。

2．动态联编

程序中凡是使用父类对象的地方，都可以用子类对象来代替。在程序运行期间可以通过引用子类的实例来调用子类的方法。

8.2 继承机制

继承是 Java 面向对象编程技术的一块基石，因为它允许创建分等级层次的类。继承可以理解为一个对象从另一个对象获取特性的过程。

如果类 A 是类 B 的父类，而类 B 是类 C 的父类，我们也称 C 是 A 的子类，类 C 是从类 A 继承而来的。在 Java 中，类的继承是单一继承，也就是说，一个子类只能拥有一个父类。

继承中最常使用的两个关键字是 extends 和 implements。

这两个关键字的使用决定了一个对象和另一个对象是否是 IS-A(是一个)关系。

通过使用这两个关键字，我们能实现一个对象获取另一个对象的属性或方法。

所有 Java 的类均是由 java.lang.Object 类继承而来的，所以 Object 是所有类的祖先类，而除了 Object 外，所有子类必须有一个父类。

8.2.1 继承的定义

通过 extends 关键字可以申明一个类是继承另外一个类而来的，一般形式如下：

```java
public class A { // A.java
  private int i;
  protected int j;
  public void func() { ...
  }
}
public class B extends A { ... // B.java
}
```

以上的代码片段说明，类 B 由类 A 继承而来的，B 是 A 的子类。而 A 是 Object 的子类，这里可以不显式地声明。作为子类，B 的实例拥有 A 所有的成员变量，但对于 private 的成员变量类 B 却没有访问权限，这保障了类 A 的封装性。

1. IS-A 关系

IS-A 就是说：一个对象是另一个对象的一个分类。下面是使用 extends 实现继承示例。

```java
public class Animal{                    //Animal 动物类
}
public class Mammal extends Animal{     //Mammal 哺乳动物类
}
public class Reptile extends Animal{    //Reptile 爬行动物类
}
public class Dog extends Mammal{        //Dog 狗类
}
```

基于上面的例子，以下说法是正确的：

（1）Animal 类是 Mammal 类的父类。

（2）Animal 类是 Reptile 类的父类。

（3）Mammal 类和 Reptile 类是 Animal 类的子类。

（4）Dog 类既是 Mammal 类的子类又是 Animal 类的子类。

分析以上示例中的 IS-A 关系，如下：

（1）Mammal IS-A Animal。

（2）Reptile IS-A Animal。

（3）Dog IS-A Mammal。

因此，Dog IS-A Animal

通过使用关键字 extends，子类可以继承父类所有的方法和属性，但是无法使用 private(私有) 的方法和属性。

通过使用 instanceof 运算符，能够确定 Mammal IS-A Animal。例如：

```java
public class Dog extends Mammal{
  public static void main(String args[]){
    Animal a = new Animal();
    Mammal m = new Mammal();
    Dog d = new Dog();
    System.out.println(m instanceof Animal);
    System.out.println(d instanceof Mammal);
    System.out.println(d instanceof Animal);
  }
}
```

以上实例和编译运行结果都为 true（3 个 true）。下面再举个实际的例子，要定义教师类。

（1）先定义.Net 教师类。

```java
public class DotNetTeacher {      //教师分为.Net 教师
  private String name;            //教师姓名
  private String school;          //所在学校
  public DotNetTeacher(String myName, String mySchool) {
    name = myName;
    school = mySchool;
  }
  public void giveLession(){
    System.out.println("启动 VS2016");
    System.out.println("知识点讲解");
    System.out.println("总结提问");
  }
  public void introduction() {
    System.out.println("大家好! 我是" + school+ "的"+name +".");
  }
}
```

（2）再定义 Java 教师类。

```java
public class JavaTeacher {  //教师分为 Java 教师
  private String name;       //教师姓名
  private String school;     //所在学校
  public JavaTeacher(String myName, String mySchool) {
    name = myName;
    school = mySchool;
  }
  public void giveLession(){//授课方法的具体实现
    System.out.println("启动 MyEclipse");
    System.out.println("知识点讲解");
    System.out.println("总结提问");
  }
  public void introduction() {//自我介绍方法的具体实现
    System.out.println("大家好！我是" + school + "的" + name + ".");
  }
}
```

在程序处理中，发现两个类的定义非常相似，有很多相同点，如教师的属性姓名、所属学校类似，类的方法也基本相同。针对这种情况，将 Java 教师类和.Net 教师类的共性抽取出来，形成父类 Teacher 类，使得.Net 教师和 Java 教师成为 Teacher 类的子类，则子类继承父类的基本属性和方法，就简化了子类的定义。上述代码修改如下：

（1）先定义父类 Teacher。

```java
public class Teacher {
  private String name;              //教师姓名
  private String school;            //所在学校
  public Teacher(String myName, String mySchool) {
    name = myName;
    school = mySchool;
  }
  public void giveLesson(){          //授课方法的具体实现
    System.out.println("知识点讲解");
    System.out.println("总结提问");
  }
  public void introduction() {  //自我介绍方法的具体实现
    System.out.println("大家好！我是" + school + "的" + name + "。");
  }
}
```

（2）再定义子类 JavaTeacher。

```java
public class JavaTeacher extends Teacher {
  public JavaTeacher(String myName, String mySchool) {
    super(myName, mySchool);
  }
  public void giveLesson(){
    System.out.println("启动 MyEclipse");
```

```
    super.giveLesson();
  }
}
```

（3） 再定义子类 DotNetTeacher。

```
public class DotNetTeacher extends Teacher {
  public DotNetTeacher(String myName, String mySchool) {
    super(myName, mySchool);
  }
  public void giveLesson(){
    System.out.println("启动 VS2016");
    super.giveLesson();
  }
}
```

子类自动继承父类的属性和方法，子类中不再存在重复代码，从而实现代码的重用。测试类 Test_Teacher 类的代码如例 8-1 所示。

例 8-1 自定义父类 Teacher，创建其两个子类 JavaTeacher 和 DotNetTeacher。并创建 Test_Teacher 类来进行调试。

```
public class Test_Teacher{
 public static void main(String args[]){
    JavaTeacher javaTeacher = new JavaTeacher("张伟","江南大学");
                                     //声明 javaTeacher
    javaTeacher.giveLesson();
    javaTeacher.introduction();
    System.out.println("\n");      //下面声明 dotNetTeacher
    DotNetTeacher dotNetTeacher=new DotNetTeacher("李涛","江南大学");
    dotNetTeacher.giveLesson();
    dotNetTeacher.introduction();
 }
}
```

8.2.2　继承的传递性

类的继承是可以传递的。类 B 继承了类 A，类 C 又继承了类 B，这时 C 包涵 A 和 B 的所有成员及方法，以及 C 自身的成员与方法，这称为类继承的**传递性**。类的传递性对 Java 语言有重要的意义。

例 8-2 类继承的传递性示例。

```
public class Vehicle{              //Vehicle 汽车类
  void vehicleRun(){
    System.out.println("汽车在行驶！");
  }
}
```

```
public class Truck extends Vehicle{ //继承 Vehicle 汽车类的 Truck 卡车子类
  void truckRun(){
    System.out.println("卡车在行驶！");
  }
}
public class SmallTruck extends Truck{ //继承 Truck 卡车类的 SmallTruck 微
型卡车子类
  protected void smallTruckRun(){
    System.out.println("微型卡车在行驶！");
  }
  public static void main(String[] args){
    SmallTruck smalltruck = new SmallTruck();
    smalltruck.vehicleRun();        //祖父类的方法调用
    smalltruck.truckRun();          //直接父类的方法调用
    smalltruck.smallTruckRun();     //子类自身的方法调用
  }
}
```

8.2.3 类中属性的继承与隐藏

1. 属性的继承

子类可以继承父类的所有非私有属性，见下面代码：

```
public class Person{
  public String name;
  public int age;
  public void showInfo() {
    System.out.println("尊敬的"+name+",您的年龄为："+age);
  }
}
public class Student extends Person{
  public String school;
  public int engScore;
  public int javaScore;
  public void setInfo() {
    name="陈定一";              //基类的数据成员
    age=20;                     //基类的数据成员
    school="江南大学";
  }
  public static void main(String[] args){
    Student student = new Student();
    student.setInfo();
    student.showInfo();
  }
}
```

2. 属性的隐藏

子类也可以隐藏继承的成员变量（即属性），对于子类，可以从父类继承的成员变量，只要子类中定义的成员变量和父类中的成员变量同名，子类就隐藏了继承的成员变量。

当子类执行它自己定义的方法时，所操作的就是它自己定义的数据成员，从而覆盖父类继承来的数据成员。子类通过成员变量的隐藏可以把父类的状态改变为自身的状态。

下面来介绍类中方法的继承、覆盖与重载。

8.2.4 方法的继承

父类中非私有方法都可以被子类所继承。

例 8-3 非私有方法都可以被子类继承。

```
class Person{ //基类
  private String name;
  private int age;
  public void initInfo(String s,int i){
     name = s; age = i;
  }
  public void showInfo(){
     System.out.println( "尊敬的 "+ name + " ,您的年龄为:"+age);
  }
}
public class SubStudent extends Person{//子类
  private String school;
  private int engScore;
  private int JavaScore;
  public void setScores(String s,int e,int j){
    school=s; engScore =e; JavaScore =j;
  }
  public static void main(String[] args){
    SubStudent objStudent = new SubStudent();
    objStudent.initInfo("王烁",22);        //来自父类继承的方法
    objStudent.showInfo();                //来自父类继承的方法
    objStudent.setScores("清华大学",85,91);
  }
}
```

在子类继承父类的成员方法时，应注意：

（1）子类不能访问父类的 private（私有）成员方法，但子类可以访问父类的 public（公有）、protected（保护）成员方法。

（2）访问 protected 成员方法时，子类和同一包内的方法都能访问父类的 protected 成员方法，但其他方法不能访问。

8.2.5　方法的覆盖

覆盖（或重写）（Override）是子类对父类的允许访问的方法的实现过程进行重新编写。方法覆盖是指：子类中定义一个方法，并且这个方法的名字、返回类型、参数列表与从父类继承的方法完全相同。

覆盖的好处在于子类可以根据需要，定义自己特定的行为。也就是说，子类能够根据需要实现父类的方法。在面向对象原则里，覆盖意味着可以重写任何现有方法。子类通过方法的覆盖可以隐藏继承的方法。

例 8-4　自定义父类 Person，创建其子类 SubStudent。

本程序的功能是定义一个 Person 类和它的子类 SubStudent，测试父子类具有同名方法时子类的方法覆盖父类的同名方法

```java
class Person{ //基类
  protected String name;
  protected int age;
  public void initInfo(String n,int a){
    name =n;  age =a;
  }
  public void showInfo(){
    System.out.println("尊敬的 "+ name + " ,您的年龄为:"+age);
  }
}
public class SubStudent extends Person{//子类
  private String school;
  private int engScore;
  private int JavaScore;
  public void showInfo(){ //与父类同名的方法
    System.out.println(school+ "的" + name+"同学"+ " 年龄为:"+age+" 英语成绩是: "+engScore+", 你的 Java 成绩是: "+JavaScore);
  }
  public void setScores(String s,int e,int j){
    school=s;  engScore =e;  JavaScore =j;
  }
  public static void main(String[] args){
    SubStudent objStudent = new SubStudent();
    objStudent.initInfo("王烁",22); //来自父类继承的方法
    objStudent.setScores("江南大学",79,92);
    objStudent.showInfo();//调用自身和父类同名的方法，子类的方法覆盖父类同名的方法
  }
}
```

例 8-5　另一实例：动物与狗的移动。

```java
class Animal{
  public void move(){
```

```
        System.out.println("动物可以移动");
    }
}
class Dog extends Animal{
  public void move(){
      System.out.println("狗可以跑和走");
    }
}
public class TestDog{
  public static void main(String args[]){
      Animal a = new Animal();      //Animal 对象
      Animal b = new Dog();         //Dog 对象
      a.move();                     //执行 Animal 类的方法
      b.move();                     //执行 Dog 类的方法
    }
}
```

以上实例编译运行结果如下：

```
动物可以移动
狗可以跑和走
```

在上面的例子中可以看到，尽管对象 b 属于 Animal 类型，但是它运行的是 Dog 类的 move 方法。这是由于在编译阶段，只是检查参数的引用类型。然而在运行时，Java 虚拟机(JVM)指定对象的类型并且运行该对象的方法。

因此在上面的例子中，之所以能编译成功，是因为 Animal 类中存在 move 方法，然而运行时，运行的是特定对象的方法。

例 8-6 思考以下例子：动物与狗的类。

```
class Animal{
  public void move(){
      System.out.println("动物可以移动");
    }
}
class Dog extends Animal{
  public void move(){
      System.out.println("狗可以跑和走");
    }
  public void bark(){
      System.out.println("狗可以吠叫");
    }
}
public class TestDog{
  public static void main(String args[]){
      Animal a = new Animal();      //Animal 对象
      Animal b = new Dog();         //Dog 对象也是 Animal 对象
      a.move();                     //执行 Animal 类的方法
      b.move();                     //执行 Dog 类的方法
```

```
        b.bark();                        //编译错误所在
    }
}
```

以上实例编译运行结果如下：

```
TestDog.java:20: 错误: 找不到符号
    b.bark(); //编译错误所在
      ^
符号: 方法 bark()
位置: 类型为 Animal 的变量 b
```

该程序将抛出一个编译错误，因为 b 的引用类型 Animal 没有 bark 方法。可以这么修改：把"Animal b = new Dog();"改为"Dog b = new Dog();"。

方法的覆盖规则有以下几点请注意：

（1）参数列表必须完全与被覆盖方法的相同，返回类型也必须完全与被覆盖方法的相同。

（2）访问权限不能比父类中被覆盖的方法的访问权限更高（约束多为高，约束高低：public<protected<private）。例如，如果父类的一个方法被声明为 public，那么在子类中覆盖该方法就不能声明为 protected。

（3）父类的成员方法只能被它的子类覆盖。

（4）声明为 final 的方法不能被覆盖。

（5）声明为 static 的方法不能被覆盖，但是能够被再次非覆盖性声明。

（6）子类和父类在同一个包中，那么子类可以覆盖父类所有方法，除了声明为 private 和 final 的方法。

（7）子类和父类不在同一个包中，那么子类只能够覆盖父类的声明为 public 和 protected 的非 final 方法。

（8）覆盖的方法能够抛出任何非强制异常，无论被覆盖的方法是否抛出异常。但是，覆盖的方法不能抛出新的强制性异常，或者比被覆盖方法声明的更广泛的强制性异常，反之则可以。

（9）构造方法不能被覆盖。如果不能继承一个方法，则不能覆盖这个方法。

8.2.6　方法的重载

与方法的覆盖不同，方法的重载（Overload）不是父子类之间的同名方法的调用，而是在一个类中允许同名的方法存在，是类对自身同名方法的重新定义。

重载是在一个类里面进行的，方法名字相同而参数等不同。返回类型可以相同也可以不同。每个重载的方法（或者构造方法）都必须有一个独一无二的参数类型列表（形式参数的个数、类型、顺序的不同）。

如 Java 系统提供的输出命令的同名方法是方法重载，使用如下：

```
System.out.println();                    //输出一个空行
```

```
System.out.println(double salary);  //输出一个双精度类型的变量后换行
System.out.println(String name);    //输出一个字符串对象的值后换行
```

只需简单地调用 println 方法并把一个参数传递给 println，由系统根据这个参数的类型来判断应该调用哪一个 println 方法。

方法重载有不同的表现形式，如基于不同类型参数的重载：

```
class Add{
    public String Sum(String para1, String para2){…}
    public int Sum(int para1, int para2){…}
}
```

如相同类型不同参数个数的重载：

```
class SubAdd extends Add{
    public int Sum(int para1, int para2){…}
    public int Sum(int para1, int para2, int para3){…}
}
```

1．重载规则

重载规则有：
（1）被重载的方法必须改变参数列表；
（2）被重载的方法可以改变返回类型；
（3）被重载的方法可以改变访问修饰符；
（4）被重载的方法可以声明新的或更广的检查异常；
（5）方法能够在同一个类中或者在一个子类中被重载。

例 8-7 自定义类 Area，创建其携带不同参数及返回类型的同名方法。
本程序的功能是定义一个 Area 类和它的同名方法，测试类中同名方法的重载。

```
class Area{
  float getArea(float r){ return 3.14f*r*r; }
  double getArea(float x,int y){ return x*y; }
  float getArea(int x,float y){ return x*y; }
  double getArea(float x,float y,float z){ return (x*x+y*y+z*z)*2.0; }
}
public class TestArea{
  public static void main(String args[]){
    Area a = new Area();
    System.out.println("方法 getArea 携带一个参数的结果:" + a.getArea(5.0f));
    System.out.println("方法 getArea 携带两个参数，且返回值为 double 类型的结果:
"+a.getArea(5.0f,12));
    System.out.println("方法 getArea 携带两个参数，且返回值为 float 类型的结果的
结果:  "+a.getArea(5,12f));
    System.out.println("方法 getArea 携带三个参数的结果: "+a.getArea (13f,
4.0f,5.0f));
    }
```

```
}
```

2．构造方法的重载

构造方法也可以重载，它是指同一个类中存在着若干个具有不同参数列表的构造方法。如 Employee 类中构造方法的重载。

```
class Employee {          //定义父类：员工类
  ...                     //忽略类中属性，只保留重载的构造方法
  Employee(){             //无参的构造方法，仅仅初始化员工的编号
    employeeNo = employeeNextNo++;
  }
  Employee(String name){//有一个参数的构造方法，仅仅初始化员工的编号和姓名
    employeeNo = employeeNextNo++;
    employeeName = name;
  }
  Employee(String name , double initSalary){
    //有两个参数的构造方法，仅仅初始化员工的编号、姓名和工资
    employeeNo = employeeNextNo++;
    employeeName = name;
    employeeSalary = initSalary;
  }
}
```

3．覆盖与重载之间的区别

覆盖与重载之间的区别见表 8-1。

表 8-1　覆盖与重载之间的区别

区别点	重载方法	覆盖方法
参数列表	必须修改	一定不能修改
返回类型	可以修改	一定不能修改
异常	可以修改	可以减少或删除，一定不能抛出新的或者更广的异常
访问	可以修改	一定不能做更严格的限制（可以降低限制）

8.2.7　super 引用句柄

1．在子类中使用构造方法

子类不能继承父类的构造方法。子类在创建新对象时，依次向上寻找其基类，直到找到最初的基类，然后开始执行最初的基类的构造方法，再依次向下执行派生类的构造方法，直至执行完最终的扩充类的构造方法为止。

如果基类中没有默认构造方法或者希望调用带参数的基类构造方法，就要使用关键字 super 来显式调用基类构造方法。使用关键字 super 调用基类构造方法的语句，**必须是**

子类构造方法的第一个可执行语句。

注意：调用基类构造方法时传递的参数不能是关键字 this 或当前对象的非静态成员。

例 8-8 子类中使用构造方法的实例。程序功能：在程序中声明了父类 Employee 和子类 CommonEmployee，子类继承了父类的非私有的属性和方法，但父子类计算各自的工资的方法不同，如父类对象直接获取工资，而子类在底薪的基础上增加奖金数为工资总额，通过子类的构造方法中 super 的调用类初始化父类的对象，并调用继承父类的方法 toString()输出员工的基本信息。

```java
class Employee {                      //定义父类: 雇员类
  private String employeeName;        //姓名
  int employeeNo;                     //个人编号
  private double employeeSalary;      //工资总额
  static double mini_salary = 600;    //员工的最低工资
  public Employee(String name){       //有参构造方法
    employeeName = name;
  }
  public double getEmployeeSalary(){//获取雇员工资
    return employeeSalary;
  }
  public void setEmployeeSalary(double salary) { //计算员工的薪水
    employeeSalary = salary + mini_salary ;
  }
  public String toString() {          //输出员工的基本信息
    return ( "姓名: "+employeeName +":  工资: ");
  }
}
class CommonEmployee extends Employee{ //定义子类: 一般员工类
  private double bonus;                      //新的数据成员: 奖金
  public CommonEmployee(String name,double bonus ){
    super(name);                      //通过 super()的调用，给父类的数据成员赋初值
    this.bonus = bonus;                       //this 指当前对象
  }
  public void setBonus(double newBonus){//新增的方法，设置一般员工的薪水
    bonus = newBonus;
  }
  //来自父类的继承，但在子类中重新覆盖父类方法，用于修改薪水
  public double getEmployeeSalary(){
    return bonus + mini_salary;
  }
  public String toString() {
    String s; s = super.toString();
    //调用自身对象的方法 getEmployeeSalary()，覆盖父类同名的该方法
    return ( s + getEmployeeSalary() +"  ");
  }
}
public class Test_Constructor {       //主控程序
  public static void main(String args[]){
```

```
    Employee employee = new Employee("李 平"); //创建员工的一个对象
    employee.setEmployeeSalary(1200);
    //输出员工的基本信息
    System.out.println("员工的基本信息为: " + employee.toString()+
employee.getEmployeeSalary());
    //创建子类一般员工的一个对象
    CommonEmployee commonEmployee = new CommonEmployee("李晓云",400);
    //输出子类一般员工的基本信息
    System.out.println("员工的基本信息为: " + commonEmployee.toString());
    employee = new CommonEmployee("李涛",800);
    System.out.println("员工的基本信息为: " + employee.toString());
                        //这里执行的是 CommonEmployee 的 toString()方法
  }
}
运行输出: 员工的基本信息为: 姓名: 李 平:    工资: 1800.0
         员工的基本信息为: 姓名: 李晓云:   工资: 1000.0
         员工的基本信息为: 姓名: 李涛:    工资: 1400.0
```

2. 在子类中调用被覆盖方法

当需要在子类中调用父类的被覆盖方法时，要使用 super 关键字。

例 8-9　关于修改后的动物与狗的类。

```
class Animal{
  public void move(){
    System.out.println("动物可以移动");
  }
}
class Dog extends Animal{
  public void move(){
    super.move();                //应用 super 类的方法
    System.out.println("狗可以跑和走");
  }
}
public class TestDog{
  public static void main(String args[]){
    Animal b = new Dog();        //Dog 对象
    b.move();                    //执行 Dog 类的方法
  }
}                                //运行结果为: 动物可以移动。狗可以跑和走。
```

8.2.8　implements 继承接口

介绍完 extends 关键字之后，我们再来看看 implements 关键字是用来表示 IS-A 关系的。implements 关键字使用在类继承接口的情况下，这种情况不能使用关键字 extends。
例如：

```
public interface Animal{ }                 //关于接口见后续章节
public class Mammal implements Animal{ //关于继承接口的类见后续章节
}
public class Dog extends Mammal{
}
```

例 8-10　可以使用 instanceof 运算符来检验 Mammal 和 dog 对象是否是 Animal 类的一个实例。

```
interface Animal{}
class Mammal implements Animal{}
public class Dog extends Mammal{
  public static void main(String args[]){
    Mammal m = new Mammal(); Dog d = new Dog();
    System.out.println(m instanceof Animal);
    System.out.println(d instanceof Mammal);
    System.out.println(d instanceof Animal);
  }
} //运行结果均为 true。
```

8.2.9　HAS-A 关系

HAS-A 代表类和它的成员之间的从属关系。这有助于代码重用和减少代码错误。例如：

```
public class Vehicle{}
public class Speed{}
public class Van extends Vehicle{
  private Speed sp;
}
```

Van 类和 Speed 类是 HAS-A 关系(Van 有一个 Speed)，这样就不用将 Speed 类的全部代码粘贴到 Van 类中了，并且 Speed 类也可以重复利用于多个应用程序。

在面向对象特性中，用户不必担心类的内部怎样实现。

Van 类将实现的细节对用户隐藏起来，因此，用户只需要知道怎样调用 Van 类来完成某一功能，而不必知道 Van 类是自己来做还是调用其他类来做这些工作。

Java 只支持单继承，也就是说，一个类不能继承多个类。

下面的做法是不合法的：

```
public class An_Ma extends Animal,Mammal{}//不合法
```

Java 只支持单继承（继承基本类和抽象类），但是可以用接口来实现（多继承接口来实现），脚本结构如：

```
public class Apple extends Fruit implements Fruit1, Fruit2{}
```

一般继承基本类和抽象类用 extends 关键字，实现接口类的继承用 implements 关键字。

8.3　多态性

多态是同一个行为具有多个不同表现形式或形态的能力。多态性是对象多种表现形式的体现。比如说"宠物"这个对象，它就有很多不同的表达或实现，比如有小猫、小狗、蜥蜴等等。那么当到宠物店说"请给我一只宠物"，服务员给我小猫、小狗或者蜥蜴都可以，我们就说"宠物"这个对象就具备多态性。

8.3.1　多态性的体现

在 Java 语言中，多态性体现在两个方面：由方法重载实现的静态多态性（编译时多态）和方法覆盖实现的动态多态性（运行时多态）。

静态多态性是在编译的过程中确定同名操作的具体操作对象的，而动态多态性则是在程序运行过程中动态地确定操作所针对的具体对象的。这种动态地确定操作具体对象的过程就是**联编**（binding），也称为**动态绑定**。

下面通过实例来了解 Java 的多态。例如：

```
public interface Vegetarian{}   //Vegetarian 素食者
public class Animal{}           //Animal 动物
public class Deer extends Animal implements Vegetarian{}  //Deer 鹿
```

因为 Deer 类具有多重继承，所以它具有多态性。以上实例解析如下：

（1）一个 Deer IS-A（是一个）Animal；

（2）一个 Deer IS-A（是一个）Vegetarian；

（3）一个 Deer IS-A（是一个）Deer；

（4）一个 Deer IS-A（是一个）Object。

在 Java 中，所有的对象都具有多态性，因为任何对象都能通过其类型和 Object 类间的 IS-A 测试。

访问一个对象的唯一方法就是通过引用型变量。引用型变量只能有一种类型，一旦被声明，引用型变量的类型就不能被改变了。引用型变量不仅能够被重置为其他对象（没有被声明为 final 的对象）。还可以引用和它类型相同的或者相兼容的对象。它可以声明为有继承关系的类类型或者接口类型。

当我们将引用型变量应用于 Deer 对象的引用时，下面的声明是合法的：

```
Deer d = new Deer();
Animal a = d;
Vegetarian v = d;
Object o = d;
```

所有的引用型变量 d、a、v、o 都指向堆（对象动态创建内存区）中相同的 Deer 对象。

8.3.2　静态多态性

静态多态性是在编译的过程中确定同名操作的具体操作对象的。下面的代码体现了编译时的多态性。

```
public class Person{
  private String name;
  private int age = 18;
  public void initInfo(String sn,int ia) { //同名方法，体现静态多态性
    name =sn;  age =ia;
  }
  public void initInfo(String sn) {           //同名方法，体现静态多态性
    name =sn;
  }
  public void showInfo(){ System.out.println("尊敬的"+name+ ",您的年龄为:"
+age);}
  }
```

8.3.3　动态多态性

和静态多态性相对应，如果联编工作在程序运行阶段完成，则称为动态联编。在编译、连接过程中无法解决的联编问题，要等到程序开始运行之后再来确定。

如果父类的引用指向一个子类对象时，当调用一个方法完成某个功能时，程序会动态地（在执行时）选择正确的子类的同样方法去实现该功能，这就称为**动态方法绑定**。

例 8-11　利用简单的父类和子类来说明动态方法调用。

```
class Parent{
  public void function(){
    System.out.println("I am in Parent Class!");
  }
}
class Child extends Parent{
  public void function(){
    System.out.println("I am in Child Class!");
  }
}
public class Test_Parent{
  public static void main(String args[]){
    Parent p1=new Parent( );
    Parent p2=new Child( );
    p1.function( );
```

```
    p2.function( );  //动态联编，调用动态 Child 类的方法
  }
} //输出结果为: I am in Parent Class! I am in Child Class!
```

8.3.4　this 和 super 指代使用和转化

this 和 super 关键字是常用来指代(子)类对象与父类对象的关键字。

1．this 关键字

this 表示的是当前对象本身，更准确地说，this 代表了当前对象的一个引用。对象的引用可以理解为对象的另一个名字，通过引用可以顺利地访问对象，包括修改对象的属性、调用对象的方法。

2．super 关键字

super 表示的是当前对象的直接父类对象，是当前对象的直接父类对象的引用。所谓直接父类，是相对于当前对象的其他"祖先"而言的。

（1）通过 super 关键字访问父类中被隐藏的成员变量。

```
class Father{
  int x=0;
}
class Child extends Father{
  int x=1;
  public Child(){
    System.out.println ("x="+super.x);
  }
  public static void main(String args[]){
    new Child(); //会输出: x=0
  }
}
```

（2）在子类的构造方法中，通过 super 关键字调用父类的构造方法。

```
public class Student extends Person {
  public Student(String myName, int myAge) {
    super(myName, myAge);//调用父类的构造方法，完成对属性值的初始化
  }
}
```

（3）方法覆盖后，通过 super 关键字调用父类的方法。

```
public class Student extends Person {
  public void showInfo(){
    super.showInfo();   //参照 8.2.3 节
    System.out.println(",你的英语成绩是: "+engScore+", Java 成绩是: "+
```

```
javaScore);
      }
   }
```

3．父类对象与子类对象的转化

假设 B 类是 A 类子类或间接子类，当我们用子类 B 创建一个对象，并把这个对象的引用赋给 A 类的对象：

```
A a;
B b=new B();
a = b;
```

称这个 A 类的对象 a 是子类对象 b 的上转型对象。

子类对象可以赋给父类对象，但指向子类的父类对象不能操作子类新增的成员变量，不能使用子类新增的方法。

上转型对象可以操作子类继承或隐藏成员变量，也可以使用子类继承的或覆盖的方法。

可以将对象的上转型对象再强制转换到一个子类对象，该子类对象又具备了子类的所有属性和功能。

如果子类覆盖了父类的方法，那么覆盖方法的调用原则如下：Java 运行时系统根据调用该方法的实例，来决定调用哪个方法。

对子类的一个实例，如果子类覆盖了父类的方法，则运行时系统调用子类的方法；如果子类继承了父类的方法（未覆盖），则运行时系统调用父类的方法。

总之，父类对象和子类对象的转化需要注意如下原则：

（1）子类对象可以被视为是其父类的一个对象；

（2）父类对象不能被当作是其某一个子类的对象；

（3）如果一个方法的形式参数定义的是父类对象，那么调用这个方法时，可以使用子类对象作为实际参数。

8.3.5　虚方法及其举例

前面已经讨论了方法的重载，也就是子类能够重载父类的方法。当子类对象调用重载的方法时，调用的是子类的方法，而不是父类中被重载的方法。要想调用父类中被重载的方法，则必须使用关键字 super。

例 8-12　借 Employee 类及其子类说明虚方法。

```java
public class Employee {
  private String name;
  private String address;
  private int number;
  public Employee(String name, String address, int number) {
    System.out.println("Constructing an Employee");
```

```
      this.name = name;
      this.address = address;
      this.number = number;
   }
   public double computePay() {
      System.out.println("Inside Employee computePay");
      return 0.0;
   }
   public void mailCheck() {
      System.out.println("Mailing a check to " + this.name + " " +
this.address);
   }
   public String toString() {
      return name + " " + address + " " + number;
   }
   public String getName() {
      return name;
   }
   public String getAddress() {
      return address;
   }
   public int getNumber() {
      return number;
   }
   public void setAddress(String newAddress) {
      address = newAddress;
   }
}
```

假设下面的类继承自 Employee 类：

```
public class Salary extends Employee {
   private double salary; //年薪
   public Salary(String name, String address, int number, double  salary){
      super(name, address, number);
      setSalary(salary);
   }
   public void mailCheck()
   {
      System.out.println("Within mailCheck of Salary class ");
      System.out.println("Mailing check to " + getName() + " with salary "
+ salary);
   }
   public double getSalary()
   {
      return salary;
   }
   public void setSalary(double newSalary)
   {
```

```
      if(newSalary >= 0.0) salary = newSalary;
   }
   public double computePay()
   {
     System.out.println("Computing salary pay for " + getName());
     return salary/52;
   }
}
```

现在仔细阅读下面的代码，尝试给出它的输出结果：

```
public class VirtualDemo
{
  public static void main(String[] args){
    Salary s = new Salary("Mohd Mohtashim", "Ambehta, UP", 3, 3600.00);
    Employee e = new Salary("John Adams", "Boston, MA", 2, 2400.00);
    System.out.println("Call mailCheck using Salary reference --");
    s.mailCheck();
    System.out.println("\n Call mailCheck using Employee reference--");
    e.mailCheck();
  }
}
```

以上实例编译运行结果如下：

```
Constructing an Employee
Constructing an Employee
Call mailCheck using Salary reference --
Within mailCheck of Salary class
Mailing check to Mohd Mohtashim with salary 3600.0

Call mailCheck using Employee reference--
Within mailCheck of Salary class
Mailing check to John Adams with salary 2400.0
```

在这个例子中，实例化了两个 Salary 对象。一个使用 Salary 引用 s，另一个使用 Employee 引用。下面来看两种不同的 mailCheck()方法的调用。

（1）编译时，编译器检查到 mailCheck()方法在 Salary 类中的声明。在调用 s.mailCheck()时，Java 虚拟机(JVM)调用 Salary 类的 mailCheck()方法。

（2）因为 e 是 Employee 的引用，所以调用 e 的 mailCheck()方法则有完全不同的结果。当编译器检查 e.mailCheck()方法时，编译器检查到 Employee 类中的 mailCheck()方法。在编译的时候，编译器使用 Employee 类中的 mailCheck()方法验证该语句，但是在运行的时候，Java 虚拟机(JVM)调用的是 Salary 类中的 mailCheck()方法。该 Salary 类中的 mailCheck()方法被称为虚拟方法调用，该方法被称为虚拟方法。

Java 中所有的方法都能以这种方式表现，而覆盖的方法能在运行时调用，不管编译的时候源代码中引用变量是什么数据类型。

8.4　本章小结

通过本章的学习，应能把握以下一些基本知识：

（1）可以从现有的类派生出新类。这就是类的继承，新类称为次类、子类或派生类。现有的类称为超类、父类或基类；

（2）构造方法用来构造类的实例。它不同于属性和方法，子类不继承父类的构造方法。但它们能用关键字 super 从子类的构造方法中调用；

（3）构造方法可以调用重载的构造方法或它的父类的构造方法。这种调用必须是构造方法的第一条语句；

（4）为了覆盖一个方法，必须使用与它父类中的方法相同的签名来定义子类中的方法。实例方法只有是可访问的时候才能覆盖；

（5）静态方法和实例方法一样可以继承。但静态方法不能覆盖，如果父类中定义的静态方法在子类中重新定义，那么父类中定义的方法被隐藏；

（6）如果一个方法的参数类型是父类，可以向该方法的参数传递任何子类的对象。当在方法中使用一个对象时，动态地决定调用该对象方法的某个特定的实现；

（7）因为子类的实例总是它的父类的实例，所以，总是可以将一个子类的实例转换成一个父类的变量，但相反时必须使用（子类名）进行显式转换。

8.5　习题

一、选择题

1. 以下关于继承表述中，错误的是（　　）。
   A. 继承是一种通过扩展一个现有对象的实现，从而获得新功能的复用方法
   B. 泛型化（超类）可以显式地捕获那些公共的属性和方法，特殊类（子类）则通过附加属性和方法来实现的扩展
   C. 继承会破坏封装性，因为会将父类的实现细节暴露给子类
   D. 继承本质上是"白盒复用"，对父类的修改，不会影响到子类

2. 以下关于继承表述中，正确的有（　　）。
   A. 子类将继承父类的非私密属性和方法
   B. 子类将继承父类的所有属性和方法
   C. 子类只继承父类的 public 属性和方法
   D. 子类不继承父类的属性，只继承父类的方法

3. 下列关于构造方法的描述中，正确的有（　　）。
   A. 子类不能继承父类的构造方法　　B. 子类不能重载父类的构造方法
   C. 子类不能覆盖父类的构造方法　　D. 子类必须定义自己的构造方法

4. 下列说法中，正确的有（　　）。
   A. 子类对象可以看作父类对象

  B．父类对象可以看作子类对象

  C．子类对象可以看作父类对象，父类对象也可以看作子类对象

  D．以上说法都不对

5．定义一个类名为 MyClass.java 的类，并且该类可被一个项目中所有类访问，那么该类的正确声明应为（　　　）。

  A．private class MyClass extends Object

  B．class MyClass extends Object

  C．public class MyClass extends Object

  D．public class MyClass

6．不使用 static 修饰的方法称为实例方法（或对象方法）。下列表述中，正确的有（　　　）。

  A．实例方法可以直接调用父类的实例方法

  B．实例方法可以直接调用父类的类方法

  C．实例方法可以直接调用其他类的实例方法

  D．实例方法可以直接调用本类的类方法

7．若类 X 是类 Y 的父类，下列声明对象 x 的语句中不正确的是（　　　）。

  A．X x=new X();　　　　　　　　　　B．X x=new Y();

  C．Y x=new Y();　　　　　　　　　　D．Y x=new X();

8．假设类 X 有构造方法 X(int a)，则在类 X 的其他构造方法中调用该构造方法的语句应为（　　　）。

  A．X(x);　　　　B．this.X(x);　　　　C．this(x);　　　　D．super(x);

9．下面关于 equals()方法与==运算符的说法中，正确的是（　　　）。

  A．equals()方法只能比较引用类型，==可以比较引用类型和基本类型

  B．当用 equals()方法进行类 File、String、Date 以及封装类的比较时，是比较类型及内容，而不考虑引用的是否同一实例

  C．当用==进行比较时，其两边的类型必须一致

  D．当用 equals()方法时，所比较的两个数据类型必须一致

10．在 Java 类中定义两个或更多方法，它们有相同的方法名而参数不同时，这称为（　　　）。

  A．继承　　　　　B．多态性　　　　　C．构造方法　　　D．方法重载

11．覆盖与重载的关系是（　　　）。

  A．覆盖只有发生在父类与子类之间，而重载可以发生在同一个类中

  B．覆盖方法可以不同名，而重载方法必须同名

  C．final 修饰的方法可以被覆盖，但不能被重载

  D．覆盖与重载是同一回事

12．类 Teacher 和 Student 都是类 Person 的子类。有"Person p; Teacher t; Student s;"，若 p、t 和 s 都是非空值，if(t instanceof Person) {s=(Student)t;}这个语句导致的结果是什么？（　　　）

    A．将构造一个 Student 对象   B．表达式合法

    C．编译时非法   D．编译时合法而在运行时可能非法

13．以下有关类的继承的叙述中，正确的是（   ）。

    A．子类能直接继承父类所有的非私有属性，也可通过接口继承父类的私有属性

    B．子类只能继承父类的方法，不能继承父类的属性

    C．子类不能继承父类的私有属性

    D．子类只能继承父类的非私有属性，不能继承父类的方法

14．下面说法中不正确的是（   ）。

    A．类是对象的抽象，对象是类的实例

    B．类是组成 Java 程序的最小的单位

    C．Java 语言支持多继承

    D．Java 一个源程序中只能有一个 public 类

15．对于如下代码，可以添加到 Child 类中的方法是（   ）。

```java
public class Parent{
  void change(){}
}
class Child extends Parent{}
```

    A．public void change(){ }   B．void change(int i){ }

    C．private void change(){}   D．abstract void change(){}

16．下列程序的运行结果是（   ）。

```java
class Base{
  Base(){ System.out.println("Base"); }
}
public class Checket extends Base{
  Checket(){
    super();
    System.out.println("Checket");
  }
  public static void main(String[] args){
    Checket c=new Checket();
  }
}
```

    A．编译时错误   B．先输出 Base，再输出 Checket

    C．先输出 Checket，再输出 Base   D．运行时错误

17．使下面程序能编译运行，并能改变变量 oak 的值的"//这里"的替代项可以是（   ）。

```java
class Base{
  static int oak=99;
```

```
    }
public class Child extends Base{
  public void doMethod(){
    //这里
  }
  public static void main(String[] args) {
    Child c=new Child();
    c.doMethod();
  }
}
```

A．super.oak=1;　　B．oak=33;　　　　C．Base.oak=22;　　　　D．oak=55.5

18．对于下面的不完整的类代码，下面的表达式中，（　　　）可以加到构造方法中的横线处。

```
class person{
  String name,department;
  public void person(String n){
    name=n;
  }
  public person(String n,String d){
    _____
    department=d;
  }
}
person p = new person("john");
person p = new person("john","ios");
```

A．person(n)　　　B．this(person(n))　C．this(n)　　　D．this(n,a);

19．给出下面的代码

```
class Person {
  String name,department;
   public void printValue(){
    System.out.println("name is "+name+"\n department is "+
department);
   }
}
public class Teacher extends Person {
  int salary;
  public void printValue(){
    //这里要完成父类代码中 printValue()相同的工作
    System.out.println("salary is "+salary);
  }
}
```

下面的哪些表达式可以加入 printValue()方法的注释部分？（　　　）

A．printValue();　　　　　　　　　　B．this.printValue();

C.　pers on.printValue();　　　　　　D.　super.printValue();

20．给出下面的不完整的类代码，哪些表达式可以加到构造方法中的注释处？
（　　）

```
class Person {
  String name, department;
  int age;
  public Person(String n){ name = n; }
  public Person(String n, int a){ name = n; age = a; }
  public Person(String n, String d, int a) {
    //这里要完成 Person(String n, int a)的逻辑
    department = d;
  }
}
```

A．Person(n,a);　　　　　　　　　　B．this(Person(n,a));

C．this(n,a);　　　　　　　　　　　　D．this(name,age);

二、简答题

1．什么是继承？继承的含义是什么？如何定义继承关系？

2．什么是多态？面向对象程序设计为什么要引入多态的特性？

3．Java 程序如何实现多态？有哪些实现方式？

4．什么是方法的覆盖？覆盖需要注意的问题有哪些？

5．请简述重载和重写的区别。

6．阅读以下程序，写出输出结果。

```
class Animal {
  Animal() { System.out.print ("Animal  "); }
}
public class Dog extends Animal {
  Dog() { System.out.print ("Dog "); }
  public static void main(String[] args){ Dog snoppy=new Dog();}
}
```

7．下列程序段的运行结果为（　　　）。

```
public class Abc{
  public static void main(String args[ ]){
    SubSubClass x = new SubSubClass(10,20,30);
    x.show();
  }
}
class SuperClass{
  int a,b;
  SuperClass(int aa , int  bb){
    a=aa; b=bb;
  }
  void show( ) {
```

```
System.out.println("a="+a+"\nb="+b);
  }
}
class SubClass extends SuperClass{
  int c;
  SubClass(int aa,int bb,int cc){
    super(aa,bb);  c=cc;
  }
}
class SubSubClass extends SubClass {
  int  a;
  SubSubClass(int aa,int bb,int cc){
    super(aa,bb,cc); a=aa+bb+cc;
  }
  void show(){
System.out.println("a="+a+"\nb="+b+"\nc="+c);
  }
}
```

8. 读程序，写出正确的运行结果。

```
public class Father{
  int a=100;
  public void miner(){
     a--;
  }
  public static void main(String[] args){
   Father x = new Father();
   Son y = new Son();
   System.out.print(y.a+"  ");
   System.out.print( y.getA()+"  ");
   y.miner();
   System.out.print(y.a+"  ");
    System.out.print(y.getA());
  }
}
class Son extends Father{
  int a = 0;
  public void plus(){
     a++;
  }
  public int getA() {
     return super.a;
  }
}
```

三、编程题

1．利用多态性编程，创建一个 Square 类，实现三角形、正方形和圆形面积。方法：抽象出一个共享父类，定义一个方法为求面积的公共方法，再重新定义各形状的求面积方法。在主类中创建不同类的对象，并求得不同形状的面积。

2．定义一个 Object 数组，它可以存储矩形对象、圆对象、三角形对象、双精度数或整数等。

第 9 章　抽象类和接口

　　抽象类可以理解成一种用户自定义的抽象数据类型，抽象数据类型包括抽象的数据类型以及一组抽象的操作，这种抽象数据类型的定义并不涉及它的实现细节。接口是抽象类功能的另一种实现方法，可将其想象为一个"纯"的抽象类。它允许创建者规定一个类的基本形式，包括方法名、自变量列表及返回类型等，但不规定方法主体。为此，接口可看成是特殊的抽象类，接口和抽象类都是可以用来定义多个类的共同属性或共同方法。

思政材料

　　学习重点或难点：
- 抽象类的定义与使用
- Java 包的基本使用
- 接口及其使用
- 内部类与匿名类

　　抽象类和接口的学习使用，能让我们有更好的方式方法来开展面向对象的程序设计。

　　引言：可以这么理解。动物是一个抽象的概念，而狗、猫是具体的实例。一个动物类就是一个抽象类，动物都具有一些相同的方法（跑、叫、吃），而具体化一个具体的动物的时候，也就是继承这个动物类的时候，也是动物的具体化。不同的动物有着不同的跑的方式、吃的方式以及叫的方式，但是它们都是动物，有着相似的方式。而接口就是更加抽象的抽象类（可以这么理解）。抽象类可以有具体的方法，抽象方法必须使用关键字 abstract，且不能拥有方法体，而接口的方法就都不能有方法体。接口以及父类、抽象类就是实现多态的方式。

　　一般的应用里，最顶层的是接口，然后是抽象类实现接口，最后才到具体类的实现。

　　抽象类和接口的意义在于对问题的分析抽象及继承使用，抽象类是对一种事物的抽象，即对类抽象，而接口是对行为的抽象。抽象类和接口的使用也更有利于代码和程序的维护与修改。抽象类能够保证实现类的层次关系，避免代码重复。

　　另外，接口可以实现多重继承，而一个类只能继承一个超类，但可以通过继承多个接口实现多重继承，接口还有标识（里面没有任何方法，如 Remote 接口）和数据共享（里面的变量全是常量）的作用。

9.1　抽象类

　　在面向对象的概念中，所有的对象都是通过类来描绘的，但是反过来，并不是所有的类都是用来描绘对象的，如果一个类中没有包含足够的信息来描绘一个具体的对象，那么这样的类就是**抽象类**。

　　抽象类除了不能实例化对象之外，类的其他功能依然存在，成员变量、成员方法和构造方法的访问方式和普通类一样。由于抽象类不能实例化对象，所以抽象类必须被继承，才能被使用。也是因为这个原因，**通常在设计阶段决定要不要设计抽象类。**

Java 语言中，抽象类是用 abstract 关键字来修饰的类的。**抽象类只关心它的子类是否具有某种功能，并不关心该功能的具体实现**，功能的具体行为由子类负责实现。一个抽象类中可以有一个或多个抽象方法。

9.1.1　抽象类的定义

抽象类的一般格式：

```
abstract class ClassName {
    ...   //类实现
}
```

如：

```
abstract class ClassOne{
 ...   //类实现
}
```

一旦 ClassOne 类声明为抽象类，则它不能被实例化，只能作为派生类的基类而存在。

如"ClassOne a = new ClassOne();"语句会产生编译错误：

抽象方法的一般格式：

abstract 返回值类型 抽象方法（ 参数列表 ）；

如语句：

```
public abstract void Method();
```

抽象方法的一个主要目的就是为**所有子类定义一个统一的接口。**

抽象类必须被继承，抽象方法必须被重写。概括起来抽象类有以下定义的相关规则：

（1）抽象类必须用 abstract 关键字来修饰；抽象方法也必须用 abstract 来修饰。

（2）抽象类不能被实例化，也就是不能用 new 关键字去产生对象。

（3）抽象方法只需声明，而不需要实现。

（4）抽象类不一定要包含抽象方法，含有抽象方法的类必须被声明为抽象类。

（5）抽象类的子类必须覆盖所有抽象方法后才能被实例化，否则这个子类还是抽象类。

下面是抽象类具体实现的两段参考代码。

（1）抽象类的基本实现方法。

```
abstract class Base{
    int basevar;                    //成员变量
```

```
    public abstract void m1();      //抽象的成员方法只有声明，必须由该类子类来实现
    ...
}
class Derived extends Base{
  int derivedvars;                  //成员变量
  public void m1(){                 //子类必须重写父类的抽象成员方法 m1
    ...                             //具体实现的语句体
  }
  ...
}
```

（2）继承于抽象类的类一般应该实现抽象类中的所有抽象方法（重写）。如果没有，那么该派生类也应该声明为抽象类。

```
abstract class A{
  public abstract void methodA();
}
class B extends A {//错误，子类 B 没有实现父类 A 中抽象方法 methodA，B 类应声明为
抽象类
  public void methodB(){...};
}
class C extends A { //正确
  public void methodA(){...}; //具体实现了父类 A 中抽象方法 methodA
}
```

9.1.2 抽象类的使用

下面给出一个抽象类的使用，体会一下抽象类和抽象方法的定义，以及子类怎样实现对父类抽象方法的重写。

例 9-1 抽象类的使用实例。程序功能：Shape 类是对现实世界形状的抽象，子类 Rectangle 和子类 Circle 是 Shape 类的两个子类，分别代表现实中两种具体的形状。在子类中根据不同形状自身的特点计算不同子类对象的面积。

```
abstract class Shape {
  protected double length=0.0d;
  protected double width=0.0d;
  Shape(double len,double w){
    length = len; width = w;
  }
  abstract double area(); //抽象方法是只有声明没有实现的
}
class Rectangle extends Shape {
  public Rectangle(double num, double num1){
    super(num,num1);//调用父类的构造方法，将子类长方形的长和宽传递给父类构造方法
  }
  double area(){
    System.out.print("长方形的面积为: ");
```

```
      return length * width;
    }
}
class Circle extends Shape {
  private double radius;
  public Circle(double num,double num1,double r){
   super(num,num1);//调用父类的构造方法，将子类的圆心位置和半径传递给父类构造方法
   radius = r;
  }
  double area(){
   System.out.print("圆形位置在 ("+ length +", "+ width +") 的圆形面积为: ");
   return 3.14*radius*radius;
  }
}
public class Test_Shape{
  public static void main(String args[]){
   Rectangle rec=new Rectangle(15,20);//定义一个长方形对象，并计算长方形的面积
   System.out.println( rec.area());
   Circle circle = new Circle(15,15,4); //定义一个圆形对象，并计算圆形的面积
   System.out.println( circle.area());
  }
}
```

接下来，再给一个较为复杂的实例，它体现了 Java 中多态性的特点，大家可仔细体会。

例 9-2　多态性的使用实例。程序功能：多态性实现的工资系统中的一部分程序。Employee 类是抽象的员工父类，Employee 类的子类有经理 Boss，每星期获取固定工资，而不计工作时间；子类普通雇员 OrdinaryWorker 类，除基本工资外还根据每周的销售额发放浮动工资等。子类 Boss 和 OrdinaryWorker 声明为 final，表明它们不再派生新的子类。

```
import java.text.DecimalFormat;
public class Test_Abstract{
 public static void main( String args[] ){
   Employee employeeRef;  //employeeRef 为 Employee 引用
   String output = "";
   Boss boss = new Boss( "李晓华", 800.00 );
   OrdinaryWorker worker=new OrdinaryWorker("张 雪",400.0,3.0,150);
   DecimalFormat precision=new DecimalFormat("0.00" );//创建一个输出数据格
式化描述对象
   employeeRef=boss;//把父类的引用 employeeRef 赋值为子类 Boss 对象 boss 的引用
   output += employeeRef.toString() + " 工资 ￥" +
     precision.format( employeeRef.getSalary()) + "\n" +
     boss.toString()+"工资￥" + precision.format(boss.getSalary())+"\n";
   employeeRef=worker;//把父类的引用 employeeRef 赋值为子类普通员工对象 worker
的引用
   output += employeeRef.toString() + " 工资 ￥" +
     precision.format( employeeRef.getSalary()) + "\n" +
```

```
            worker.toString()+"工资￥"+precision.format(worker.getSalary())+"\n";
         System.out.println( output);
      }
   }
   abstract class Employee{ //抽象的父类 Employee
     private String name;
     private double mini_salary = 600;
     public Employee( String name ){ this.name = name; }//构造方法
     public String getEmployeeName(){ return name; }
     public String toString(){ return name; }            //输出员工信息
     public abstract double getSalary();//抽象方法 getSalary()将被它的每个子类
具体实现
   }
   final class Boss extends Employee {
     private double weeklySalary;                        //Boss 新添成员，周薪
     public Boss( String name, double salary) {    //经理 Boss 类的构造方法
       super( name);                          //调用父类的构造方法为父类员工赋初值
       setWeeklySalary( salary );                         //设置 Boss 的周薪
     }
     public void setWeeklySalary(double s ) {      //经理 Boss 类的工资
       weeklySalary = ( s>0 ? s : 0 );
     }
     public double getSalary(){//重写父类的 getSalary()方法，确定 Boss 的薪水
       return weeklySalary ;
     }
     public String toString(){//重写父类同名的方法 toString()，输出 Boss 的基本信息
       return "经理: " + super.toString();                //调用父类的同名方法
     }
   }
   final class OrdinaryWorker extends Employee {
     private double salary;                            //每周的底薪
     private double bonusfactor;                       //每周奖金系数
     private int quantity;                             //销售额
     //普通员工类的构造方法
     OrdinaryWorker(String name,double salary, double bonusfactor, int
quantity) {
       super(name);                                   //调用父类的构造方法
       setSalary(salary); setBonusfactor(bonusfactor); setQuantity
(quantity);
     }
     public void setSalary( double s ) {           //确定普通员工的每周底薪
       salary = ( s > 0 ? s : 0 );
     }
     public void setBonusfactor( double c ) {      //确定普通员工的每周奖金
       bonusfactor = ( c > 0 ? c : 0 );
     }
     public void setQuantity( int q ) {            //确定普通员工销售额
       quantity = ( q > 0 ? q : 0 );
     }
```

```
    public double getSalary(){//重写父类的 getSalary()方法,确定 OrdinaryWorker
的薪水
        return salary + bonusfactor * quantity;
    }
    public String toString(){//重写父类同名方法 toString(),输出 OrdinaryWorker
的基本信息
        return "普通员工: " + super.toString(); //调用父类的同名方法
    }
}
```

9.1.3 抽象方法

如果想设计这样一个类,该类包含一个特别的成员方法,该方法的具体实现由它的子类确定,那么可以在父类中声明该方法为抽象方法。

abstract 关键字同样可以用来声明抽象方法,抽象方法只包含一个方法名,而没有方法体。方法名后一对小括号后面直接跟一个分号,而不是大括号。

```
public abstract class Employee {
  private String name;
  private String address;
  private int number;
  public abstract double computePay(); //抽象方法
  public String getName(){
    return name;
  }
  //其余代码略
}
```

声明抽象方法会造成以下两个结果:

(1) 如果一个类包含抽象方法,那么该类必须是抽象类。

(2) 任何子类必须重写父类的抽象方法,或者声明自身为抽象类。

继承抽象方法的子类必须重写该方法;否则,该子类也必须声明为抽象类。最终,必须由子类实现该抽象方法;否则,从最初的父类到最终的子类都不能用来实例化对象。

如果 Salary 类继承了 Employee 类,那么它必须实现 computePay()方法:

```
public class Salary extends Employee { /* 文件名: Salary.java */
  private double salary; //年薪
  public double computePay() {
    System.out.println("Computing salary pay for " + getName());
    return salary/52;
  } //其余代码略
}
```

9.1.4 Java 封装

在面向对象程序设计方法中，封装（Encapsulation）是指一种将抽象性函数接口的实现细节部分包装、隐藏起来的方法。封装可以被认为是一个保护屏障，防止该类的代码和数据被外部类定义的代码随机访问。要访问该类的代码和数据，必须通过严格的接口控制。

封装最主要的功能在于能修改自己的实现代码，而不用修改那些调用代码的程序片段。适当的封装可以让程序更容易理解与维护，也加强了程序的安全性。

例 9-3 一个 Java 封装类的例子。

```java
public class EncapTest{ /* 文件名：EncapTest.java */
  private String name;
  private String idNum;
  private int age;
  public int getAge(){
    return age;
  }
  public String getName(){
    return name;
  }
  public String getIdNum(){
    return idNum;
  }
  public void setAge(int newAge){
    age = newAge;
  }
  public void setName(String newName){
    name = newName;
  }
  public void setIdNum( String newId){
    idNum = newId;
  }
}
```

在以上实例中，public 方法是外部类访问该类成员变量的入口。

通常情况下，这些方法被称为 getter 和 setter 方法。因此，任何要访问类中私有成员变量的类都要通过这些 getter 和 setter 方法。

通过如下的例子说明 EncapTest 类的变量怎样被访问：

```java
public class RunEncap{ /* 文件名：RunEncap.java */
  public static void main (String args[]){
    EncapTest encap = new EncapTest();
    encap.setName("James"); encap.setAge(22); encap.setIdNum("123456");
    System.out.print("Name:"+ encap.getName()+ " Age:"+ encap.getAge());
  }
```

```
}  //运行结果为: Name : James Age : 22
```

9.2 接口

9.2.1 Java 中的接口

接口（interface）在 Java 编程语言中是一个抽象类型，**是抽象方法的集合**，接口通常以 interface 来声明。一个类通过继承接口的方式，从而来继承接口的抽象方法。

由于 Java 只支持单一继承，接口是 Java 实现多重继承功能的一种手段、一种结构。接口只定义了与外界交流时输入、输出的格式。换句话说，通过在接口中定义一些方法（抽象方法），可以用接口大致规划出类的共同行为，而把具体的实现留给具体的类。

接口并不是类，编写接口的方式和类很相似，但是它们属于不同的概念。类描述对象的属性和方法。**接口则包含类要实现的方法。**

如果一个抽象类中的所有方法都是抽象的，我们就可以将这个类用另外一种方式来定义，也就是接口定义。**接口是抽象方法和常量值的定义的集合**，从本质上讲，**接口是一种特殊的抽象类，这种抽象类中只包含常量和方法的定义，而没有变量和方法的实现。**

接口无法被实例化，但是可以被实现。一个实现接口的类，必须实现接口内所描述的所有方法，否则就必须声明为抽象类。另外，在 Java 中，接口类型可用来声明一个变量，它们可以成为一个空指针，或是被绑定在一个以此接口实现的对象上。

接口与类的相似点：

（1）一个接口可以有多个方法。

（2）接口文件保存在.java 结尾的文件中，文件名使用接口名。

（3）接口的字节码文件保存在.class 结尾的文件中。

（4）接口相应的字节码文件必须在与包名称相匹配的目录结构中。

接口与类的区别：

（1）接口不能用于实例化对象。

（2）接口没有构造方法，接口中所有的方法必须是抽象方法。

（3）接口不能包含成员变量，除了 static 和 final 变量。

（4）接口不是被类继承了，而是要被类实现。

（5）接口支持多重继承。

1．接口声明

接口声明的一般语法格式：

```
［可见度］interface 接口名称 ［extends 其他的类名］{
    ... //常量声明等
    ... //（抽象）方法声明
}
```

常量定义部分定义的常量均具有 public、static 和 final 属性。

接口中只能进行方法的声明，不提供方法的实现，在接口中声明的方法具有 public 和 abstract 属性。interface 关键字用来声明一个接口。例如：

```java
public interface PCI {
    final int voltage;   //任何类型 final,static 变量
    public void start(); //抽象方法
    public void stop();
}
```

接口有以下特性：

（1）接口是隐式抽象的，当声明一个接口的时候，不必使用 abstract 关键字。

（2）接口中每一个方法也是隐式抽象的，声明时同样不需要 abstract 关键字。

（3）接口中的方法都是公有的。

再例如：

```java
interface Animal {  //文件名：Animal.java
    public void eat();
    public void travel();
}
```

2. 接口实现

接口可以由类来实现，类通过关键字 implements 声明自己使用一个或多个接口。所谓实现接口，就是实现接口中声明的方法。

当类实现接口的时候，类要实现接口中所有的方法，否则类必须声明为抽象的类。

class 类名 extends [基类] **implements 接口,…,接口** {
   …   //成员定义部分
}

接口中的方法被默认是 public，所以类在实现接口方法时，一定要用 public 来修饰。

如果某个接口方法没有被实现，实现类中必须将此接口方法声明为抽象的，该类当然也必须声明为抽象的。如：

```java
interface IMsg{
    void Message();
}
public abstract class MyClass implements IMsg{
    public abstract void Message();
}
```

例 9-4 由动物接口实现哺乳动物类。

```java
public class MammalInt implements Animal{ //文件名：MammalInt.java
    public void eat(){
        System.out.print("Mammal eats. ");
```

```
  }
  public void travel(){
    System.out.print("Mammal travels. ");
  }
  public int noOfLegs(){
    return 0;
  }
  public static void main(String args[]){
    MammalInt m = new MammalInt();
    m.eat();  m.travel();
  }
} //运行结果为: Mammal eats. Mammal travels.
```

重写接口中声明的方法时，需要注意以下规则：

（1）类在实现接口的方法时，不能抛出强制性异常，只能在接口中，或者继承接口的抽象类中抛出该强制性异常。

（2）类在重写方法时要保持一致的方法名、参数个数与参数类型，并且应该保持相同或者相兼容的返回值类型。

（3）如果实现接口的类是抽象类，那么就没必要实现该接口的方法。

在实现接口的时候，也要注意一些规则：

（1）一个类只能继承一个类，但是能实现多个接口。

（2）一个接口能继承另一个接口，这和类之间的继承比较相似。

例 9-5 接口实现的实例。

```
interface Animal{ //动物接口
  void run();
  void breathe();
}
class Fish implements Animal{//水上动物
  public void run(){
    System.out.print("鱼可以在水中游动。");
  }
  public void breathe(){ System.out.print("鱼可以在水中呼吸。"); }
}
abstract class LandAnimal implements Animal{//只实现部分方法，因此声名为抽象类
  public void breathe(){ //陆地动物，只实现接口中的 breath 方法
    System.out.print("陆地动物可以呼吸。");
  }
}
class Tiger extends LandAnimal{
  public void run(){ System.out.print("老虎是陆地动物，可以奔跑。"); }
  public void breathe(){
    System.out.print("老虎是陆地动物，可以呼吸。");
  }
}
public class Test_Interface{
```

```
public static void main(String args[]){
  Animal an1 = new Fish(); //水生动物鱼
  an1.run(); an1.breathe();
  Animal an2 = new Tiger();//陆地动物
  an2.run(); an2.breathe();
  }
} //运行结果为：鱼可以在水中游动。鱼可以在水中呼吸。老虎是陆地动物，可以奔跑。
  ///老虎是陆地动物，可以呼吸。
```

例 9-6 接口实现的另一实例。程序功能：模拟现实世界的计算机组装功能。定义计算机主板的 PCI 类，模拟主板的 PCI 通用插槽，有两个方法——start（启用）和 stop（停用）。接下来声明具体的子类声卡类 SoundCard 和网卡类 NetworkCard，它们分别实现 PCI 接口中的 start 和 stop 方法，从而实现 PCI 标准的不同部件的组装和使用。

```
interface PCI{ //这是 Java 接口，相当于主板上的 PCI 插槽的规范
  void start();
  void stop();
}
class SoundCard implements PCI{//声卡实现了 PCI 插槽的规范，但行为完全不同
  public void start(){ System.out.print("Start,Du du du ......"); }
  public void stop(){ System.out.println("Sound stop!"); }
}
class NetworkCard implements PCI{//网卡实现了 PCI 插槽的规范，但行为完全不同
  public void start(){ System.out.print("Start,Send ......"); }
  public void stop(){ System.out.println("Network stop!"); }
}
class MainBoard{
  public void usePCICard(PCI p){
    p.start(); p.stop();
  }
}
public class Assembler{ //组装类
 public static void main(String args[]){
   PCI nc = new NetworkCard();
   PCI sc = new SoundCard();
   MainBoard mb = new MainBoard();
   mb.usePCICard(nc); //主板上插入网卡，输出: Start,Send ......Network stop!
   mb.usePCICard(sc); //主板上插入声卡，输出: Start,Du du du ......Sound
stop!
   }
  }
```

9.2.2 接口的继承

一个接口能继承另一个接口，和类之间的继承方式比较相似。接口的继承使用 extends 关键字，子接口继承父接口的方法。

例 9-7　下面的 Sports 体育接口被 Hockey 曲棍球和 Football 足球接口继承。

```java
public interface Sports{ //文件名：Sports.java
  public void setHomeTeam(String name);
  public void setVisitingTeam(String name);
}
public interface Football extends Sports{ //文件名：Football.java
  public void homeTeamScored(int points);
  public void visitingTeamScored(int points);
  public void endOfQuarter(int quarter);
}
public interface Hockey extends Sports{//文件名:Hockey.java Hockey(曲棍球)
  public void homeGoalScored();
  public void visitingGoalScored();
  public void endOfPeriod(int period);
  public void overtimePeriod(int ot);
}
```

Hockey 接口自己声明了四个方法，从 Sports 接口继承了两个方法，这样，实现 Hockey 接口的类需要实现六个方法。

相似的，实现 Football 接口的类需要实现五个方法，其中两个来自于 Sports 接口。

9.2.3　接口的多重继承

在 Java 中，类的多重继承是不合法，但接口允许多重继承。

在接口的多重继承中，extends 关键字只需要使用一次，在其后跟着继承接口。如下所示：

```java
public interface Hockey extends Sports,Event
```

以上的程序片段是合法定义的子接口，与类不同的是，接口允许多重继承，而 Sports 及 Event 可能定义或是继承相同的方法。

说明：一般来说，Java 不支持一个类继承的两个接口中存在相同的方法，这样容易引起接口继承混乱；如果一定要让一个类继承的两个接口存在相同的方法，可以通过使用内部类来实现解决或让一个接口继承另一接口来解决方法重名问题。

9.2.4　标记接口

最常用的继承接口是没有包含任何方法的接口。**标识接口**是没有任何方法和属性的接口，它仅仅表明它的类属于一个特定的类型，供其他代码来测试，据此判断是否允许做相关操作。

标识接口作用：简单形象地说就是给某个对象打个标记（盖个戳），使对象拥有某个或某些特权。例如，java.awt.event 包中的 MouseListener 接口继承的 java.util.EventListener

接口，定义如下：

```
package java.util;
public interface EventListener{ }
```

标记接口主要用于以下两种目的：

（1）**建立一个公共的父接口**，正如 EventListener 接口，这是由几十个其他接口扩展的 Java API，你可以使用一个标记接口来建立一组接口的父接口。例如，当一个接口继承了 EventListener 接口，Java 虚拟机（JVM）就知道该接口将要被用于一个事件的代理方案。

（2）**向一个类添加数据类型**，这种情况是标记接口最初的目的，实现标记接口的类不需要定义任何接口方法（因为标记接口根本就没有方法），但是该类通过多态性变成一个接口类型。

9.3　Java 包

9.3.1　Java 中的包

为了更好地组织类，Java 提供了包机制，用于区别类名的命名空间。

一个包就是一些提供访问保护和命名空间管理的相关类与接口的集合。使用包的目的就是使类容易查找使用、防止命名冲突以及控制访问。标准 Java 库被分类成许多的包，其中包括 java.io、javax.swing 和 java.net 等等。标准 Java 包是分层次的。就像在硬盘上嵌套有各级子目录一样，可以通过层次嵌套组织包。所有 Java 包都在 Java 和 Javax 包层次内。

1．包的作用

Java 使用包（package）这种机制是为了防止命名冲突、访问控制、提供搜索和定位类（class）、接口、枚举（enumerations）和注释（annotation）等。具体说明如下：

（1）把功能相似或相关的类或接口组织在同一个包中，方便类的查找和使用。

（2）如同文件夹一样，包也采用了树形目录的存储方式。同一个包中的类名字是不同的，不同的包中的类的名字是可以相同的，当同时调用两个不同包中相同类名的类时，应该加上包名加以区别。因此，包可以避免名字冲突。

（3）包也限定了访问权限，拥有包访问权限的类才能访问某个包中的类。

2．定义包

包声明的一般语法格式：

package　pkg[.pkg1[.pkg2...[.pkgn]]];

说明：package 说明包的关键字；pkg 为自己命名的包名。

定义包的语句必须放在所有程序的最前面。也可以没有包，则当前编译单元属于无名包，生成的.class 文件放在一般**与.java 文件同名的目录**下。package 名字一般用小写。如下创建包的语句：

```
package employee;
package employee.commission;
```

创建包就是在当前文件夹下创建一个子文件夹，以便存放这个包中包含的所有类的.class 文件。上面的第二个创建包的语句中的符号 "." 代表了目录分隔符，即这个语句创建了两个文件夹：第一个是当前文件夹下的子文件夹 employee；第二个是 employee 下的子文件夹 commission，当前包中的所有类就存放在这个文件夹里。

例如，一个 Something.java 文件的内容如下：

```
package net.java.util
public class Something{
  //...
}
```

那么它的保存路径应该是 net/Java/util/Something.java。包的作用是把不同的 Java 程序分类保存，以便更方便地被其他 Java 程序调用。

一个包可以定义为一组相互联系的类型（类、接口、枚举和注释），为这些类型提供访问保护和命名空间管理的功能。一些 Java 中的包如：

（1）java.lang——包含 java 基础的类；

（2）java.io——包含输入输出功能的方法。

开发者可以自己把一组类和接口等打包，并定义自己的 package。在实际开发中这样做是值得提倡的，当你自己完成类的实现之后，将相关的类分组，可以让其他的编程者更容易地确定哪些类、接口、枚举和注释等是相关的。

由于 package 创建了新的命名空间（namespace），所以不会跟其他 package 中的任何名字产生命名冲突。使用包这种机制，更容易实现访问控制，并且让定位相关类更加简单。

3．向包中添加类

要把类放入一个包中，**必须把此包的名字放在源文件头部**，并且放在对包中的类进行定义的代码之前。例如，在文件 Employee.java 的开始部分如下：

```
package myPackage;
public class Employee{
  //...
}
```

则创建的 Employee 类编译后生成的 Employee.class 存放在子目录 myPackage 下。

4．包引用

通常一个类只能引用与它在同一个包中的类。如果需要使用其他包中的 public 类，则可以使用如下的几种方法。

（1）直接使用包名、类名前缀。

一个类要引用其他的类，无非是继承这个类或创建这个类的对象并使用它的数据域、调用它的方法。对于同一包中的其他类，只需在要使用的属性或方法名前加上类名作为前缀即可；对于其他包中的类，则需要在类名前缀的前面再加上包名前缀。例如：

```
employee.Employee ref = new employee.Employee(); //employee 为包名
```

（2）加载包中单个的类。用 import 语句加载整个类到当前程序中，在 Java 程序的最前面加上下面的语句：

```
import employee.Employee;
Employee ref = new  Employee(); //创建对象
```

（3）加载包中多个类。用 import 语句引入整个包，此时这个包中的所有类都会被加载到当前程序中。加载整个包的 import 语句可以写为：

```
import  employee.*; //加载用户自定义的 employee 包中的所有类
```

5．编译和运行包

（1）CLASSPATH。CLASSPATH 环境变量设置是告诉 Java 在哪里能找到第三方提供的类库。

（2）编译。编译的过程和运行的过程大同小异，只是一个是找出来编译，另一个是找出来装载。如：

```
Javac -d d:\user\chap04 packTest.java
```

（3）运行。如：Java d:\user\chap04\packTest 或 d:\user\chap04>Java packTest。

6．Jar 包

把开发好的程序交给用户就叫发布。JDK 中有一个实用工具 jar.exe 可以完成打包工作。打包好的文件扩展名一般为.jar，所以叫 Jar 文件或 Jar 包。通过编辑一个 manifest.mf 的文件来实现的。

manifest.mf 文件应该包含一行内容：

Main-Class：主类的完整名称

例如：

```
Main-Class: com.example.myapp.MyAppMain
```

这一行后面必须回车换行，否则可能出错。另外，冒号后面必须空一格。这个文件必须和字节码文件（或字节码所在的子目录）放在同一目录中。使用工具 jar.exe 可以创建可执行的 Jar 文件。进入命令行状态，让字节码所在文件夹成为当前文件夹。

执行以下命令：

```
jar -cvmf manifest.mf jarfilename.jar com\*.*
```

就可以得 jarfilename.jar 打包文件。jarfilename 名字可以自己取。

双击 jarfilename.jar 就可以运行程序或执行 java -jar **jarfilename.jar** 来运行。

7．JDK 中的常用包

（1）java.lang——包含一些 Java 语言的基础又核心类，如 String、Math、Integer、System 和 Thread，提供常用功能。

（2）java.awt——包含了构成抽象窗口工具集（abstract window toolkits）的多个类，这些类被用来构建和管理应用程序的图形用户界面(GUI)。

（3）java.applet——包含 applet 运行所需的一些类。

（4）java.net——包含执行与网络相关的操作的类。

（5）java.io——包含能提供多种输入/输出功能的类。

（6）java.util——包含一些实用工具类，如定义系统特性、使用与日期日历相关的方法。

9.3.2　创建包

创建 package 的时候，你需要为这个 package 取一个合适的名字。之后，如果其他的一个源文件包含了这个包提供的类、接口、枚举或者注释类型的时候，都必须将这个 package 的声明放在这个源文件的开头。

包声明应该在源文件的第一行，每个源文件只能有一个包声明，这个文件中的每个类型都应用于它。如果一个源文件中没有使用包声明，那么其中的类、方法、枚举、注释等将被放在一个无名的包（unnamed package）中。

例 9-8　本例创建了一个叫 animals 的包。通常使用小写的字母来命名，以避免与类、接口名字的冲突。

在 animals 包中加入一个接口（interface）：

```
package animals;
interface Animal { //文件名: Animal.java
  public void eat();
  public void travel();
}
```

接下来，在同一个包中加入该接口的实现：

```
package animals;
```

```
public class MammalInt implements Animal{ //文件名: MammalInt.java
  public void eat(){ System.out.print("Mammal eats. "); }
  public void travel(){ System.out.print("Mammal travels. "); }
  public int noOfLegs(){ return 0; }
  public static void main(String args[]){
    MammalInt m = new MammalInt();
    m.eat();  m.travel();
  }
}
```

然后，编译这两个文件，并把它们放在一个叫做 animals 的子目录中。用下面的命令来运行（在 UNIX、Linux 等环境下）：

```
$ mkdir animals
$ cp Animal.class MammalInt.class animals
$ Java animals/MammalInt
Mammal eats. Mammal travel.
```

9.3.3　import 关键字

为了能够使用某一个包的成员，需要在 Java 程序中明确导入该包。使用 import 语句可完成此功能。

在 Java 源文件中，import 语句应位于 package 语句之后，所有类的定义之前，可以没有，也可以有多条，其语法格式为：

import package1[.package2…].(classname|*);

如果在一个包中，一个类想要使用本包中的另一个类，那么该包名可以省略。

例如，下面的 payroll 包已经包含了 Employee 类，接下来向 payroll 包中添加一个 Boss 类。Boss 类引用 Employee 类的时候可以不用使用 payroll 前缀，Boss 类的实例如下。

```
package payroll;
public class Boss {
  public void payEmployee(Employee e){ e.mailCheck(); }
}
```

如果 Boss 类不在 payroll 包中又会怎样？Boss 类必须使用下面几种方法之一来引用其他包中的类。

（1）使用类全名描述，例如：

```
payroll.Employee
```

（2）用 import 关键字引入，使用通配符 "*"，例如：

```
import payroll.*;
```

（3）使用 import 关键字引入 Employee 类，例如：

```
import payroll.Employee;
```

注意：类文件中可以包含任意数量的 import 声明。import 声明必须在包声明之后，类声明之前。

9.3.4　**package** 的目录结构

类放在包中会有两种主要的结果：

（1）包名成为类名的一部分，正如前面讨论的一样。

（2）包名必须与相应的字节码所在的目录结构相吻合。

下面是管理你自己 Java 中文件的一种简单方式：将类、接口等类型的源码放在一个文本中，这个文件的名字就是这个类型的名字，并以.java 作为扩展名。例如：

```
package vehicle;
public class Car { //文件名：Car.java
    //类实现
}
```

接下来，把源文件放在一个目录中，这个目录要对应类所在包的名字。

```
....\vehicle\Car.java
```

现在，正确的类名和路径将会是如下的样子：

（1）类名 -> vehicle.Car

（2）路径名 -> vehicle\Car.java (in windows)

通常，一个公司使用它互联网域名的颠倒形式来作为它的包名。例如，互联网域名是 apple.com，所有的包名都以 com.apple 开头。包名中的每一个部分对应一个子目录。

例如，这个公司有一个 com.apple.computers 的包，这个包包含一个叫做 Dell.java 的源文件，那么相应的，应该有如下面的一连串子目录：

```
....\com\apple\computers\Dell.java
```

编译的时候，编译器为包中定义的每个类、接口等类型各创建一个不同的输出文件，输出文件的名字就是这个类型的名字，并加上.class 作为扩展后缀。例如：

```
package com.apple.computers;
public class Dell{ //文件名：Dell.java
    ...
}
class Ups{
    ...
}
```

现在，我们用-d（指定放置生成的类文件的位置）选项来编译这个文件，如下：

```
$Javac -d . Dell.java
```

这样会像下面这样放置编译了的文件：

```
.\com\apple\computers\Dell.class
.\com\apple\computers\Ups.class
```

可以像下面这样来导入所有 \com\apple\computers\ 中定义的类、接口等：

```
import com.apple.computers.*;
```

编译之后的.class 文件应该和.java 源文件一样，它们放置的目录应该跟包的名字对应起来。但是，并不要求.class 文件的路径跟相应的.java 的路径一样。可以分开来安排源码和类的目录。

```
<path-one>\sources\com\apple\computers\Dell.java
<path-two>\classes\com\apple\computers\Dell.class
```

这样，可以将类目录分享给其他的编程人员，而不用透露自己的源码。用这种方法管理源码和类文件可以让编译器和 Java 虚拟机（JVM）可以找到程序中使用的所有类型。

类目录的绝对路径叫做 class path。设置在系统变量 CLASSPATH 中。编译器和 Java 虚拟机通过将 package 名字加到 class path 后来构造.class 文件的路径。

<path-two>\classes 是 class path，package 的名字是 com.apple.computers，而编译器和 JVM 会在<path-two>\classes\com\apple\compters 中寻找.class 文件。

一个 class path 可能会包含好几个路径。多路径应该用分隔符分开。默认情况下，编译器和 JVM 查找当前目录。JAR 文件按包含 Java 平台相关的类，所以它们的目录默认放在了 class path 中。

9.3.5　设置 CLASSPATH

用下面的命令显示当前的 CLASSPATH 变量：

（1）Windows 平台（DOS 命令行下）-> C:\> set CLASSPATH

（2）UNIX 平台（Bourne shell 下）-> % echo $CLASSPATH

删除当前 CLASSPATH 变量内容：

（1）Windows 平台（DOS 命令行下）-> C:\> set CLASSPATH=

（2）UNIX 平台（Bourne shell 下）-> % unset CLASSPATH; export CLASSPATH

设置 CLASSPATH 变量：

（1）Windows 平台（DOS 命令行下）-> set CLASSPATH=C:\users\jack\Java\classes

（2）UNIX 平台（Bourne shell 下）-> % CLASSPATH=/home/jack/Java/classes; export CLASSPATH

9.4　内部类

Java 支持在一个类中定义另一个类，称为**嵌套类**。在大多数情况下，嵌套类（静态的嵌套类除外，静态嵌套类限制多使用比较少）就是**内部类**（inner class），而包含内部类的类称为内部类的**外嵌类**，**也即外部类**。

说明：实际上，外部类的方法中也可以定义内部类，关于此，本书不作详细介绍。

内部类的类体中不可以声明类变量和类方法。外部类的类体中可以用内部类声明对象，作为外嵌类的成员。

内部类具有自己的成员变量和成员方法。通过建立内部类的对象，可以存取其成员变量和调用其成员方法。例如下面的例子：

```
public class GroupOne{
  int count;                //外部类的成员变量
  public class Student{     //声明内部类
    String name;            //内部类的成员变量
    public void output(){   //内部类的成员方法
      System.out.println(this.name+" ");
    }
  }
}
```

内部类有如下特性：

（1）一般用在定义它的类或语句块之内，在外部引用它时必须给出完整的名称。

（2）Java 将内部类作为外部类的一个成员，就如同成员变量和成员方法一样。

因此外部类与内部类的访问原则是：在外部类中，通过一个内部类的对象引用内部类中的成员；反之，在内部类中可以直接引用它的外部类的成员，包括静态成员、实例成员及私有成员。

例 9-9　内部类和外部类之间的访问。

本例的类 GroupTwo 中声明了内部类 Student，在内部类 Student 中构造方法存取了外部类 GroupTwo 的成员变量 count。

```
public class GroupTwo{         //含 Student 内部类的类
  private int count;           //外部类的私有成员变量
  public class Student {       //声明内部类
    String name;
    public Student(String n1) {
      name=n1;
      count++;                 //存取其外部类的成员变量
    }
    public void output(){
      System.out.println(this.name);
    }
  }
```

```
public void output(){                        //外部类的实例成员方法
  Student s1=new Student("Johnson");  //建立内部类对象"
  s1.output();                               //通过 s1 调用内部类的成员方法
  System.out.println("count="+this.count);
}
public static void main(String args[]){
  GroupTwo g2=new GroupTwo();
  g2.output();
}
}
```

9.5　匿名类

匿名类是没有名称的类，所以没办法引用它们。必须在创建时，作为 new 语句的一部分来声明它们。这时要采用另一种形式的 new 语句，如下所示：

new 〈类或接口〉〈类的主体〉

这种形式的 new 语句声明一个新的匿名类，它对一个给定的类（如抽象类）进行扩展，或者实现一个给定的接口。它还创建那个扩展类的一个新实例，并把这个新实例作为 new 语句的结果。要扩展的类和要实现的接口是 new 语句的操作数，后跟匿名类的主体。

例 9-10　一个匿名类的使用示例。

```
abstract class Animal {
  public abstract void cry();
}
class TestCry {
  public void testCry(Animal animal){//通过 Animal 对象的传递模拟不同动物叫声
    animal.cry();
  }
}
public class Example{
  public static void main(String[] args){
    TestCry  cry = new TestCry () ;
    cry.testCry(new Animal(){//构建匿名类，模拟猫叫
        public void cry(){ System.out.print("Cat is crying! "); }
      });
    cry.testCry(new Animal (){//构建匿名类，模拟狗叫
        public void cry(){ System.out.print("Dog is crying! "); }
      });
    //...省略其他
  }
}
```

本例运行结果为：

```
Cat is crying! Dog is crying!
```

从技术上说，匿名类可被视为非静态的内部类，**所以它们具有和方法内部声明的非静态内部类（本书不作举例）一样的权限和限制。**

说明：方法内部的内部类可见性更小，它只在方法内部可见，外部类（及外部类的其他方法中）中都不可见了。同时，它有一个特点，就是方法内的内部类连本方法的成员变量都不可访问，它只能访问本方法的 final 型成员。同时另一个需引起注意的是方法内部定义成员，只允许 final 修饰或不加修饰符，其他像 static 等均不可用（这段仅作参考，可以不深究）。

内部类和匿名类是 Java 为我们提供的两个出色的工具。它们提供了更好的封装，结果就是使代码更容易理解和维护，使相关的类都能存在于同一个源代码文件中（这要归功于内部类），并能避免一个程序产生大量非常小的类（这要归功于匿名类）。

9.6 本章小结

本章的概念有：

（1）抽象类和常规类一样，都有数据和方法，但是不能用 new 运算符创建抽象类的实例；

（2）非抽象类中不能包含抽象方法。如果抽象类的子类没有实现所有被继承的父类抽象方法，就必须将子类也定义为抽象类；

（3）包含抽象方法的类必须是抽象类。而抽象类可以不包含抽象的方法；

（4）即使父类是具体的，子类也可以是抽象的；

（5）接口是一种与类相似的结构，只包含常量和抽象方法（不允许有具体实现方法）。

另外，

（1）抽象类中可以有方法实现；但接口中只能有方法声明。

（2）抽象类是重构的结果；接口是设计的结果。

（3）Java 不支持多继承，所以继承抽象类只能继承一个，但可以实现多个接口。

（4）若类实现了接口，则要实现接口中的每个方法。

（5）**若某些类的实现有共通之处，则可以抽象出一个抽象类，由抽象类实现接口的共通代码，而个性化的方法则由各个子类去实现。**

（6）抽象类是为了简化接口的实现，不仅实现了公共方法，让你可以快速开发，又允许你的类完全可以自己实现所有的方法，不会出现紧耦合的问题，使应用场合更简单。

9.7 习题

一、选择题

1. 下列是 JDK 1.5 中关于基础知识的叙述，其中正确的是（　　　）。

　　A．java.lang.Clonable 是类　　　　　B．java.lang.Runable 是接口

C．Double 对象在 java.lang 包中　　　D．Double a=1.0;是正确的 java 语句

2．下列整型的最终属性 i 的定义中，正确的有（　　　）。

A．static final int i=100;　　　　　B．final i;

C．static int i;　　　　　　　　　　D．final float i=1.2f;

3．下列关于抽象类的描述中，错误的有（　　　）。

A．抽象类不能被实例化

B．抽象类中必须有抽象方法

C．在抽象类中，任何方法都可以是抽象的

D．抽象类可以是 private 的

E．抽象类不能是 final 的

F．抽象类不能是 static 的

4．下列关于 final 的说法中，错误的是（　　　）。

A．final 修饰的变量，只能对其赋一次值

B．final 修饰一个引用类型变量后，就不能修改该变量指向对象的状态

C．final 不能修饰一个抽象类

D．用 final 修饰的方法，不能被子类覆盖

E．用 final 修饰的类不仅可用来派生子类，也能用来创建类对象

5．下面可以防止方法被子类覆盖（Override）的有（　　　）。

A．final void methoda(){}　　　　　B．void final methoda(){}

C．static void methoda(){}　　　　　D．static final void methoda(){}

E．final abstract void methoda(){}

6．接口中的方法可以使用的修饰符有（　　　）。

A．static　　　　　B．private　　　　C．protected　　　D．public

7．在下列描述中，正确的有（　　　）。

A．用 abstract 修饰的类只能用来派生子类，不能用来创建对象

B．用 abstract 可以修饰任何方法

C．abstract 和 final 不能同时修饰一个类

D．abstract 方法只能出现在 abstract 类中，而 abstract 类中可以没有 abstract 方法

8．下面关于抽象类和接口组成的说法中，正确的有（　　　）。

A．接口由构造方法、抽象方法、一般方法、常量、变量构成，抽象类由全局常量和抽象方法组成

B．接口和抽象类都由构造方法、抽象方法、一般方法、常量、变量构成

C．接口和抽象类都只能由全局常量和抽象方法组成

D．抽象类由构造方法、抽象方法、一般方法、常量、变量构成，接口只由全局常量和抽象方法组成

9．下面关于抽象类和接口之间关系的说法中，正确的有（　　　）。

A．接口和抽象类都只有单继承的限制

B．接口和抽象类都没有单继承的限制

  C. 接口可以继承抽象类，也允许继承多个接口

  D. 抽象类可以实现多个接口，接口不能继承抽象类

  E. 抽象类由构造方法、抽象方法、一般方法、常量、变量构成，接口只由全局常量和抽象方法组成

10. 下面关于抽象类和接口实现继承的说法中，正确的有（　　）。

  A. 接口和抽象类都只有单继承

  B. 接口和抽象类都可以实现多继承

  C. 接口只能实现单继承，抽象类可以实现多继承

  D. 抽象类只能实现单继承，接口可以实现多继承

11. Class 类的对象可以使用的实例化方式有（　　）。

  A. 通过 Object 类的 getClass()方法

  B. 通过"类.class()"的形式

  C. 通过 Class.forName()方法

  D. 通过 Constructor 类

12. 下列关于接口的说法哪个正确？（　　）

  A. 实现一个接口必须实现接口的所有方法

  B. 一个类只能实现一个接口

  C. 接口间不能有继承关系

  D. 接口和抽象类是同一回事

13. 抽象方法（　　）。

  A. 可以有方法体　　　　　　　　B. 可以出现在非抽象类中

  C. 是没有方法体的方法　　　　　D. 抽象类中的方法都是抽象方法

14. 下面的程序输出的结果是（　　）。

```
public class A implements B {
  public static void main(String args[]) {
    int i; A c1 = new A();
    i= c1.k; System.out.println("i="+i);
  }
}
interface B { int k = 10; }
```

  A. i=0　　　　　　B. i=10　　　　　　C. 程序有编译错误　　D. i=true

15. 为了在当前程序中使用包 ch4 中的类，可以使用的语句是（　　）。

  A. import ch4.*;　　　　　　　　B. package ch4.*;

  C. import ch4;　　　　　　　　　D. package ch4;

16. 下列哪个类声明是正确的？（　　）

  A. abstract final class H1 ｛…｝　　B. abstract private move() ｛…｝

  C. protected private number;　　　D. public abstract class Car ｛…｝

17. 以下关于接口的说法中，正确的是（　　）。

A. 接口中全部方法都是抽象方法，方法可以是任意访问权限

B. 接口中属性都是使用 public static final 修饰，没有显式赋值将使用默认值

C. 接口可以有构造方法

D. 接口表示一种约定，接口表示一种能力，接口体现了约定和实现相分离的原则

18. 在使用 interface 声明一个接口时，只可以使用（　　）修饰符修饰该接口。

A. private
B. protected
C. private　protected
D. public

19. 类 B 是一个抽象类，类 C 是类 B 的非抽象子类，下列创建对象 x1 的语句中正确的是（　　）。

A. B x1= new B( );
B. B x1= new C( );
C. C x1=new C( );
D. B 与 C 都对

二、简答题

1. 什么是抽象类？

2. 什么是接口？为什么要定义接口？接口与类有何异同？

3. 抽象类与接口有何不同之处？

4. 简述静态内部类与非静态内部类的区别。

5. 编译执行下列关于继承抽象类的代码会输出什么？并说明原因。

```
abstract class MineBase {
  abstract void amethod();
  abstract int i;
}
public class Mine extends MineBase {
  public static void main (String[] args) {
    int[] ar=new int[5];
    for(i=0;i<ar.length;i++) System.out.ptintln(ar[i]);
  }
}
```

6. 指出下面程序代码中的错误，并说明原因。

```
class A { int x=0;}
interface B { int x=1;}
class C extends A implements B {
  public void printX() { System.out.println(x); }
  public static void main (String[] args) {
    C c= new C();
    c.ptintX();
  }
}
```

7. 阅读程序，给出结果（　　）。

```
abstract class Shape { //定义抽象类 Shape 和抽象方法 display
```

```
    abstract void display();
}
class Circle extends Shape {
  void display() {    //实现抽象类的方法
    System.out.println("Circle");
  }
}
class Rectangle extends Shape {
  void display() {    //实现抽象类的方法
    System.out.println("Rectangle");
  }
}
class Triangle extends Shape {
  void display() {    //实现抽象类的方法
    System.out.println("Triangle");
  }
}
public class AbstractClassDemo{
  public static void main(String args[]){
    (new Circle()).display(); //定义无名对象来调用对应的 display 方法
    (new Rectangle()).display();
    (new Triangle()).display();
  }
}
```

三、编程题

1. 长途汽车、飞机、轮船、火车、出租车、三轮车都是交通工具，都卖票。请分别用抽象类和接口组织它们。

2. 蔬菜、水果、肉、水、食油、食盐、食糖、味精等，都提供了烹饪服务。请为之设计一个接口，并通过一些类实现。

3. 按以下要求编写程序：

（1）编写 Animal 接口，接口中声明 run() 方法；

（2）定义 Bird 类和 Fish 类实现 Animal 接口；

（3）编写 Bird 类和 Fish 类的测试程序，并调用其中的 run()方法。

第 10 章　异　常　处　理

捕获错误最理想的是在编译期间，退一步可以在运行程序之前。然而，并非所有错误都能在编译期间检查到，有些问题必须要在运行期间发生而来解决。Java 用面向对象的思想来进行异常处理，对异常事件进行了分类与自定义扩展，这种异常处理机制为具有动态特性的复杂程序提供了强有力的错误处理与运行保障。本章就来讲述 Java 语言的错误处理机制与异常编程设计原则。

学习重点或难点：

- 异常的概念
- 异常的处理
- 自定义异常

学习本章后将使 Java 语言程序逻辑处理更完备、更流畅，程序运行更稳定。异常处理机制也是 Java 语言的一个亮点。

引言：在程序运行过程中，如果环境检测出一个不可能执行的操作，就会出现运行时错误。例如，如果使用一个越界的下标访问数组，程序就会产生一个 ArrayIndexOutOfBoundsException 的运行时错误。为了从文件中读取数据，需要使用 new Scanner(new File(filename)) 创建一个 Scanner 对象。如果该文件不存在，程序将会出现一个 FileNotFoundException 的运行时错误。

在 Java 中，异常会导致运行时错误。异常就是一个表示阻止执行正常进行的错误或情况。如果异常没有处理，那么程序将会非正常终止。该如何规划处理这些异常，以使程序可以继续运行或平稳运行与直到终止呢？这就是本章要学习的内容。

10.1　异常的概念

1. 什么是异常

异常是在程序运行过程中所发生的破坏了正常的指令流程的事件。软件和硬件错误都可能导致异常的产生。

例 10-1　异常的例子。

```java
public class ExcepNoCatch {
  public static void main(String[] args) {
    int i = 0;
    String greetings[]={"Hello world!","No, I mean it!","HELLO WORLD!!"};
    while (i < 4) {
      System.out.println(greetings[i]); i++;
    }
  }
```

}

2. Java 处理异常的机制

异常处理可分为以下几个步骤:

(1)当方法中有一个错误发生后,该方法创建一个异常对象并把它交给运行时系统。异常对象中包含了有关异常的信息,如异常类型、发生错误时的程序状态等。

抛出异常:创建一个异常对象并把它交给运行时系统的过程。

(2)运行时系统在方法调用堆栈里为被抛出的异常查找处理代码。运行时系统从发生错误的方法开始进行回溯,在方法调用堆栈里向后搜索,直到找到含能处理当前发生的异常的处理程序的方法。

捕获异常:找到异常处理程序的过程。

(3)通过方法调用来处理异常。

(4)如果运行时系统在方法调用栈查遍了所有的方法而未找到合适的异常处理程序,则运行时系统终止执行。

3. Java 中异常类的结构

图 10-1 给出了 Java 中异常类的层次结构。

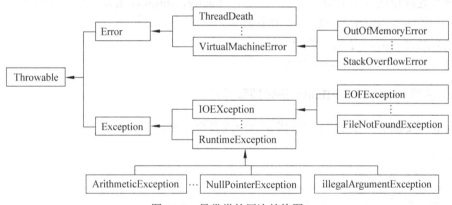

图 10-1　异常类的层次结构图

类 Throwable 有两个直接子类:Error 和 Exception,它们分别用来处理两组异常。

Throwable 类是所有异常类的根。所有的 Java 异常类都直接或者间接地继承自 Throwable。可以通过扩展 Exception 或者 Exception 的子类来创建自己的异常类。

(1)系统错误(system error)是由虚拟机抛出的,用 Error 类表示,被认为是不能恢复的严重错误,用来处理运行环境方面的异常。如:虚拟机错误、装载错误、动态连接错误、系统内部错误和资源耗尽错误等。这类异常主要是和硬件有关系,而不是由程序本身抛出。通常,不应该抛出这种类型的错误,Java 程序不对这类异常进行处理,而是让程序中断。

(2)异常(Exception)是用 Exception 类表示的,是 Throwable 的一个主要子类,定

义可能遇到的轻微错误，分为派生自 RuntimeException 类的异常和非派生自 RuntimeException 类的异常。这时，可以写代码来处理异常并继续程序执行，而不是让程序中断。

4．运行时异常 RuntimeException 与非运行时异常

（1）运行时异常 RuntimeException。

Java 程序运行时常常遇到的各种异常的处理。编程错误导致 RuntimeException，如算术运算异常 ArithmeticException（由除 0 错等导致）、数组越界异常 ArrayIndexOutOfBoundsException、空指针访问等。

（2）非运行时异常。

其他则为非运行时异常，由于意外情况而发生的，如输入输出异常 IOException，如试图读取文件结尾以后的数据、试图打开错误的 URL、试图根据并不代表已存在类的字符串来查找 Class 对象等。**Java 编译器要求 Java 程序必须捕获或声明所有的非运行时异常，但对运行时异常可以不做处理。**

10.2 异常处理

异常处理使用 5 个关键字：try、catch、finally、throws、throw 来处理异常。

（1）使用 try-catch-finally 语句捕获异常；

（2）通过 throws 子句声明异常；

（3）使用 throw 抛出异常对象。

1．使用 try…catch…finally 语句捕获异常

用 try…catch…finally 语句来捕获一个或多个异常，基本格式为：

```
try{
    … //执行代码块
}catch(ExceptionType1 e1){
    … //对异常类型 1 的处理
}catch(ExceptionType2 e2){
    … //对异常类型 2 的处理
}
…
catch(ExceptionTypeN eN){
    … //对异常类型 N 的处理
}
finally{
    … //异常发生，方法返回之前，总是要执行的代码（收尾工作）
}
```

说明：

（1）try 语句用大括号{}指定了一段代码，该段代码可能会抛弃一个或多个异常。

（2）在 try 所限定的代码中，当抛弃一个异常时，其后的代码不会被执行。

（3）catch 所处理的异常类与生成的异常对象的类型完全一致或者是它的父类。

（4）无论 try 所指定的程序块中抛弃或不抛弃异常，也无论 catch 语句的异常类型是否与所抛弃的异常的类型一致，finally 所指定的代码都要被执行，它提供了统一的出口。

（5）通常在 finally 语句中可以进行资源的清除工作。如关闭打开的文件等。

2．通过 throws 子句声明异常

在有些情况下，一个方法并不需要处理它所生成的异常，而是向上传递，由调用它的方法来处理这些异常，这时就要用到 throws 子句。

它包含在方法的声明中，其格式如下：

returnType methodName([paramlist]) throws ExceptionList

ExceptionList 中可以声明多个异常，用逗号隔开。

通过 throws 子句声明异常说明：如果异常没有在当前的 try…catch 中处理，则它必须将异常抛弃给上一级调用它的方法。如果异常被回溯到 main()方法仍旧没有处理，则程序将出错，终止运行。**注意**：对非运行时例外，必须捕获或声明。

3．使用 throw 抛出异常对象

在捕获一个异常前，必须有一段 Java 代码生成一个异常对象并把它抛出。抛出异常的代码可以是 Java 程序 JDK 中的某个类、Java 运行时系统。

它们都是通过 throw 语句来实现的。throw 语句的格式为：

throw ExceptionInstance;

例 10-2 使用 throw 抛出异常对象示例。

```
public class Student {
  public static int validate(String initAge) throws Exception{
    int age=Integer.parseInt(initAge);      //把字符串转换为整型
    if(age<0)                               //如果年龄小于 0
    throw new Exception("年龄不能为负数！");  //抛出一个 Exception 类型对象
    return age;
  }
  public static void main(String[] args) {
    try{
      int yourAge=validate("-30");          //调用静态的 validate 方法
      System.out.println(yourAge);
    }catch(Exception e){                    //捕获 Exception 异常
      System.out.println("发生了逻辑错误！");
      System.out.println("原因: "+e.getMessage());
    }
  }
}
```

4．进行异常处理时的注意事项

（1）try、catch 和 finally 这三个关键字不能单独使用，否则编译出错。

（2）try 语句块后既可以只使用 catch 语句块，也可以只使用 finally 语句块。当与 catch 语句块一起使用时，可以存在多个 catch 语句块，而对于 finally 语句块只能存在一个。当 catch 与 finally 同时存在时，finally 必须放在 catch 后面。

（3）try 只与 finally 语句块使用时，可以使程序在发生异常后抛出异常，并继续执行方法中的后续代码。

（4）try 只与 catch 语句块使用时，可以使用多个 catch 语句来捕获 try 语句块中可能发生的多种异常。异常发生后，Java 虚拟机会由上而下来检测当前 catch 语句块所捕获的异常是否与 try 语句块中某个发生的异常匹配，若匹配，则不执行其他的 catch 语句块。如果多个 catch 语句块捕获的是同种类型的异常，则捕获子类异常的 catch 语句块要放在捕获父类异常的 catch 语句块前面。

（5）在 try 语句块中声明的变量是局部变量，只在当前 try 语句块中有效，在其后的 catch、finally 语句块或其他位置都不能访问该变量。但在 try、catch 或 finally 语句块之外声明的变量，可以在 try、catch 或 finally 语句块中访问。

（6）对于发生的异常，必须使用 try…catch 语句捕获，或者使用 throws 向上抛出，否则编译或运行时出错。

（7）在使用 throw 语句抛出一个异常对象时，该语句后面的代码将不会被执行。

10.3　自定义异常

尽管利用 Java 提供的异常对象已经可以描述程序中出现的大多数异常，但是有时候程序员还是需要自己定义一些异常类，来详细地描述某些特殊情况。

自定义的异常类必须继承 Exception 或者其子类，然后可以通过扩充自己的成员变量或者方法，以反映更加丰富的异常信息以及对异常对象的处理功能。

自定义异常的步骤：

（1）创建自定义异常类。

（2）在方法中通过 throw 抛出异常对象。

（3）若在当前抛出异常的方法中处理异常，可以使用 try…catch 语句捕获并处理；否则在方法的声明处通过 throws 指明要抛给方法调用者的异常，继续进行下一步操作。

（4）在出现异常的方法调用代码中捕获并处理异常。如果自定义的异常类继承自 RuntimeException 异常类，在步骤（3）中，可以不通过 throws 指明要抛出的异常。

例 10-3　自定义异常类示例。

```
public class MyExceptionDemo{
  public static void main(String[] args){
    MyExceptionDemo med=new MyExceptionDemo();
    try{ med.getScore(105);      //有可能发生 TooHigh 或 TooLow 异常
```

```
    }catch(TooHigh e){                          //捕获 TooHigh 异常
      e.printStackTrace();                      //打印异常发生轨迹
      System.out.println(e.getMessage()+" score is:"+e.score);
                                                //打印详细的异常信息
    }catch(TooLow e){
      e.printStackTrace();
      System.out.println(e.getMessage()+" core is:"+e.score);
    }
  }
  public void getScore(int x) throws TooHigh,TooLow{
    if(x>100){                                  //如果 x>100, 则抛出 TooHigh 异常
      TooHigh e=new TooHigh("score>100",x);//创建一个 TooHigh 类型的对象
      throw e;                                  //抛出该异常对象
    }
    else if(x<0){                               //如果 x<0, 则抛出 TooLow 异常
      TooLow e=new TooLow("score<0",x);  //创建一个 TooLow 类型的对象
      throw e;                                  //抛出该对象
    }
    else System.out.println("score is:"+x);
  }
}
public class TooHigh extends Exception{
  int score;
  public TooHigh(String mess,int score){
    super(mess);                                //调用父类 Exception 的构造方法
    this.score=score;                           //设置成员变量的值, 保存分数值
  }
}
public class TooLow extends Exception {
  int score;
  public TooLow(String mess,int score){
    super(mess);
    this.score=score;
  }
}
```

10.4 本章小结

本章的学习要点有：

（1）异常处理能够使一个方法给它的调用者抛出一个异常；

（2）Java 异常时派生自 java.lang.Throwable 的类的实例。Java 提供大量预定义的异常类，如 Error、Exception 等等。也可以通过扩展 Exception 类来定义自己的异常类；

（3）异常发生在一个方法的执行过程中。RuntimeException 和 Error 都是免检异常，其他所有的异常都是必检的；

（4）声明异常的关键字是 throws，而抛出异常的关键字是 throw；

（5）如果调用声明了必检异常的方法，必须将该方法调用放在 try 语句中。在方法执行过程中出现异常时，catch 块会捕获并处理异常；

（6）如果一个异常没有被当前方法捕获，则该异常被传给调用者。这个过程不断重复直到异常被捕获或者传递给 main 方法；

（7）当方法发生异常时，如果异常没有被捕获，方法将会立刻退出。如果方法想在退出前执行一些任务，可以在方法中捕获这个异常，然后再重新抛给真正的处理器；

（8）任何情况下都会执行 finally 块中的代码，不管 try 块中是否出现或者捕获了异常；

（9）异常处理将错误处理代码从正常的程序设计任务中分离出来，这样，就会使得程序更易于阅读和修改。

10.5　习题

一、选择题

1. 关于 Java 中异常的叙述正确的是（　　　）。
    A．异常是程序编写过程中代码的语法错误
    B．异常是程序编写过程中代码的逻辑错误
    C．异常出现后程序的运行马上中止
    D．异常是可以捕获和处理的

2. 下面情况中，属于 Java 异常的是（　　　）。
    A．JVM 内部错误　　　　　　　　B．资源耗尽
    C．对负数开平方　　　　　　　　D．试图读取不存在的文件

3. 使用 catch(Exception e)的好处是（　　　）。
    A．只捕获个别类型的异常　　　　B．捕获 try 块中产生的所有类型的异常
    C．忽略一些异常　　　　　　　　D．执行一些程序

4. 下列关键字中，用于明确抛出一个异常的是（　　　）。
    A．try　　　　　　B．catch　　　　　C．finally　　　　　D．throw

5. 所有的异常类皆继承自（　　　）类。
    A．java.io.Exception　　　　　　B．java.lang.Throwable
    C．java.lang.Exception　　　　　D．java.lang.Error

6. 对于 catch 子句的排列，下列（　　　）是正确的。
    A．父类在先，子类在后
    B．子类在先，父类在后
    C．有继承关系的异常不能在同一个 try 程序段内
    D．先有子类，其他如何排列都无关

7. 给出下面的代码：

```
public void test() {
  try { oneMethod();
```

```
        System.out.println("condition 1");
    } catch (ArrayIndexOutOfBoundsException e) { System.out.println
("condition 2");
    } catch(Exception e) { System.out.println("condition 3");
    } finally { System.out.println("finally"); }
}
```

在 oneMethod()方法运行正常的情况下将显示什么？（　　　）

    A．condition 1　　　　B．condition 2　　　C．condition 3　　　D．finally

8．下面关于 Java 中异常处理 try 块的说法正确的是（　　　）。

    A．try 块后通常应有一个 catch 块，用来处理 try 块中抛出的异常

    B．catch 块后必须有 finally 块

    C．可能抛出异常的方法调用应放在 try 块中

    D．对抛出的异常的处理必须放在 try 块中

二、简答题

1．简述 Java 中的异常处理机制的简单原理和应用。

2．简述 Java 中异常处理的机制。

3．列出 5 个常见异常。说说 Java 语言的异常处理机制的优点。

4．异常（Exception）和错误（Error）有什么不同？Java 如何处理它们的？

5．试述 thr ow 与 throws 之间的差异。

6．试述 finally 代码段的功能及特性。

7．catch (Exception e) { } catch 语句可以捕获哪些类型的异常？如果这样使用，存在什么不足之处？

8．下列程序的输出结果是（　　　）。

```
public class Unchecked {
  public static void main(String[] args) {
   try {
     method();
   } catch (Exception e) {
     System.out.println("A");
   } finally {
     System.out.println("B");
   }
  }
  static void method() {
   try {
     wrench();
     System.out.println("C");
   } catch (ArithmeticException e) {
     System.out.println("D");
   } finally {
     System.out.println("E");
   }
   System.out.println("F");
```

```
    }
  static void wrench() {
   throw new NullPointerException();
  }
}
```

应 用 篇

第 11 章　常用类和接口

思政材料

本章介绍 Java 编程中经常使用的一些类和接口，它们存在于系统不同的包（java.lang、java. util 等）中，各自提供了一些实用功能，灵活应用它们是面向对象程序开发的基础，学会充分利用已有类于实际 Java 项目开发中，是一个很重要的能力。

学习重点或难点：

- 字符串处理类
- Math 类
- 泛型
- 时间日期类
- Java 数据结构及集合框架

学习本章后将会对 Java 程序开发变得更游刃有余。

11.1　字符串处理类

在 Java 中，字符串是作为内置对象进行处理的，在 java.lang 包中，有两个专门的类用来处理字符串，分别是 String 和 StringBuffer，本节主要介绍这两个类的用法。

11.1.1　String 类

String 类（java.lang.String）表示了定长、不可变的字符序列，Java 程序中所有的字符串常量（如"abc"）都作为此类的实例来实现。String 类实例的特点是一旦赋值，便不能改变其指向的字符串对象。下面介绍 String 中常用的一些方法。

1．构造方法

String 类的构造方法有：

（1）String();

（2）String(byte[] bytes); //使用字符数组创建一个字符串对象。

（3）String(byte[] ascii，int hibyte);

（4）String(byte[] bytes，int offset，int length);

（5）String(byte[] ascii，int hibyte，int offset，int count);

（6）String(byte[] bytes，int offset，int length，String charsetName);

（7）String(byte[] bytes，String charsetName);

（8）String(char[] value);

（9）String(char[] value，int offset，int count);

（10）String(int[] codePoints，int offset，int count)；

（11）String(String original);//使用复制方式由原字符串创建一个新字符串对象。

（12）String(StringBuffer buffer);

（13）String(StringBuilder builder);

说明：因篇幅所限，各方法的具体参数个数、类型、参数含义、方法具体功能等，请通过 http://docs.oracle.com/javase/8/docs/api/index.html 链接查阅，下同。

例 11-1 使用字符数组创建一个字符串对象，然后再使用创建好的字符串对象创建另一个字符串对象。

```
class CloneString{
  public static void main(String args[]){
    char c[]={'H','e','l','l','o'};
    String str1=new String(c);        //使用字符数组创建字符串对象
    String str2=new String(str1);     //使用字符串复制创建另一字符串对象
    System.out.println(str1); System.out.println(str2);
  }
}
```

2. length()方法

字符串的长度是指其所包含的字符的个数，调用 String 的 length()方法可以得到这个值。例如：

```
String str = new String("abcd");
System.out.println(str.length()); //输出 4
```

3. 字符串连接

"+"运算符可以连接两个字符串，产生一个 String 对象。也允许使用一连串的"+"运算符，把多个字符串对象连接成一个字符串对象。

例 11-2 定义一个图书类，包含图书的名称、作者以及出版社信息，并返回相关信息。

```
public class BookDetails{
  final String name="《数据库原理及技术》";
  final String author="钱雪忠等";
  final String publisher="清华大学出版社";
  public static void main(String args[]){
    BookDetails oneBookDetail =new BookDetails();
    System.out.println("The book datail:"+ oneBookDetail.name +
      " - " + oneBookDetail.author + " - " + oneBookDetail.publisher);
  }
}//输出: The book datail:《数据库原理及技术》 - 钱雪忠等 - 清华大学出版社
```

4. charAt()方法

此方法的形式为：

```
char charAt(int where)
```

其中，where 是想要得到字符的下标（字符串各字符序数或下标从 0 开始到 length()-1），并且其值必须为非负，它指定了在字符串中的位置。如设有如下代码：

```
System.out.println("hello".chatAt(1)); //将输出 e
```

5．getChars()方法

此方法的形式为：

```
void getChars (int sourceStart, int sourceEnd, char target[], int targetStart)
```

其中，sourceStart 表示子字符串的开始位置，sourceEnd 是子字符串结束的下一个字符的位置，因此截取的子字符串包含了从 sourceStart 到 sourceEnd-1 的字符，字符串存放在字符数组 target 中，从 targetStart 开始的存放，在此必须确保 target 足以容纳所截取的子串。

例 11-3　从一个字符串对象中的指定位置截取指定长度的子串放到一个字符数组中。

```java
public class GetCharsDemo {
  public static void main(String[] args) {
    String s="hello world";
    int start=6, end=11;
    char buf[]=new char[end-start]; //定义一个长度为 end-start 的字符数组
    s.getChars(start, end, buf, 0);
    System.out.println(buf);          //输出: world
  }}
```

6．getBytes()方法

此方法使用平台的默认字符集将此字符串编码为 byte 序列，并将结果存储到一个新的 byte 数组中。也可以使用指定的字符集对字符串进行编码，把结果存到字节数组中，String 类中提供了 getBytes() 的多个重载方法（具体略）。

7．字符串的比较

（1）equals()和 equalsIgnoreCase()方法，前者比较两个字符串的时候区分字母大小写，而后者不区分字母大小写。

（2）startsWith()和 endsWith()方法，startsWith()方法判断一个给定的字符串是否从一个指定的字符串开始，而 endsWith()方法判断字符串是否以一个指定的字符串结尾。

（3）equals()与==的区别，equals()方法比较字符串对象中的字符是否相等，而==运算符则比较两个对象引用是否指向同一个对象。

（4）compareTo()方法，比较两个字符串的大小关系（按字母在字典中出现的先后顺序）。

例 11-4　使用 equals()和 equalsIgnoreCase()判断两个字符串的内容是否相等。

```
public class EqualDemo {
 public static void main(String[] args) {
  String s1="hello",s2="hello",s3="Good-bye",s4="HELLO";
  System.out.println(s1+" equals "+s2+"->"+s1.equals(s2));//hello equals
hello->true
  System.out.println(s1+" equals "+s3+"->"+s1.equals(s3));//hello equals
Good-bye->false
  System.out.println(s1+" equals "+s4+"->"+s1.equals(s4));//hello equals
HELLO->false
  System.out.println(s1+" equalsIgnoreCase "+s4+" -> " +
s1.equalsIgnoreCase(s4));
  }} //hello equalsIgnoreCase HELLO->true
```

例 11-5　使用 equal 和 "=="判断两个对象的关系。

```
public class EqualsDemo {
 public static void main(String[] args) {
  String s1="book";
  String s2=new String(s1);
  String s3=s1;
  System.out.println("s1 equals s2->"+s1.equals(s2)); //s1 equals s2->
true
  System.out.println("s1 == s2->"+(s1==s2));  //s1 == s2->false
  System.out.println("s1 == s3->"+(s1==s3));  //s1 == s3->true
  }}
```

8. 字符串的搜索

（1）indexOf()方法：indexOf 方法有 4 种形式，分别如下：

① int indexOf(int ch);返回字符串中第一次 ch 字符出现的字符编号（0~length()-1）；

② int indexOf(int ch,int fromIndex);

③ int indexOf(String str);

④ int indexOf(String str,int fromIndex)。

（2）lastIndexOf()方法：lastIndexOf 方法也有 4 种形式，分别如下：

① int lastIndexOf(int ch);//返回字符串中最后一次 ch 字符出现的字符编号；

② int lastIndexOf(int ch,int fromIndex);

③ int lastIndexOf(String str);

④ int lastIndexOf(String str,int fromIndex)。

9. 字符串修改

字符串的修改包括取字符串中的子串、字符串之间的连接、替换字符串中的某字符、消除字符串的空格等功能。在 String 类中有相应的方法来提供这些功能：

（1）String substring(int startIndex);//返回字符串中从 startIndex 编号开始的子串。

（2）String substring(int startIndex,int endIndex);

（3）String concat(String str);

（4）String replace(char original,char replacement);

（5）String replace(CharSequence target, CharSequence replacement);

（6）String trim()。

10．valueOf()方法

valueOf()方法是定义在 String 类内部的静态方法，利用这个方法，可以将几乎所有的 Java 简单数据类型转换为 String 类型。这个方法是 String 类型和其他 Java 简单类型之间的一座转换桥梁。除了把 Java 中的简单类型转换为字符串之外，valueOf 方法还可以把 Object 类和字符数组转换为字符串。valueOf()的通用形式如下，总共有 9 种形式：

（1）static String valueOf(boolean b);//把布尔值 b 转换成字符串；

（2）static String valueOf(char c);

（3）static String valueOf(char[] data);

（4）static String valueOf(char[] data,int offset,int count);

（5）static String valueOf(double d);

（6）static String valueOf(float f);

（7）static String valueOf(int i);

（8）static String valueOf(1ong 1);

（9）static String valueOf(Object obj)。

11．toString()方法

toString()方法在 Object 中定义，所以任何类都具有这个方法。然而 toString()方法的默认实现是不够的，对于用户所创建的大多数类，通常都希望用自己提供的字符串表达式重载 toString()方法。toString()方法的一般形式：String toString()。实现 toString()方法，仅仅返回一个 String 对象，该对象包含描述类中对象的可读字符串。通过对所创建类的 toString()方法的覆盖，允许得到的字符串完全继承到 Java 的程序设计环境中。**例如，它们（输出对象，即输出对象的 toString()方法返回的值）可以被用于 print()和 println() 语句以及连接表达式中。**

例 11-6　定义一个 Person 类，覆盖 Object 的 toString()方法，再定义一个测试类，输出 Person 的信息。

```
public class Person {
  String name; int age;
  Person(String n,int a){
    this.name=n; this.age=a;
  }
  public String toString(){ //覆盖超类的toString()方法返回自己的字符串对象
    return "姓名是"+name+",年龄是"+age+"岁";
  }}
```

```
class PersonDemo{
  public static void main(String[] args) {
    Person p=new Person("王琳",26);
    System.out.println(p);  //输出: 姓名是王琳,年龄是 26 岁
}}
```

11.1.2　StringBuffer 类

在实际应用中，经常会遇到对字符串进行动态修改的情况，这时 String 类的功能就受到了限制，而 **StringBuffer 类（java.lang.StringBuffer）可以完成字符串的动态添加、插入和替换等操作**。StringBuffer 表示变长的和可写的字符串，StringBuffer 类可有插入其中或追加其后的字符或子字符串，还可以针对这些添加自动地增加空间，同时它通常还有比实际需要更多的预留字符，从而允许增加空间。

1．StringBuffer 的构造方法

StringBuffer 定义了 4 个构造方法：

（1）StringBuffer()//构造一个没有字符的 16 个字符初始容量的字符串缓冲区。

（2）StringBuffer(int capacity)//构造一个没有字符的 capacity 个字符初始容量的字符串缓冲区。

（3）StringBuffer(String str)。

（4）StringBuffer(CharSequence seq)。

2．append()方法

可以向已经存在的 StringBuffer 对象追加任何类型的数据，StringBuffer 类提供了相应的 append()方法，如下所示：

```
StringBuffer append(boolean b);append(char c)（都省略返回类型 StringBuffer,
后同）; append(char[] str); append(char[] str, int offset, int fen); append
(CharSequence s); append (CharSequence s, int start, int end); append (double
d); append(float f); append(int i); append(long lng); append(Object obj);
append(String str); append(StringBuffer sb);
```

3．length()和 capacity()方法

对于每一个 StringBuffer 对象来说，有两个很重要的属性，分别是长度和容量。通过调用 length()方法可以得到当前 StringBuffer 的长度，而通过调用 capacity()方法可以得到总的分配容量。它们的一般形式如下：

int length();int capacity()

4．ensureCapacity()和 setLength()方法

如果想在构造 StringBuffer 之后为某些字符预分配空间，可以使用 ensureCapacity 方

法设置追加缓冲区的大小，即在默认 16 个字符缓冲区大小的基础上，再追加若干个字符的缓冲区。这个方法是在事先已知要在 StringBuffer 上追加大量字符串的情况下时使用的。

ensureCapacity 方法的一般形式如下：

void ensureCapacity(int minimumCapacity)

参数 minimumCapacity 就是要在原来缓冲区的基础上追加的缓冲区大小。

使用 setLength 方法可以设置字符序列的长度。其一般形式如下：

void setLength(int len)

这里 len 指定了新字符序列的长度，这个值必须是非负的。当增加缓冲区的大小时，空字符将被加在现存缓冲区的后面。如果用一个小于 length()方法返回值的值调用 setLength 方法，那么在新长度之后存储的字符将被丢失。

5. insert()方法

它是先调用 String 类的 valueOf 方法得到相应的字符串表达式。随后这个字符串被插入所调用的 StringBuffer 对象中。insert 方法有如下几种形式：

```
StringBuffer  insert(int  offset,boolean  b);StringBuffer  insert(int
offset,char c);
```

6. reverse()方法

可以使用 reverse()方法将 StringBuffer 对象内的字符串进行翻转，它的一般形式如下：

StringBuffer reverse()

例 11-7 StringBuffer 类使用示例。

```
public class StringBufferDemo{
  public static void main(String args[]){
    StringBuffer buf = new StringBuffer();  //声明 StringBuffer 对象
    buf.append("World!");                    //添加内容
    buf.insert(0,"Hello ");                  //在第一个内容之前添加内容
    System.out.print(buf);
    String str = buf.reverse().toString();   //将内容反转后变为 String 类型
    System.out.println("<->"+str);           //将内容输出
  }                                          //输出 Hello World!<->!dlroW olleH
}
```

11.2 时间日期类

Java 语言没有提供时间日期的简单数据类型，它采用类对象来处理时间和日期。

本节主要介绍几个常用的时间日期类，熟悉它们的使用方法，对我们进行程序开发

会有很大的帮助。

11.2.1　Date 类

1．Date 类（java.util.Date）常用的构造方法

（1）public Date()：分配 Date 对象并初始化此对象，以表示分配它的时间（精确到毫秒）；

（2）public Date(long date)：分配 Date 对象并初始化此对象，以表示自从标准基准时间（称为"历元（epoch）"，即 1970 年 1 月 1 日 00:00:00 GMT）以来的指定毫秒数。

2．Date 常用的方法

（1）boolean after(Date when)测试此日期是否在指定 when 日期之后。

（2）boolean before(Date when)测试此日期是否在指定 when 日期之前。

（3）Object clone()返回此对象的副本。

（4）int compareTo(Date anotherDate)比较两个日期的顺序，调用方法的日期等于参数日期，则返回 0；调用方法的日期在参数日期之前，则返回负整数；调用方法的日期在参数日期之后，则返回正整数。

（5）boolean equals(Object obj)比较两个日期是否相等。当参数不为 null 并且是与调用方法的日期相同的时间点（到毫秒）时，结果为 true。

（6）long getTime()返回自 1970 年 1 月 1 日 00:00:00 GMT 以来此 Date 对象表示的毫秒数。

（7）void setTime(long time) 设置此 Date 对象，以表示 1970 年 1 月 1 日 00:00:00 GMT 以后 time 毫秒的时间点。

（8）String toString()把此 Date 对象转换为字符串形式。

11.2.2　Calendar 类

Calendar 是一个抽象类（public abstract class Calendar、java.util.Calendar），它提供了一组方法允许将以毫秒为单位的时间转换成一组有用的分量。Calendar 没有公共的构造方法，要得到其引用，不能使用 new，而要调用其静态方法 getInstance 得到一个 Calendar 对象，然后调用相应的对象方法。

```
Calendar now = Calendar.getInstance();
```

Calendar 的常见方法：

（1）boolean after(Object when) 调用方法的 Calendar 晚于参数 when 对象表示的 Calendar，则返回 true,否则返回 false。

（2）boolean before(Object when) 调用方法的 Calendar 早于参数 when 对象表示的 Calendar，则返回 true,否则返回 false。

（3）int get(int field) 返回调用方法的 Calendar 的一个分量值。该分量由 field 指定。
field 的取值有 Calendar.YEAR、Calendar.MONTH、Calendar.MINUTE 等。

（4）static Calendar getInstance() 返回一个默认地区和时区的 Calendar 对象。

11.2.3 DateFormat 类

DateFormat 是对日期/时间进行格式化的抽象类，它以独立于 local 的方式，格式化分析日期或时间，该类位于 java.text 包中。DateFormat（java.text.DateFormat）提供了很多方法，利用它们可以获得基于默认或者给定语言环境和多种格式化风格的默认日期/时间 Formater。

11.2.4 SimpleDateFormat 类

SimpleDateFormat（java.text.SimpleDateFormat）是 DateFormat 的子类，如果希望定制日期数据的格式，例如：星期三 22:01:10。SimpleDateFormat 类以对 local 敏感的方式对日期和时间进行格式化和解析。它的 format 方法可将 Date 转为指定日期格式的 String，而 parse 方法将 String 转换为 Date。

例 11-8 时间日期类使用示例。

```
import java.util.*;
import java.text.*;
public class DateTimeDemo {
 public static void main(String args[ ]){
  Date dNow = new Date();                              //当前时间
  Date dBefore = new Date();
  Calendar calendar = Calendar.getInstance();          //得到日历
  calendar.setTime(dNow);                              //把当前时间赋给日历
  calendar.add(Calendar.DAY_OF_MONTH, -1);             //设置为前一天
  dBefore = calendar.getTime();                        //得到前一天的时间
  SimpleDateFormat sdf=new SimpleDateFormat("yyyy-MM-dd HH:mm:ss");
                                                       //设置时间格式
  String defaultStartDate = sdf.format(dBefore);       //格式化前一天
  String defaultEndDate = sdf.format(dNow);            //格式化当前时间
  System.out.println("前一天的时间: " + defaultStartDate);
  System.out.println("当天的时间: " + defaultEndDate);
 } //某次运行输出: 前一天的时间: 2016-10-07 13:05:32
} //某次运行输出: 生成的时间是: 2016-10-08 13:05:32
```

11.3 Math 类

Math 类（java.lang.Math）也是 java.1ang 中的一个类，它保留了一些常用的数学函数，是 Java 中的数学工具包。

Math 类的常用方法如下：

（1）static double abs(double a) 返回 double 型值的绝对值；

（2）double max(double a, double b) 返回 a 与 b 间的最大值；

（3）其他数学类的方法（类型基本都是 double 型）有 ceil(double a)、floor(double a)、min(double a, double b)、rint(double a)、long round(double a)、acos(double a)、asin(double a)、atan(double a)、atan2(double y, double x)、cos(double a)、cosh(double x)、exp(double a)、log(double a)、log10(double a)、pow(double a, double b)、random()、sin(double a)、sinh(double x)、sqrt(double a)、tan(double a)、tanh(double x)。

例 11-9 数学类使用示例。

```java
public class MathDemo {
  public static void main(String args[]){
    System.out.println(Math.abs(-10.4));       //10.4 //abs 求绝对值
    System.out.println(Math.ceil(-10.1));      //-10.0//ceil 返回大的值
    System.out.println(Math.ceil(10.7));       //11.0
    System.out.println(Math.floor(-10.1));     //-11.0//floor 返回小的值
    System.out.println(Math.floor(10.7));      //10.0
    System.out.println(Math.max(-10.1, -10));  //-10.0//max 两个中返回大值
    //random 取得一个大于或者等于 0.0 小于不等于 1.0 的随机数
    System.out.println(Math.random());         //0.08417657924317234
    System.out.println(Math.random());         //0.43527904004403717
    //rint 四舍五入，返回 double 值，注意小数点后为 5 时，会含.5或进1而取偶数处理
    System.out.println(Math.rint(10.1));       //10.0
    System.out.println(Math.rint(10.7));       //11.0
    System.out.println(Math.rint(-10.5));      //-10.0
    //round 四舍五入，float 时返回 int 值，double 时返回 long 值
    System.out.println(Math.round(10.1));      //10
    System.out.println(Math.round(-10.5));     //-10
  }}
```

11.4 随机数类 Random

随机数类（java.util.Random）是一个非常有用的工具，上面介绍的 Math 中的 random 方法只能生成 0.0～1.0 之间的随机实数，要想生成其他类型和区间的随机数必须进一步加工。而 java.util 包中的 Random 类可以生成任何类型的随机数流。但是该类的随机算法实际上是伪随机。即相同种子、相同次数生成的随机数是一样的。

Random 的常用方法如下：

（1）protected int next(int bits)生成下一个伪随机数；

（2）boolean nextBoolean()生成一个随机的布尔值；

（3）void nextBytes(byte[] bytes)生成随机字节到提供的字节数组中；

（4）double nextDouble()生成一个随机的 0.0～1.0 间的 double 值；

（5）float nextFloat()生成一个随机的 0.0～1.0 间的 float 值；

（6）double nextGaussian()生成一个随机的满足高斯分布的 double 值；

（7）int nextInt()生成一个随机的整型值；

（8）int nextInt(int bound)生成一个 0（包括）到 bound（不包括）间的随机的整型值；

（9）long nextLong()生成一个随机的长整型值；

（10）void setSeed(long seed) 使用单个 seed 长整型值作为随机数种子。

例 11-10 随机数处理类使用示例。

```
public class RandomDemo{
 public static void main(String[] args) {
  java.util.Random random =new java.util.Random();
  System.out.println("Integer Max:"+Integer.MAX_VALUE);
  for(int i=0;i<10;i++) System.out.print(random.nextInt()+",");
  System.out.println("\nInteger Min:"+Integer.MIN_VALUE);
 }}
```

11.5 Java 数据结构

Java 工具包（java.util 包）提供了强大的数据结构。在 Java 中的数据结构主要包括以下几种接口和类：

（1）枚举（Enumeration）；

（2）向量（Vector）；

（3）栈（Stack）；

（4）哈希表（Hashtable）。

java.util 包中定义的常规类如下：

（1）Vector——Vector 类实现了一个动态数组。和 ArrayList 相似，但是两者是不同的。

（2）Stack——栈是 Vector 的一个子类，它实现了一个标准的后进先出的栈。

（3）Hashtable——Hashtable 是原始的 java.util 的一部分，是一个 Dictionary 具体的实现。

以上这些类是传统遗留的，在 Java 2 中还引入了一种新框架——集合框架(Collection)。

11.5.1 枚举

枚举（Enumeration，java.util.Enumeration）接口虽然本身不属于数据结构，但它在其他数据结构的范畴里应用很广。枚举（The Enumeration）接口定义了一种从数据结构中取回连续元素的方式。一些 Enumeration 声明的方法如下：

（1）boolean hasMoreElements( )——测试此枚举是否包含更多的元素。

（2）Object nextElement( )——如果此枚举对象至少还有一个可提供的元素，则返回此枚举的下一个元素。

例 11-11 以下实例演示了 Enumeration 的使用。

```
import java.util.Vector;
import java.util.Enumeration;
public class EnumerationTester {
 public static void main(String args[]) {
   Enumeration days;
   Vector dayNames = new Vector();
   dayNames.add("Sunday");   dayNames.add("Monday");
   dayNames.add("Tuesday");  dayNames.add("Wednesday");
   dayNames.add("Thursday"); dayNames.add("Friday");
   dayNames.add("Saturday"); days = dayNames.elements();
   while (days.hasMoreElements()) { System.out.print (days.nextElement()
+ " "); }
  }} //输出: Sunday Monday Tuesday Wednesday Thursday Friday Saturday
```

11.5.2 向量

向量（Vector）类（java.util.Vector<E>）和传统数组非常相似，但是 Vector 的大小能根据需要动态变化。和数组一样，Vector 对象元素也能通过索引访问。使用 Vector 类最主要的好处就是在创建对象的时候不必给对象指定大小，它的大小会根据需要动态变化。

Vector 类有三个构造函数，分别如下：

（1）public Vector()——该方法创建一个空的 Vector。

（2）public Vector(int initialCapacity)——该方法创建一个初始长度为 initialCapacity 的 Vector。

（3）public Vector(int initialCapacity, int capacityIncrement)——该方法创建一个初始长度为 initialCapacity 的 Vector，当向量需要增长时，增加 capacityIncrement 个元素。

Vector 类中添加、删除对象的方法如下：

（1）public void add(int index, Object element)——在 index 位置添加对象 element。

（2）public boolean add(Object o)——在 Vector 的末尾添加对象 o。

（3）public Object remove(int index)——删除 index 位置的对象，后面的对象依次前提。

Vector 类中访问、修改对象的方法如下：

（1）public Object get(int index)——返回 index 位置对象。

（2）public Object set(int index, Object element)——修改 index 位置的对象为 element。

例 11-12 演示 Vector 的使用，包括 Vector 的创建、向 Vector 中添加元素、从 Vector 中删除元素、统计 Vector 中元素的个数和遍历 Vector 中的元素。

```
import java.util.*;
public class Test{
```

```java
public static void main(String[] args){
  Vector v = new Vector(4);              //使用 Vector 的构造方法进行创建
  v.add("element0");                     //使用 add 方法直接添加元素
  v.add("element1"); v.add("element0"); v.add("element2"); v.add("element2");
  v.remove("element0");                  //从 Vector 中删除元素，删除指定内容的元素
  v.remove(0);                           //按照索引号删除元素
  int size = v.size();                   //获得 Vector 中已有元素个数
  System.out.println("size:" + size);
  for(int i=0;i<v.size();i++) System.out.println(v.get(i));//遍历元素
}}
```

11.5.3　栈

栈（Stack）类（java.util.Stack<E>）实现了一个后进先出（LIFO）的数据结构。可以把栈理解为对象的垂直分布的栈。在 Java 中，Stack 类表示后进先出（LIFO）的对象堆栈，是一种非常常见的数据结构，当添加一个新元素时，就将新元素放在其他元素的顶部。当从栈中取元素的时候，就从栈顶取一个元素。换句话说，最后进栈的元素最先被取出栈。Stack 通过五个操作对 Vector 进行扩展（public class Stack<E> extends Vector<E>），允许将向量视为堆栈。这五个操作如表 11-1 所示。

表 11-1　部分标准集合类

操　　作	说　　明
empty()	测试堆栈是否为空
E peek()	查看堆栈顶部的对象，但不从堆栈中移除它
E pop()	移除堆栈顶部的对象，并作为此函数的值返回该对象
E push(E item)	把对象压入堆栈顶部。E 为类型参数
int search(Object o)	返回对象在堆栈中的位置，以 1 为基数

例 11-13　演示 Stack 类的使用。

```java
import java.util.Stack;
public class StackTest {
 public static void main(String[] args) {
  Stack stack = new Stack();              //创建栈对象
  String s1 = "element 1", s2 = "element 2";
  stack.push(s1);stack.push(s2);          //把元素压入堆栈顶部
  System.out.println(stack.peek());       //通过 peek 方法查看栈顶元素
  int pos = stack.search("element 1");//使用 search 方法查看 element 1 的位置
  System.out.println(pos);
  System.out.println(stack.pop());        //用 pop()方法要除栈顶的元素
  System.out.println(stack.pop());
  System.out.println(stack.empty());      //栈空了，empty()方法是否为 true？
  Stack<Integer> stacki = new Stack<Integer> ();   //创建<Integer>栈对象
  stacki.push(1111);stacki.push(2222);
```

```
System.out.println(stacki.peek());          //通过 peek 方法查看栈顶元素
System.out.println(stacki.search(1111));//使用 search 方法查看 1111 的位置
}}
```

11.5.4　哈希表

哈希表 Hashtable 类（java.util.Hashtable<K,V>）提供了一种在用户定义键结构的基础上来组织数据的手段。

Hashtable 类存储的是对象的名-值对。将对象的名和它的值相关联同时存储，并可以根据对象名来提取它的值。在 Hashtable 中，一个键名只能对应一个键值，然而一个键值可以对应多个键名，键名必须是唯一的。

例如，在地址列表的哈希表中，可以根据邮政编码作为键来存储和排序数据，而不是通过人的名字。哈希表键的具体含义完全取决于哈希表的使用情景和它包含的数据。

例 11-14　演示 Hashtable 类的使用。程序功能：每次产生一个随机数字，containKey() 方法检查这个键是否已经在集合里，若已在集合里，则 get() 方法获得那个键关联的值，此时是一个 Counter（计数器）对象。计数器内的值 i 随后会增加 1，表明这个特定的随机数字又出现了一次。假如键以前尚未发现过，那么方法 put() 仍然会在散列表内置入一个新的"键-值"对。在创建之初，Counter 会将变量 i 自动初始化为 1。

```
import java.util.*;
public class HashtableTest {
 public static void main(String[] args) {
  Hashtable ht = new Hashtable();
  for(int i = 0; i < 100; i++) {
    Integer r = (int)(Math.random() * 20); //随机产生一个 0-20 的数
    if(ht.containsKey(r)) ((Counter)ht.get(r)).i++;
    else ht.put(r, new Counter());
  }
  System.out.println(ht);
 }}
class Counter {
 int i = 1;
 public String toString() { return Integer.toString(i);}
}
```

11.6　集合框架

在 Java 2 之前，Java 就提供了 Dictionary、Vector、Stack、Properties 等，这些类来存储和操作对象组。虽然这些类都非常有用，**但是它们缺少一个核心的、统一的主题。**由于这个原因，例如，使用 Vector 类和使用 Properties 类的方式有着很大不同。

集合框架是一种用来代表和操纵集合的统一架构。集合框架被设计成要满足以下几

个目标:

(1)该框架必须是高性能的。基本集合(动态数组、链表、树、哈希表)的实现也必须是高效的。

(2)该框架允许不同类型的集合以类似的方式工作,具有高度的互操作性。

(3)对一个集合的扩展和适应必须是简单的。

为此,整个集合框架就围绕一组标准接口而设计。你可以直接使用这些接口的标准实现,诸如:LinkedList、HashSet 和 TreeSet 等,除此之外,也可以通过这些接口实现自己的集合。所有的集合框架都包含如下内容:

1. 集合接口

集合接口是代表集合的抽象数据类型。接口允许集合独立操纵其代表的细节。

在面向对象的语言中,接口通常形成一个层次。在集合框架中有几个基本的集合接口,分别是 Collection 接口、List 接口、Set 接口和 Map 接口,**它们所构成的层次关系如图 11-1 所示。**

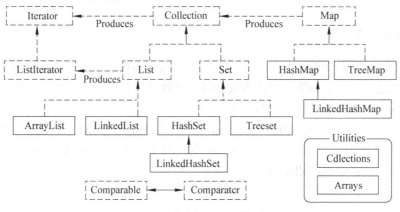

图 11-1 集合框架层次关系图

(1)Collection 接口是一组允许重复的对象,是 Collection 层次结构的根接口。

(2)Set 接口继承于 Collection,但不允许集合中出现重复元素。

(3)List 接口继承于 Collection,允许集合中有重复,并引入位置索引。

(4)Map 接口与 Collection 接口无任何关系,**Map** 的典型应用是访问按关键字存储的值,所包含的是键-值对,而不是单个独立的元素。Map 可将唯一的键映射到值。

2. 集合类

集合类是集合接口的具体实现。从本质上讲,它们是可重复使用的数据结构。

Java 提供了一套实现了 Collection 接口的标准集合类。其中一些是具体类,这些类可以直接使用,而另外一些是抽象类,提供了接口的部分实现。表 11-2 是部分标准集合类。

表 11-2　部分标准集合类

类	说　　明
AbstractCollection	实现了大部分的集合接口
AbstractList	继承于 AbstractCollection，并且实现了大部分 List 接口
AbstractSequentialList	继承于 AbstractList，提供了对数据元素的链式访问而不是随机访问
LinkedList	继承于 AbstractSequentialList，实现了一个链表
ArrayList	通过继承 AbstractList，实现动态数组
AbstractSet	继承于 AbstractCollection，并且实现了大部分 Set 接口
HashSet	继承于 AbstractSet，并且使用一个哈希表
LinkedHashSet	具有可预知迭代顺序的 Set 接口的哈希表和链接列表的实现
TreeSet	继承于 AbstractSet，使用元素的自然顺序对元素进行排序
AbstractMap	实现了大部分的 Map 接口
HashMap	继承于 AbstractMap，并且使用一个哈希表
TreeMap	继承于 AbstractMap，并且使用一株树

3．集合方法

Collections 是集合类的一个工具类/帮助类，其中提供了一系列静态方法，用于对集合中的元素进行排序、搜索以及线程安全等各种操作。这些方法被称为多态，那是因为相同的方法可以在相似的接口上有着不同的实现。

常用的集合方法有 static int binarySearch(List list,Object value)二分法折半查找，static void sort(List list)根据自然顺序大小排序 list 等。其他方法在 http://docs.oracle.com/javase/8/docs/api/中查 java.util.Collections 类的方法可得。

例 11-15　使用集合类与集合方法示例。

```
import java.util.*;
public class AlgorithmsDemo {
 public static void main(String args[]) {
  LinkedList ll = new LinkedList();           //创建与初始化 LinkedList
  ll.add(new Integer(-8)); ll.add(new Integer(20));
  ll.add(new Integer(-20));ll.add(new Integer(8));
  Comparator r = Collections.reverseOrder(); //创建一个降序 Comparator 比较器
  Collections.sort(ll, r);                    //用比较器 r 排序 ll
  Iterator li = ll.iterator();                //获取迭代器 li
  System.out.print("List sorted in reverse: ");
  while(li.hasNext()) System.out.print(li.next() + " "); //输出 ll
  Collections.shuffle(ll);                    //对 list 随机洗牌弄乱顺序
  li = ll.iterator();                         //再获取迭代器 li 以显示 list
  System.out.print(",List shuffled: ");
  while(li.hasNext()) System.out.print(li.next() + " ");
  System.out.print("\nMinimum: " + Collections.min(ll));
  System.out.println(",Maximum: " + Collections.max(ll));
```

```
}}
```

程序运行的结果如下：

```
List sorted in reverse: 20 8 -8 -20,List shuffled: 20 -20 8 -8 //输出顺
序是随机的
Minimum: -20,Maximum: 20
```

Java 集合框架为程序员提供了预先包装的数据结构和方（算）法来操纵它们。集合框架的类和接口均在 java.util 包中。下面介绍常用的接口及其操作。

11.6.1 Collection 接口及操作

Collection 接口是所有集合类型的根接口，它有三个子接口：Set 接口、List 接口和 Queue 接口。Collection 接口的定义如下：

```
public interface Collection<E> extends Iterable<E> {
  //基本操作
  int size();                              //返回集合中元素的个数
  boolean isEmpty();                       //返回集合是否为空
  boolean contains(Object element);        //返回集合中是否包含指定的对象
  boolean add(E element);                  //实现向集合中添加元素的功能
  boolean remove(Object element);          //实现向集合中删除元素的功能
  Iterator iterator();                     //返回 Iterator 对象
  //批量操作
  boolean containsAll(Collection<?> c);//返回集合中是否包含指定集合中的所有元素
  boolean addAll(Collection<? extends E> c);  //指定集合中的元素添加到集合中
  boolean removeAll(Collection<?> c);      //从集合中删除指定的集合元素
  boolean retainAll(Collection<?> c);      //删除集合中不属于指定集合中的元素
  void clear();                            //删除集合中所有元素
  //数组操作（实现将集合元素转换成数组元素）
  Object[] toArray();                      //实现将集合转换成 Object 类型的数组
  <T> T[] toArray(T[] a);                  //集合转换成指定类型的对象数组
}
```

例如，假设 c 是一个 Collection 对象，代码“Object[] a = c.toArray();”将 c 中的对象转换成一个新的 Object 数组，数组的长度与集合 c 中的元素个数相同。

假设 c 中只包含 String 对象，可以使用代码“String[] a=(String[])c.toArray(new String[0]);”将其转换成 String 数组，它的长度与 c 中元素个数相同。

11.6.2 Set 接口及其实现类

Set 接口是 Collection 的子接口，Set 接口对象类似于数学上的集合概念，其中不允许有重复的元素。Set 接口没有定义新的方法，只包含从 Collection 接口继承的方法。Set 接口有几个常用的实现类，它们的层次关系如图 11-2 所示。

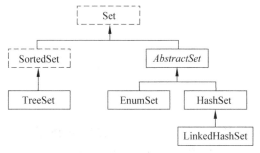

图 11-2 Set 接口常用实现类及其层次关系

Set 接口的常用的实现类有 HashSet 类、TreeSet 类和 LinkedHashSet 类等。

1. HashSet 类与 LinkedHashSet 类

HashSet 类是抽象类 AbstractSet 的子类，它实现了 Set 接口，HashSet 使用哈希方法存储元素，具有最好的性能，但元素没有顺序。HashSet 类的构造方法有：

（1）HashSet()创建一个空哈希集合，装填因子(load factor)是 0.75。

（2）HashSet(Collection c)用指定的集合 c 的元素创建一哈希集合。

（3）HashSet(int initialCapacity)创建一个哈希集合，并指定集合初始容量。

（4）HashSet(int initialCapacity, float loadFactor)创建一个哈希集合，并指定集合初始容量和装填因子。

LinkedHashSet 类是 HashSet 类的子类。该类实现与 HashSet 的不同之处是它对所有元素维护一个双向链表，该链表定义了元素的迭代顺序，这个顺序是元素插入集合的顺序。

例 11-16 创建一个类 HashSetDemo，测试 HashSet 类的用法。

```java
import java.util.HashSet;
public class HashSetDemo {
 public static void main(String[] args) {
  boolean r; HashSet<String> s=new HashSet<String>();
  r=s.add("Hello"); System.out.println("添加单词 Hello,返回为"+r);
  r=s.add("Kitty"); System.out.println("添加单词 Kitty,返回为"+r);
  r=s.add("Hello"); System.out.println("添加单词 Hello,返回为"+r);
  r=s.add("Java");  System.out.println("添加单词 Java,返回为"+r);
  for(String element:s) System.out.println(element);
 }}
```

2. SortedSet 接口与 TreeSet 类

SortedSet 接口是有序对象的集合，其中的元素排序规则按照元素的自然顺序排列。为了能够使元素排序，要求插到 SortedSet 对象中的元素必须是相互可以比较的。

TreeSet（java.util.TreeSet）是 SortedSet 接口的实现类，它使用红黑树（一种自平衡二叉树）为存储元素排序，它基于元素的值对元素排序，它的操作要比 HashSet 慢。

例 11-17　创建一个 TreeSetDemo 类，测试 TreeSet 类的用法。

```
import java.util.TreeSet;
public class TreeSetDemo {
 public static void main(String[] args) {
  boolean r; TreeSet<String> s=new TreeSet<String>();
  r=s.add("Hello"); System.out.println("添加单词 Hello,返回为"+r);
  r=s.add("Kitty"); System.out.println("添加单词 Kitty,返回为"+r);
  r=s.add("Hello"); System.out.println("添加单词 Hello,返回为"+r);
  r=s.add("Java");  System.out.println("添加单词 Java,返回为"+r);
  for(String element:s) System.out.println(element);
 }}
```

11.6.3　对象排序

默认情况下，集合中的元素是按自然顺序排列的，如果指定了比较器对象，那么集合中的元素会根据比较器的规则排序。所谓自然顺序（natural ordering），指的是集合中对象的类实现了 Comparable 接口，并实现了其中的 compareTo()方法，对象则根据该方法排序。如果希望集合中的元素能够排序，必须使元素是可比较的，即要求元素所属的类必须实现 Comparable 接口。另一种排序方法是创建 TreeSet 对象时指定一个比较器对象，这样集合中的元素将按比较器的规则排序。

11.6.4　List 接口及其实现类

List 接口也是 Collection 接口的子接口，它实现一种顺序表的数据结构，有时也称为序列。存放在 List 中的所有元素都有一个下标（下标从 0 开始），可以通过下标访问 List 中的元素。List 中可以包含重复元素。List 接口及其实现类的层次结构如图 11-3 所示。

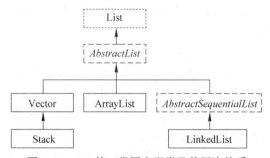

图 11-3　List 接口常用实现类及其层次关系

List 接口除了继承 Collection 的方法外，还定义了一些自己的方法。使用这些方法可以实现定位访问、查找、链式迭代和范围查看。

在集合框架中，实现了列表接口（List<E>）的是 ArrayList 类和 LinkedList 类。这两个类定义在 java.util 包中。ArrayList 类是通过数组方式来实现的，相当于可变长度的数组。LinkedList 类则是通过链表结构来实现的。由于这两个类的实现方式不同，使得相关操作方法的代价也不同。一般说来，若对一个列表结构的开始和结束处有频繁的添加和删除操作时，一般选用 LinkedList 类所实例化的对象表示该列表。

1．ArrayList 类

ArrayList 是最常用的实现类，它是通过数组实现的集合对象。ArrayList 类实际上实现了一个变长的对象数组，其元素可以动态地增加和删除。它的定位访问时间是常量时间。

ArrayList 的构造方法如下：

（1）ArrayList() 创建一个空的数组列表对象。

（2）ArrayList(Collection c) 用集合 c 中的元素创建一个数组列表对象。

（3）ArrayList(int initialCapacity) 创建一个空的数组列表对象，并指定初始容量。

例 11-18 创建一个 ArrayList 集合，向其中添加元素，然后输出所有元素。

```
import java.util.ArrayList;
public class ArrayListDemo {
 public static void main(String[] args) {
  ArrayList<String> list=new ArrayList<String>();
  list.add("collection"); list.add("list"); list.add("ArrayList");
  list.add("LinkedList");
  for(String s:list) System.out.println(s);
  list.set(3,"ArrayList"); //下标 3 的元素设置为 ArrayList
  for(int n=0;n<list.size();n++) System.out.println(list.get(n));
 }}
```

2．LinkedList 类

如果需要经常在 List 的头部添加元素，在 List 的内部删除元素，就应该考虑使用 LinkedList。这些操作在 LinkedList 中是常量时间，在 ArrayList 中是线性时间，但定位访问是正好相反的。LinkedList 的构造方法如下：

（1）LinkedList() 创建一个空的链表。

（2）LinkedList(Collection c) 用集合 c 中的元素创建一个链表。

通常利用 LinkedList 对象表示一个堆栈（stack）或队列（queue）。对此，LinkedList 类中特别定义了一些方法，而这是 ArrayList 类所不具备的。这些方法用于在列表的开始和结束处添加和删除元素，其方法定义如下：

public void addFirst(E element)——将指定元素插入此列表的开头。

public void addLast(E element)——将指定元素添加到此列表的结尾。

public E removeFirst()——移除并返回此列表的第一个元素。

public E removeLast()——移除并返回此列表的最后一个元素。

例 11-19 创建一个 LinkedList 集合，对其进行各种操作。

```
import java.util.LinkedList;
```

```
public class LinkedListDemo {
 public static void main(String[] args) {
  LinkedList<String> queue=new LinkedList<String>();
   queue.addFirst("set"); queue.addLast("HashSet"); queue.addLast
("TreeSet");
   queue.addFirst("List"); queue.addLast("ArrayList"); queue.addLast
("LinkedList");
   queue.addLast("map");  queue.addFirst("collection");
   System.out.println(queue);              //输出所有链表元素
   queue.removeLast(); queue.removeFirst(); //删除操作
   System.out.println(queue);              //输出所有链表元素
 }}
```

11.6.5　Map 接口及其实现类

Map 是一个专门用来存储键-值对的对象。在 Map 中存储的关键字和值都必须是对象，并要求关键字是唯一的，而值可以有重复。

Map 接口常用的实现类有 HashMap 类、LinkedHashMap 类、TreeMap 类和 Hashtable 类，前三个类的行为和性能与前面讨论的 Set 实现类 HashSet、LinkedHashSet 及 TreeSet 类似。Hashtable 类是 Java 早期版本提供的类，经过修改实现了 Map 接口。Map 接口及实现类的层次关系如图 11-4 所示。

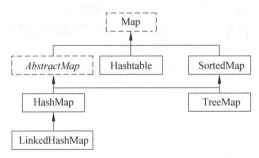

图 11-4　Map 接口常用实现类及其层次关系

Map<K, V>定义在 java.util 包中，主要定义三类操作方法：修改、查询和集合视图。

（1）修改操作向映射中添加和删除键-值对；

（2）查询操作是获得映射的内容；

（3）集合视图允许将键、值或条目（键-值对）作为集合来处理。

在 Map 接口中还包含一个 Map.Entry<K,V>接口，它是一个使用 static 定义的内部接口。其方法描述如下：

（1）public V setValue(V value)——用指定的值替换与此项对应的值。

（2）public K getKey()——返回与此项对应的键。

（3）public V getValue()——返回与此项对应的值。

（4）public boolean equals(Object o)——比较指定对象与此项的相等性。如果给定对

象也是一个映射项，并且两个项表示相同的映射关系，则返回 true。

Map 接口的常用实现类有 HashMap、TreeMap 和 Hashtable 类（前面已有介绍）。

1. HashMap 类与 LinkedHashMap 类

例 11-20　创建一个 HashMap 集合，向其中加入一些键-值对，然后根据键对象获取值。并输出集合中所有键-值对。

```
import java.util.HashMap;
import java.util.Map;
public class HashMapDemo {
 public static void main(String[] args) {
  Map<String, String> all = new HashMap<String, String>();
  all.put("BJ", "BeiJing"); all.put("NJ", "NanJing");   //添加
  String value=all.get("BJ");System.out.println(value); //根据 key 查询出
value
  System.out.println(all.get("TJ"));                     //找不到，为 null
  System.out.println(all);                               //输出所有
 }}
```

LinkedHashMap 是 HashMap 类的子类，它保持键的顺序与插入的顺序一致。

2. TreeMap 类

HashMap 子类中的 key 都是无序存放的，如果现在希望有序（按 key 排序），则可以使用 TreeMap 类完成，但是需要注意的是，由于此类需要按照 key 进行排序，而且 key 本身也是对象，那么对象所在的类就必须实现 Comparable 接口。TreeMap 类实现了 SortedMap 接口，SortedMap 接口能保证各项按关键字升序排序。

例 11-21　创建 TreeMap 集合，向其中添加键-值对，然后输出。

```
import java.util.Map;
import java.util.TreeMap;
public class TreeMapDemo {
 public static void main(String[] args) {
  Map<String, String> all = new TreeMap<String, String>();
  all.put("BJ","BeiJing"); all.put("WX","WuXi"); all.put("NJ", "NanJing");
  String value = all.get("BJ"); System.out.println(value);//根据 key 查询
出 value
  System.out.println(all.get("TJ")); //没发现，返回 null
  System.out.println(all); //注意输出顺序 ({BJ=BeiJing,NJ=NanJing,WX=WuXi})
 }}
```

11.6.6　集合的输出

1. 迭代输出

迭代输出（Iterator）本身是一个专门用于输出的操作接口，其接口定义了三种方法：

（1）public boolean hasNext()——如果仍有元素可以迭代，则返回 true。

（2）public Object next()——返回迭代的下一个元素。

（3）public void remove()——从迭代器指向的 collection 中移除迭代器返回的最后一个元素。

一般情况下，只要是遇到集合的输出问题，直接使用 Iterator 是最好的选择。在 Collection 接口中已经定义了 iterator()方法，可以为 Iterator 接口进行实例化操作。

例 11-22　使用 Iterator 输出 ArrayList 中的全部元素。

```java
import java.util.*;
public class IteratorDemo {
 public static void main(String[] args) {
  List<String> all = new ArrayList<String>();
  all.add("hello"); all.add("world");
  Iterator<String> iter = all.iterator(); //创建迭代器
  while(iter.hasNext())System.out.print(iter.next()+",");//指针下移,判断
是否有内容
  }}
```

2．双向迭代输出

Iterator 接口的主要的功能只能完成从前向后的输出，而如果现在要想完成双向（由前向后、由后向前）输出，则可以通过双向迭代输出（ListIterator）接口完成。ListIterator 是 Iterator 的子接口，除了本身继承的方法外，此接口又有如下两个重要方法：

（1）public boolean hasPrevious()——判断是否有前一个元素。

（2）public E previous()——取前一个元素。

需要注意的是，如果要想进行由后向前的输出，必须先由前向后。但是在 Collection 接口中并没有为 ListIterator 接口实例化的操作，而在 List 接口中存在此方法：public ListIterator<E> listIterator()。

例 11-23　使用 ListIterator 双向输出 List 类型集合中的元素。

```java
import java.util.*;
public class ListIteratorDemo {
 public static void main(String[] args) {
   List<String> all = new ArrayList<String>();
   all.add("I ");all.add("say");all.add("hello");all.add("world");
   ListIterator<String> iter = all.listIterator();
   System.out.println("=========== 由前向后输出 ============");
   while (iter.hasNext()) System.out.print(iter.next() + "、");
   System.out.println("\n=========== 由后向前输出 ============");
   while (iter.hasPrevious()) System.out.print(iter.previous() + "、");
  }}
```

3．Map 集合的输出

按照最正统的做法，所有的 Map 集合的内容都要依靠 Iterator 输出，以上虽然是完

成了输出，但是完成过程不标准。Map 集合本身并不能直接为 Iterator 实例化，如果此时非要使用 Iterator 输出 Map 集合中的内容，则要采用如下的步骤：

（1）将所有的 Map 集合通过 entrySet()方法变成 Set 集合，里面的每一个元素都是 Map.Entry 的实例；

（2）利用 Set 接口中提供的 iterator()方法为 Iterator 接口实例化；

（3）通过迭代，并且利用 Map.Entry 接口完成 key 与 value 的分离。

例 11-24 使用 Iterator 输出 Map 集合中的元素。

```
import java.util.*;
public class MapOutput {
 public static void main(String[] args) {
   Map<String, String> all = new HashMap<String, String>();
   all.put("BJ","BeiJing");all.put("NJ","NanJing");all.put(null,"NULL");
   Set<Map.Entry<String, String>> set = all.entrySet();
   Iterator<Map.Entry<String, String>> iter = set.iterator();
   while (iter.hasNext()) {
     Map.Entry<String,String> me=iter.next();
     System.out.println(me.getKey()+"-->"+me.getValue());
   }
}}
```

11.6.7　集合的工具类 Collections

集合的工具类 Collections 从定义格式上看与 Collection 非常类似，但是两者并没有任何的关系，此类定义如下：public class Collections extends Object。由此可以看出 Collections 是一个 Object 类的子类，跟 Collection 并没有任何关系。Collections 类只提供了一些静态方法，通过这些方法可以对集合对象进行操作或返回集合对象。

（1）Collections 类中对 List 对象（实现 List 接口的集合类）提供查询、复制、填充、排序和乱序、倒置、交换等方法。

（2）Collections 类中对 Collection 对象（即实现 Collection 接口的集合类）提供最大值和最小值方法。

（3）Collections 类所提供的集合同步处理可针对 Collection 对象、List 对象、Map 对象和 Set 对象。

（4）Collections 类所提供的集合只读处理（不可更改）可针对 Collection 对象、List 对象、Map 对象和 Set 对象。

（5）Collections 类还可针对 Set 对象、List 对象和 Map 对象建立不可更改的单子 (singleton)集合，即集合中仅包含所指定的一个对象。

例 11-25 使用 Collections 对 List 集合对象进行操作。

```
import java.util.ArrayList;
import java.util.Collections;
```

```
import java.util.List;
public class CollectionsDemo {
  public static void main(String[] args) {
    List<String> all = new ArrayList<String>();
    Collections.addAll(all, "take", "me", "away");
    System.out.println(all);
  }}
```

11.7　泛型

Java 泛型（generics）是 JDK 5 中引入的一个新特性，泛型提供了编译时类型安全检测机制，其主要目的是可以建立具有类型安全的集合框架，如链表等数据结构。"泛型"这个术语的意思是："适用于许多的类型"。**泛型实现了参数化类型的概念**，使代码可以应用于多种类型。

Java 泛型方法和泛型类支持程序员使用一个方法指定一组相关方法，或者使用一个类指定一组相关的类型。使用 Java 泛型的概念，可以写一个泛型方法来对一个对象数组排序。然后，调用该泛型方法来对整型数组、浮点数数组、字符串数组等进行排序。

可以使用 class 名称<泛型列表>声明一个类，如：

class 类名<E>

E 是其中的泛型，并没有指定 E 是何种类型的数据，可以是任何对象或接口，但不能是基本类型数据。

11.7.1　泛型类

除了在类名后面添加了类型参数声明部分，泛型类的声明和非泛型类的声明类似。

泛型类的类型参数声明部分包含一个或多个类型参数，参数间用逗号隔开。一个泛型参数也被称为一个类型变量，是用于指定一个泛型类型名称的标识符。因为它们接受一个或多个参数，这些类被称为参数化的类或参数化的类型。

例 **11-26**　实例演示如何定义一个泛型类。

```
public class Box<T> {
 private T t;
 public void add(T t) { this.t = t;}
 public T get() { return t; }
 public static void main(String[] args) {
  Box<Integer> integerBox = new Box<Integer>();
  Box<String> stringBox = new Box<String>();
  integerBox.add(new Integer(10));integerBox.add(new Integer(100));
  stringBox.add(new String("Hello World"));stringBox.add(new String("How
are you"));
  System.out.printf("整型值 :%d\n",integerBox.get());//整型值 :100
```

```
    System.out.printf("字符串 :%s\n",stringBox.get()); //字符串 : How are you
   }}
```

Box 类引入了一个类型变量 T，用尖括号<>括起来，并放在类名的后面。**用具体的类型替换类型变量就可以实例化泛型类型**，例如，Box<String>可以将结果想象成带有构造器的普通类。

11.7.2 泛型方法

前面已经介绍了如何定义一个泛型类。实际上，还可以定义一个带有类型参数的方法，即泛型方法（如前面的 public void add(T t)方法）。泛型方法使得该方法能够独立于类而产生变化，泛型方法所在的类可以是泛型类，也可以不是泛型类。创建一个泛型方法常用的形式如下：

［**访问修饰符**］［**static**］［**final**］<类型参数列表> 返回值 方法名（［形式参数列表]）

根据传递给泛型方法的参数类型，编译器适当地处理每一个方法调用。
下面是定义泛型方法的规则：
（1）所有泛型方法声明都有一个类型参数声明部分（由尖括号分隔），该类型参数声明部分在方法返回类型之前（在下面例子中的<E>）。
（2）每一个类型参数声明部分包含一个或多个类型参数，参数间用逗号隔开。一个泛型参数，也被称为一个类型变量，是用于指定一个泛型类型名称的标识符。
（3）类型参数能被用来声明返回值类型，并且能作为泛型方法得到的实际参数类型的占位符。
（4）泛型方法方法体的声明和其他方法一样。
注意，类型参数只能代表引用型类型，不能是基本类型（像 int、double 等）。
例 11-27 本例演示了如何使用泛型方法打印不同字符串的元素。

```
public class GenericMethodTest {
 public static <E> void printArray( E[] inputArray ) {//泛型方法 printArray
  for(E element:inputArray) System.out.printf("%s",element);//输出数组元素
  System.out.println();
 }
 public static void main( String args[] )
 { Integer[] intArray = { 1, 2, 3, 4, 5 };              //创建 Integer 类型数组
   Double[] doubleArray = { 1.1, 2.2, 3.3, 4.4 };   //创建 Double 类型数组
   Character[] charArray ={'H', 'E','L','L','O'};//创建 Character 类型数组
   System.out.print("整型数组: ");printArray(intArray);//传递整型数组
   System.out.print("双精度数数组: ");printArray(doubleArray);//传递 double 数组
   System.out.print("字符数组: ");printArray(charArray );//传递字符型数组
 }}
```

有时候，你会想限制那些被允许传递到一个类型参数的类型种类范围。例如，一个操作数字的方法可能只希望接受 Number 或者 Number 子类的实例。这就是所谓有界类型

参数。

要声明一个有界的类型参数，首先列出类型参数的名称，后跟 extends 关键字，最后紧跟它的上界。

例 11-28　本例演示了 extends 如何使用在一般意义上的泛型类型。本例子中的泛型方法返回三个可比较对象的最大值。

```
public class MaximumTest { //比较三个值并返回最大值
 public static <T extends Comparable<T>> T maximum(T x, T y, T z) {
   T max = x; //假设 x 是初始最大值
   if ( y.compareTo( max ) > 0 ) max = y; //y 更大
   if ( z.compareTo( max ) > 0 ) max = z; //现在 z 更大
   return max; //返回最大对象
 }
 public static void main( String args[] ) {
   System.out.printf("Max of %d, %d and %d is %d\n",3,4,5,maximum(3,4,5));
   System.out.printf("Max of %.1f,%.1f and %.1f is %.1f\n", 6.6, 8.8, 7.7,
maximum(6.6,8.8,7.7)); //Max of 6.6,8.8 and 7.7 is 8.8
   System.out.printf("Max of %s,%s and %s is %s\n","pear","apple", "orange",
maximum("pear","apple","orange")); //Max of pear, apple and orange is pear
 }}
```

例如，设计一个泛型类：

```
public class Pair<T>{
  private T first;
  private T second;
  public Pair(){first=null; second=null;}
  public Pair(T first,T second){this.first=first; this.second=second;}
  public T getFirst(){return first;}
  public T getSecond(){return second;}
  public void setFirst(T newValue){first=newValue;}
  public void setSecond(T newValue){second=newValue;}
}
```

Pair 类引入了一个类型变量 T，用尖括号<>括起来，并放在类名的后面。**用具体的类型替换类型变量就可以实例化泛型类型**，例如，Pair<String>可以将结果想象成带有构造器的普通类。

例 11-29　定义一个 PairTest 类，测试泛型类 Pair 的用法。

```
public class PairTest {
 public static void main(String[] args) {
 Pair<String> pair=new Pair<String>("Hello","Java");
 System.out.println("first="+pair.getFirst());
 System.out.println("second="+pair.getSecond());
 }}
```

例 11-30　创建一个 GenericMethod 类，在其中声明一个 f()泛型方法，用于返回调用该方法时，所传入的参数所属的类名。

```
class GenericMethod{
  public<T> void f(T x){ System.out.println(x.getClass().getName()); }
}
public class GenericMethodTest {
 public static void main(String[] args) {
  GenericMethod gm=new GenericMethod();
  gm.f(""); gm.f(1); gm.f(1.0f);
  gm.f('c');//java.lang.Character
  gm.f(gm); //GenericMethod
}}
```

11.8　本章小结

本章介绍了一些实用包中的实用类，包括 Math 类、String 类、StringBuffer 类、Date 类、System 类等，本章还介绍了 Java 常用数据结构、集合框架、泛型等实用内容。本章的学习内容有利于实际系统的应用开发。

11.9　习题

一、简答题

1. 简述 String 类与 StringBuffer 的异同点。

2. 对于 String 对象，可以使用 "=" 赋值，也可以使用 new 关键字赋值，两种方式有什么区别？

3. Vector 类相比于数组有哪些优点？

4. 泛型定义方法的规则有哪些？

二、编程题

1. 将一个字符串中的小写字母转换成大写字母，并将大写字母转换成小写字母。

2. 将 1～100 中的 100 个自然数随机地放到一个数组中。从中获取重复次数最多并且是最大的数显示出来。再将数组改为向量，重做本题。

3. 输入五个国家的名称按字母顺序排列输出。

4. 编写一个程序通过连接两个串得到一个新串，并输出这个新串。

5. 编写程序，测试字符串"你好，欢迎来到 Java 世界"的长度，将字符串的长度转换成字符串进行输出，并对其中的"Java"四个字母进行截取，输出截取的首字母以及它在字符串中的位置。

6. 编写程序，测试 1～50 的阶乘所耗费的毫秒级时间。

第 12 章　图形用户界面

图形用户界面（GUI）是目前大多数程序不可或缺的用户交互部分，这种窗口、菜单、按钮、鼠标操作界面与方式便于用户与程序的交互。本章在介绍 AWT 与 swing、Java GUI API 分类基础上，重点介绍容器、事件处理等内容。

学习重点或难点：

- AWT 与 swing
- 常用容器类及其布局管理
- 事件处理
- Java GUI API 分类
- 辅助类
- 常用 swing 组件

学习本章后将有能力开发出传统 C/S 模式下窗口方式的应用系统界面。

12.1　引言

图形用户界面（Graphical User Interface，GUI）使程序具有形象化的外观风格，使用户可以很容易地学会程序的使用，并可以方便地与程序进行交互。Java 图形用户界面主要用于 Java Application C/S 模式窗体程序设计和 Java Applet Web 程序设计中，为软件程序提供良好的用户交互界面。

Java GUI 程序设计能体现出 Java 面向对象程序设计的基本原理。本章的基本内容有两个：

（1）介绍 Java GUI 程序设计的基础知识；

（2）使用 GUI 来演示面向对象程序设计。本章在呈现 Java GUI API 框架结构的基础上，还将介绍 GUI 组件的基本使用。

12.2　AWT 与 swing

Java 将图形用户界面相关的类捆绑在一起，放在一个称为抽象窗口工具箱（Abstract Window Toolkit，AWT）的库中。AWT 适合开发简单的图形用户界面，但并不适合开发复杂的 GUI 项目，另外，AWT 更容易发生与特定平台相关的故障。

swing 以 AWT 为基础的一个用于开发 Java 应用程序用户界面的开发工具包（或 swing 组件库）。swing 使跨平台应用程序可以使用任何可插拔的外观风格，swing 开发人员只用很少的代码就可以利用 swing 丰富、灵活的功能和模块化组件来创建优雅的用户界面。

AWT 和 swing 是合作关系，而不是简单地用 swing 取代 AWT，实际上 Java 图形用户界面往往要使用到两者，swing 组件更少地依赖于目标平台并且更少地使用自己的 GUI 资源，为此叫轻量级组件（英文 swing 有轻快摇摆之意，也许取此名真为体现轻量轻盈之意吧），而 AWT 相应称为重量级组件。swing 组件与 AWT 相比，swing 组件显示出强大的优势，具体表现在：

（1）丰富的组件类型；

（2）更好的组件 API 模型支持；

（3）标准的 GUI 库；

（4）性能更稳定等。

为此，最好尽量使用 swing 组件编程。为了区别新的 swing 组件类和它对应的 AWT 组件类，swing 组件类都以字母 J 为前缀来命名。

12.3 Java GUI API 分类

GUI API 包含的类可以分为三个组：容器类（container class）、组件类（component class）和辅助类（helper class），其层次体系结构如图 12-1 所示。

容器类是用来包含其他组件的，例如，JFrame、JPanel 和 JApplet。组件类是用来创建用户界面，完成与用户的一类基本交互的，例如，JButton、JLabel 和 JTextField。辅助类是用来支持 GUI 组件的，只能起到装饰、美化、辅助的作用，而不能响应用户的动作行为，例如，Graphics、Color、Font、FontMetrics 和 Dimension。

注意： JFrame、JPanel、JComponent 和 JApplet 类及其子类放置在 javax.swing 包中，而其他类均放置在 java.awt 包中。

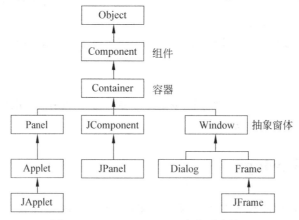

图 12-1 Java GUI API 层次体系结构图

12.3.1 容器类

容器类是用于盛装其他 GUI 组件的 GUI 组件。Container、Window、Panel、Applet、Frame 和 Dialog 都是 AWT 组件的容器类。而 JFrame、JDialog、JApplet 和 JPanel 是 swing

组件的容器类。常用 GUI 容器类介绍如下：

（1）java.awt.Container 用于对组件分组。框架 Frame、面板 Panel 和 Applet 都是它的子类；

（2）javax.swing.JFrame 是一个不能包含在另一个窗口中的窗口。在 Java GUI 应用程序中，它用于存放其他 swing 用户界面组件；

（3）javax.swing.JPanel 是一个存放用户界面组件的不可见的面板容器。面板容器可以嵌套。可以将面板放在包含面板的容器中。JPanel 也可用作画图的画布；

（4）javax.swing.JApplet 是 Applet 的一个子类。必须扩展 JApplet 才能创建基于 swing 的 Java applet；

（5）javax.swing.JDialog 是一个弹出式窗口或消息框，一般用作接收来自用户的附加信息或通知事件发生的临时窗口。

12.3.2　组件类

组件类（Component 类）的实例可以显示在屏幕上。Component 类是包括容器类的所有用户界面类的根类，而 JComponent 类是所有轻量级 swing 组件类的根类。Component 类和 JComponent 类都是抽象类，为此，不能使用 Component()或 JComponent()创建一个实例。但是，可以使用 Component 或 JComponent 的具体子类来创建实例。

继承于 JComponent 类的 swing 组件类主要有 Jbutton、JCheckBox、JRadioButton、JLabel、JTextArea、JTextField、JComboBox、JList、JScrollBar、JSlider、JTable、JToolBar、JToolTip、JTree、JPanel、JOptionPane、JPopupMenu、JMenuItem、JMenu、JPasswordField、JMenuBar、JScrollPane 等。这些常用组件的继承关系如图 12-2 所示。建议主要学习使用

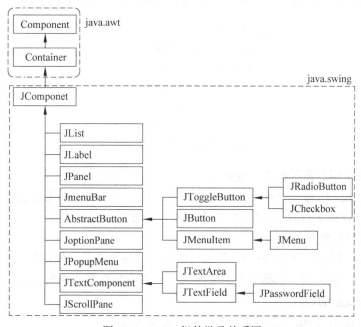

图 12-2　swing 组件继承关系图

这些 swing 组件类。

12.3.3 辅助类

辅助类都不是 Component 的子类，例如，Graphics、Color、Font、FontMetrics、Dimension 和 LayoutManager 等。它们用来描述 GUI 组件的属性，例如，图形的内容、颜色、字体以及大小尺寸等。常用 GUI 辅助类介绍如下：

（1）java.awt.Graphics 是一个抽象类提供绘制字符串、线和简单几何图形的方法；

（2）java.awt.Color 用于处理 GUI 组件的颜色。例如，指定组件的背景色或前景色，或指定绘制的线条、几何图形和字符串的颜色；

（3）java.awt.Font 用于指定 GUI 组件上文本和图形的字体；

（4）java.awt.FontMetrics 是一个获取字体属性的抽象类；

（5）java.awt.Dimension 可将组件的宽度和高度封装在单个对象中；

（6）java.awt.LayoutManager 用于指定组件在容器中如何放置。

12.4 容器类与容器布局管理

12.4.1 顶层容器

顶层容器 JFrame（继承关系如图 12-3 所示）是 Application 程序的图形用户界面容器，是一个有边框的容器（窗体或框架）。创建一个用户界面程序需要一个框架或一个 Applet 来存放用户界面组件。这里介绍顶层容器 JFrame 框架的基本使用。

```
java.lang.Object
  └ java.awt.Component
      └ java.awt.Container
          └ java.awt.Window
              └ java.awt.Frame
                  └ javax.swing.JFrame
```

图 12-3 JFrame 类的继承关系图

JFrame 类常用的两种构造方法如下：

（1）JFrame() 构造一个初始时不可见的新窗体（后续 show()等方法使窗体可见）；

（2）JFrame(String title)方法创建一个标签为 title 的 JFrame 对象。

创建窗体时有两种方式：

（1）直接编写代码调用 JFrame 类的构造器，这种方法适合使用简单窗体的情况；

（2）继承 JFrame 类，在继承的类中编写代码对窗体进行详细的刻画，这种方式比较适合窗体比较复杂的情况。

例 12-1 使用 JFrame 类创建一个简单的框架窗体。

```
import javax.swing.*;
public class MyFrame {
 public static void main(String[] args) {
  JFrame frame = new JFrame("MyFrame");//创建一个框架窗体
  frame.setSize(400, 300);                //设置框架的大小（宽与高）
  frame.setLocationRelativeTo(null);    //JDK 1.4 后的新方法，屏幕居中显示
  frame.setDefaultCloseOperation(JFrame.EXIT_ON_CLOSE);//框架关闭结束程序
  frame.setVisible(true);                //显示框架
 }
}
```

直到调用 frame.setVisible(true)方法之后才会显示框架。frame.setSize(400,300)指定框架宽度为 400 像素，高度为 300 像素。由于 setVisible 和 setSize 方法都被定义在 Component 类中，所以，它们都可以被 JFrame 类所继承而被调用。

例 12-2　向框架窗体中添加组件。

上例中的框架窗体是空的，可以使用 add 方法在框架中添加组件，程序如下：

```
import javax.swing.*;
public class MyFrameWithComponents {
 public static void main(String[] args) {
  JFrame frame = new JFrame("MyFrameWithComponents");
  JButton jbtOK = new JButton("OK"); //这里开始创建按钮，并添加到 frame
  frame.add(jbtOK);
  frame.setSize(400, 300);
  frame.setDefaultCloseOperation(JFrame.EXIT_ON_CLOSE);
  frame.setLocationRelativeTo(null);
  frame.setVisible(true);
 }
}
```

每个 JFrame 都包含一个内容窗格。每个内容窗格都是 java.awt.Container 的一个实例。像按钮等 GUI 组件都是放置在框架的内容窗格中的。在 Java 的早期版本中，必须使用 JFrame 类中的 getContentPane 方法返回框架的内容窗格，然后调用内容窗格的 add 方法将一个组件添加到内容窗格中，如下所示：

```
Java.awt.Container container=frame.getContentPane();Container.add(jbtOK);
```

这是很麻烦的。所以，Java 5 之后的 Java 新版本允许直接调用框架的 add 方法，如将组件放置在内容窗格中的语句是：

```
frame.add(jbtOK);
```

这样就直接方便多了。相应地，为了从容器中删除组件，可以使用 remove 方法。如从容器中删除一个按钮的语句为"Container.remove(jbtOK);"或"frame.remove(jbtOK);"。

运行程序 MyFrameWithComponents 时显示的窗口，不管如何调整窗口的大小，按钮都会显示在框架的中央，并且占据整个框架。这是因为，组件是被内容窗格的布局管理器放置在框架上的，而内容窗格的默认布局管理器就是将按钮放到中央。12.4.3 节将介

绍几种不同的布局管理器来控制将组件放置在需要的位置上。

12.4.2 中间容器

1. 面板类

中间容器（面板类 JPanel）需要被添加到其他容器，面板也可以嵌套，由此可以设计出复杂的图形用户界面。

JPanel 类的常用构造方法如下：

（1）public JPanel( )使用默认的 FlowLayout 方式创建 JPanel 对象；

（2）public JPanel(FlowLayoutManager layout)用于在构建对象时指定布局格式。

例 12-3 面板类 JPanel 的基本应用。

```java
import java.awt.*;
import javax.swing.*;
public class JFrameDemo extends JFrame {    //成员变量的声明，后续添加
  public JFrameDemo () {
    this.setTitle("JFrame 窗口演示");
    this.setLayout(new BorderLayout());       //设置内容窗格的布局
    JPanel panel = new JPanel();              //创建一个面板对象
    panel.setBackground(Color.RED);          //设置背景颜色
    JButton bt = new JButton("按我吧！");    //创建命令按钮对象
    panel.add(bt);                            //把按钮添加到面板容器对象里
    this.add(panel, BorderLayout.SOUTH);     //添加面板到内容窗格的南部
    this.setVisible(true);                    //或者 this.show();
    this.setSize(600, 450);                   //设置窗口大小
  }
  public static void main(String[] args){ new JFrameDemo (); }
}
```

2. 滚动面板类

可以把一个组件放到一个滚动窗口中，然后通过滚动条来观察这个组件。与 JPanel 不同的是，它带有滚动条，且只能向滚动窗口添加一个组件。

滚动面板类（JscrollPane）常用的构造方法包括：

（1）JScrollPane()用于创建一个空的（无视口的视图）JScrollPane。

（2）JScrollPane(Component view)用于创建一个显示指定组件内容的 JScrollPane，只要组件的内容超过视图大小就会显示水平和垂直滚动条。

（3）JScrollPane(int vsbPolicy,int hsbPolicy)用于创建一个具有指定滚动条策略的空（无视口的视图）JScrollPane。

常用的成员方法包括：

（1）public void setHorizontalScrollBarPolicy(int policy)用于确定水平滚动条何时显示在滚动窗格上。

（2）public void setVerticalScrollBarPolicy(int policy)用于确定垂直滚动条何时显示在滚动窗格上。

（3）public void setViewportView(Component view)用于创建一个视口并设置其视图。具体举例略。

12.4.3 布局管理器

1. FlowLayout 布局管理器

FlowLayout 的布局策略是将遵循这种布局策略的容器中的组件按照加入的先后顺序从左向右排列，当一行排满之后就转到下一行继续从左至右排列。

FlowLayout 定义在 java.awt 包中，它有三种构造方法：

（1）FlowLayout( )用于创建一个使用居中对齐的 FlowLayout 实例；

（2）FlowLayout(int alignment)用于创建一个指定对齐方式的 FlowLayout 实例；

（3）FlowLayout(int alignment，int hgap，int vgap)用于创建一个既指定对齐方式，又指定组件间间隔的 FlowLayout 类的对象。

可以使用三个常量 FlowLayout.RIGHT、FlowLayout.CENTER 和 FlowLayout.LEFT 之一来指定组件的对齐方式（alignment）。

例 12-4 给出一个演示流布局的程序。这个程序使用 FlowLayout 管理器向这个框架添加三个标签和文本框。程序如下：

```
import javax.swing.JLabel;
import javax.swing.JTextField;
import javax.swing.JFrame;
import java.awt.FlowLayout;
public class ShowFlowLayout extends JFrame {
 public ShowFlowLayout() {//设置左对齐水平间隔10垂直间隔20的FlowLayout
   setLayout(new FlowLayout(FlowLayout.LEFT, 10, 20));
   add(new JLabel("First Name"));add(new JTextField(8));//添加标签与文本框
   add(new JLabel("MI"));         add(new JTextField(1));
   add(new JLabel("Last Name")); add(new JTextField(8));
 }
 public static void main(String[] args) {  //主方法
   ShowFlowLayout frame = new ShowFlowLayout();
   frame.setTitle("ShowFlowLayout"); frame.setSize(200, 200);
   frame.setLocationRelativeTo(null);        //frame 居中
   frame.setDefaultCloseOperation(JFrame.EXIT_ON_CLOSE);
frame.setVisible(true);
   }}
```

本例扩展了 JFrame 类，创建一个名为 ShowFlowLayout 的类，程序的 main 方法创建了一个 ShowFlowLayout 的实例。ShowFlowLayout 的构造方法在框架中创建并放置组件，这是创建 GUI 应用程序时推崇的风格。

下面的语句中创建了一个匿名的 FlowLayout 对象：

```
setLayout(new FlowLayout(FlowLayout.LEFT, 10, 20));
```

它等价于：

```
FlowLayout layout= new FlowLayout(FlowLayout.LEFT, 10, 20);
setLayout(layout);
```

注意：构造方法 ShowFlowLayout()没有显式地调用构造方法 JFrame()，但是构造方法 JFrame()是被隐式调用的。

2. GridLayout 布局管理器

GridLayout 是一种网格式的布局管理器，它将容器空间划分成若干行乘若干列的网格，而每个组件按添加的顺序从左到右、从上到下占据这些网格，每个组件占据一格。

GridLayout 有三种构造方法：

（1）GridLayout( )——按默认(1 行 1 列)方式创建一个 GridLayout 布局；

（2）GridLayout(int rows,int cols)——创建一个具有 rows 行、cols 列的布局；

（3）GridLayout(int rows,int cols,int hgap,int vgap)——按指定的行数、列数、水平间隔和垂直间隔创建一个 GridLayout 布局。

注意：当行数 rows 与列数 cols 都不为零时，行数是主导参数，也就是说，行数是固定的，布局管理器会根据组件个数动态地计算列数。

例 12-5 给出一个演示网格布局的程序。程序如下：

```
import javax.swing.JLabel;
import javax.swing.JTextField;
import javax.swing.JFrame;
import java.awt.GridLayout;
public class ShowGridLayout extends JFrame {
 public ShowGridLayout() {
  setLayout(new GridLayout(3, 2, 5, 5));//设置3行2列间隔5的GridLayout
  add(new JLabel("First Name"));add(new JTextField(8));//在frame中添加标
签与文本框
  add(new JLabel("MI"));        add(new JTextField(1));
  add(new JLabel("Last Name")); add(new JTextField(8));
 }
 public static void main(String[] args) { //主方法
  ShowGridLayout frame = new ShowGridLayout();
  frame.setTitle("ShowGridLayout"); frame.setSize(200, 125);
  frame.setLocationRelativeTo(null); //frame居中
  frame.setDefaultCloseOperation(JFrame.EXIT_ON_CLOSE);
  frame.setVisible(true);
 }}
```

如果改变这个框架的大小，那么按钮的布局保持不变（也就是行列数不变，间隔也不变）。在 GridLayout 的容器中，所有组件的大小都被认为是一样的。

注意：在 GridLayout 和 FlowLayout 两个布局管理器中，组件添加到容器的顺序是很重要的，它决定了组件在容器中的位置。

3．BorderLayout 布局管理器

BorderLayout 管理器将容器分为东、西、南、北、中五个区域，这五个区域分别用字符串常量 BorderLayout.EAST、BorderLayout.WEST、BorderLayout.SOUT、BorderLayout.NORTH、BorderLayout.CENTER 表示，在容器的每个区域，可以加入一个组件，往容器内加入组件时都应该指明把它放在容器的哪个区域中，使用 add(Component,index)方法将组件添加到 BorderLayout 容器中时，index 指定五个字符串之一。

BorderLayout 管理器有两种构造方法：BorderLayout( )和 BorderLayout(int hgap, int vgap)。

组件根据它们最合适的尺寸及其在容器中的位置来放置。南或北组件可以水平拉伸，东或西组件可以垂直拉伸，中央组件既可以水平又可以垂直拉伸以填充空白空间。

例 12-6 给出一个演示边界布局的程序。程序将五个标有 East、South、West、North 和 Center 的按钮添加到一个 BorderLayout 管理器的框架中。程序如下：

```
import javax.swing.JButton;
import javax.swing.JFrame;
import java.awt.BorderLayout;
public class ShowBorderLayout extends JFrame {
 public ShowBorderLayout() {
 setLayout(new BorderLayout(5, 10));//设置水平间隔 5 垂直间隔 10 的 BorderLayout
 add(new JButton("East"), BorderLayout.EAST);   //在 frame 中添加按钮
 add(new JButton("South"), BorderLayout.SOUTH);
 add(new JButton("West"), BorderLayout.WEST);
 add(new JButton("North"), BorderLayout.NORTH);
 add(new JButton("Center"), BorderLayout.CENTER);
 }
 public static void main(String[] args) {   //主方法
 ShowBorderLayout frame = new ShowBorderLayout();
 frame.setTitle("ShowBorderLayout"); frame.setSize(300, 200);
 frame.setLocationRelativeTo(null);          //frame 居中
 frame.setDefaultCloseOperation(JFrame.EXIT_ON_CLOSE);
 frame.setVisible(true);
}}
```

注意：BorderLayout 的 add 方法的不同，若省略 add 方法的位置参数，默认为是 BorderLayout.CENTER。即：add(component)和 add(component,BorderLayout.CENTER)是一样的。

4．CardLayout 布局管理器

CardLayout 布局管理器将每个组件看成一张卡片，而显示在屏幕上的每次只能是最上面的一个组件，这个被显示的组件将占据所有的容器空间，可以通过 first(Container

container)方法显示第一个对象, last(Container container)显示最后一个对象, next(Container container) 显示下一个对象, previous(Container container) 显示上一个对象。CardLayout 类有两个构造方法: CardLayout( )和 CardLayout(int hgap,int vgap)。具体举例略。

5. BoxLayout 布局管理器

BoxLayout 布局管理器将容器中的组件按水平方向排成一行或者垂直方向排成一列。当组件排成一行时, 每个组件可以有不同的宽度, 当排成一列时, 每个组件可以有不同的高度。

BoxLayout 布局管理器构造方法是: BoxLayout(Container target,int axis), 其中, target 是容器对象, 表示要为哪个容器设置此布局管理器; axis 指明 target 中组件的排列方式。具体举例略。

6. 布局管理器的动态改变

可以动态地改变布局管理器的属性。FlowLayout 具有属性 alignment、hgap 和 vgap, 可以使用 setAlignment、setHgap 和 setVgap 方法来表明对齐方式、水平间隔和垂直间隔。GridLayout 具有属性 rows、columns、hgap 和 vgap, 可以使用 setRows、setColumns、setHgap 和 setVgap 方法来指定行数、列数、水平间隔和垂直间隔。BorderLayout 具有属性 hgap 和 vgap, 可以使用 setHgap 和 setVgap 方法来指定水平间隔和垂直间隔。

前面考虑到创建布局管理器后, 它的属性不需要改变的情况, 所有使用的都是匿名布局管理器。如果需要动态地改变布局管理器的属性, 布局管理器必须用一个变量显式地引用。这样可以通过这个变量来改变布局管理器的属性。例如, 下面的代码创建一个布局管理器并且设置它的属性:

```
FlowLayout flowlayout = new FlowLayout();
Flowlayout.setAlignment(FlowLayout.RIGHT);
Flowlayout.setHgap(10); Flowlayout.setVgap(20);
```

7. 使用面板作为子容器

假设要在框架中放置十个按钮和一个文本域。按钮以网格方式放置, 文本域单独占一行。如果将所有这些组件放在一个单独的容器中, 是很难达到要求的视觉效果的。实际上, 使用 Java 图形用户界面进行程序设计, 可以将一个窗口分成几个面板。面板的作用就是分组放置用户界面组件的子容器。这样, 就可以将十个按钮以网格方式放在一个面板中, 然后再将这个面板与一个文本框以另一种布局方式放在容器中, 这样问题就得到了很好的解决。显然, 利用面板作为子容器, 能设计出很复杂的用户界面。

JPanel 面板前面已有介绍与使用。可以使用 new JPanel()创建一个带默认 FlowLayout 管理器的面板, 也可以使用 new JPanel(LayoutManager)创建一个带特定布局管理器的面板。使用 add(Component)方法可以向面板添加一个组件。面板可以放在一个框架或放在另一个面板中。

例 **12-7**　一个演示使用面板作为子容器的例子。程序创建一个微波炉样子的用户操作界面（如图 12-4 所示）。

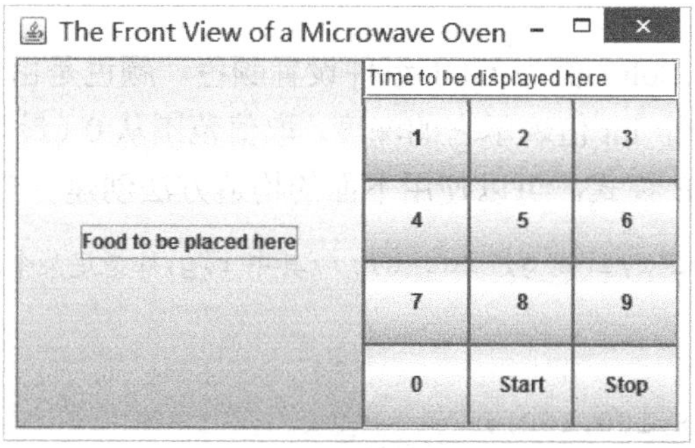

思政材料

图 12-4　微波炉界面

```
import java.awt.*;
import javax.swing.*;
public class TestPanels extends JFrame {
 public TestPanels() {
  JPanel p1 = new JPanel();          //为按钮创建 panel，并设置布局 GridLayout
  p1.setLayout(new GridLayout(4, 3));
   for(int i=1;i <= 9; i++) p1.add(new JButton("" + i)); //把按钮添加到 panel
   p1.add(new JButton(""+0)); p1.add(new JButton("Start")); p1.add(new
JButton("Stop"));
   JPanel p2=new JPanel(new BorderLayout());//创建放置一个文本框及 p1 panel
的 p2 panel
   p2.add(new JTextField("Time to be displayed here"),BorderLayout.NORTH);
   p2.add(p1, BorderLayout.CENTER);
   add(p2, BorderLayout.EAST);          //把内容加到 frame 中
   add(new JButton("Food to be placed here"),BorderLayout.CENTER);
  }
 public static void main(String[] args) {  //main 主方法
  TestPanels frame = new TestPanels();
  frame.setTitle("The Front View of a Microwave Oven");
  frame.setSize(400, 250);
  frame.setLocationRelativeTo(null);        //中间对齐
  frame.setDefaultCloseOperation(JFrame.EXIT_ON_CLOSE);
  frame.setVisible(true);
 }}
```

setLayout 方法是在 java.awt.Container 中定义的。由于 JPanel 是 Container 的子类，所以，可以使用 setLayout 在面板中设置一个新的布局管理器。

12.5　辅助类

辅助类有 Graphics、Color、Font、FontMetrics、Dimension 和 LayoutManager 等。这里介绍 Color、Font 等常用的类。

12.5.1　Color 类

可以使用 java.awt.Color 类为 GUI 组件设置颜色。颜色是由红、绿、蓝这三原色构成的，每种原色都用一个 int 值表示它的深度，取值范围从 0（最暗度）～255（最亮度）。这就是通常所说的 RGB 模式。可以使用下面的构造方法创建一个 color 对象：

```
public Color(int r,int g, int b);//其中r,g,b指定某个颜色的红、绿、蓝成分
```

例如：

```
public Color(128,100,100);
```

可以使用定义在 java.awt.Component 类中的 setBackground(Color c)和 setForeground (Color c)方法来设置一个组件的背景色和前景色。下面是设置一个按钮背景色和前景色的例子：

```
JButton jbtOK=new JButton("OK");
jbtOK.setBackground(color);jbtOK.setForeground(new Color(100,1,1));
```

还可以选择使用 java.awt.Color 中定义为常量的 13 种标准颜色（BLACK 黑色、BLUE 蓝色、CYAN 青色、DARK_GRAY 深灰、GRAY 灰色、GREEN 绿色、LIGHT_GRAY 淡灰、MAGENTA 洋红、ORANGE 橘色、PINK 粉色、RED 大红、WHITE 白色、YELLOW 黄色）之一。例如，下面的代码可以将按钮的前景色设置成红色：

```
jbtOK.setForeground(Color.RED);
```

12.5.2　Font 类

可以使用 java.awt.Font 类创建一种字体,然后使用 Component 类中的 setFont 方法设置组件的字体。Font 的构造方法是:

public Font(String name, int style, int size);

可以从 SansSerif、Serif、Monospaced、Dialog 或 DialogInput 等中选择一种字体名，可以从 Font.PLAIN(0)、Font.BOLD(1)、Font.ITALIC(2)和 Font.BOLD+Font.ITALIC(3)中选择风格，然后指定正整数的字体大小。例如，下面的语句创建两种字体，并且给按钮设置一种字体：

```
Font font1=new Font("SansSerif",Font.BOLD,16);
Font font2=new Font("Serif",Font.BOLD+Font.ITALIC,12);
JButton jbtOK=new JButton("OK");  jbtOK.setFont(font1);
```

提示：为了找出系统上可用的字体，需要使用 java.awt.GraphicsEnvironment 类的静

态方法 getLocalGraphicsEnvironment()创建这个类的一个实例。GraphicsEnvironment 是描述特定系统上图形环境的一个抽象类，可以使用它的 getAllFonts()方法来获取系统中所有可用的字体，也可以使用它的 getAvailableFontFamilyNames()方法来获取所有可用字体的名字。例如，下面的语句打印系统中所有可用字体的名字：

```
GraphicsEnvironment e= GraphicsEnvironment.getLocalGraphicsEnvironment();
String[] fontnames=e.getAvailableFontFamilyNames();
for(int i=0;i<fontnames.length;i++) System.out.println(fontnames[i]);
```

12.6　事件处理

设计和实现图形用户界面的工作主要有两个：一是创建组成界面的各种成分和元素，构成完整的图形用户界面的物理外观；二是定义图形用户界面的事件和各界面元素对不同事件的响应，实现图形用户界面与用户的交互功能。

为此，运行 Java 图形用户界面程序时，程序与用户进行交互的功能是由事件驱动程序来实现的。事件（event）可以定义为程序发生了某件事情的信号。外部用户动作和内部程序动作都可以触发事件，外部用户动作如单击按钮、移动鼠标和敲击键盘等，而内部程序动作的例子有定时器。程序可以决定是否响应某事件的发生。

能创建一个事件并触发该事件的组件称为源对象或源组件，例如，按钮是按钮单击动作事件的源对象。一个事件也是一个对象，事件是事件类的实例。事件类的根类是java.util.EventObject。一些事件类的层次关系如图 12-5 所示。

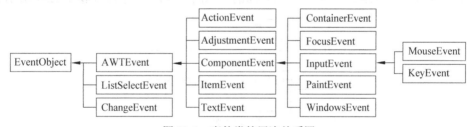

图 12-5　事件类的层次关系图

事件对象包含与事件相关的属性。可以使用 EventObject 类中的实例方法 getSource()获得事件的源对象。EventObject 类的子类处理特定类型的各种事件，例如动作事件、窗口事件、组件事件、鼠标事件和按钮事件等。表 12-1 列出了外部用户动作、源对象和触发的事件类型。

表 12-1　用户动作、源对象和事件类型

用户动作	源　对　象	触发的事件类型
点击按钮	JButton	ActionEvent
在文本域按回车键	JTextField	ActionEvent
选定一个新项	JComboBox	ItemEvent、ActionEvent

续表

用户动作	源 对 象	触发的事件类型
选定(多)项	JList	ListSelectionEvent
点击复选框	JCheckBox	ItemEvent、ActionEvent
点击单选按钮	JRadioButton	ItemEvent、ActionEvent
选定菜单项	JMenuItem	ActionEvent
窗口打开、关闭、最小化、还原或关闭	Window	WindowEvent
按住、释放、点击、回车或退出鼠标	Component	MouseEvent
…	…	…

注意：

（1）如果一个组件可以触发某个事件，那么这个组件的任意子类都可以触发同类型的事件。例如每个 GUI 组件都可以触发 MouseEvent、KeyEvent、FocusEvent 和 ComponentEvent，因为 Component 是所有 GUI 组件的父类。

（2）除了 ListSelectionEvent 和 ChangeEvent（它们包含在 javax.swing.event）以外的所有事件类都包含在 java.awt.event 包中。AWT 事件本来是为 AWT 组件设计的，但是许多 swing 组件都会触发它们。

12.6.1 事件处理模型

Java 使用一种基于委托的模型来处理事件。整个"委托事件模型"由产生事件的对象（事件源）、事件对象及监听者对象之间的关系所组成。如图 12-6 和图 12-7 所示。

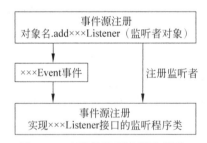

图 12-6 事件的处理过程示意图 1

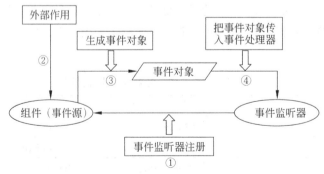

图 12-7 事件的处理过程示意图 2

源对象触发一个事件，对此事件感兴趣的对象会处理它。将对此事件感兴趣的对象称为监听器（Listener）。一个对象要成为源对象上的事件监听器，需要具备两个条件：

（1）监听器对象的类必须是相应的事件监听器接口继承实现的类，以确保监听器有处理这个事件的正确方法。Java 为每一种类型的事件都提供了监听器接口。通常，事件 XEvent 对应的监听器接口命名为 XListener（监听器 MouseMotionListener 是例外）。例如，事件 ActionEvent 对应的监听器接口是 ActionListener，ActionEvent 的每个监听器都应该实现 ActionListener 接口。

在 AWT 事件处理过程中，主要涉及 3 类对象：

① Event（事件）——用户对组件的一个操作，称为一个事件，以类的形式出现，例如，键盘操作对应的事件类是 KeyEvent。其实例在该事件发生时由系统自动产生。每一种事件都对应专门的监听者。

② Event Source（事件源）——事件发生的场所，通常就是各个组件，例如按钮 Button。

③ Event Monitor（事件监听器）——接收事件对象并对其进行处理的类的对象，通常其中某个成员方法对事件进行相应的处理。

注：Java 采取了事件委托处理模型，事件源自己不处理事件，而是把其自身所有可能发生的事件委托给事件监听器来处理。

AWT 的相关事件继承于 java.awt.AWTEvent 类，这些事件分为两大类：低级事件和高级事件。低级事件是值基于组件和容器的事件，当一个组件发生事件，如鼠标进入、点击、拖放或组件的窗口开关等时，触发了组件事件，具体包括：

① ComponentEvent 组件事件——组件尺寸的变化、移动；

② ContainerEvent 容器事件——组件增加、移动；

③ WindowEvent 窗口事件——关闭窗口、窗口闭合、图标化；

④ FocusEvent 焦点事件——焦点的获得和丢失；

⑤ KeyEvent 键盘事件——键按下、释放；

⑥ MouseEvent 鼠标事件——鼠标单击、移动。

（2）监听器对象必须由事件源对象注册。注册方法依赖于事件的类型。如果事件类型是 ActionEvent，那么对应的注册方法是 addActionListener。一般地，XEvent 的注册方法命名为 addXListener。一个源对象可以触发几种类型的事件。一个源对象对每个事件都维护着一个注册的监听器列表，通过调用监听器对象上的处理器来通知所有注册的监听器响应这个事件。事件对象可以通过相应方法获得事件相关信息，如，getSource()获取源事件对象，通过使用 getWhen()获得该事件的发生时间。

例 12-8　一个事件处理演示程序。

```
import java.awt.*;
import javax.swing.*;
import java.awt.event.*;//ActionListener 接口和事件类处于 event 包中，需导入该包
public class TestEvent extends JFrame{
 private JButton button1; private Container container;
```

```
public TestEvent(){
  this.setTitle("欢迎使用事件处理演示程序 ");
  container = this.getContentPane(); container.setLayout(new FlowLayout());
  button1=new JButton("测试事件");
  //button1 为事件源，为事件注册监听者，监听者必须实现该事件对应的接口。
  button1.addActionListener(new ButtonEventHandle());
  container.add(button1);            //把命令按钮添加到内容窗格上
  this.setVisible(true); this.setSize(300, 400);
}
//该类为内部类，作为事件监听程序类，该类必须实现事件对应的接口
class ButtonEventHandle implements ActionListener {
 //ActionListener 接口中方法实现，当触发 ActionEvent 事件时，执行该方法中的代码
 public void actionPerformed(ActionEvent e){System.out.println("命令按
钮被点击");}
 }
 public static void main(String[] args){ new TestEvent(); }
}
```

注册事件源的监听者对象为 this，要求该类必须实现 ActionListener 接口。

事件监听者与事件源之间是多对多的关系，一个事件监听者可以为多个事件源服务，同样，一个事件源可以有多个不同类型的监听者。

例 12-9 使用组件所在类作为事件监听程序。

```
import java.awt.*;import javax.swing.*;import java.awt.event.*;
public class TestEvent2 extends JFrame implements ActionListener {
//组件所在类作为事件监听程序类，该类必须实现事件对应的 ActionListener 接口
  private JButton button1; private Container container;
  public TestEvent2(){ this.setTitle("欢迎使用事件处理演示程序 ");
    container = this.getContentPane();container.setLayout(new FlowLayout());
    button1 = new JButton("退出"); //创建命令按钮组件对象
    //button1 为事件源，为事件注册监听者为该组件所在的类
    button1.addActionListener(this);
    container.add(button1); this.show(true);this.setSize(300, 400); }
//ActionListener 接口中的方法的实现，当触发 ActionEvent 事件时，执行该方法中的代码
 public void actionPerformed(ActionEvent e) { System.exit(0); }
 public static void main(String[] args) { new TestEvent2(); }
}
```

例 12-10 匿名内部类作为事件监听程序。

```
import java.awt.*;import javax.swing.*;import java.awt.event.*;
public class TestEvent3 extends JFrame {
 private JButton button1; private Container container;
 public TestEvent3(){ this.setTitle("欢迎使用事件处理演示程序 ");
  container=this.getContentPane(); container.setLayout(new FlowLayout());
  button1 = new JButton("退出");                //创建命令按钮组件对象
  //button1 为事件源，为事件注册监听者为匿名内部类
  button1.addActionListener(new ActionListener(){//匿名内部类作为事件监听
程序类，
```

//该类必须实现事件对应的 **ActionListener** 接口,当触发 **ActionEvent** 事件时,执行该方法

```
    public void actionPerformed(ActionEvent e){ System.exit(0); }});
container.add(button1); this.show(true); this.setSize(300, 400);
}
public static void main(String[] args){ new TestEvent3(); }
}
```

12.6.2 事件及监听者

不同事件源上发生的事件种类不同,不同的事件有不同的监听者处理。所以在 java.awt.event 包和 javax.swing.event 包中还定义了很多其他事件类。每个事件类都有一个对应的接口,接口中声明了若干个抽象的事件处理方法,事件的监听程序类需要实现相应的接口。

1. AWT 中的常用事件类及其监听者

java.util.EventObject 类是所有事件对象的基础父类

AWT 事件分为两大类:低级事件和高级事件。低级事件是指基于组件和容器的事件,如:鼠标的进入、点击、拖放等,或组件的窗口开关等,触发了组件事件。低级事件主要包括 ComponentEvent、ContainerEvent、WindowEvent、FocusEvent、KeyEvent、MouseEvent 等。高级事件是基于语义的事件。它可以不和特定动作相联系,而依赖于触发此事件的类。比如,在 TextField 中按 Enter 键会触发 actionEvent 事件,滑动滚动条会触发 AdjustmentEvent 事件,选中列表的某一条就会触发 ItemEvent 事件等。

表 12-2 列出了常用的 AWT 事件及其相应的监听器接口,一共 10 类事件,11 个接口。

表 12-2 事件、事件监听器和监听器方法

事件类别	描述信息	监听器接口名	方　　法
ActionEvent	激活组件	ActionListener	actionPerformed(ActionEvent e)
ItemEvent	选择了某些项目	ItemListener	itemStateChanged(ItemEvent e)
MouseEvent	鼠标移动	MouseMotionListener	mouseDragged(MouseEvent e)
			mouseMoved(MouseEvent e)
	鼠标点击等	MouseListener	mousePressed(MouseEvent e)
			mouseReleased(MouseEvent e)
			mouseEntered(MouseEvent e)
			mouseExited(MouseEvent e)
			mouseClicked(MouseEvent e)
KeyEvent	键盘输入	KeyListener	keyPressed(KeyEvent e)
			keyReleased(KeyEvent e)
			keyTyped(KeyEvent e)

事件类别	描述信息	监听器接口名	方　　法
FocusEvent	组件收到或失去焦点	FocusListener	focusGained(FocusEvent e) focusLost(FocusEvent e)
AdjustmentEvent	移动了滚动条等组件	AdjustmentListener	adjustmentValueChanged(Adjustment Event e)
ComponentEvent	对象移动缩放显示隐藏等	ComponentListener	componentMoved(ComponentEvent e) componentHidden(ComponentEvent e) componentResized(ComponentEvent e) componentShown(ComponentEvent e)
WindowEvent	窗口收到窗口级事件	WindowListener	windowClosing(WindowEvent e) windowOpened(WindowEvent e) windowIconified(WindowEvent e) windowDeiconified(WindowEvent e) windowClosed(WindowEvent e) windowActivated(WindowEvent e) windowDeactivated(WindowEvent e)
ContainerEvent	容器中增加删除了组件	ContainerListener	componentAdded(ContainerEvent e) componentRemoved(ContainerEvent e)
TextEvent	文本字段或文本区发生改变	TextListener	textValueChanged(TextEvent e)

2. swing 中的常用事件类及其监听者

使用 swing 组件时，对于比较低层的事件需要使用 AWT 包提供的处理方法对事件进行处理。在 javax.swing.event 包中也定义了一些事件类，具体请在 http://docs.oracle.com/javase/8/docs/api/上查阅。

例 12-11　编写程序，显示一个圆在中央以及两个按钮在底部的用户界面。当点击变大（Enlarge）按钮时，能用一个比较大的半径来重新绘制这个圆，而点击变小（Shrink）按钮时缩小半径来重绘制圆。程序如下：

```
import java.awt.*;import javax.swing.*;import java.awt.event.*;
public class ControlCircle extends JFrame {
  private JButton jbtEnlarge = new JButton("Enlarge");
  private JButton jbtShrink = new JButton("Shrink");
  private CirclePanel canvas = new CirclePanel();
  public ControlCircle() {
    JPanel panel = new JPanel();              //使用 panel 编组按钮
    panel.add(jbtEnlarge); panel.add(jbtShrink);
    this.add(canvas,BorderLayout.CENTER);   //把 canvas 放中间
    this.add(panel,BorderLayout.SOUTH);     //把 panel 加入 frame
    jbtEnlarge.addActionListener(new EnlargeListener());
    jbtShrink.addActionListener(new ShrinkListener());
  }
  public static void main(String[] args) { //主方法
```

```
    JFrame frame = new ControlCircle();
    frame.setTitle("控制圆变大或变小");
    frame.setLocationRelativeTo(null);                      //居中 frame
    frame.setDefaultCloseOperation(JFrame.EXIT_ON_CLOSE);
    frame.setSize(200,200); frame.setVisible(true);
  }
  class EnlargeListener implements ActionListener {       //定义内部类
    public void actionPerformed(ActionEvent e) { canvas.enlarge(); }
  }
  class ShrinkListener implements ActionListener {        //定义内部类
    public void actionPerformed(ActionEvent e){ canvas.shrink(); }
  }
  class CirclePanel extends JPanel {                      //定义内部类
    private int radius =5 ;                               //默认的圆半径
    public void enlarge() { radius++; repaint(); }
    public void shrink() { radius--; repaint(); }
    protected void paintComponent(Graphics g) {
      super.paintComponent(g);
      g.drawOval(getWidth()/2-radius, getHeight()/2-radius, 2*radius, 2*
radius);
    }
}}
```

例 12-12 给出处理来自 4 个按钮事件的例子，其界面如图 12-8 所示，要求程序使用匿名内部类创建 4 个监听器。

图 12-8　按钮界面

```
import javax.swing.*;import java.awt.event.*;
public class AnonymousListenerDemo extends JFrame {
 public AnonymousListenerDemo() {
  JButton jbtNew=new JButton("New");  //创建 4 个按钮
  JButton jbtOpen=new JButton("Open");
  JButton jbtSave = new JButton("Save");
  JButton jbtPrint = new Jbutton ("Print");
  JPanel panel=new JPanel();  //使用 panel 编组按钮
  panel.add(jbtNew); panel.add(jbtOpen);
  panel.add(jbtSave); panel.add(jbtPrint);
  add(panel);
  jbtNew.addActionListener( new ActionListener(){//创建和注册匿名内部类监听器
    public void actionPerformed(ActionEvent e) {
     System.out.println("Process New"); } });
  jbtOpen.addActionListener(new ActionListener(){//创建和注册匿名内部类监听器
    public void actionPerformed(ActionEvent e){System.out.println("Process
Open");}
    });
```

```
    jbtSave.addActionListener( new ActionListener(){//创建和注册匿名内部类监听器
      public void actionPerformed(ActionEvent e){System.out.println ("Process
Save");
      } });
    jbtPrint.addActionListener( new ActionListener(){//创建和注册匿名内部类
监听器
      public void actionPerformed(ActionEvent e){System.out.println("Process
Print");
      } }); }
  public static void main(String[] args) {  //主方法
    JFrame frame = new AnonymousListenerDemo();
    frame.setTitle("AnonymousListenerDemo");
    frame.setLocationRelativeTo(null );        //居中 frame
    frame.setDefaultCloseOperation(JFrame.EXIT_ON_CLOSE);
    frame.pack();                              //按组件大小来自动调整框架大小
    frame.setVisible(true);
  }
}
```

例 12-13 只创建一个监听器，让监听器检测出事件源。

```
import javax.swing.*;import java.awt.event.*;
public class DetectSourceDemo extends JFrame {
 private JButton jbtNew = new JButton("New");            //创建 4 个按钮
 private JButton jbtOpen = new JButton("Open");
 private JButton jbtSave = new JButton("Save");
 private JButton jbtPrint = new JButton("Print");
 public DetectSourceDemo(){JPanel panel=new JPanel();//使用 panel 编组按钮
  panel.add(jbtNew); panel.add(jbtOpen); panel.add(jbtSave); panel.add
(jbtPrint);
    add(panel);
    ButtonListener listener = new ButtonListener(); //创建监听器
    jbtNew.addActionListener(listener); jbtOpen.addActionListener(listener);
    jbtSave.addActionListener(listener); jbtPrint.addActionListener(listener);
  }
 class ButtonListener implements ActionListener { //创建监听器内部类
  public void actionPerformed(ActionEvent e) {
    if (e.getSource()==jbtNew) System.out.println("Process New");
    else if (e.getSource()==jbtOpen) System.out.println("Process Open");
    else if (e.getSource()==jbtSave) System.out.println("Process Save");
    else if (e.getSource()==jbtPrint) System.out.println("Process Print");
  }
 }
 public static void main(String[] args) {  //主方法
  JFrame frame = new DetectSourceDemo(); frame.setTitle("DetectSourceDemo");
  frame.setLocationRelativeTo(null );        //居中 frame
  frame.setDefaultCloseOperation(JFrame.EXIT_ON_CLOSE);
  frame.pack();                              //按组件大小来自动调整框架大小
  frame.setVisible(true);
```

```
    }
  }
```

可以用多种方式定义监听器类。哪种方式比较好呢？使用内部类或匿名内部类定义监听器类已经成为事件处理程序设计的标准，因为它通常都能提供清晰、干净和简洁的代码。

例 12-14 贷款计算器功能的实现。

分析：按如图 12-9 所示布局界面，创建一个 5 行 2 列的 GridLayout 面板，加入框架中央，创建另一个带 FlowL ayout(FlowLayout.RIGHT)的面板，加入到框架的南边。创建和注册用以处理点击按钮动作事件的监听器。处理器获取关于贷款总额、利率和年数的输入，计算月偿还额和总偿还额，然后在文本框显示这两个计算值。

图 12-9　贷款计算器界面

```java
import javax.swing.*;import java.awt.*;import java.awt.event.*;
import javax.swing.border.TitledBorder;
public class LoanCalculator extends JFrame {
 private JTextField jtfAnnualInterestRate = new JTextField(); //创建5个
文本框
   private JTextField jtfNumberOfYears = new JTextField();
   private JTextField jtfLoanAmount = new JTextField();
   private JTextField jtfMonthlyPayment = new JTextField();
   private JTextField jtfTotalPayment = new JTextField();
   private JButton jbtComputeLoan=new JButton("Compute Payment");//创建一
个按钮
   public LoanCalculator() {
     JPanel p1 = new JPanel(new GridLayout(5,2)); //使用panel放标签与文本
     p1.add(new JLabel("贷款年利率:")); p1.add(jtfAnnualInterestRate);
     p1.add(new JLabel("贷款年数:"));   p1.add(jtfNumberOfYears);
     p1.add(new JLabel("贷款总金额:")); p1.add(jtfLoanAmount);
     p1.add(new JLabel("月还贷金额:")); p1.add(jtfMonthlyPayment);
     p1.add(new JLabel("总还贷金额:")); p1.add(jtfTotalPayment);
     p1.setBorder(new TitledBorder("请输入总贷款额、贷款年利率和贷款年数:"));
     JPanel p2=new JPanel(new FlowLayout(FlowLayout.RIGHT));//使用panel放
按钮
     p2.add(jbtComputeLoan);
     add(p1,BorderLayout.CENTER); add(p2,BorderLayout.SOUTH);
     jbtComputeLoan.addActionListener(new ButtonListener());
   }
  class ButtonListener implements ActionListener {        //创建监听器内部类
   public void actionPerformed(ActionEvent e) {
   double interest = Double.parseDouble(jtfAnnualInterestRate.getText());
                                                        //计算值
   int year = Integer.parseInt(jtfNumberOfYears.getText());
   double loanAmount = Double.parseDouble(jtfLoanAmount.getText());
```

```
    Loan loan =new Loan(interest,year,loanAmount); //创建贷款对象
      jtfMonthlyPayment.setText(String.format("%.2f",
  loan.getMonthlyPayment()));
      jtfTotalPayment.setText(String.format("%.2f", loan.getTotalPayment()));
    }}
  public static void main(String[] args) {  //主方法
   LoanCalculator frame = new LoanCalculator();
   frame.pack();                              //按组件大小来自动调整框架大小
   frame.setTitle("贷款计算器");
   frame.setLocationRelativeTo(null );         //居中 frame
   frame.setDefaultCloseOperation(JFrame.EXIT_ON_CLOSE);
   frame.setVisible(true);
  }}
```

说明：构建方法创建用户界面，按钮是事件源。创建一个监视器并注册到按钮，用 Loan 类来计算贷款偿还额，并用 setText 方法设置到文本框中来显示结果。

```
public class Loan {
  private double annualInterestRate;
  private int numberOfYear;
  private double loanAmount;
  private java.util.Date loanDate;
  public Loan(){ this(2.5,1,10000); }
  public Loan(double annualInterestRate,int numberOfYear,double loanAmount){
   this.annualInterestRate=annualInterestRate;
this.numberOfYear=numberOfYear;
    this.loanAmount=loanAmount; loanDate=new java.util.Date();
   }
  public double getAnnualInterestRate() { return annualInterestRate; }
  public void setAnnualInterestRate(double annualInterestRate) {
   this.annualInterestRate = annualInterestRate;
   }
  public double getNumberOfYear(){ return numberOfYear; }
  public void setNumberOfYear(int numberOfYear){ this.numberOfYear =
numberOfYear;}
  public double getLoanAmount() { return loanAmount; }
  public void setLoanAmount (double loanAmount){this.loanAmount= loanAmount;}
  public java.util.Date getLoanDate() { return loanDate; }
  public double getMonthlyPayment() {
   double monthlyInterestRate = annualInterestRate / 12;
   double monthlyPayment = loanAmount * monthlyInterestRate / (1 -1 /
    Math.pow(1 + monthlyInterestRate, numberOfYear * 12));//计算月支付额
   return monthlyPayment;
  }
  public double getTotalPayment() {
   double totalPayment = getMonthlyPayment() * numberOfYear * 12 ;
                                                    //计算总支付额
   return totalPayment;
  }
```

```
public static void main(String args[]){
  Loan ln = new Loan(0.035,10,560000);System.out.println("月供"+
ln.getMonthlyPayment()+"元,总供"+ln.getTotalPayment()+"元。");
  }}
```

12.6.3　窗口事件

如果窗体关闭时需要执行自定义的代码，则可以利用窗口事件 WindowEvent 来对窗体进行操作，包括关闭窗体、窗体失去焦点、获得焦点、最小化等。WindowsEvent 类包含的窗口事件如表 12-2 所示。

WindowEvent 类的主要方法有 getWindow( )和 getSource( )。这两个方法的区别是：getWindow( )方法返回引发当前 WindowEvent 事件的具体窗口，返回值是具体的 Window对象；getSource( )方法返回的是相同的事件引用，其返回值的类型为 Object。

例 12-15　介绍一个处理 WindowEvent 的例子。创建一个框架，监听窗口事件，然后显示一条信息表明当前发生的事件。

```
import javax.swing.JFrame;import java.awt.event.*;
public class TestWindowEvent extends JFrame {
 public static void main(String[] args) { //主方法
   TestWindowEvent frame = new TestWindowEvent();
   frame.setTitle("TestWindowEvent "); frame.setSize(220,80);
   frame.setLocationRelativeTo(null ); //居中 frame
   frame.setDefaultCloseOperation(JFrame.EXIT_ON_CLOSE);
   frame.setVisible(true);
 }
 public TestWindowEvent() {
 addWindowListener(new WindowListener(){
 public void windowDeiconified(WindowEvent event){System.out.println
("window deiconified ");}
   public void windowIconified(WindowEvent event){System.out.println
"window iconified ");}
   public void windowActivated(WindowEvent event){System.out.println
("window activated ");}
   public void windowDeactivated (WindowEvent event){System.out.println
("window deactivated ");}
   public void windowOpened(WindowEvent event){System.out.println("window
Opened ");}
   public void windowClosing(WindowEvent event){System.out.println("window
closing ");}
   public void windowClosed(WindowEvent e){  }
 });
 }}
```

window 类或者 window 的任何子类都可能会触发 WindowEvent。因为 JFrame 是Window 的子类，所以它可以触发 WindowEvent。

12.6.4　监听器接口适配器

因为 WindowListener 接口中的方法都是抽象的，所以即使程序并不关注某些事件，还是必须实现所有方法。为了方便起见，Java 提供了称作监听器的支持类（形如 XXXAdapter 类），它提供监听器接口中所有方法的默认实现。默认实现只是一个空的程序体。

Java 为每个 AWT 监听器接口提供有多个处理器的监听器。在实际开发中在编写监听器代码时不再直接实现监听接口，而是继承适配器类并重写需要的事件处理方法，这样就避免了编写大量不必要代码。表 12-3 列出了常用适配器及其实现的接口。

表 12-3　适配器及其实现的接口

适配器类	实现的接口
ComponentAdapter	ComponentListener,EventListener
ContainerAdapter	ContainerListener,EventListener
FocusAdapter	FocusListener,EventListener
KeyAdapter	KeyComponentListener,EventListener
MouseAdapter	MouseListener,EventListener
MouseMotionAdapter	MouseMotionListener,EventListener
WindowAdapter	WindowFocusListener,WindowListener,WindowStateListener,EventListener

例 12-16　常用适配器（WindowAdapter）应用示例。

```
import javax.swing.JFrame; import java.awt.event.*;
public class AdapterDemo extends JFrame {
  public static void main(String[] args) { //主方法
    AdapterDemo frame = new AdapterDemo();
    frame.setSize(220,80); frame.setTitle("监听器接口适配器示例 ");
    frame.setLocationRelativeTo(null );      //居中 frame
    frame.setDefaultCloseOperation(JFrame.EXIT_ON_CLOSE);
    frame.setVisible(true);
  }
  public AdapterDemo() {
    addWindowListener(new WindowAdapter(){
     public void windowActivated(WindowEvent event) {
       System.out.println("window activated ");
     }});
  }
}
```

12.6.5　键盘事件

Java 提供了 KeyEvent 类来捕获键盘事件，处理 KeyEvent 事件的监听者对象可以是实现 KeyListener 接口的类，或者是继承 KeyAdapter 类的子类。

在 KeyListener 接口中有如下三个事件：

（1）public void keyPressed(KeyEvent e)——代表键盘按键被按下的事件。

（2）public void keyReleased(KeyEvent e)——代表键盘按键被放开的事件。

（3）public void keyTyped(KeyEvent e)——代表按键被敲击的事件。

KeyEvent 类中的常用方法有：

（1）char getKeyChar( )方法——它返回引发键盘事件的按键对应的 Unicode 字符。

（2）String getKeyText( )方法——它返回引发键盘事件的按键的文本内容。

（3）int getKeyCode()方法——返回与此事件中的键相关联的整数 keyCode。

例 12-17　键盘事件应用示例。

```
import java.awt.*; import javax.swing.*; import java.awt.event.*;
public class KeyEventDemo extends JFrame {
 private JLabel showInf;
 private Container container;
 public KeyEventDemo() { container = this.getContentPane();
  container.setLayout(new BorderLayout());
  showInf = new JLabel();                         //创建标签对象，初始没有任何提示信息
  container.add(showInf,BorderLayout.NORTH);//把标签加入到窗口内容窗格的北部
  this.addKeyListener(new keyLis());              //注册键盘事件监听程序
  //注册窗口事件监听程序，监听器以匿名类的形式进行
  this.addWindowListener(new WindowAdapter(){//匿名类开始
    public void windowClosing(WindowEvent e) //把退出窗口的语句写在本方法中
    {  System.exit(0);  }                     //窗口关闭
  });                                         //匿名类结束
  this.setSize(600, 450); this.setVisible(true);
 }
 class keyLis extends KeyAdapter {             /*内部类开始*/
  public void keyTyped(KeyEvent e) {
    char c = e.getKeyChar();                   //获取键盘键入的字符
    showInf.setText("你按下的键盘键是"+c +"");//设置标签上的显示信息
  }
  public void keyPressed(KeyEvent e) {
    if (e.getKeyCode() == 27) System.exit(0);//如果按下 Esc 键退出程序的执行
  }
 } /*内部类结束*/
 public static void main(String[] arg){ new KeyEventDemo(); }
}
```

12.6.6　鼠标事件

Mouse 有关的事件可分为两类。一类是 MouseListener 接口，主要针对鼠标的按键与位置作检测，共提供如下 5 个事件的处理方法：

```
public void mouseClicked(MouseEvent e);      //代表鼠标点击事件
public void mouseEntered(MouseEvent e);      //代表鼠标进入事件
public void mousePressed(MouseEvent);        //代表鼠标按下事件
public void mouseReleased(MouseEvent);       //代表鼠标释放事件
public void mouseExited(MouseEvent);         //代表鼠标离开事件
```

另一类是 MouseMotionListener 接口，主要针对鼠标的坐标与拖动操作做处理，处理方法有如下两个：

（1）public void mouseDragged(MouseEvent) 代表鼠标拖动事件；

（2）public void mouseMoved(MouseEvent) 代表鼠标移动事件。

MouseEvent 类还提供了获取发生鼠标事件坐标及点击次数的成员方法 MouseEvent 类中的常用方法有：

① Point getPoint() 返回 Point 对象，包含鼠标事件发生的坐标点；

② int getClickCount() 返回与此事件关联的鼠标单击次数；

③ int getX() 返回鼠标事件 x 坐标；

④ int getY() 返回鼠标事件 y 坐标；

⑤ int getButton() 返回哪个鼠标按键更改了状态。

例 12-18　鼠标事件的响应示例。

```java
import java.awt.*;
import javax.swing.*;
import java.awt.event.*;
//当前类作为 MouseEvent 事件的监听者，该类需要实现对应的接口
public class MouseEventDemo extends JFrame implements MouseListener {
 private JLabel showX, showY, showSatus;
 private JTextField t1, t2; private Container container;
 public MouseEventDemo() {
  container = this.getContentPane();
  container.setLayout(new FlowLayout());
  showX = new JLabel("X 坐标");//创建标签对象，字符串为提示信息
  showY = new JLabel("Y 坐标");//创建标签对象，字符串为提示信息
  showSatus = new JLabel();    //创建标签对象，初始为空，用于显示鼠标的状态信息
  //创建显示信息的文本，用于显示鼠标坐标的值，最多显示 10 个字符
  t1 = new JTextField(10); t2 = new JTextField(10);
  //把组件顺次放入到窗口的内容窗格中
  container.add(showX); container.add(t1); container.add(showY);
  container.add(t2);    container.add(showSatus);
  //为本窗口注册鼠标事件监听程序为当前类，mouseEventDemo 必须实现 MouseListener
接口或者继承 MouseAdapter 类
```

```
this.addMouseListener(this);
//为本窗口注册 MouseMotionEvent 监听程序，该类为 MouseMotionAdapter 类的子类
this.addMouseMotionListener(new mouseMotionLis());
//注册窗口事件监听程序，监听器以匿名类的形式进行
this.addWindowListener(new WindowAdapter(){//匿名类开始
  public void windowClosing(WindowEvent e) //把退出窗口的语句写在本方法中
  { System.exit(0); }                      //窗口关闭
});                                        //匿名类结束
this.setSize(600, 450); this.setVisible(true);
}
/* 内部类开始作为 MouseMotionEvent 的事件监听者 */
class mouseMotionLis extends MouseMotionAdapter {
 public void mouseMoved(MouseEvent e) {
  int x = e.getX();int y = e.getY();        //获取鼠标的 x 坐标，y 坐标
  t1.setText(String.valueOf(x));            //设置文本框的提示信息
  t2.setText(String.valueOf(y));
 }
 public void mouseDragged(MouseEvent e){
  showSatus.setText("拖动鼠标"); }           //设置标签的提示信息
}                                          /* 内部类结束 */
//以下方法是 mouseListener 接口中的事件实现对鼠标的按键与位置作检测
public void mouseClicked(MouseEvent e) {
 showSatus.setText("点击鼠标" + e.getClickCount() + "次");
} //获取鼠标点击次数
public void mousePressed(MouseEvent e){showSatus.setText("鼠标按钮按下"); }
public void mouseEntered(MouseEvent e){showSatus.setText("鼠标进入窗口"); }
public void mouseExited(MouseEvent e) {showSatus.setText("鼠标不在窗口"); }
public void mouseReleased(MouseEvent e){showSatus.setText("鼠标按钮松开"); }
public static void main(String[] arg){new MouseEventDemo();}//创建窗口对象
}
```

12.6.7 Timer 类的动画

并非所有的源对象都是 GUI 组件。类 javax.swing.Timer 就是一个按照预定频率触发 ActionEvent 事件的源组件。

Timer 类的一些方法有：

（1）Timer(int delay,ActionListener listener)创建一个带特定的毫秒延时和 ActionListener 的 Timer 对象；

（2）void addActionListener(ActionListener listener)给定时器增加一个 ActionListener；

（3）void start() 启动一个定时器；

（4）void stop() 终止一个定时器；

（5）void setDelay(int delay) 为定时器设置一个新的延时值。

一个 Timer 对象可以作为 ActionEvent 事件的源。监听器必须是 ActionListener 的实例并且要注册到 Timer 对象。可以使用 Timer 类的唯一一个构造方法创建一个 Timer 对

象；也可以使用 addActionListener()方法添加其他的监视器，用 setDelay 方法调整延时。要启动定时器，则调用 start()方法。要终止定时器时，则调用 stop()方法。例如：

例 12-19 利用 Timer 类来显示一条移动的消息。

```
import java.awt.*;import java.awt.event.*;import javax.swing.*;
public class AnimationDemo extends JFrame {
 public AnimationDemo() { this.setLayout(new GridLayout(2, 1));
  add(new MovingMessagePanel("message moving?", 1000));
  add(new MovingMessagePanel("2410!",500));//为移动信息创建MovingMessagePanel
 }
 public static void main(String[] args) { //主方法
 AnimationDemo frame = new AnimationDemo();
 frame.setTitle("AnimationDemo"); frame.setLocationRelativeTo(null);
                                          //居中 frame
 frame.setDefaultCloseOperation(JFrame.EXIT_ON_CLOSE);
 frame.setSize(280, 100); frame.setVisible(true);
 }
 static class MovingMessagePanel extends JPanel { //内部类显示移动信息
 private String message = "Welcome to Java";
 private int xCoordinate = 0; private int yCoordinate = 20;
 public MovingMessagePanel(String message, int delay) {
   this.message = message;
   Timer timer = new Timer(delay, new TimerListener());//创建一个 Timer
   timer.start();
 }
 public void paintComponent(Graphics g) { /** Paint message */
   super.paintComponent(g);
   if (xCoordinate > getWidth()) xCoordinate = -20;
   xCoordinate += 5; g.drawString(message, xCoordinate, yCoordinate);
 }
 class TimerListener implements ActionListener {
  public void actionPerformed(ActionEvent e) { repaint();}//处理事件
 }
}}
```

12.7 常用 swing 组件

图形用户界面（GUI）可以使系统对用户更友好且更易于使用。创建一个 GUI 需要创造性并且了解相关 GUI 组件如何工作的知识。GUI 组件非常灵活且功能多样，因而可以创建各种各样有用的用户界面。常用 swing 组件功能上可分为：

（1）顶层容器——JFrame、JApplet、JDialog、JWindow 共 4 个。

（2）中间容器——JPanel、JScrollPan 等。

（3）特殊容器——JInternalFram 等。

（4）基本控件——如 JButton、JComboBox、JList、JMenu、JtextField 等。

（5）不可编辑信息的显示——JLabel、JProgressBar、JToolTip 等。

（6）可编辑信息的显示——如 JColorChooser、JFileChooser 等。

常用 swing 组件的继承关系可参照图 12-2（见 12.3.2 节）

例 12-20　一个使用多个 swing 组件来创建图形用户界面的例子。可以给窗口添加像按钮、标签、文本框、复选框和组合框等组件，组件是使用类来定义的。

```java
import javax.swing.*;
public class GUIComponents {
 public static void main(String[] args) {
  JButton jbtOK = new JButton("确认");                        //创建一个确认按钮
  JButton jbtCancel = new JButton("取消");                    //创建一个取消按钮
  JLabel jlblName =new JLabel("请输入你的名字：");            //创建一个标签
  JTextField jtfName=new JTextField("在这里输入你的姓名");//创建一个文本框
  JCheckBox jchkBold = new JCheckBox("粗体");                //创建一个复选框
  JCheckBox jchkItalic = new JCheckBox("斜体");              //创建另一复选框
  JRadioButton jrbRed = new JRadioButton("红");              //创建单选按钮
  JRadioButton jrbYellow = new JRadioButton("黄");
  //创建组合框
  JComboBox jcboColor=new JComboBox(new String[]{"大一","大二","大三","大四"});
  JPanel panel = new JPanel();                               //创建 panel 中间容器
  panel.add(jbtOK);                                         //添加确定按钮到 panel 容器
  panel.add(jbtCancel);                                     //添加取消按钮到 panel 容器
  panel.add(jlblName);                                      //添加标签到 panel 容器
  panel.add(jtfName);                                       //添加文本框到 panel 容器
  panel.add(jchkBold);                                      //添加粗体复选框到 panel 容器
  panel.add(jchkItalic);                                    //添加斜体复选框到 panel 容器
  panel.add(jrbRed);                                        //添加单选按钮到 panel 容器
  panel.add(jrbYellow);                                     //添加单选按钮到 panel 容器
  panel.add(jcboColor);                                     //添加组合框到 panel 容器
  JFrame frame=new JFrame();                                //创建 frame 框架
  frame.add(panel);                                         //添加 panel 容器到 frame 框架
  frame.setTitle("显示 GUI 组件");                          //设置窗口标题
  frame.setSize(450, 100);                                  //设置窗口长宽大小
  frame.setLocation(200, 100);                              //设置窗口左上角位置
  frame.setDefaultCloseOperation(JFrame.EXIT_ON_CLOSE);//关闭窗口退出程序
  frame.setVisible(true);                                   //设置窗口可见
}}
```

12.8　菜单设计

菜单在 GUI 应用程序中有着非常重要的作用，通过菜单用户可以非常方便地访问应用程序的各个功能，是软件中必备的组件之一，利用菜单可以将程序功能模块化。swing 包中提供了多种菜单组件，它们的继承关系如图 12-2 所示（见 12.3.2 节）。

12.8.1　下拉式菜单

1．菜单栏

菜单栏（JmenuBar）是窗口中的主菜单，它只用来管理菜单，不参与交互式操作。Java 应用程序中的菜单都包含在一个菜单栏对象之中。JMenuBar 只有一个构造方法 JMenuBar( )。而顶层容器类如 JFrame、JApplet 等都有 setMenuBar(JMenuBar menu)方法把菜单栏放到窗口上。

2．菜单

菜单（JMenu）是最基本的下拉菜单，用来存放和整合菜单项(JMenuItem)的组件。

1）JMenu 常用的构造方法

（1）JMenu( )：创建一个空标签的 JMenu 对象；

（2）JMenu(String text)：使用指定的标签创建一个 JMenu 对象；

（3）JMenu(String text，Boolean b)：使用指定的标签创建一个 JMenu 对象，并给出此菜单是否具有下拉式的属性。

2）常用成员方法

（1）getItem(int pos)得到指定位置的 JMenuItem；

（2）getItemCount() 得到菜单项数目，包括分隔符；

（3）insert 和 remove()插入菜单项或者移除某个菜单项；

（4）addSeparator()和 insertSeparator(int index)在某个菜单项间加入分隔线。

3．菜单项

菜单项（JMenuItem）是菜单系统中最基本的组件，它继承自 AbstractButton 类，单中选择某一项时会触发 ActionEvent 事件。

1）常用的菜单构造方法

（1）JMenuItem(String text) 创建一个具有文本提示信息的菜单项；

（2）JMenuItem(Icon icon) 创建一个具有图标的菜单项；

（3）JMenuItem(String text，Icon icon) 创建有文本又有图标的菜单项；

（4）JMenuItem(String text，int mnemonic) 创建一个指定文本和键盘快捷的菜单项。

2）常用的成员方法

（1）void setEnabled(boolean b) 启用或禁用菜单项；

（2）void setAccelerator(KeyStroke keyStroke) 设置加速键；

（3）void setMnemonic(char mnemonic) 设置快捷键。

4．制作下拉菜单的一般步骤

制作一个可用的菜单系统，一般需要经过下面的几个步骤：

（1）创建一个 JMenuBar 对象并将其放置在一个 JFrame 中；

（2）创建 JMenu 对象；

（3）创建 JMenuItem 对象并将其添加到 JMenu 对象中；

（4）把 JMenu 对象添加到 JMenuBar 中。

例 12-21　创建图书管理系统的简易功能菜单。

```java
import javax.swing.*;import java.awt.*;import java.awt.event.*;
public class MainFrame extends JFrame {
 Container container; JMenuItem item1,item2,item3;
 public MainFrame(){
   this.setTitle("欢迎使用图形用户界面演示程序 ");  //设置标题
   container = this.getContentPane();              //获取默认的内容窗格
   container.setLayout(new BorderLayout());        //设置布局格式
   JMenuBar menuBar = new JMenuBar();              //创建菜单栏
   buildMainMenu(menuBar);                         //最定义组建菜单的方法
   this.setJMenuBar(menuBar);                      //把菜单栏挂到该窗口上
   this.show(true);this.setSize(600,450);          //显示与设置窗口大小
 }
 //构建菜单，这里只创建三个菜单：文件、图书信息查询和帮助菜单
 protected void buildMainMenu(JMenuBar menuBar) {
   JMenu fileMenu = new JMenu("文件(F)");          //文件菜单的创建
   JMenuItem exit = new JMenuItem("退出");
   //为事件注册，对 ActionEvent 事件作出处理
   exit.addActionListener(new ActionListener() {
     public void actionPerformed(ActionEvent e) {
       setVisible(false); dispose(); System.exit(0);
     } });
   fileMenu.add(exit);                             //把退出菜单项添加到菜单中
   menuBar.add(fileMenu);                          //文件菜单添加到菜单栏上
   JMenu demoMenu = new JMenu("组件使用演示程序");
   item1=new JMenuItem("JCheckBox 使用");
   item2=new JMenuItem("JList 使用"); item3=new JMenuItem("JTable 使用");
   item1.addActionListener(new ItemsActionListener());//为事件注册
   item2.addActionListener(new ItemsActionListener());//为事件注册
   item3.addActionListener(new ItemsActionListener());//为事件注册
   demoMenu.add(item1);                            //把菜单项添加到查询菜单中
   demoMenu.add(item2); demoMenu.add(item3);
   menuBar.add(demoMenu);                          //查询菜单添加到菜单栏上
   JMenu helpMenu = new JMenu("帮助");             //帮助菜单的创建
   JMenuItem aboutMenuItem = new JMenuItem("关于");
   aboutMenuItem.addActionListener(new AboutActionListener());//为事件注册
   helpMenu.add(aboutMenuItem);                    //把关于菜单项添加到帮助菜单中
   menuBar.add(helpMenu);                          //帮助菜单添加到菜单栏上
 }
 class ItemsActionListener implements ActionListener{
  public void actionPerformed(ActionEvent e){
    if (e.getSource()==item1) new JCheckBoxDemo();
    else if (e.getSource()==item2) new JListDemo();
```

```
                else if (e.getSource()==item3) new JTableDemo();
          }
       }
       class AboutActionListener implements ActionListener{//帮助菜单中关于菜单
项的事件监听者
          public void actionPerformed(ActionEvent event) {
             String msg="喜欢使用java图形界面"; String title="消息框的使用";
             JOptionPane.showMessageDialog(container, msg, title,
JOptionPane.INFORMATION_MESSAGE ); }
          }
          public static void main(String[] args){ new MainFrame(); }
       }
```

12.8.2 弹出式菜单

弹出式菜单（JPopupMenu）是一种比较特殊的特殊菜单，可以根据需要显示在指定的位置。弹出式菜单有两种构造方法：

（1）public JPopupMenu() 创建一个没有名称的弹出式菜单；

（2）public JPopupMenu(String label) 构建一个有指定名称的弹出式菜单。

在弹出式菜单中可以像下拉式菜单一样加入菜单或者菜单项，在显示弹出式菜单时，必须调用 show(Component invoker, int x,int y)方法。

12.9　本章小结

GUI 编程涉及 AWT 包和 swing 包中的大量类与接口，java.awt 包提供了基本的 Java 程序的 GUI 设计工具，而 java.swing 是对 AWT 的扩展，swing 组件都以"J"开头的。

本章首先主要介绍创建 Java 图形用户界面基本概念，然后详细讲解了在进行用户界面设计时用到的常用容器、布局管理器，以及事件相应原理及常用事件的监听和处理方法。本章还介绍了常用 swing 组件及其事件的监听和处理方法。

12.10　习题

一、简答题

1. Java 提供的常用容器组件有哪些？它们常用的事件处理接口各是什么？

2. Java 提供的常用布局管理器有哪些？它们在布局上各有什么特点？

3. Java 从 JDK1.1 开始引入了委托事件模型，简述其所采用的事件处理机制。

4. 简述 Java 的事件处理机制。什么是事件源？什么是监听者？在 Java 的图形用户界面中，谁可以充当事件源？谁可以充当监听者？

二、编程题

1. 编写程序，包括一个标签、一个文本框和一个菜单，当用户单击按钮时，程序把文本框中的内容复制到标签中。

2．编写一个 Java 应用程序，模拟一个电子计算器。

（1）计算器上有 0，2，3，…，9 十个数字按钮；

（2）计算器上有+、-、×、÷、= 5 个操作按钮。按"="输出计算结果；

（3）计算器上一个电源按钮：电源打开时，单击关闭；关闭时，单击打开。

3．编写一个 Frame 框架应用程序，要求如下：

（1）在窗口设置两个菜单"文件""编辑"；

（2）在"文件"菜单里添加三个菜单项"打开""保存""关闭"；

（3）在"编辑"菜单里添加两个菜单项"复制""粘贴"；

（4）点击关闭菜单项时，使程序关闭。

第 13 章　文件输入输出

　　程序运行时变量、数组、对象等中的数据暂时存储在内存中，当程序终止时它们就会丢失。为了能够永久地保存程序相关的数据，就需要将它们存储到磁盘或光盘上的文件中。这些文件可以传送，也可以后续被其他程序使用。文件是计算机中程序、数据的永久存在形式。对文件数据的输入输出操作是信息管理的不可或缺的基本要求。

　　学习重点或难点：

- Java 数据流的基本概念
- 文本文件输入输出
- 随机文件访问
- 文件类 File
- 二进制文件输入输出

　　文件输入输出操作是几乎所有语言都具有的功能，学习本章后你将具备信息管理的基本技能。

13.1　引言

　　Java 中 File 类用来代表一个文件、一个目录或目录名和一个文件的组合，File 类提供了描述文件和目录的方法。所用到的文件名是系统相关的，但 File 类提供方便的方法来以独立于系统的方式访问和操作文件。File 类在 java.io 包中，但它不负责数据的输入/输出。

　　Java 语言具有平台无关性，不允许程序直接访问 I/O 设备，其对包括文件在内设备的 I/O 操作是以流的形式实现的。通过流，程序可以从各种输入设备读入数据，向各种输出设备输出数据。Java 把不同类型的输入、输出源抽象为流（stream），表示了字符或者字节数据的流动序列，分别称为字符流或者字节流。"流"是一个用于在计算机中进行数据传输的机制，其示意图如图 13-1 所示。

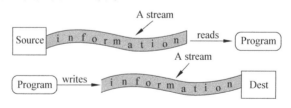

图 13-1　Java 输入输出流示意图

1. 字符流

　　从 Reader 和 Writer 派生出的一系列类，这类流以 16 位的 Unicode 码表示的字符为基本处理单位。

2．字节流

从 InputStream 和 OutputStream 派生出来的一系列类。这类流以字节（byte）为基本处理单位。

Java 中按数据传送的方向，可分为输入流和输出流。输入流（从文件等）读取数据，输出流将数据写入文件等。不同流的实现类读/写某一种数据源，但是，所有的输出流都用相同的基本方法写数据，而输入流也使用相同的基本方法来读取数据。

Java 开发环境中提供了包 java.io，其中包括一系列的类来实现输入/输出处理。

13.1.1 Java 流类的层次结构

Java I/O 类的设计是一个很好的应用继承的例子，它们的公共操作是由父类生成的，而子类提供专门的操作。图 13-2 列出了一些实现二进制 I/O 的类。InputStream 类是二进制输入类的根类，而 OutputStream 类是二进制输出类的根类。

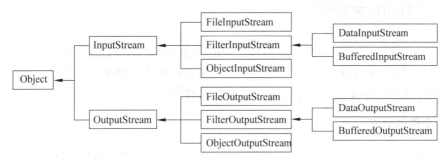

图 13-2　二进制 I/O 类的层次结构

1．InputStream 类的所有方法

```
int read();                        //从输入流读取数据的下一个字节
int read(byte[] b);                //从输入流读取大到 b.length 的字节给数组
int read(byte[] b,int off,int len);//从输入流读取字节到 b[off]～b[off+len-1]
int available();                   //返回能从输入流读取的字节数的估计值
void close();                      //关闭输入流并释放它所占的系统资源
long skip(long n);                 //跳过和丢弃输入流的 n 个字节数据。
boolean markSupported();           //测试这个输入流是否支持 mark 和 reset 方法
void mark(int readlimit);          //标记这个输入流的当前位置
void reset();                      //最后一次调用这个输入流上的 mark 方法时复位这个流
```

2．OutputStream 类的方法

```
int write(int b);                     //向输出流写入指定字节
int write(byte[] b);                  //将数组 b 中的所有字节写入输出流
int write(byte[] b,int off,int len);  //将 b[off]～b[off+len-1]写入输出流
```
并关闭输出流与释放占用资源

```
void close();                    //关闭输出流并释放它所占的系统资源
void flush();                    //刷新这个输出流并迫使所有缓冲的输出字节写出
```

13.1.2 流类的基本用法

流操作的一般过程是：首先，创建流对象。在对流进行访问前先创建流对象，相当于为数据的传输铺好管道。例如：

```
FileInputStream in=new FileInputStream("mytext.txt");
```

其次，通过流对象实现数据的传输。在进行输入操作时，要根据流对象的类型，提供与其匹配的数据容器，用来从输入流接收数据；在进行输出操作时，要提供与流的类型匹配的数据源。

13.2 文件类 File

13.2.1 文件和目录的概念

所谓"文件"，是指一组相关数据或指令的有序集合。这个数据集有一个名称，叫做文件名。计算机中的数据与程序等都是以文件形式存储的。例如，源程序文件、目标文件、可执行文件、库文件、文本文件、二进制文件等。

1. 文件的分类

文件通常是驻留在外部介质（如磁盘等）上的，在使用时才调入内存中来。从不同的角度可对文件作不同的分类。从用户的角度看，文件可分为**普通文件和设备文件**两种。

普通文件是指驻留在磁盘或其他外部介质上的一个有序数据集，可以是一组待输入处理的原始数据，或者是一组输出的结果。对于源文件、目标文件、可执行程序可以称作**程序文件**，对输入输出数据可称作**数据文件**。

设备文件是指与主机相联的各种外部设备，如显示器、打印机、键盘等。在操作系统中，往往把外部设备也看作是一个文件来进行管理，把它们的输入、输出等同于对磁盘文件的读和写。

通常把显示器定义为标准输出文件，对应于 System.out 控制台的标准 Java 对象。利用该对象的 print、println 和 printf 等方法实现向显示器的输出。

键盘通常被指定为标准输入文件，对应 System.in 标准 Java 对象。

标准错误输出也是标准设备文件，对应 System.err 标准 Java 对象。

从文件编码的方式来看，文件可分为文本文件和二进制码文件两种。文本文件在磁盘中存放时每个字符对应一个字节或多个字节，用于存放对应的字符编码，如 ASCII 码等。

例如，在文本文件中，数 5678 的存储形式为（4 个 8 位二进制数，即 4 个 ASCII

码）：

ASCII 码：	00110101	00110110	00110111	00111000
	↓	↓	↓	↓
十进制码：	5	6	7	8

共占用 4 个字节。

ASCII 码文本文件可在屏幕上按字符显示，例如，源程序文件就是文本文件，用 DOS 命令 TYPE 可显示文件的内容。由于是按字符显示，因此能读懂文件内容。但文本文件占用存储空间大，在进行读、写操作时要进行编码转换，效率较低。

二进制文件是按二进制的编码方式来存放文件的。二进制文件是对不同的数据类型，按其实际占用内存字节数存放。即内存的存储形式，原样输出到磁盘上存放。如：整型十进制数 5678，按二进制文件存放一般只需要 2 个字节，存储形式为：

00010110 00101110

二进制文件虽然也可在屏幕上显示，但其内容一般无法读懂。然而，二进制文件占用存储空间少，在进行读、写操作时不用进行编码转换，效率更高。

根据操作系统对文件的处理方式的不同，把文件系统分为**缓冲文件系统与非缓冲文件系统**。**缓冲文件系统**是指操作系统在内存中为每一个正在使用的文件开辟一个读写缓冲区；**非缓冲文件系统**是指系统不自动开辟确定大小的内存缓冲区，而是由程序自己为每个文件设定缓冲区。系统一般采用缓冲文件系统。

2．文件与目录

在文件系统中，每个文件都存放在一个目录下。系统目录采用类似树的组织结构来管理文件，树根、树枝对应各级目录，树叶对应文件。为此，绝对路径文件名是由"驱动器字母+各级目录名+文件名.扩展名"组成的。例如，d:\Users\win.ini 是 win.ini 在 Windows 操作系统上的绝对路径文件名。这里的 d:\Users 称为该文件的目录路径（directory path）。绝对文件名是依赖机器系统的。在 UNIX 平台上，绝对文件名可能是 /home/user/java/HelloWord.java，其中/home/user/java 是文件 HelloWord.java 的目录路径。

13.2.2　文件 File 类

File 类特意提供了一种抽象，这种抽象是指以不依赖机器的方式来处理很多文件和路径相关的问题。File 类提供了一种与机器无关的方式来描述一个文件对象的属性，File 实例除了用作一个文件或目录的抽象表示之外，它还提供了不少相关操作方法，主要方法有如下几种。

1．文件名的处理

```
String getName( );              //得到一个文件的名称（不包括路径）
String getPath( );              //得到一个文件的路径名
String getAbsolutePath( );      //得到一个文件的绝对路径名
String getParentFile( );        //得到文件对象父路径名
```

```
String renameTo(File newName);          //将当前文件名更名为给定文件的完整路径
```

2．文件属性测试

```
boolean exists( );                      //测试当前 File 对象所指示的文件是否存在
boolean canWrite( );                    //测试当前文件是否可写
boolean canRead( );                     //测试当前文件是否可读
boolean isFile( );                      //测试当前文件是否是文件不是目录）
boolean isDirectory( );                 //测试当前文件是否是目录
```

3．普通文件信息和工具

```
long lastModified( );                   //得到文件最近一次修改的时间
long length( );                         //得到文件的长度，以字节为单位
boolean delete( );                      //删除当前文件目录操作
boolean mkdir( );                       //根据当前对象生成一个由该对象指定的路径
String list( );                         //列出当前目录下的文件
```

文件名是一个字符串。File 类是文件名及其目录路径的一个包装类。例如，在 Windows 中，语句 new File("d:\\Users")在目录 d:\Users 下创建一个 File 对象。而语句 new File("d:\\Users\\test.dat")则为文件 d:\Users\test.dat 创建一个 File 对象。可以用 File 类的 isDirectory()方法来判断这个对象是否表示一个目录，还可以用 isFile()方法来判断这个对象是否表示一个文件。

注意：在 Windows 中目录的分隔符是反斜杠（\）。但是在 Java 中，反斜杠是一个特殊的字符，应该写成\\的形式（参见表 2-2）。

注意：构建一个 File 实例并不会在机器上创建一个文件。不管文件是否存在，都可以创建任意文件名的 File 对象。可以调用 File 对象上的 exists() 方法来判断这个文件是否存在。

在程序中，不要直接使用绝对文件名。如果使用了像 "d:\\Users\\test.dat" 之类的文件名，那么程序能在 Windows 上工作，但是不能在其他平台上工作。应该使用与当前目录相关的文件名。例如，可以使用 new File("test.dat")为在当前目录下的文件 test.dat 创建一个 File 对象。可以使用 new File("image/us.jpg")为在当前目录下的 image 目录下的文件 us.jpg 创建一个 File 对象。斜杠（/）是 Java 的目录分隔符，这点和 UNIX 是一样的。new File("image/us.jpg")在 Windows、UNIX 或任何其他系统上都能工作。

例 13-1　演示如何创建一个 File 对象，以及如何使用 File 类中的方法获取它的属性。

```java
import java.io.File;
import java.util.Date;
public class TestFileClass {
 public static void main(String[] args) {
  File file = new File("image/us.jpg");
  System.out.println("文件存在吗? " + file.exists());
  System.out.println("文件有 " + file.length() + " 字节");
  System.out.println("文件能读吗? " + file.canRead());
  System.out.println("文件能写吗? " + file.canWrite());
```

```
        System.out.println("它是目录吗？ " + file.isDirectory());
        System.out.println("它是文件吗？ " + file.isFile());
        System.out.println("是绝对路径文件？ " + file.isAbsolute());
        System.out.println("文件被隐藏了？ " + file.isHidden());
        System.out.println("文件绝对路径是 " + file.getAbsolutePath());
        System.out.println("最后一次修改的日期与时间 "+new Date
(file.lastModified()));
    }}
```

13.3　文本文件输入输出

File 对象封装了文件或路径的属性，但是它既不包括创建文件，也不包括从（向）文件读（写）数据的方法。为了完成 I/O 操作，需要使用恰当的 Java I/O 类创建对象，这些对象包含从（向）文件读（写）数据的方法。

Java I/O 系统里读写文件使用 Reader 和 Writer 两个抽象类，Reader 中的 read() 和 close() 方法都是抽象方法；Writer 中的 write()、flush() 和 close() 方法为抽象方法。应该用子类分别实现它们。

1. Reader 的实现类

Java I/O 已经提供了三个方便的 Reader 的实现类：FileReader、InputStreamReader 和 BufferedReader。其中最重要的类是 InputStreamReader，它是字节转换为字符的桥梁。可以在构造器重指定编码的方式，如果不指定的话，将采用底层操作系统的默认编码方式，例如 GBK 等。另外，java.util 包中的 Scanner 类也能便捷读文本文件。

FileReader 读 .txt 文件程序段：

```
FileReader fr = new FileReader("D:/Test.txt");
int ch = 0; while((ch = fr.read()))!=-1 ) System.out.print( (char)ch );
```

其中 read() 方法返回的是读取的下一个字符。

InputStreamReader 读 .txt 文件程序段：

```
InputStream is = new FileInputStream(new File("D:/Test.txt"));
InputStreamReader fr = new InputStreamReader(is);
int ch = 0; while((ch = fr.read()))!=-1 )System.out.print((char)ch);
```

这和 FileReader 并没有什么区别，事实上，在 FileReader 中的方法都是从 InputStreamReader 中继承过来的。read() 方法是比较耗费时间的，如果为了提高效率，可以使用 BufferedReader 对 Reader 进行包装，这样可以提高读取得速度，可以使用 readLine() 方法一行一行地读取文本。

BufferedReader 读 .txt 文件程序段：

```
BufferedReader br = new BufferedReader(new FileReader("Test.txt")));
String data = br.readLine();    //一次读入一行，直到读入 null 为文件结束
```

```
while( data!=null){ System.out.println(data);
   data = br.readLine();          //接着读下一行
}
```

2．Writer 的实现类

有读就有写，写文本文件可以使用 PrintWriter、FileWriter、OutputStreamWriter 和 BufferedWriter 等。当明白了如何用 Reader 来读取文本文件的时候，那用 Writer 写文件就很简单了。有一点需要注意，当写文件的时候，为了提高效率，写入的数据会先放入缓冲区，然后写入文件。因此有时候需要主动调用 flush()方法。

FileWriter 和 PrintWriter 写.txt 文件程序段：

```
FileWriter fw=new FileWriter("D:/Test.txt");
String s="hello world"; fw.write(s,0,s.length()); fw.flush();
PrintWriter pw = new PrintWriter(new OutputStreamWriter(new
FileOutputStream("D:/Test2.txt")),true); //添加方式
pw.println(s); fw.close();pw.close();
```

如果想接着继续添加写入某个文件，那么声明时使用"FileWriter fw = new FileWriter ("log.txt", true);"，即加个 true 就可以了。

BufferedWriter 写.txt 文件程序段：

```
File file = new File("D:/Test.txt"); File dest = new File("D:/new.txt");
try {
   BufferedReader reader = new BufferedReader(new FileReader(file));
   BufferedWriter writer = new BufferedWriter(new FileWriter(dest));
   String line = reader.readLine();
   while(line!=null){ writer.write(line); line = reader.readLine(); }
   writer.flush(); reader.close(); writer.close();
} catch (FileNotFoundException e) { e.printStackTrace();
} catch (IOException e) { e.printStackTrace();}
```

Scanner（或 ReadWriter）和 PrintWriter 类能从（向）文本文件读（写）字符串和数值信息。下面具体介绍。

13.3.1 使用 PrintWriter 写数据

java.io.PrintWriter 可用来创建一个文本文件并向文本文件写入数据。

首先，必须为一个文本文件创建一个 PrintWriter 对象，如下所示：

```
PrintWriter output = new PrintWriter(filename);
```

然后，可以调用 PrintWriter 对象上的 print、println 和 printf 方法向文件写入数据。PrintWriter 中的常用方法如下：

PrintWriter(File file)——为特定的文件对象创建一个 PrintWriter 对象。

PrintWriter(String filename)——为特定的文件名字符串创建一个 PrintWriter 对象。

void print(String s)——向文件写入一个字符串。

向文件写入其他基本类型数据或数组等的方法格式类似，这里略。

例 13-2 程序创建一个 PrintWriter 实例并且向文件 score.txt 中写入两行数据。

```
public class WriteData {
  public static void main(String[] args) throws Exception {
    java.io.File file = new java.io.File("scores.txt");
    if (file.exists()) { System.out.println("File already exists");
System.exit(0); }
    java.io.PrintWriter output = new java.io.PrintWriter(file); //创建输
出对象
    output.print("John T Smith "); //向文件中输出
    output.println(90); output.print("Eric K Jones "); output.println(85);
    output.close();
  }}
```

如果文件不存在，则调用 PrintWriter 的构造方法会创建一个新文件。如果文件已经存在，那么文件的当前内容将被覆盖。调用 PrintWriter 的构造方法可能会抛出某种 I/O 异常。Java 强制要求编写代码来处理这类异常。为此，在方法头声明中声明 throws Exception 即可。

必须使用 close()方法关闭文件。如果没有调用该方法，数据就不能正确地保存在文件中。

13.3.2 使用 Scanner 读数据

java.util.Scanner 类用来从控制台读取字符串和基本类型数值。Scanner 可以将输入分为由空白字符分隔的有用信息。为了能从键盘读取，需要为 System.in 创建一个 Scanner，如下所示：

```
Scanner input = new Scanner(System.in);
```

为了从文件中读取，为文件创建一个 Scanner，如下所示：

```
Scanner input = new Scanner(new File(filename));
```

Scanner 中的常用方法如下：

Scanner(File source)——创建一个所产生的值都是从特定文件扫描而来的扫描器。

Scanner(String filename)——创建一个所产生的值都是从特定字符串而来的扫描器。

void close()——关闭这个扫描器。

boolean hasNext()——如果这个扫描器还有可读的数据，则返回 true。

String next()——从这个扫描器返回下一个标志作为字符串。

String nextLine()——使用行分隔符从这个扫描器返回一个行结束。

其他类似方法有 byte nextByte()、short nextShort()、int nextInt()、long nextLong()、float nextFloat()、double nextDouble()。

Scanner useDelimiter(String pattern)——设置这个扫描器的分隔模式并返回扫描器。

例 13-3 创建一个 Scanner 的实例，并从文件 scores.txt 中读取数据。

```java
import java.io.File;
import java.util.Scanner;
public class ReadData {
 public static void main(String[] args) throws Exception {
   File file = new File("scores.txt");   //创建一个 File 实例
   Scanner input = new Scanner(file);    //为文件创建一个 Scanner 实例
   while (input.hasNext()) {              //从文件读取数据
     String firstName=input.next(); String mi=input.next();
     String lastName=input.next();  int score=input.nextInt();
     System.out.println(firstName +" "+ mi + " " + lastName + " " + score);
   } input.close();                       //关闭文件
 }}
```

为创建 Scanner 以便从文件中读取数据，必须使用构造方法 new File(filename)，利用 File 类创建 File 的一个实例，然后使用 new Scanner(File)为文件创建一个 Scanner。

使用 Scanner 结束后，要及时关闭输入文件，以尽早释放被文件占用的资源。

具体 Scanner 是如何工作的呢？说明如下：方法 nextByte()、nextShort()、nextInt()、nextLong()、nextFloat()、nextDouble()、next()等都称为令牌读取方法，因为它们会读取用分隔符分隔开的令牌。默认情况下，分隔符是空格。可以使用 useDelimiter(String regex)方法设置新的分隔符模式。

一个输入方法是如何工作的呢？一个令牌读取方法首先跳过任意分隔符（默认情况下是空格），然后读取一个以分隔符结束的令牌。接着，与 nextByte()、nextShort()、nextInt()、nextLong()、nextFloat()、nextDouble()对应，这个令牌就分别被自动地转换为一个 byte、short、int、long、float、double 型的值。对于 next()方法而言是无须做转换的。如果令牌和期望的类型不匹配，就会抛出一个运行异常 java.util.InputMismatchException。

方法 next()和 nextLine()都会读取一个字符串。next()方法读取一个由分隔符分隔的字符串，但是 nextLine()读取一个以分隔符结束的行。

注意： 行分隔符字符串是由系统定义的，在 Windows 平台上是\r\n，而在 UNIX 平台上是\n。使用 "String lineSeparator=System.getProperty("line.separator");" 可以得到特定平台上的行分隔符。如果从键盘输入，每行就以回车键（Enter key）结束，它对应于\n。

例 13-4 在文件对话框中选择文件并显示文件内容。Java 提供 javax.swing.JFileChooser 类来显示文件对话框。用户可以选择一个文件，然后在控制台上显示出内容。

```java
import java.util.Scanner;
import javax.swing.JFileChooser;
public class ReadFileUsingJFileChooser {
 public static void main(String[] args) throws Exception {
  JFileChooser fileChooser = new JFileChooser();
```

```
if (fileChooser.showOpenDialog(null) == JFileChooser.APPROVE_OPTION) {
  java.io.File file = fileChooser.getSelectedFile();//得到选择的文件
  Scanner input = new Scanner(file);                 //创建 Scanner 对象
  while (input.hasNext()) {                           //从文件中读取文本
    System.out.println(input.nextLine());
  } input.close();                                   //关闭文件
}else System.out.println("没有选择文件。");
}}
```

程序创建一个 JFileChooser。showOpenDialog(null)方法显示一个对话框，这个方法返回一个 int 型值，或者是 APPROVE_OPTION 或者是 CANCEL_OPTION，它们分别表示单击 Open 按钮或者单击 Cancel 按钮。

getSelectedFile()方法返回从文件对话框中选中的文件。创建该文件的一个 Scanner 对象，然后逐行将内容显示在控制台。

13.4　二进制文件输入输出

在文本文件（text file）中存储的数据是以人们能读懂的方式表示的。而在二进制文件（binary file）中存储的数据是用二进制形式表示的，能供机器直接阅读执行。前面已经介绍使用 Scanner 和 PrintWriter 从/向文本文件读/写字符串和数字值。这里介绍实现二进制 I/O 的类。

实际上，计算机并不区分二进制文件与文本文件。所有的文件都是以二进制形式来存储的，因此，从本质上说，所有的文件都是二进制文件。但文本文件输入输出建立在二进制输入输出的基础上，它能提供字符层次的编码和解码的抽象。

在文本 I/O 中自动进行编码与解码。在写入一个字符时，Java 虚拟机会将统一码转化为文件指定的编码，而读取字符时，将文件指定的编码转化为统一码。例如，假设使用文本 I/O 将字符串"199"写入文件，那么每个字符都会写入到文件中。由于字符'1'的统一码是 0x0031，所以，会根据文件的编码方案将统一码 0x0031 转化成一种代码。在 Windows 系统中，文本文件的默认编码方案是 ASCII 码。字符'1'的 ASCII 是 49（十六进制数是 0x31），而字符'9'的 ASCII 是 57（十六进制数是 0x39），所以，为了写入字符"199"，就应该将三个字节 0x31、0x39 和 0x39 发送到输出文件。

注意：新版本的 Java 支持扩充的统一码。为简单起见，本书只考虑从 0000～FFFF 的原始统一码。

二进制文件的输入输出不需要转化。如果使用二进制 I/O 向文件写入一个数值，就是将内存中的确切值复制到文件中。例如，一个 byte 类型的数值 199 在内存中表示为 0xC7，并且在文件中实际显示的也是 0xC7。使用二进制 I/O 读取一个字节时，就会从输入流中读取一个字节的数值。由于二进制 I/O 不需要编码和解码，所以，它比文本 I/O 效率高。二进制文件与机器系统的编码具有无关性而且是可移植的。

13.4.1 二进制 I/O 类

Java I/O 类的设计是一个很好的应用继承的例子，它们的公共操作是由父类生成的，而子类提供专门的操作。图 13-2 列出了一些实现二进制 I/O 的类。InputStream 类是二进制输入类的根类，而 OutputStream 类是二进制输出类的根类。

1．InputStream 类

java.io.InputStream 是一个抽象(abstract)类，声明了从原始字节数据流读入数据的基本方法。类中声明的方法前面已有说明。

2．OutputStream

与 InputStream 相似，OutputStream 也是 abstract 类。类中的成员方法前面已有说明。

说明： 二进制 I/O 类中的所有方法都声明为抛出 java.io.IOException 或它的子类。

13.4.2 FileInputStream 和 FileOutputStream

FileInputStream 类和 FileOutputStream 类是为了从/向文件读取/写入字节。它们的所有方法都是从 InputStream 类和 OutputStream 类继承的。FileInputStream 类和 FileOutputStream 类没有引入新的方法。为了构造一个 FileInputStream 对象，使用下面的构造方法：

（1）FileInputStream(File file)——以一个 File 对象创建一个 FileInputStream。

（2）FileInputStream(String filename)——以一个文件名创建一个 FileInputStream。

如果试图为一个不存在的文件创建 FileInputStream 对象，将会发生 java.io.File NotFoundException 异常。

要构造一个 FileOutputStream 对象，使用下面的构造方法：

（1）FileOutputStream(File file)——以一个 File 对象创建一个 FileOutputStream。

（2）FileOutputStream(String filename)——以一个文件名创建一个 FileOutputStream。

（3）FileOutputStream(File file,boolean append)——如果 append 为 true，追加数据到现有的文件。

（4）FileOutputStream(String filename,boolean append)——如果 append 为 true，追加数据到现有的文件。

如果这个文件不存在，就会创建一个新文件。如果这个文件已经存在，那么前两个构造方法将会删除文件的当前内容。为了既保留文件现有的内容又可以给文件追加新数据，将最后两个构造方法中的参数 append 设置为 true。

几乎所有的 I/O 类中的方法都会抛出异常 java.io.IOException。因此，必须在方法中声明会抛出此异常，或者将代码放到 try...catch 块中，如：

```
public static void main(String[] args) throws IOException{
    //执行 I/O 操作
}
```

或

```
public static void main(String[] args) {
    try{
        //执行 I/O 操作
    }
    catch(IOException ex){ ex.printStackTrace(); }
}
```

例 13-5 使用二进制 I/O 将从 1~10 的 10 个字节值写入一个名为 temp.dat 的文件，再把它们从文件中读出来。

```
import java.io.*;
public class TestFileStream {
 public static void main(String[] args) throws IOException {
  FileOutputStream output = new FileOutputStream("temp.dat");
                                                     //创建到文件的输出流
  for (int i = 1; i <= 10; i++) output.write(i);     //输出值到文件
  output.close();                                    //关闭输出流
  FileInputStream input = new FileInputStream("temp.dat");
                                                     //创建读取文件的输入流
  int value;while((value=input.read())!=-1) System.out.print(value+" ");
                                                     //读取值
  input.close();                                     //关闭输入流
 }}
```

13.4.3　FilterInputStream 和 FilterOutputStream

过滤器数据流（filter stream）是为某种目的过滤字节的数据流。基本字节输入流提供的读取方法 read 只能来读取字节。如果要读取整数值、双精度值或字符串，那就需要一个过滤器类来包装字节输入流。使用过滤器类就可以读取整数值、双精度值和字符串，而不是字节或字符。FilterInputStream 类和 FilterOutputStream 类是过滤数据的基类。需要处理基本数据类型时，就使用 DataInputStream 类和 DataOutputStream 类来过滤字节。

13.4.4　DataInputStream 和 DataOutputStream

DataInputStream 类是过滤输入流（FilterInputStream）的子类。DataInputStream 不仅可以读取数据流，而且能读取各种各样的 Java 语言的内置数据类型的值（如 int、float、String 等）。因为这些类型的数据在文件中与在内存中的表示方式一样，无须进行转换。

DataOutputStream 是 FilterOutputStream 类的子类。它实现了 DataOutput 接口中定义

的独立于具体机器的带格式的写入操作，从而可以实现对 Java 中的不同类型的基本类型数据的写入操作（如 writeByte()、writeInt()等）。

13.4.5　BufferedInputStream 和 BufferedOutputStream

1．BufferedInputStream

BufferedInputStream 也是 FilterInputStream 类的子类，它是利用缓冲区来提高读取数据的效率。BufferedInputstream 定义了两种构造方法：

（1）BufferedInputstream(InputStream in);

（2）BufferedInputStream(InputStream in,int size);第二个参数表示指定缓冲器的大小，以字节为单位。当数据源为文件或键盘时，使用 BufferdInputStream 类可以提高 I/O 操作的效率。

2．BufferedOutputStream

BufferedOutputStream 是 FilterOutputStream 的子类，利用输出缓冲区可以提高写数据的效率。BufferedOutputStream 类先把数据写到缓冲区，当缓冲区满的时候才真正把数据写入目的端，这样可以减少向目的端写数据的次数，从而提高输出的效率。

13.4.6　ObjectInputStream 和 ObjectOutputStream

对象的寿命通常随着生成该对象的程序的终止而终止。有时候，需要将对象的状态保存下来，在需要时，再将对象恢复。对象会记录自己的状态以便将来有再生的能力，这称为对象的持续性（persistence）。对象通过写出描述自己状态的数值来记录自己，这个过程叫对象的序列化（Serialization）。

Java 提供了一种对象序列化的机制，该机制中，一个对象可以被表示为一个字节序列，该字节序列包括该对象的数据、有关对象的类型的信息和存储在对象中数据的类型。

将序列化对象写入文件之后，可以从文件中读取出来，并且对它进行反序列化，也就是说，对象的类型信息、对象的数据，还有对象中的数据类型可以用来在内存中新建对象。

整个过程都是 Java 虚拟机（JVM）独立的，也就是说，在一个平台上序列化的对象可以在另一个完全不同的平台上反序列化该对象。

要序列化一个对象，必须与一定的对象输入/输出流联系起来，通过对象输出流将对象状态保存下来，再通过对象输入流将对象状态恢复。java.io 包中提供了 ObjectInputStream 和 ObjectOutputStream 将数据流功能扩展至可读写对象。

DataInputStream 类和 DataOutputStream 类可以实现基本数据类型与字符串的输入和输出。而 ObjectInputStream 类和 ObjectOutputStream 类除了可以实现基本数据类型与字符串的输入输出之外，还可以实现对象的输入和输出。为此，完全可以用 ObjectInputStream

类和 ObjectOutputStream 类代替 DataInputStream 类和 DataOutputStream 类。

1．ObjectInputStream

ObjectInputStream 对以前使用 ObjectOutputStream 写入的基本数据和对象进行反序列化。ObjectOutputStream 和 ObjectInputStream 分别与 FileOutputStream 和 FileInputStream 一起使用时，可以为应用程序提供对对象的持久存储。ObjectInputStream 用于恢复那些以前序列化的对象。只有支持 java.io.Serializable 或 java.io.Externalizable 接口的对象才能从流读取。

2．ObjectOutputStream

ObjectOutputStream 将 Java 对象与基本类型数据写入 OutputStream。

只能将支持 java.io.Serializable 接口的对象写入流中。每个 serializable 对象的类都被编码，编码内容包括类名和类签名、对象的字段值和数组值，以及从初始对象中引用的其他所有对象的闭包。

可以使用下面的构造方法包装任何一个 InputStream 和 OutputStream 上的 ObjectOutputStream 和 ObjectInputStream：

```
public ObjectInputStream(InputStream in)     //创建 ObjectInputStream
public ObjectOutputStream(OutputStream out)//创建 ObjectOutputStream
```

ObjectOutputStream 类包含一个特别的方法：public final void writeObject(Object x) throws IOException，该方法能序列化一个对象，并将它发送到输出流。

相似的 ObjectInputStream 类包含如下反序列化一个对象的方法：public final Object readObject() throws IOException,ClassNotFoundException，该方法从输入流中取出下一个对象，并将对象反序列化，它的返回值为 Object。

例 13-6 将学生的姓名、分数和当前日期写入名为 object.dat 文件中。

```
import java.io.*;
public class TestObjectOutputStream{//创建一个 object.dat 文件的对象输出流对
象并操作之。
  public static void main(String[] args) throws IOException {
   ObjectOutputStream output=new ObjectOutputStream(new FileOutputStream
("object.dat"));
   output.writeUTF("John");          //输出字符串、double 类型值和 Date 对象到文件
   output.writeDouble(85.5);
   output.writeObject(new java.util.Date());
   output.close();                   //关闭输出流文件
  }}
```

可以向数据流中写入多个对象或基本类型数据。从对应的 ObjectInputStream 中读取这些对象时，必须与其写入时的类型和顺序相同。为了得到所需的类型，必须使用 Java 安全的类型转换。

例 13-7 使用 ObjectInputStream 从文件中读取数据。

```
import java.io.*;
public class TestObjectInputStream{//创建一个 object.dat 文件的对象输入流对象
 public static void main(String[] args)
  throws ClassNotFoundException, IOException {
  ObjectInputStream input = new ObjectInputStream(new FileInputStream
("object.dat"));
  String name = input.readUTF(); //从文件中顺序读取字符串、double 类型值和 Date
对象
  double score = input.readDouble();
  java.util.Date date = (java.util.Date)(input.readObject());
  System.out.println(name + " " + score + " " + date);
  input.close();  //关闭输入流文件
 }}
```

3. 可序列化接口 Serializable

并不是每个对象都可以写到输出流。可以写到输出流中的对象称为可序列化的（serializable）。因为可序列化的对象是 java.io.Serializable 接口的实例，所以可序列化对象的类必须实现 Serializable 接口。

Serializable 接口是一种标记性接口。因为它没有方法，所以，不需要在类中为实现 Serializable 接口增加额外的代码。实现这个接口可以启动 Java 的序列化机制，自动完成存储对象和数组的过程。

序列化的主要任务是写出对象实例变量的值。如果变量是另一对象的引用，则引用的对象也要串行化。这个过程是递归的，串行化可能要涉及一个复杂树结构的串行化。对象所有权的层次结构称为图表（graph）。由于对象包含对象，对象间往往有一个复杂的层次树结构，所以，存储一个对象可以想象是一个非常复杂冗长的过程。好在 Java 提供一个内在的机制自动完成写对象的过程。这个过程称为对象序列化（object serialization），它是在 ObjectOutputStream 中实现的。与此相反，读取对象的过程称作对象反序列化（object deserialization），它是在 ObjectInputStream 类中实现的。

许多 Java API 中的类都实现了 Serializable 接口。工具类如 java.util.Date 以及所有 Swing GUI 组件类都实现了 Serializable 接口。试图存储一个不支持 Serializable 接口的对象会引发一个 NotSerializableException 异常。

当存储一个可序列化对象时，会对该对象的类进行编码。编码包括类名、类的签名、对象实例变量的值以及从初始化对象引用的任何其他对象的闭包，但不存储对象静态变量的值。对于非序列化的数据域，需要加上关键字 transient，告诉 Java 虚拟机将对象写入对象流时忽略这些数据域。考虑下面的类：

```
public class Sero implements java.io.Serializable {
  private int v1;
  private static double v2;
  private transient A v3 =new A(); //使用了 transient 忽略本数据域
```

```
}
class A {}                              //A 不是可序列化的
```

当 Sero 类的一个对象进行序列化时，只需序列化变量 v1。如果 v3 没有标记为 transient，将会发生异常 java.io.NotSerializableException。

注意：如果一个对象不止一次写入对象流，只会存储对象一次。

4. 序列化数组

只有数组中的元素都是可序列化的，这个数组才是可序列化的。一个完整的数组可以用 writeObject 方法存入文件，随后用 readObject 方法恢复。

例 13-8 程序存储两个数组，然后将它们从文件中读取出来显示在控制台上。

```
import java.io.*;
public class TestObjectStreamForArray {
 public static void main(String[] args)throws ClassNotFoundException,
IOException{
    int[] numbers = {1, 2, 3, 4, 5};
    String[] strings = {"John", "Jim", "Jake"};
    ObjectOutputStream output = new ObjectOutputStream(new FileOutputStream
("array.dat", true));                   //对 array.dat 文件创建输出流对象
    output.writeObject(numbers);        //把数组输出到输出流对象对应的文件
    output.writeObject(strings);
    output.close();  //关闭输出流
    ObjectInputStream input = new ObjectInputStream(new FileInputStream
("array.dat"));                         //对 array.dat 文件创建输入流对象
    int[] newNumbers = (int[])(input.readObject());
    String[] newStrings = (String[])(input.readObject()); //以下显示读到的数组
    for(int i=0; i<newNumbers.length;i++)System.out.print(newNumbers[i] + " ");
    System.out.println();
    for (int i=0; i<newStrings.length;i++)System.out.print(newStrings[i]+" ");
}}
```

5. 序列化对象

为了演示序列化在 Java 中是怎样工作的，将使用之前提到的 Employee 类。

例 13-9 假设定义了如下的 Employee 类，该类实现了 Serializable 接口。

```
public class Employee implements java.io.Serializable {
  public String name,address;
  public transient int SSN;
  public int number;
  public void mailCheck() {
    System.out.println("Mailing a check to "+name+" "+address);
  }}
```

请注意：一个类的对象要想序列化成功，必须满足两个条件：

（1）该类必须实现 java.io.Serializable 接口。

（2）该类的所有属性必须是可序列化的。如果有一个属性不是可序列化的，则该属性必须注明是短暂（transient）的。

如果想知道一个 Java 标准类是否是可序列化的，请查看该类的文档。检验一个类的实例是否能序列化十分简单，只需要查看该类有没有实现 java.io.Serializable 接口。

（1）**序列化对象**。ObjectOutputStream 类用来序列化一个对象，如下的 SerializeDemo 例子实例化了一个 Employee 对象，并将该对象序列化到一个文件中。

例 13-10 该程序执行后，就创建了一个名为 employee.ser 文件。该程序没有任何输出，但是可以通过研读代码来理解程序的作用。

注意：当序列化一个对象到文件时，按照 Java 标准约定是给文件一个.ser 扩展名。

```java
import java.io.*;
public class SerializeDemo {
 public static void main(String[] args) {
   Employee e = new Employee();
   e.name = "Reyan Ali"; e.address = "Phokka Kuan, Ambehta Peer";
   e.SSN = 11122333; e.number = 101;
   try {
     FileOutputStream fileOut = new FileOutputStream ("/tmp/
employee.ser");
     ObjectOutputStream out = new ObjectOutputStream(fileOut); //创建对象
     out.writeObject(e);                 //序列化对象
     out.close(); fileOut.close();       //关闭对象
     System.out.printf("Serialized data is saved in /tmp/employee.ser");
   }catch(IOException i){ i.printStackTrace(); }
}}
```

（2）**反序列化对象**。

例 13-11 程序反序列化存储了 Employee 对象的/tmp/employee.ser 文件。

```java
import java.io.*;
public class DeserializeDemo {
 public static void main(String[] args) {
  Employee e = null;
  try {FileInputStream fileIn= new FileInputStream("/tmp/employee.ser");
   ObjectInputStream in = new ObjectInputStream(fileIn);
   e = (Employee) in.readObject();       //反序列化对象
   in.close(); fileIn.close(); }
  catch(IOException i) { i.printStackTrace(); return; }
  catch(ClassNotFoundException c){
    System.out.println("Employee class not found");
    c.printStackTrace(); return;
  } System.out.print("Deserialized Employee...");
  System.out.printl"Name:"+e.name);System.out.print(",Address:"+e.address);
```

```
System.out.print(",SSN: "+e.SSN); System.out.println(",Number: "+e.number);
}} //运行结果: Deserialized Employee...Name: Reyan Ali,Address:Phokka Kuan,
Ambehta Peer,SSN: 0,Number:101
```

注意: readObject() 方法中的 try/catch 代码块尝试捕获 ClassNotFoundException 异常。对于 JVM 可以反序列化对象,它必须是能够找到字节码的类。如果 JVM 在反序列化对象的过程中找不到该类,则抛出一个 ClassNotFoundException 异常。另外,readObject() 方法的返回值被转化成 Employee 引用。

当对象被序列化时,属性 SSN 的值为 111222333,但是因为该属性是短暂的,该值没有被发送到输出流,所以反序列化后 Employee 对象的 SSN 属性为 0。

13.5　随机文件访问

到目前为止,所使用的数据流的外部文件都是顺序文件,更新文件内容都是从头开始的。实际中经常需要修改文件或向文件中插入新记录。Java 的 RandomAccessFile 类提供了随机访问文件的方法。它可以实现读写文件中任何位置的数据(只需要改变文件的读写位置的指针)。

RandomAccessFile 直接继承于 Object 类,并实现了 DataInput 和 DataOutput 接口,类 RandomAccessFile 的声明格式为: public class RandomAccessFile extends Object implements DataInput,DataOutput。

在生成一个 RandomAccessFile 对象时,不仅要说明文件对象或文件名,同时还需指明访问模式,即"只读方式"(r)或"读写方式"(rw)。例:

```
RandomAccessFile raf = new RandomAccessFile("data.dat","rw");
```

随机访问文件是由**字节序列**组成的。一个称为文件指针(file pointer)的特殊标记定位这些字节中的某个字节位置。文件的读写操作就是在文件指针所指的位置上进行的。打开文件时,文件指针置于文件的起始位置。在文件中进行读写数据后,文件指针就会向前移到下一个数据项。例如,如果使用 readint()方法读取一个 int 数据,Java 虚拟机就会从文件指针处读取 4 个字节,现在,文件指针就会从它之前的位置向前移动 4 个字节。

设 raf 是 RandomAccessFile 的一个对象,可以调用 raf.seek(position)方法将文件指针移到指定的位置。raf.seek(0)方法将文件指针移到文件的起始位置,而 raf.seek(raf.length())方法则将文件指针移到文件的末尾。

例 13-12　演示 RandAccessFile 类的使用。

```
import java.io.*;
public class TestRandomAccessFile {
 public static void main(String[] args)throws IOException {
  RandomAccessFile inout=new RandomAccessFile("inout.dat","rw");//创建对象
  inout.setLength(0);                      //设置长度为 0, 清楚原有内容
  for (int i=0; i<200;i++) inout.writeInt(i);   //循环写入 200 个整数
  System.out.println("文件当前长度是: "+inout.length()); //显示文件长度
```

```
inout.seek(0);                                    //移动文件指针到文件开头处
System.out.println("第 1 个数是: "+inout.readInt()); //读取第 1 个数
inout.seek(1 * 4);                                //移动指针到第 2 个数之前
System.out.println("第 2 个数是: " + inout.readInt());
//Retrieve the tenth number
inout.seek(9 * 4);                                //移动指针到第 10 个数之前
System.out.println("第 10 个数是: " + inout.readInt());
inout.writeInt(555);                              //当前位置写入，即修改第 11 个数
inout.seek(inout.length());                       //移动指针到文件最后位置
inout.writeInt(999);                              //添加一个数（第 101 个数）
System.out.println("新文件的长度是: " + inout.length());
inout.seek(10 * 4);                               //移动指针到第 11 个数之前
System.out.println("第 11 个数是: " + inout.readInt());
inout.close();
}}
```

13.6   本章小结

大多数应用程序都要与外部设备（包括磁盘中的文件）进行数据交换，Java 语言定义了许多 I/O 类，专门负责各种方式的输入输出，这些类都被放在了 java.io 包中。Java 将输入输出抽象为 I/O 流。I/O 类可以分为文本 I/O 类和二进制 I/O 类。文本 I/O 类将数据解释成字符序列，二进制 I/O 类将数据解释成原始的二进制数值（字节序列）。文本在文件中如何存储依赖于文件的编码方式，Java 自动完成对文本 I/O 的编码和解码。

InputStream 类和 OutputStream 类是所有二进制 I/O 类的根类。FileInputStream 类和 FileOutputStream 类用于对文件实现二进制输入和输出。BufferedInputStream 类和 BufferedOutputStream 类可以包装任何一个二进制输入/输出流以提高其性能。DataInputStream 类和 DataOutputStream 类可以用来读写基本类型数据和字符串。ObjectInputStream 类和 ObjectOutputStream 类除了可以读写基本类型的数据值和字符串，还可以读写对象。RandomAccessFile 类允许对文件读写数据，可以对文件随机定位与访问。

13.7   习题

一、简答题

1. 什么是流？简述流的分类。
2. 简述字节流与字符流的区别。从字节流到字符流转化中要注意什么？
3. File 类有哪些构造方法和常用方法？
4. 什么是 Java 序列化？如何实现 Java 序列化？
5. 如何向文件中插入新记录？简述一下思路。

二、编程题

1．编写应用程序，建立一个文件 myfile.txt，并向文件输入"I am a student!"。

2．当前目录下有个文件 file.txt，其内容为：abcde。编写应用程序，执行该程序后，file.txt 里面内容变为：abcdeABCDE。

3．获取当前目录下所有文件的名称和大小。

第 14 章　多线程编程

一个独立程序每次运行称为一个进程,每个进程又可以包含多个同时执行的子任务,对应于多个进程。Java 语言支持多线程,这是传统的编程语言（如 C 语言）所不具备的功能。多进程提高了计算机资源的利用率,减少了程序运行用户等待时间。本章介绍线程的概念,以及如何创建与使用线程等问题。

学习重点或难点:

- 多线程的概念
- 多线程的生命周期
- 多线程的创建与使用
- 多线程的同步处理

多线程是 Java 语言的重要特性之一,学习本章后将对 Java 语言的多线程编程有个初步的了解与基本的把握。

14.1　多线程概述

Java 给多线程编程提供了内置的支持。一个多线程程序包含两个或多个能并发运行的部分。程序的每一部分都称作一个线程,并且每个线程定义了一个独立的执行路径。

多线程是多任务的一种特别的形式。多线程比多任务需要更小的开销。这里定义和线程相关的另一个术语——进程。

进程:一个进程包括由操作系统分配的内存空间,包含一个或多个线程。一个线程不能独立存在,它必须是进程的一部分。一个进程一直运行,直到所有的非守候线程都结束运行后才能结束。

多线程能满足程序员编写非常有效率的程序来达到充分利用 CPU 的目的,因为 CPU 的空闲时间能够保持在最低限度。

14.1.1　线程的基本概念

线程是进程中的执行单元,多线程是一个进程中包含的多个同时运行的执行路径。

14.1.2　线程的运行机制

Java 中的线程被认为是一个 **CPU、程序代码和数据的封装体。**如图 14-1 所示。

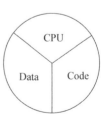

图 14-1 线程示意图

（1）一个虚拟的 CPU；

（2）该 CPU 执行的代码：代码与数据是相互独立的，代码可以与其他线程共享；

（3）代码所操作的数据：数据也可以被多个线程共享。

14.2　线程的创建和启动

14.2.1　线程的创建

Java 的线程是通过 java.lang.Thread 类来实现的。

当生成一个 Thread 类或者它的子类的对象后，一个新的线程就诞生了。

Java 提供了两种创建线程方法：

（1）通过继承 Thread 类；

（2）通过实现 Runable 接口。

1．继承 Thread 类来创建线程

创建一个线程的一种方法是创建一个新的类，该类继承 Thread 类，然后创建一个该类的实例。继承类必须重写 run()方法，该方法是新线程的入口点。它也必须调用 start()方法才能执行。

Java 中线程体由 Thread 类的 run( )方法定义。通过继承 Thread 类，重写其中的 run( )方法定义线程体。

```
public class Counter extends Thread{
  public void run( ){
  …
  }
}
```

例 14-1　通过继承类 Thread 创建线程之一。

```
class SimpleThread extends Thread {
 public SimpleThread(String str) {
   super(str);
 }
 public void run() {
  for (int i = 0; i < 10; i++) {
   System.out.println(i + " " +getName());
   try { sleep((int)(Math.random() * 1000));
   } catch (InterruptedException e){ }
  }
  System.out.println("DONE! " + getName());
 }
}
public class TwoThreadsTest {
  public static void main (String args[]) {
```

```
        new SimpleThread("First").start();  //创建线程并执行
        new SimpleThread("Second").start(); //创建线程并执行
    }
}
```

例 14-2 通过继承类 Thread 创建线程之二。

```
class NewThread extends Thread {
 NewThread() {                    //创建第二个新线程
   super("线程 Demo");
   System.out.print("/子线程名: " + this);
   start();                       //开始线程
 }
 public void run() {              //第二个线程入口
   try { for(int i = 5; i > 0; i--) {
           System.out.print("/子线程阶段: " + i);
           Thread.sleep(50); //让线程休眠一会
         }
   } catch (InterruptedException e) { System.out.print("/Child
interrupted."); }
   System.out.print("/子线程退出。");
 }}
public class Test {
 public static void main(String args[]) {
   new NewThread();                //创建一个新线程
   try {
     for(int i = 5; i > 0; i--) {
       System.out.print("/主线程阶段: " + i); Thread.sleep(100);
     }
   } catch (InterruptedException e){ System.out.print("/主线程中断。"); }
   System.out.print("/主线程退出。");
 }
} //运行结果之一为: /子线程名: Thread[线程 Demo,5,main]/主线程阶段: 5/子线程阶
段: 5/子线程阶段: 4/主线程阶段: 4/子线程阶段: 3/子线程阶段: 2/主线程阶段: 3/子线程阶
段: 1/子线程退出。/主线程阶段: 2/主线程阶段: 1/主线程退出。
```

2. 实现 Runnable 接口来创建线程

创建一个线程的另一种简单的方法是创建一个实现 Runnable 接口的类。Runnable 接口只提供了一个 public void run( )方法。为了实现 Runnable，一个类只需要执行一个方法调用 run()。你可以重写该方法，重要的是理解 run()方法可以调用其他方法，使用其他类，并声明变量，就像主线程一样。

在创建一个实现 Runnable 接口的类之后，你可以在类中实例化一个线程对象。将类的实例作为参数传给 Thread 类的一个构造方法，从而创建一个线程。

Thread 定义了几个构造方法，下面的这些是经常使用的：

```
Thread(Runnable target);
```

或

```
Thread(Runnable target,String name);
```

其中，target 是一个实现 Runnable 接口的类的实例，并且 name 指定新线程的名字。新线程创建之后，调用它的 start()方法才会运行。

例 14-3　通过接口构造线程。

```
class SimpleThread implements Runnable{
 public void run() {
   for (int i = 0; i < 5; i++) {
     System.out.print(Thread.currentThread().getName()+"阶段"+i+ "->");
     try { Thread.sleep((int)(Math.random() * 1000));
     } catch (InterruptedException e){}
   }
   System.out.print(Thread.currentThread().getName()+"线程结束了！ ");
 }}
public class Test {
  public static void main (String args[]) {
    new Thread(new SimpleThread(),"First").start(); //创建并执行线程1
    new Thread(new SimpleThread(),"Second").start();//创建并执行线程2
  }
} //运行结果之一为：First 阶段 0->Second 阶段 0->First 阶段 1->Second 阶段
1->First 阶段 2->First 阶段 3->First 阶段 4->Second 阶段 2->First 线程结束了！
Second 阶段 3->Second 阶段 4->Second 线程结束了！
```

14.2.2　线程的启动

新创建的线程不会自动运行。必须调用线程的 start( )方法。使用 start()方法的语句很简单。如：

Thread ThreadName=new ThreadClass();
ThreadName.start();

例 14-4　线程启动简单示例。

```
public class ThreadTest{
 public static void main(String args[ ]){
  xyz r= new xyz( );
  Thread t = new Thread(r); t.start( );
 }}
class xyz implements Runnable{
 int i;
 public void run( ){
   while(true){ System.out.println("Hello"+i++); if (i==5) break ; }
 }}
```

14.3 线程状态和转换

线程经过其生命周期的各个阶段。图 14-2 和图 14-3 显示了一个线程完整的生命周期。

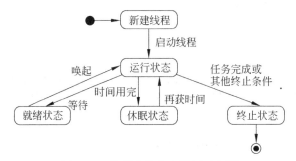

图 14-2　线程完整生命周期示意图

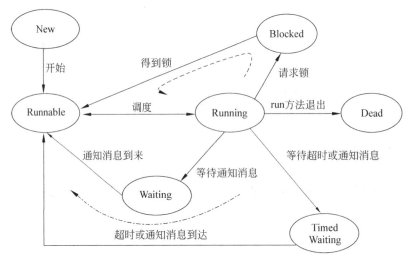

图 14-3　线程完整生命周期示意图 2

- 新状态：一个新产生的线程从新状态开始了它的生命周期。它保持这个状态直到程序 start 这个线程。
- 运行状态：当一个新状态的线程被 start 以后，线程就变成可运行状态，一个线程在此状态下被认为是开始执行其任务。
- 就绪状态：当一个线程等待另外一个线程执行一个任务的时候，该线程就进入就绪状态。当另一个线程给就绪状态的线程发送信号时，该线程才重新切换到运行状态。
- 休眠状态：由于一个线程的时间片用完了，该线程从运行状态进入休眠状态。当时间间隔到期或者等待的事件发生了，该状态的线程就会切换到运行状态。
- 终止状态：一个运行状态的线程完成任务或者其他终止条件发生，该线程就切换到终止状态。

14.4 线程控制

14.4.1 线程睡眠

sleep()方法使当前线程暂停执行一段时间，在线程睡眠时间内，让其他线程有机会执行。sleep()结束后，线程将进入 Runnable 状态。

sleep()方法是 Thread 的静态方法，它有两个重载方法：

（1）public static void sleep(long millis) 线程休眠指定的毫秒数；

（2）public static void sleep(long millis,int nanos) 线程休眠指定的毫秒数+ 纳秒数。

例 14-5 线程休眠的简单示例。

```java
public class ThreadSleep extends Thread {
 public void run() {
  for (int i = 0; i < 30; i++) {
    System.out.print(i);
    try { Thread.sleep(1000); //调用 sleep 方法，当前线程进入等待状态
        System.out.print(" 线程睡眠 1 秒! \n");
    } catch (InterruptedException e) { e.printStackTrace(); }
  }
 }
 public static void main(String[] args) {
    new ThreadSleep().start(); //实例化一个线程对象，并启动之
 }}
```

14.4.2 线程让步

调用该方法将 CPU 让给具有与当前线程相同优先级的线程。如果没有同等优先级的线程是 Runnable 状态，那么 yield( )方法将什么也不做。

例 14-6 线程让步示例程序。

```java
public class ThreadYield {
 public static void main(String args[]) {
    MyThread t1 = new MyThread("t1");    //实例化 2 线程对象
    MyThread t2 = new MyThread("t2");
    t1.start(); t2.start();              //启动 2 线程
 }}
class MyThread extends Thread {
  MyThread(String s){ super(s); }
  public void run() {
    for (int i = 0; i <5; i++) {
      System.out.println(getName() + ": " + i);
      yield();                          //线程让步
```

```
    }
}}
```

14.4.3 线程间协作

若一个线程运行到某一个点时，需要等待另一个线程运行结束后才能继续运行，这个时候可以通过调用另一个线程的 join()方法来实现。

例 14-7 通过线程间协作，计算 n!。

```
public class ThreadJoin implements Runnable {
  public static int result = 1; int n;
  public ThreadJoin(int n){ this.n = n; }
  public void run() {
    for (int k = 1; k <= n; k++) {
      result = result * k;
      try { Thread.sleep(100);
      } catch (InterruptedException e) {  }
  }}
  public static void main(String[] args) {
    int n = new Integer(args[0]).intValue(); //或直接赋值 int n=6;
    ThreadJoin th = new ThreadJoin(n);          //创建实现 Runnable 接口的实例
    Thread t = new Thread(th);                  //创建线程类实例
    t.start();                                  //启动线程
    try { t.join();                             //等待子线程 t 运行结束
    } catch (InterruptedException e) { }
    System.out.println(n + "的阶乘为: " + result);
  }}
```

程序的输出结果是 n!吗？答案是：有可能是可能不是。Main()方法执行完 t.start()方法后继续往下执行 "System.out.println(a + "的阶乘为: " + result);"，这个时候得到的结果 result 可能还没有完全被计算机计算出来。好在输出 result 之前调用了 join()方法，join()方法能够使调用该方法的线程执行完毕后，再继续调用 main 线程。所以现在结果应该是 n!。

14.4.4 后台线程

在 Java 程序当中，可以把线程分为两类：用户线程和后台线程（又称为守护线程）。用户线程是那些完成有用工作的线程，也就是前面所说的一般线程。后台线程是那些仅提供辅助功能的线程。这类线程可以监视其他线程的运行情况，也可以处理一些相对不太紧急的任务。

例 14-8 Thread 类提供了 setDaemon()方法用来打开或者关闭一个线程的守护状态。

```
import java.io.*;
class MyThread extends Thread {
 public void run() {
  for (int i = 0; i < 100; i++) {
   System.out.println("NO. "+i+" Daemon is "+isDaemon());//输出当前线程是
否为后台线程
   try { sleep(1); } catch (InterruptedException e) {}
  }
 }}
public class ThreadDaemon {
 public static void main(String[] args) throws IOException {
  System.out.println("Thread's daemon status,yes(Y) or no(N): ");
  BufferedReader stdin=new BufferedReader(new InputStreamReader(System.
in)); //建立缓冲字符流
  String str = stdin.readLine();   //从键盘读取一个字符串
  if (str.equals("yes") || str.equals("Y")) {
   MyThread t = new MyThread();
   t.setDaemon(true);       //设置该线程为守护线程，将没有控制台输出
   t.start();
  } else new MyThread().start();   //该线程为用户线程
 }}
```

14.4.5 线程优先级

每一个 Java 线程都有一个优先级，这样有助于操作系统确定线程的调度顺序。Java 优先级在 MIN_PRIORITY（1）和 MAX_PRIORITY（10）之间的范围内。默认情况下，每一个线程都会分配一个优先级 NORM_PRIORITY（5）。一个线程继承它的父线程的优先级。可以调用 setPriority()方法设置一个线程的优先级。

具有较高优先级的线程对程序更重要，并且应该在低优先级的线程之前分配处理器时间。然而，线程优先级不能保证线程执行的顺序，而且非常依赖于平台。

每当线程调度器进行调度的时候，它首先选择优先级高的线程获得 CPU。

14.5 线程同步处理

在多线程编程时，你需要了解以下几个概念：线程同步；线程间通信；线程死锁；线程控制；挂起、停止和恢复等。

14.5.1 多线程引发的问题

多个线程相对执行的顺序是不确定的。
（1）线程执行顺序的不确定性会产生执行结果的不确定性。
（2）在多线程对共享数据操作时常常会产生这种不确定性。

14.5.2 同步代码块

在一个方法中，用 synchonized 声明的语句块称为同步代码块，其中的代码必须获得同步对象 synObject 的锁方能执行。当一个线程欲进入该对象的关键代码时，JVM 将检查该对象的锁是否被其他线程获得，如果没有，则 JVM 把该对象的锁交给当前请求锁的线程，该线程获得锁后就可以进入关键代码区域。

例 14-9 synchronized 同步代码块示例。

```java
public class DeadState {
 public static Object obj1 = new Object();
 public static Object obj2 = new Object();
 public static void main(String[] args) {
   Thread t1 = new Thread(new Thread1());
   Thread t2 = new Thread(new Thread2());
   t1.start(); t2.start();
}}
class Thread1 implements Runnable {
 public void run() {
  synchronized (DeadState.obj1) {
    System.out.println("线程 1 进入 obj1 同步代码块");
    try { Thread.sleep(10); //线程 1 进入 obj1 的同步块后后，让线程 1 休眠 10 毫秒
    } catch (InterruptedException e) { e.printStackTrace();  }
    synchronized (DeadState.obj2){System.out.println("线程 1 进入 obj2 同步
代码块");}
  }
 }}
class Thread2 implements Runnable {
 public void run() {
  synchronized (DeadState.obj2) {
   System.out.println("线程 2 进入 obj2 同步代码块");
   try { Thread.sleep(10); //线程 1 进入 obj2 的同步块后后，让线程 2 休眠 10 毫秒
   } catch (InterruptedException e){ e.printStackTrace(); }
    synchronized (DeadState.obj1){System.out.println("线程 2 进入 obj1 同步
代码块");}
  }
 }}
```

14.5.3 同步方法

synchronized 除了象上面讲的放在对象前面限制一段代码的执行外，还可以放在方法声明中，表示整个方法为同步方法。

如果 synchronized 用在类声明中，则表明该类中的所有方法都是 synchronized 的。

14.5.4 线程间通信

多个并发执行的线程，如果它们只是竞争资源，则可以采取 synchronized 标示关键代码段来实现对共享资源的互斥访问；如果多个线程之间在执行的过程中有次序上的关系，则多个线程之间必须进行通信，相互协调，来共同完成一项任务。

（1）wait、nofity、notifyAll 必须在已经持有锁的情况下执行，所以它们只能出现在 synchronized 作用的范围内。这些方法都是在 java.lang.Object 中定义的。

（2）wait 的作用——释放已持有的锁，进入 wait 队列。

（3）notify 的作用——唤醒 wait 队列中的一个线程并把它移入锁申请队列。

（4）notifyAll 的作用——唤醒 wait 队列中的所有的线程并把它们移入锁申请队列。

例 14-10 线程之间进行通信协调的示例。

```
class ShareData {
 private char c;
 private boolean writeable = true; //通知变量
 public synchronized void setShareChar(char c) {
   if(!writeable)try{wait();/*未消费等待*/}catch(InterruptedException e){}
   this.c = c;
   writeable = false;            //标记已经生产
   notify();                     //通知消费者已经生产，可以消费
 }
 public synchronized char getShareChar() {
   if (writeable)try{/*未生产等待*/ wait();}catch(InterruptedException e){}
   writeable = true;             //标记已经消费
   notify();                     //通知需要生产
   return this.c;
 }}
class Producer extends Thread {     //生产者线程
 private ShareData s;
 Producer(ShareData s) { this.s = s; }
 public void run(){
   for (char ch='A'; ch<='Z';ch++) {
     try { Thread.sleep ((int) Math.random() * 400); } catch
(InterruptedException e){}
     s.setShareChar(ch);
     System.out.println(ch + " producer by producer.");
   }
 }}
class Consumer extends Thread {      //消费者线程
 private ShareData s;
 Consumer(ShareData s) { this.s = s; }
 public void run() {
   char ch;
   do {
     try {Thread.sleep((int) Math.random()*400);} catch
```

```
(InterruptedException e){ }
        ch = s.getShareChar();
        System.out.println(ch + " consumer by consumer.**");
    } while (ch!='Z');
  }}
  public class ProducerConsumer {
   public static void main(String argv[]) {
    ShareData s = new ShareData();
    new Consumer(s).start(); new Producer(s).start();
  }}
```

14.5.5　死锁

死锁是指两个以上的线程同时等待其他线程持有的锁。死锁的避免完全由程序控制。

如果要访问多个共享数据对象，则要从全局考虑定义一个获得锁的顺序，并在整个程序中都遵守这个顺序。释放锁时，要按加锁的反序释放。

14.6　Thread 方法

表 14-1 列出了 Thread 类的一些重要方法。

表 14-1　Thread 类的一些重要方法

序　号	方　法　描　述
1	public void start() 使该线程开始执行；Java 虚拟机调用该线程的 run 方法
2	public void run() 如果该线程是使用独立的 Runnable 运行对象构造的，则调用该 Runnable 对象的 run 方法；否则，该方法不执行任何操作并返回
3	public final void setName(String name) 改变线程名称，使之与参数 name 相同
4	public final void setPriority(int priority) 更改线程的优先级
5	public final void setDaemon(boolean on) 将该线程标记为守护线程或用户线程
6	public final void join(long millisec) 等待该线程终止的时间最长为 millis 毫秒
7	public void interrupt() 中断线程
8	public final boolean isAlive() 测试线程是否处于活动状态

上述方法是被 Thread 对象调用的。表 14-2 中的方法是 Thread 类的静态方法。

表 14-2　Thread 类的一些静态方法

序　号	方　法　描　述
1	public static void yield() 暂停当前正在执行的线程对象，并执行其他线程
2	public static void sleep(long millisec) 在指定的毫秒数内让当前正在执行的线程休眠（暂停执行），此操作受到系统计时器和调度程序精度和准确性的影响
3	public static boolean holdsLock(Object x) 当且仅当当前线程在指定的对象上保持监视器锁时，才返回 true

续表

序 号	方 法 描 述
4	public static Thread currentThread() 返回对当前正在执行的线程对象的引用
5	public static void dumpStack() 将当前线程的堆栈跟踪打印至标准错误流

例 14-11　本示例演示了使用 Thread 类的一些方法。

```
public class DisplayMessage implements Runnable{//通过实现 Runnable 接口
创建线程
    private String message;
    public DisplayMessage(String message){ this.message = message; }
    public void run(){ while(true) System.out.println(message); }
}
public class GuessANumber extends Thread { //通过继承 Thread 类创建线程
    private int number;
    public GuessANumber(int number) { this.number = number; }
    public void run() {
        int counter = 0,guess = 0;
        do{ guess = (int) (Math.random() * 100 + 1);
            System.out.println(this.getName() + " guesses " + guess);
            counter++;
        }while(guess != number);
        System.out.println("** Correct! "+this.getName()+" in "+counter+"
guesses.**");
    }}
public class ThreadClassDemo { //主程序 ThreadClassDemo.java
    public static void main(String[] args) {
        Runnable hello = new DisplayMessage("Hello");
        Thread thread1 = new Thread(hello);
        thread1.setDaemon(true);
        thread1.setName("hello");
        System.out.println("Starting hello thread..."); thread1.start();
        Runnable bye = new DisplayMessage("Goodbye");
        Thread thread2 = new Thread(bye);
        thread2.setPriority(Thread.MIN_PRIORITY);
        thread2.setDaemon(true);
        System.out.println("Starting goodbye thread..."); thread2.start();
        System.out.println("Starting thread3...");
        Thread thread3 = new GuessANumber(27); thread3.start();
        try { thread3.join(); }catch(InterruptedException e){
            System.out.println("Thread interrupted."); }
        System.out.println("Starting thread4...");
        Thread thread4 = new GuessANumber(75); thread4.start();
        System.out.println("main() is ending...");
    }}
```

运行结果略，还请注意每一次运行的结果是不一定相同的。

14.7　本章小结

本章介绍了 Java 线程的基本概念，线程的生命周期。线程都有一个优先级，Java 支持抢先式的线程调度策略。在程序中实现创建线程有两种方式：创建 Thread 类的子类或实现 Runnable 接口。

14.8　习题

一、简答题

1．Java 为什么要引入线程机制？线程、进程和程序之间的关系是怎样的？

2．创建线程的两种方法是什么？

3．Thread 类中的 start()方法和 run()方法有什么区别？

二、编程题

1．两个小球，分别以不同的频率和高度跳动。请模拟它们的运动状态。

2．设计一个聊天类，用多个对象之间的相互交换信息（输入-输出）模拟多人聊天。

3．编写一个程序，开启 3 个线程，这 3 个线程的 ID 分别为 A、B、C，每个线程将自己的 ID 在屏幕上打印 10 遍，要求输出结果必须按 ABC 的顺序显示；如：ABCABC……

第 15 章　数据库编程

一般高级语言都支持数据库操作，Java 语言提供通过 JDBC（Java DataBase Connectivity，Java 数据库连接）操作数据库的机制，能对数据库数据操作提供完美支持。本章的主要内容包括：数据库基本知识、Java 数据库编程技术、通过 JDBC 访问数据库等。

学习重点或难点：
- 关系数据库与 SQL 语言
- 通过 JDBC 访问数据库
- JDBC 事务处理
- Java 数据库编程简介
- JDBC 编程实例

学习本章后将能利用 JDBC 数据库访问技术，编写数据库应用系统，能具有对信息的高级管理能力。

15.1　关系数据库与 SQL 语言

15.1.1　关系数据库的基本概念

数据库（Database）是指长期存储在计算机内的、有组织的、可共享的数据集合。数据以记录（Record）和字段(Field)的形式存储在数据表（Table）中，由若干个相关联的数据表构成一个数据库。SQL 语言的操作对象主要是数据表或视图。SQL 语言可分为数据定义语言 DDL、数据操纵语言 DML、数据查询语言 DQL 和数据控制语言 DCL 四大类。

15.1.2　数据定义语言

1．创建数据表

创建数据表的语句格式为：

CREATE TABLE 表名(字段名 1 数据类型 ［列级约束条件］,字段名 2 数据类型 ［列级约束条件］,…,字段名 n　数据类型 ［列级约束条件］ ［, 表级完整性约束])

创建学生信息表 student 的语句为：

```
create table student(sno char(10) primary key,sname char(20),sage
integer,sdept char(10))
```

2．修改数据表

修改数据表的语句格式为：

ALTER TABLE 表名 ADD 字段名 数据类型 ［约束条件］

在学生表 student 中添加一个性别字段 ssex 其 SQL 语句为：

```
ALTER TABLE student add ssex char(2) not null
```

删除字段使用的格式为：

ALTER TABLE 表名 DROP 字段名

在学生信息表 student 中删除一个字段性别 ssex 其 SQL 语句为：

```
ALTER TABLE student DROP ssex
```

3．删除数据表

在 SQL 语言中使用 DROP TABLE 语句删除某个表格及表格中的所有记录，其使用格式为：

DROP TABLE 表名

在 test 数据库中删除学生表 student，其 SQL 语句为：

```
DROP TABLE student
```

15.1.3 数据操纵语言

1．向数据表中插入数据

INSERT 语句实现向数据库表格中插入或增加新的数据行，其使用格式如下：

INSERT INTO 表名(字段名 1,…,字段名 n) VALUES(值 1,…,值 n)

例如，在学生表 student 中插入一条记录，其 SQL 语句为：

```
insert into student(sno,sname,sage,sdept) values("2016010305","董华",19,
"cs")
```

2．数据更新语句

UPDATE 语句实现更新或修改满足规定条件的现有记录，其使用格式如下：

UPDATE 表名 SET 字段名 1=新值 1 ［,字段名 2=新值 2…] WHERE 条件表达式

例如，学生表 student 中的 sage 加 1 岁，其 SQL 语句为：

```
Update student set sage=sage+1
```

3．删除记录语句

DELETE 语句删除数据库表格中的行或记录，其使用格式如下：

DELETE FROM 表名 WHERE 条件表达式

例如，删除学生表 student 中的 sage 字段的值超过 24 的记录，其 SQL 语句为：

```
DELETE FROM student where sage>24
```

15.1.4 数据查询语言

查询语句的格式如下：

SELECT [DISTINCT] 字段名 1[,字段名 2,…] FROM 表名 [WHERE 条件表达式]

例如，查询出学生表 student 中的所有姓王的学生的信息，其 SQL 语句为：

```
Select * from student where sname like "王%"
```

15.2　Java 数据库编程简介

JDBC 是一种用于执行 SQL 语句的 Java API（java.sql 包），可以为多种关系数据库提供统一访问，它由一组用 Java 语言编写的类和接口组成。

（1）Java 应用程序：其主要任务有请求与数据库建立连接、向数据库发送 SQL 请求、为结果集定义存储应用和数据类型、查询结果的处理及关闭数据库等操作。

（2）JDBC 驱动程序管理器：它能够动态地管理和维护数据库查询所需要的驱动程序对象，实现 Java 任务与特定驱动程序的连接，从而体现 JDBC 与平台无关的特性。

（3）驱动程序：一般由数据库厂商或者第三方提供，主要功能包括由 JDBC 方法调用向特定数据库发送 SQL 请求，并为 Java 程序获取结果，在用户程序请求时执行翻译、将错误代码格式转换为标准的 JDBC 错误代码等。

（4）数据库：Java 应用需要的数据库及其数据库管理系统（DBMS）。

15.3　通过 JDBC 访问数据库

15.3.1　JDBC 访问数据库基本流程

JDBC 访问数据库基本流程如图 15-1 所示，其过程分为：

（1）建立数据源，数据源指 ODBC 数据源，这一点并不是必需的。

（2）加载数据库驱动程序。

（3）创建与数据库或数据源的连接。

（4）使用 SQL 语句对数据库进行操作。

（5）对数据库操作的结果进行处理。

（6）关闭查询语句及与数据库的连接，释放相关资源。

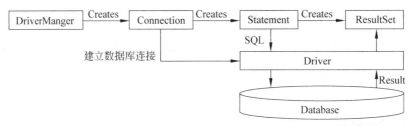

图 15-1 JDBC 访问数据库基本流程

15.3.2 加载数据库驱动程序

1. 驱动程序加载

在加载某一驱动程序的 Driver 类时，它应该创建自己的实例并向 java.sql.DriverManager 类注册该实例。

通常情况下，通过 java.lang.Class 类的静态方法 forName(String className)加载欲连接数据库的 Driver 类，成功加载后，会将 Driver 类的实例注册到 DriverManager 类中，如果加载失败，将抛出 ClassNotFoundException 异常。

若以加载 jdbc-odbc 桥为例，则相应的语句格式为：

```
Class.forName("sun.jdbc.odbc.JdbcOdbcDriver");
```

若 JDBC 连接 MySQL 数据库，则相应的加载驱动的语句为：

```
Class.forName("com.mysql.jdbc.Driver");
```

若 JDBC 连接 SQL Server 2012 数据库，则相应的加载驱动的语句为：

```
Class.forName("com.microsoft.sqlserver.jdbc.SQL ServerDriver");
```

2. DriverManager 类

负责管理 JDBC 驱动程序，跟踪可用的驱动程序并在数据库和相应的驱动程序之间建立连接。常用的成员方法如下：

（1）**Connection getConnection(String url)** 使用指定的数据库 URL（URL 是指向数据库的地址）创建一个连接，使 DriverManager 从注册的 JDBC 驱动程序中选择一个适当的驱动程序。

（2）**Connection getConnection(String url, Properties info)** 使用指定的数据库 URL 和 相关信息（用户名、用户密码等属性列表）来创建一个连接。

（3）**Connection getConnection(String url, String user, String password)** 获得数据库连接，参数为要连接数据库的 URL、用户名和密码。

（4）**void deregisterDriver(Driver driver)** 从 DriverManager 的列表中删除一个驱动程序。

（5）**Driver getDriver(String url) DriverManager** 从驱动程序集中选择一个适当的驱动程序。

（6）**int setLoginTimeout(int seconds)** 设置等待建立数据库连接的最长时间，以秒为单位。

当调用 DriverManager 类的 getConnection()方法请求建立数据库连接时，该类将试图定位一个适当的 Driver 类，并检查定位到的 Driver 类是否可以建立连接，如果可以，则建立连接并返回；如果不可以，则抛出 SQLException 异常。

15.3.3 创建与数据源的连接

1．创建与数据源的连接

定义 JDBC 的 URL 对象，并通过驱动程序管理器建立数据库的连接。

1）定义 JDBC 的 URL 对象

JDBC 的 URL 规范为：

```
jdbc:<subprotocal>:[database locator]
```

如：String conURL="jdbc:odbc:TestDB"；表示使用 JDBC-ODBC Bridge，TestDB 为数据源的名字（在控制面板 ODBC 数据源管理器中创建）。如果使用 MySQL，则其驱动程序为 DBDriver="com.mysql.jdbc.Driver"。

2）建立数据库连接

建立过 JDBC 的 URL 对象后，通过 DriverManager 类的静态方法 getConnection 建立数据库的连接，为了存取数据还要提供用户名和口令。语句形式如下：

```
conURL= "jdbc:mysql://localhost:3306/dbname";
Connection con=DriverManager.getConnection(conURL, "login","psword");
```

2．Connection 类

java.sql.Connection 类负责建立与指定数据库的连接，并提供了很多成员方法，这些方法执行不成功时则抛出 SQLException 异常。常用成员方法如下：

（1）Statement createStatement()——创建一个 Statement 对象来将 SQL 语句发送到数据库。

（2）Statement createStatement(int resultSetType, int resultSetConcurrecy)——创建一个 Statement 对象，该对象将生成具有给定类型和并发性的 ResultSet 对象。

（3）DatabaseMetaData getMetaData( )——获得当前连接的 DatabaseMetaData 对象。

（4）PreparedStatement prepareStatement(String sql)——用来创建一个 PreparedStatement 对象来将参数化的 SQL 语句发送到数据库。

（5）CallableStatement prepareCall(String sql)——创建一个 CallableStatement 对象来调用数据库存储过程。

（6）void commit( )——用来提交对数据库的修改操作，使自从上一次提交或回滚以来进行的所有更改成为持久更改，并释放此 Connection 对象当前保存的所有数据库锁定。

（7）boolean getAutoCommit( )——用来获取 Connection 对象是否是自动提交状态。

（8）void setAutoCommit(boolean autoCommit)——设定 Connection 类对象的自动提交状态。设置为 true 时，它的每一个 SQL 语句将作为一个独立的事务被执行和提交。

（9）void rollback( )——用来取消对数据库执行修改操作，将数据库恢复到上一次提交或回滚状态。

（10）void close( )——用来断开 Connection 类对象与数据库的连接。

15.3.4　操作数据库

每执行一条 SQL 语句，都需要利用 Connetcion 实例来创建一个 Statement、PreparedStatement 或者 CallableStatement 实例，并执行 SQL 语句以返回处理结果。

1．Statement 接口

将 SQL 命令传送给数据库，并将 SQL 命令的执行结果返回。常用成员方法如下：

（1）ResultSet executeQuery(String sql)——执行给定的 SQL 语句。

（2）int executeUpdate(String sql)——用来执行 SQL 的 INSERT、UPDATE、DELETE 语句，返回值是插入、修改或删除的记录行数或者是 0。

（3）boolean execute(String sql)——用来执行指定的 SQL 语句，执行结果有多种情况。如果执行结果为一个结果集对象，则返回 true，其他情况返回 false。

（4）ResultSet getResultSet( )——用来获取 ResultSet 对象的当前结果集。对于每一个结果只调用一次。

（5）int getUpdateCount( )——用来获取当前结果的更新记录数，如果结果是一个 ResultSet 对象或没有更多的结果，则返回-1。对于每一个结果只调用一次。

（6）int[] executeBatch()——将一批命令提交给数据库来执行，如果全部命令执行成功，则返回更新计数组成的数组。

（7）void addBatch(String sql)——将给定的 SQL 命令添加到此 Statement 对象的当前命令列表中。通过调用方法 executeBatch 可以批量执行此列表中的命令。

（8）void clearBatch( )——清空此 Statement 对象的当前 SQL 命令列表。

（9）void close( )——用来释放 Statement 对象的数据库和 JDBC 资源。

（10）Connection getConnection( )——检索生成此 Statement 对象的 Connection 对象。

下面介绍采用 Statement 对象执行 SQL 语句编程实现的主要步骤。

（1）创建 Statement 对象，语句如下：

```
Statement stmt=con.createStatement( );
```

（2）执行一个 SQL 语句。如果是查询语句，则可以通过 Statement 类中的 executeQuery()方法来实现，其输入参数是一个 SQL 查询语句，其返回值是一个 ResultSet 类的对象。

```
ResultSet rs= stmt.executeQuery("select * from TableName");
```

无论是查询还是数据库操纵或者数据定义语句，都可以通过 Statement 类中的 execute( ) 方法来实现，返回类型为 boolean。

（3）关闭 Statement 对象。每一个 Statement 对象在使用完毕后，都应该使用 close( ) 方法关闭。如：

```
stmt.close();
```

2．PreparedStatement 接口

由于 Statement 对象在每次执行 SQL 语句时都将该语句传给数据库，如果需要多次执行同一条 SQL 语句时，这样将导致执行效率特别低。PreparedStatement 类的对象可以代表一个预编译的 SQL 语句，它是 Statement 接口的子接口。由于 PreparedStatement 类会将传入的 SQL 命令编译并暂存在内存中，所以当某一 SQL 命令在程序中被多次执行时，使用 PreparedStatement 类的对象执行速度要快于 Statement 类的对象。

PreparedStatement 类常用成员方法如下：

（1）ResultSet executeQuery( )——使用 SQL 指令 SELECT 对数据库进行记录查询操作。

（2）int executeUpdate( )——使用对数据库进行添加、删除和修改记录操作。

（3）boolean execute(String sql)——执行任何种类的 SQL 语句。

（4）void setInt(int parameterIndex,int x)——给指定位置的参数设定整数型数值。

（5）void setXxx(int parameterIndex,Xxx x)——给指定位置的参数设定 Xxx 数值，这里的 Xxx 可以是 Date、Time、Double、Float、String、BigDecimal 等等类型。

采用 PreparedStatement 对象执行 SQL 语句编程实现的主要步骤如下：

（1）从一个 Connection 对象上可以创建一个 PreparedStatement 对象，并给出预编译的 SQL 语句。如：

```
PreparedStatement    pstmt=con.prepareStatement("Update  Employees  set
Salary=? Where ID=?");
```

（2）如果有参数，则要根据指定位置参数的数据类型通过对应的 setXxx( )方法设定值。例如：

```
pstmt.setBigDecimal(1,2658.95); pstmt.setString(2,"03050107");
```

（3）调用 executeQuery()来执行 SQL 语句，调用 executeUpdate( )执行修改语句。如：

```
pstmt.executeUpdate( );//执行 SQL 修改命令
```

（4）关闭 PreparedStatement 对象。每一个 PreparedStatement 对象在使用完后，都应该使用 close( )方法关闭。如：

```
pstmt.close();
```

3．CallableStatement 类

CallableStatement 对象提供了通过存储过程来访问数据库的能力。

采用 CallableStatement 对象执行 SQL 语句编程实现的主要步骤如下：

（1）定义并创建 CallableStatement 对象。

（2）使用 Connection 类中的 prepareCall()方法可以创建一个 CallableStatement 对象，其参数是一个 String 对象，一般格式为

```
{call 存储过程名()}
```

例如：

```
CallableStatement cs = conn.prepareCall("{call saveuser(?,?)}",
ResultSet.TYPE_FORWARD_ONLY,ResultSet.CONCUR_READ_ONLY); //具体参数含义等略
```

（3）如果有 IN 参数（输入参数），则通过 setXxx( )方法设定参数的值。

（4）通过调用 executeQuery()方法来执行存储过程。例如：

```
ResultSet rest = cs.executeQuery(); //获取结果集
```

（5）通过调用 close()方法关闭 CallableStatement。如：

```
cs.close();
```

15.3.5　处理操作结果

在进行查询操作时其返回值为一个结果集 ResultSet 的对象。

1．ResultSet 类

java.sql.ResultSet 类表示从数据库中返回的结果集，可以通过 while 循环来迭代处理 ResultSet 结果集。默认情况下 ResultSet 实例不可以更新，只能移动指针，所以只能迭代一次，并且只能按从前向后的顺序进行。如果需要，则可以生成可滚动和可更新的 ResultSet 实例。ResultSet 接口提供了从当前行检索不同类型列值的 getXxx()方法，均有两个重载方法，分别根据列的索引编号和列的名称检索列值。ResultSet 常用成员方法如表 15-1 所示。

表 15-1 ResultSet 常用成员方法

方 法 名	含 义
boolean absolute(int row)	移动记录指针到指定记录
boolean first()	移动记录指针到第一个记录
boolean isFirst()	检索指针是否位于第一行
boolean last()	移动记录指针到最后一个记录
boolean isLast()	检索指针是否位于最后一行
void afterLast()	移动记录指针到最后一个记录之后
boolean isAfterLast()	检索指针是否位于最后一行之后
boolean previous()	移动记录指针到上一个记录
int getRow()	检索当前行号。第 1 行为 1 号，第 1 行为 2 号，以此类推
boolean next()	将指针从当前位置下移一行
void update 类型(int ColumnIndex,类型 x)	修改数据表中指定列的值
int get 类型(int ColumnIndex)	参数为列的索引编号
int get 类型(String columnName)	参数为数据库表中字段名
void insertRow()	插入一个记录到数据表中
void updateRow()	修改数据表中的一个记录
void deleteRow()	删除记录指针指向的记录
resultSetMetaData getMetaData()	检索此 ResultSet 对象的列的类型和属性信息
void close()	立即释放此 ResultSet 对象的数据库和 JDBC 资源

2．ResultSetMetaData

ResultSetMetaData 类可用于获取关于 ResultSet 对象中列的类型和属性信息。常用成员方法有：

（1）int getColumnCount()——返回此 ResultSet 对象中的列数。

（2）String getColumnName(int column)——获取指定列的名称，column 为列的索引编号。

（3）String getColumnTypeName(int column)——检索指定列的数据库的数据类型。

（4）boolean isReadOnly(int column)——指定的列是否是只读的。

（5）boolean isWritable(int column)——指定的列是否可写。例如：

```
ResultSet rs=stmt.executeQuery("SELECT * FROM Student Where sname like
'王%'");
ResultSetMetaData rsmd = rs.getMetaData();
int numberOfColumns = rsmd.getColumnCount(); //获得列数
```

15.3.6 关闭操作

在用 JDBC 访问数据的整个流程结束之前，要关闭查询语句及与数据库的连接。注意关闭的顺序，如果有结果集，则先结果集 ResultSet 对象，再 Statement 对象，最后为数据库连接 Connection 对象，一般可以放在异常处理的 finally 语句中实现关闭。

15.4 JDBC 编程实例

15.4.1 创建数据库连接

定义数据库连接类 DBConnection，该类实现数据库的连接与数据库连接的断开。数据库连接参数的设置和驱动程序的加载及数据库的连接都在该类的 getConnection()方法中进行，连接保存在类的成员变量 con 中。closeConnection()方法实现数据库的连接的关闭。

例 15-1 数据库访问示例。

```
import java.sql.Connection;
import java.sql.DriverManager;import java.sql.SQLException;
public class DBConnection {
 Connection con = null;                              //保存数据库连接的成员变量
 public Connection getConnection() {
  try { Class.forName("com.mysql.jdbc.Driver");//加载驱动
    System.out.println("driver success!");        //提示信息
    String conurl = "jdbc:mysql://127.0.0.1:3306/sdb";
    String username = "root", userpassword = "123456";
    con = DriverManager.getConnection(conurl, username, userpassword);
    System.out.println("Connection success!"); //创建一个数据库连接 con
  } catch (ClassNotFoundException e) {
   System.out.println("driver failure!");//驱动没有成功加载时抛出异常进行处理
  } catch (SQLException e) {
   System.out.println("connection failure!");    //连接失败时抛出异常进行处理
  } return con;
 }
 public void closeConnection() {
  if (con != null)
    try { con.close(); System.out.println("close database success!");
    } catch (SQLException e){ System.out.println("close failure!"); }
 }
 public static void main(String[] args) {
   DBConnection dbtest = new DBConnection();
   dbtest.getConnection(); dbtest.closeConnection();
 }
}
```

15.4.2 创建数据表

数据库连接类创建完成后就可以对数据库进行操作了，首先向数据库 sdb 中添加数据库表 student，该表包含 sno、sname、sage、sdept 4 个字段。

例 15-2 创建数据表示例。

```java
import java.sql.Connection; import java.sql.SQLException; import java.sql.Statement;
public class CreateTable {
 Connection con = null;                        //保存数据库连接的成员变量
 private Statement stmt = null;
 //该方法实现向数据库中添加一学生表，成功返回真，否则返回假
 public boolean createStudentTable() {
 DBConnection onecon = new DBConnection();
 con = onecon.getConnection();
 boolean returnResult = true;                 //保存是否创建成功变量
 try { stmt = con.createStatement();          //建立 Statement 类对象
   String pSql = "create table student(sno char(10) primary key,sname char(20),sage integer,sdept char(10))";      //声明创建学生表 student 的 SQL 语句
   stmt.executeUpdate(pSql);                   //执行 SQL 命令
   stmt.close();                               //释放 Statement 所连接的数据库及 JDBC 资源
   con.close();                                //关闭与数据库的连接
 } catch (SQLException e1) {                    //数据库创建时产生的异常进行处理
   System.out.println("数据库读异常，" + e1); returnResult = false; }
   return returnResult;
 }
 public static void main(String[] args) {
   CreateTable c = new CreateTable();
   boolean isSuccess = c.createStudentTable();
   if (isSuccess) System.out.println("学生表创建成功。");
   else System.out.println("学生表创建失败。");
 }}
```

15.4.3 向表中添加数据

数据库表创建成功后，便可以向表 student 中添加学生的记录信息了。

例 15-3 向数据表中增加数据示例。

```java
import java.sql.Connection;import java.sql.PreparedStatement;
import java.sql.ResultSet; import java.sql.SQLException; import java.sql.Statement;
public class InsertRecord {
 DBConnection onecon = new DBConnection();
 Connection con = null; //保存数据库连接的成员变量
 private Statement stmt = null; private PreparedStatement pstmt = null;
```

```
//该方法实现往学生表中添加一条记录，成功返回真，否则返回假
public boolean addStudentDataInfo() { //添加某学生记录
  con = onecon.getConnection();
  boolean returnResult = true;            //保存是否创建成功变量
  try { stmt = con.createStatement(); //建立 Statement 类对象
    String r1 = "insert into student(sno,sname,sage,sdept) values
('2016010305', '李涛',19,'CS')";               //定义插入记录的 SQL 语句
    stmt.executeUpdate(r1);                 //执行 SQL 命令
    stmt.close(); con.close();  //释放 Statement 资源，关闭与数据库的连接
  } catch (SQLException e1) {              //数据库读取时产生的异常进行处理
    System.out.println("数据库读异常," + e1); returnResult = false; }
  return returnResult;
}
//该方法的形式参数为要添加学生的字段信息，成功返添加记录数，否则返回假
public int addStudentDataInfo(String sno,String sname,int sage,String
sdept){
    int count=0; con=onecon.getConnection();
    try {//采用预编译方式定义 SQL 语句，使添加的数据信息以参数的形式给出
      String str = "insert into student values(?,?,?,?)";
      pstmt = con.prepareStatement(str); //创建 PreparedStatement 对象
      pstmt.setString(1,sno);pstmt.setString(2,sname);//给第 1、2 个参数设定值
      pstmt.setInt(3, sage); pstmt.setString(4, sdept);//给第 3、4 个参数设定值
      count = pstmt.executeUpdate();       //执行 SQL 语句
    } catch (SQLException e1) {            //执行 SQL 语句过程中出现的异常进行处理
      System.out.println("数据库读异常," + e1);
    } finally {
      try{pstmt.close();con.close();}catch(SQLException e){//关闭时异常处理
      System.out.println("在关闭时出错了！系统异常信息为: "+e.getMessage());}
    } return count;
}
public static void main(String[] args) {
  InsertRecord c=new InsertRecord(); boolean isSuccess =
c.addStudentDataInfo();
    if (isSuccess) System.out.println("记录添加成功。");
    else System.out.println("记录添加失败。");
    int count=c.addStudentDataInfo("2016030101","张杰",18,"Infomation");
    System.out.println(count+"条记录被添加到数据表中。");
}}
```

15.4.4 修改数据

在应用过程中经常需要修改表中的数据。如下是修改表数据的示例。

例 15-4 修改数据表数据。

```
import java.sql.Connection;
import java.sql.SQLException;import java.sql.Statement;
public class UpdateRecord {
```

```
DBConnection onecon = new DBConnection();
Connection con = null;                          //保存数据库连接的成员变量
private Statement stmt = null;
//该方法实现对学生年龄的修改，返回值代表被修改的记录条数（-1代表修改失败）。
public int updateStudentDataInfo() {
  con = onecon.getConnection(); int count = -1; //修改记录的条数
  try { stmt = con.createStatement();           //建立 Statement 类对象
    String r1="Update student set sage=sage+1"; //定义修改记录的 SQL 语句
    count = stmt.executeUpdate(r1); //执行 SQL 命令
    stmt.close(); con.close();//释放 Statement 相关资源，关闭与数据库的连接
  } catch (SQLException e1) { //数据库读取时产生的异常进行处理
    System.out.println("数据库读异常, " + e1);}
  return count;
}
public static void main(String[] args) {
  UpdateRecord c = new UpdateRecord();
  int count = c.updateStudentDataInfo();
  System.out.println("数据表中 "+count + " 条记录已被修改。");
}}
```

15.4.5　删除数据

在某些数据不需要的时候可以进行删除操作，删除时既可以通过 Statement 实例执行静态 DELETE 语句完成，也可以利用 PreparedStatement 实例通过动态 Delete 语句完成。

例 15-5　删除记录示例。

```
import java.sql.Connection; import java.sql.PreparedStatement;
import java.sql.SQLException;
public class DeleteRecord {
 DBConnection onecon = new DBConnection();
 Connection con = null;                          //保存数据库连接的成员变量
 private PreparedStatement pstmt = null;
 //该方法实现按照学号删除学生信息，如果返回值为-1代表修改失败
 public int deleteOneStudent(String sno) {
   con = onecon.getConnection(); int count = -1; //修改记录的条数
   try {                            //在当前连接上创建一个 prepareStatement 对象
     pstmt = con.prepareStatement("delete from student where sno=? ");
     pstmt.setString(1, sno);                     //给参数设定值
     count = pstmt.executeUpdate();               //执行删除
     pstmt.close(); con.close();                  //释放相关资源，关闭连接
   } catch (SQLException e1) { System.out.println("数据库读异常,"+e1);}
   return count;  }
public static void main(String[] args) {
  DeleteRecord c = new DeleteRecord();
  int count = c.deleteOneStudent("2016030101");
  System.out.println("数据表中" + count + "条记录已被删除。");
}}
```

思政材料

15.4.6 查询数据信息

查询信息是经常要做的数据操作，根据一定条件进行查询时既可以通过 Statement 实例完成，也可以利用 PreparedStatement 实例完成。

例 15-6 查询数据表信息。

```java
import java.sql.Connection;import java.sql.PreparedStatement;
import java.sql.ResultSet; import java.sql.SQLException; import
java.sql.Statement;
public class QueryStudent {
DBConnection onecon = new DBConnection();
Connection con = null;                        //保存数据库连接的成员变量
private Statement stmt = null;
private PreparedStatement pstmt = null;
public void getOneStudent(String sno) {     //该方法实现根据学号查询学生信息
  con = onecon.getConnection(); ResultSet rs; //保存查询结果集
  try { pstmt = con.prepareStatement("select*from student where sno=? ");
    pstmt.setString(1,sno);                   //给参数设定值
    rs = pstmt.executeQuery();                //查询结果保存在结果集中
    if(!rs.next()) System.out.println("数据库中未查询到相关数据! ");
    while (rs.next()) System.out.println(rs.getString(1) + "\t" +
rs.getString(2)+"\t"+ rs.getInt(3)+"\t"+rs.getString(4));
    stmt.close(); con.close();
    } catch (SQLException e1) { System.out.println("数据库读异常, " + e1);}
  }
public void getAllStudent() {
  con = onecon.getConnection(); ResultSet rs; //保存查询结果集
  try { stmt = con.createStatement();         //建立 Statement 类对象
    rs=stmt.executeQuery("select * from student");//查询结果保存在结果集中
    while (rs.next()) System.out.println(rs.getString(1) + "\t" +
rs.getString(2)+"\t"+ rs.getInt(3)+"\t"+rs.getString(4));
    stmt.close(); con.close();
    } catch (SQLException e1) { System.out.println("数据库读异常, " + e1); }
  }
public static void main(String[] args) {
  QueryStudent qs = new QueryStudent();
  qs.getAllStudent(); qs.getOneStudent("2016010305");
}}
```

15.5 JDBC 事务

所谓事务，是指一组相互依赖的操作单元的集合，用来保证对数据库的正确修改，保持数据的完整性，如果一个事务的某个单元操作失败，将取消（回滚）本次事务的全部操作。数据库事务必须具备以下特征（简称 ACID）。

（1）原子性（Atomic）：每个事务是一个不可分割的整体，只有所有的操作单元执行成功，整个事务才成功；否则此次事务就失败，所有已执行的操作必须撤销，数据库回到此次事务之前的状态。

（2）一致性（Consistency）：在执行一次事务后，关系数据的完整性和业务逻辑的一致性不能被破坏。例如 A 向 B 转账结束后，A、B 转账资金总额是不能改变的。

（3）隔离性（Isolation）：在并发环境中，一个事务所做的修改必须与其他事务所做的修改相隔离。例如，一个事务查看的数据必须是其他并发事务修改之前或修改完毕的数据，不能是修改中的数据。

（4）持久性（Durability）：事务结束后，对数据的修改是永久保存的，即使系统故障导致重启数据库系统，数据依然要恢复到修改后的状态。

JDBC 事务是用 Connection 对象控制的。可以通过 Connection 对象 setAutoCommit(false) 禁用自动提交模式而采用手工提交模式，事务将要等到 commit 或 rollback 方法被显式调用时才结束，因此它将包括上一次调用 commit 或 rollback 方法以来所有执行过的语句。对于第二种情况（手工提交模式），事务中的所有语句将作为整体来提交或还原。数据库事务处理流程如图 15-2 所示。

在数据库操作中，一个事务是指由一条或多条对数据库更新的 SQL 语句所组成的一个不可分割的工作单元。只有当事务中的所有操作都正常完成了，整个事务才能被提交到数据库，如果有一项操作没有完成，就必须撤销整个事务。

例如，在银行的转账事务中，假定张三从自己的账号上把 1000 元转到李四的账号上，相关的 SQL 语句如下：

```
update account set monery=monery-1000 where name='张三'
update account set monery=monery+1000 where name='李四'
```

这个两条语句必须作为一个完整的事务来处理。只有当两条都成功执行了，才能提交这个事务。如果有一句失败，那么整个事务必须撤销。

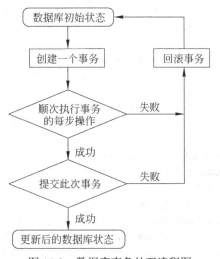

图 15-2　数据库事务处理流程图

在 connection 类中提供了 3 个控制事务的方法：

（1）setAutoCommit(Boolean autoCommit)——设置是否自动提交事务；

（2）commit()——提交事务；

（3）rollback()——撤消事务。

在 JDBC API 中，默认的情况为自动提交事务，也就是说，每一条对数据库的更新 SQL 语句代表一项事务，操作成功后，系统自动调用 commit() 来提交，否则将调用 rollback() 来撤销事务；在 JDBC API 中，可以通过调用 setAutoCommit(false) 来禁止自动提交事务。然后就可以把多条更新数据库的 SQL 语句作为一个事务，在所有操作完成之后，调用 commit() 来进行整体提交。倘若其中一项 SQL 操作失败，就不会执行 commit() 方法，而是产生相应的 sqlexception，此时就可以在捕获异常代码块中调用 rollback() 方法撤销事务。

注意：在 Java 中使用事务处理，首先要求数据库支持事务。如使用 MySQL 的事务功能，就要求 MySQL 的表类型为 Innodb 才支持事务；否则，在 Java 程序中做了 commit 或 rollback，但在数据库中根本不能生效。

在 JavaBean 中使用 JDBC 方式进行事务处理。事务处理是企业应用需要解决的最主要的问题之一。J2EE 通过 JTA 提供了完整的事务管理能力，包括多个事务性资源的管理能力。但是大部分应用都是运行在单一的事务性资源之上（一个数据库），并不需要全局性的事务服务。本地事务服务往往已经足够。

例 15-7 一个完整的事务处理示例。

```java
import java.sql.Connection;  import java.sql.DriverManager;
import java.sql.SQLException;import java.sql.Statement;
public class Main {
 public void updateDatabaseWithTransaction() {//事务使用示例
   Connection connection = null; Statement statement = null;
   try {Class.forName("com.mysql.jdbc.Driver");
       String databaseURL = "jdbc:mysql://localhost:3306/test";
       String userid = "root",password = "123456";
       connection = DriverManager.getConnection(databaseURL, userid,
password);
       connection.setAutoCommit(false);        //事务手工提交模式
       statement = connection.createStatement();
       statement.executeUpdate("insert into student(sno,sname,sage,sdept)
values('20151120304','王婷',25,'Science')");     //执行添加
       statement.executeUpdate("update student set sage = 25 where sno =
'2016030101'");
       statement.executeUpdate("delete from student where sno = '2016030102'");
       connection.commit();                     //完成更新操作，提交事务
   } catch (ClassNotFoundException ex) {
     System.out.println("数据库异常" + ex);   //ex.printStackTrace();
   } catch (SQLException ex) { System.out.println("数据库异常" + ex);
     try { connection.rollback();            //有错，所以回滚
     } catch (SQLException ex1) { out.println("数据库异常" + ex1); }
   } finally {
```

```
      try { if (statement != null) statement.close();
            if (connection != null) connection.close();
      } catch (SQLException ex) { ex.printStackTrace(); }} //end finally
  }
  public static void main(String[] args) {
    Main test = new Main(); //或 new Main().updateDatabaseWithTransaction();
    test.updateDatabaseWithTransaction();
    QueryStudent qs = new QueryStudent();
    qs.getAllStudent();
  }}
```

15.6 本章小结

Java 程序使用 JDBC API 与数据库进行通信，并用它操作数据库中的数据。java.sql 包提供访问数据库的类和接口。JDBC 驱动器实现与某个数据库系统的接口。SQL 是所有关系数据库系统的国际通用查询语言。本章主要介绍了在 Java 中进行数据库编程时的工作步骤、JDBC 技术的常用类和接口等，并通过实例介绍了怎样操作数据库中的数据。完整的数据库应用系统可根据这些技术来设计实现。

15.7 习题

一、简答题

1．归纳一下使用 JDBC 进行数据库连接的完整过程。

2．Statement 对象和 PreparedStatement 对象的区别是什么？

3．请简述数据库事务的处理流程。

4．归纳使用 CallableStatment 对象执行 SQL 语句的完整过程。

5．为什么 JDBC 事务操作之前需要调用 setAutoCommit（false）方法？

二、编程题

1．给出一个通过配置文件连接数据库的实例。

2．设计一个用于实现数据库表操作的 JavaBean。

3．建立一个 Books 数据库，包括书名、作者、出版者、出版时间和 ISBN，并编写一个应用程序，运用 JDBC 在该数据库中建立数据表和视图，并实现增、删、改、查功能。

4．设计一个用 Java 程序实现的学生成绩管理系统。

第16章　网络程序设计

网络编程的目的是直接或间接地通过网络协议与其他计算机进行通信。本章将介绍 Java 网络通信原理，重点介绍 4 个重要的类（包 java.net 中的类）：URL、Socket、InetAddress、DatagramSocket，讲解它们在网络编程中的重要作用，详细讨论与之相关的类及其使用方法，并给出一个"客户/服务器"通信程序。Java 支持 TCP 和 UDP 协议族。TCP 用于网络的可靠的流式输入/输出。UDP 支持更简单的、快速的、点对点的数据报模式。

学习重点或难点：

- 网络通信基础
- TCP 程序设计
- URL 程序设计
- UDP 程序设计

学习本章后，将能了解到 QQ、收发邮件等 Internet 应用软件的通信原理，并有能力自己来尝试编写如网络即时通信这一类的网络应用软件。

16.1　网络通信基础

16.1.1　网络通信的基本概念

计算机网络是指通过各种通信设备连接起来的、支持特定网络通信协议的、许许多多的计算机或计算机系统的集合。网络通信是指网络中的计算机通过网络互相传递信息。通信协议是网络通信的基础。通信协议是网络中计算机之间进行通信时共同遵守的规则。不同的通信协议用不同的方法解决不同类型的通信问题。常用的通信协议有 HTTP、FTP、TCP/IP 等。

为了实现网络上不同机器之间的通信，需要知道 IP 地址、域名地址或端口号。

1．IP 地址

IP 地址是计算机网络中任意一台计算机地址的唯一标识。知道了网络中某一台主机的 IP 地址，就可以定位这台计算机。通过这种地址标识，网络中的计算机可以互相定位和通信。目前，IP 地址有两种格式，即 **IPv4 格式和 IPv6 格式**。

（1）IPv4 是由 4 个字节数组成，中间以小数点分隔。譬如：192.168.1.1。

（2）IPv6 是由 16 个字节组成，中间以冒号分隔。譬如：AD80:0000:0000:0000:ABAA:0000:00C2:0002 是一个合法的 IPv6 地址。

2．域名地址

域名地址是计算机网络中一台主机的标识名，也可以看作是 IP 地址的助记名。

在 Internet 上，一个域名地址可以有多个 IP 地址与之相对应，一个 IP 地址也可以对应多个域名。通过主机名到 IP 地址的解析，可以由主机名得到对应的 IP 地址。在访问网上资源时，一般只需记住服务器的主机名就可以了。因为网络中的域名解析服务器可以根据主机名查出对应的 IP 地址。有了服务器的 IP 地址，就可以访问这个网站了。

3．端口号

一台主机上允许有多个进程，这些进程都可以和网络上的其他计算机进行通信。更准确地说，网络通信的主体不是主机，而是主机中运行的进程。端口就是为了在一台主机上标识多个进程而采取的一种手段。主机名（或 IP 地址）和端口的组合能唯一确定网络通信的主体——进程。端口（port）是网络通信时同一主机上的不同进程的标识。

16.1.2　TCP 协议和 UDP 协议

网络编程是指编写运行在多个设备（计算机）的程序，这些设备都通过网络连接起来。

java.net 包中 J2SE 的 API 包含有类和接口，它们提供低层次的通信细节。你可以直接使用这些类和接口，来专注于解决问题，而不用关注通信细节。java.net 包中提供了两种常见的网络协议的支持：

（1）TCP（Transfer Control Protocol 的简称）即传输控制协议，是一种面向连接的、可以提供可靠传输的协议。使用 TCP 协议传输数据，接收端得到的是一个和发送端发出的完全一样的数据流。通常用于互联网协议，被称为 TCP/IP。

（2）UDP（User Datagram Protocol 的简称）即用户数据报协议，是一种无连接的协议，它传输的是一种独立的数据报（Datagram）。每个数据报都是一个独立的信息，包括完整的源地址或目的地址。

两种协议的比较：

（1）使用 UDP 协议时，每个数据报中都给出了完整的地址信息，因此无须建立发送方和接收方的连接。使用 TCP 协议时，在 Socket 之间进行数据传输之前必然要建立连接。

（2）使用 UDP 协议传输数据是有大小限制的，每个被传输的数据报必须限定在 64KB 之内。而 TCP 协议没有这方面的限制，一旦连接建立起来，双方的 Socket 就可以按统一的格式传输大量的数据。

（3）UDP 协议是一个不可靠的协议，发送方所发送的数据报并不一定以相同的次序到达接收方，有可能会丢失。而 TCP 是一个可靠的协议，它确保接收方完全正确地获取发送方所发送的全部数据。

16.1.3 网络程序设计技术

（1）URL 编程技术：URL 表示了 Internet 上某个资源的地址。通过 URL 标识，可以直接使用各种通信协议获取远端计算机上的资源信息，方便快捷地开发 Internet 应用程序。

（2）TCP 编程技术：TCP 是可靠的连接通信技术，主要使用套接字（Socket）机制。TCP 通信是使用 TCP/IP 协议、建立在稳定连接基础上的、以流传输数据的通信方式。

（3）UDP 编程技术：UDP 是无连接的快速通信技术，数据报通信不需要建立连接，通信时所传输的数据报能否到达目的地、到达的时间、到达的次序都不能准确知道。

16.2 URL 程序设计

16.2.1 URL 和 URL 类

（1）URL 的格式如下：

传输协议名 ://主机名 :端口号 /文件名#引用

"传输协议名"指定获取资源所使用的传输协议，如 http、FTP 等协议；"主机名"是网络中的计算机名或 IP 地址；"端口号"是计算机中代表一个服务的进程的编号；"文件名"是服务器上包括路径的文件名称；"引用"是文件中的标记，可用于同一个文件中不同位置的跳转。

（2）URL 类。URL 类是 Java 语言提供的支持 URL 编程的基础类，其类路径是 java.net.URL。构造方法如下：

① URL(String spec)——该构造方法根据指定的字符串创建 URL 对象。如果字符串指定了未知协议，则抛出 MalformedURLException 异常。

② URL(String protocol, String host, String file)——该构造方法根据指定的 protocol 名称、host 名称和 file 名称创建 URL。

③ URL(String protocol, String host, int port, String file)——该构造方法根据指定 protocol、host、port 号和 file 创建 URL 对象。

例 16-1 使用 URL 类获取远端主机上指定文件的内容。创建一个参数为 "http://www.baidu.com/index.html" 的 URL 对象，然后读取这个对象的文件。

```
import java.io.*;
import java.net.URL;
public class URLTest {
 public static void main(String[] args) throws Exception {
   URL url = new URL("http://www.baidu.com/index.html"); //创建 URL 对象
   //创建 InputStreamReader 对象
   InputStreamReader is = new InputStreamReader(url.openStream());
```

```
System.out.println("协议: " + url.getProtocol());      //显示协议名
System.out.println("主机: " + url.getHost());          //显示主机名
System.out.println("端口: " + url.getDefaultPort()); //显示默认端口号
System.out.println("路径: " + url.getPath());          //显示路径名
System.out.println("文件: " + url.getFile());          //显示文件名
BufferedReader br = new BufferedReader(is);  //创建BufferedReader对象
String inputLine;
System.out.println("文件内容: ");
while ((inputLine = br.readLine())!= null){//按行从缓冲输入流循环读字符
  System.out.println(inputLine);                //把读取的数据输出到屏幕上
}
br.close();                                    //关闭字符输入流
}
}
```

16.2.2 URLConnection 类

关于 URLConnection 类：

（1）URLConnection 类的几个主要变量，如：connected、url。

（2）URLConnection 类的构造方法是 URLConnection(URL url)——创建参数为 url 的 URLConnection 对象。

（3）URLConnection 类的几个主要方法如下：

① Object getContent()——获取此 URL 连接的内容。

② String getContentEncoding()——返回该 URL 引用的资源的内容编码。

③ int getContentLength()——返回此连接的 URL 引用的资源的内容长度。

④ String getContentType()——返回该 URL 引用的资源的内容类型。

⑤ URL getURL()——返回此 URLConnection 的 URL 字段的值。

⑥ InputStream getInputStream()——返回从所打开连接读数据的输入流。

⑦ OutputStream getOutputStream()——返回向所打开连接写数据的输出流。

⑧ public void setConnectTimeout(int timeout)——设置一个指定的超时值（以毫秒为单位）。

应用程序和 URL 首先要通过 URLConnection 类建立连接，其步骤为：

（1）通过在 URL 上调用 openConnection 方法创建连接对象；

（2）处理设置参数和一般请求属性；

（3）使用 connect 方法建立到远程对象的实际连接；

（4）远程对象变为可用。远程对象的头字段和内容变为可访问。

例 16-2 使用 URLConnection 类获取 Web 页面信息。功能实现：使用 URLConnection 显示网址 "http://www.baidu.com/index.htm" 相关信息。

```
import java.io.*;
import java.net.URL;
```

```
import java.net.URLConnection;
public class URLConnectionTest {
 public static void main(String[] args) throws Exception {
    int ch; URL url = new URL("http://www.baidu.com/index.htm"); //创建
URL 对象
    URLConnection uc = url.openConnection(); //定义 URLConnection 对象
    System.out.println("文件类型: " + uc.getContentType());
    System.out.println("文件长度: " + uc.getContentLength());
    System.out.println("文件内容: ");
    System.out.println("-------------------------------------------");
    //定义字节输入流对象，并使其指向给定连接的输入流
    InputStream is = uc.getInputStream();       //创建 InputStream 对象
    while ((ch = is.read()) != -1)               //循环读下一个字节，直到文件结束
    { System.out.print((char) ch); }            //输出字节对应的字符
    is.close();                                  //关闭字节流
}}
```

16.2.3 InetAddress 类

互联网上表示一个主机的地址有两种方式：域名地址或 IP 地址。

InetAddress 类正是用来表示互联网协议（IP）地址的。下面列出了此类 Socket 编程时比较有用的方法：

（1）static InetAddress getByAddress(byte[] addr)——在给定原始 IP 地址的情况下，返回 InetAddress 对象；

（2）static InetAddress getByAddress(String host, byte[] addr)——根据提供的主机名和 IP 地址创建 InetAddress；

（3）static InetAddress getByName(String host)——在给定主机名的情况下确定主机的 IP 地址；

（4）static InetAddress getLocalHost()——返回本地主机；

（5）byte[] getAddress()——返回此 InetAddress 对象的原始 IP 地址；

（6）String getHostAddress()——返回 IP 地址字符串（以文本表现形式）；

（7）String getHostName()——获取此 IP 地址的主机名；

（8）boolean isMulticastAddress()——检查 InetAddress 是否是 IP 多播地址；

（9）boolean isReachable(int timeout)——测试是否可以达到该地址；

（10）String toString()——将此 IP 地址转换为 String。

例 16-3 获取 www.baidu.com 域名或 72.5.124.55 IP 地址的相关信息。

```
import java.net.InetAddress;
import java.net.UnknownHostException;
public class InetAddressTest {
 public static void main(String args[]) {
  try { //获取给定域名的地址
    InetAddress inetAddress1 = InetAddress.getByName("www.baidu.com");
```

```
    System.out.println(inetAddress1.getHostName());        //显示主机名
    System.out.println(inetAddress1.getHostAddress());  //显示 IP 地址
    System.out.println(inetAddress1);                      //显示地址的字符串描述
    InetAddress inetAddress2 = InetAddress.getLocalHost();//获取本机的地址
    System.out.println(inetAddress2.getHostName());
    System.out.println(inetAddress2.getHostAddress());
    System.out.println(inetAddress2); //以下获取给定 IP 的主机地址(72.5.124.55)
    byte[] bs = new byte[]{(byte)72,(byte)5,(byte)124,(byte)55};
    InetAddress inetAddress3 = InetAddress.getByAddress(bs);
    InetAddress inetAddress4=InetAddress.getByAddress("Sun 官方网站
(java.sun.com)", bs);
    System.out.println(inetAddress3); System.out.println(inetAddress4);
    } catch (UnknownHostException e) { e.printStackTrace(); }
 }}
```

16.3　TCP 程序设计

TCP/IP 套接字用于在主机和 Internet 之间建立可靠的、双向的、持续的、点对点的流式连接。套接字用来建立 Java 的输入/输出系统到其他的驻留在本地机或 Internet 上的任何计算机的程序的连接。运用 TCP 协议通信时，客户机和服务器之间首先需要建立一个连接，然后，客户机端和服务器端程序各自将一个 Socket 对象与这个连接绑定，然后，两端的程序就可以通过和连接绑定的 Socket 对象来读写数据了。

16.3.1　Socket 编程

套接字使用 TCP 提供了两台计算机之间的通信机制。客户端程序创建一个套接字，并尝试连接服务器的套接字。当连接建立时，服务器会创建一个 Socket 对象。客户端和服务器现在可以通过对 Socket 对象的写入和读取来进行通信。

java.net.Socket 类代表一个套接字，并且 java.net.ServerSocket 类为服务器程序提供了一种来监听客户端并与它们建立连接的机制。

套接字按照在网络中的作用分为：

（1）服务器端 ServerSocket。服务器端的套接字始终在监听是否有连接请求，如果发现客户机端 Socket，并且客户机端 Socket 在向服务器发出连接请求，那么正常情况服务器端 Socket 向客户机端 Socket 发回"接受"的消息。

（2）客户机端 Socket。当客户机端发出的建立连接的请求被服务器端接受时，客户机上就会创建一个 Socket 对象。利用这个 Socket 对象，客户机就可以和服务器进行通信了。

以下步骤在两台计算机之间使用套接字建立 TCP 连接时的过程：

（1）服务器实例化一个 ServerSocket 对象，表示通过服务器上的端口通信；

（2）服务器调用 ServerSocket 类的 accept()方法，该方法将一直等待，直到客户端连

接到服务器上给定的端口;

（3）服务器正在等待时，一个客户端实例化一个 Socket 对象，指定服务器名称和端口号来请求连接;

（4）Socket 类的构造方法试图将客户端连接到指定的服务器和端口号。如果通信被建立，则在客户端创建一个能够与服务器进行通信的 Socket 对象;

（5）在服务器端，accept()方法返回服务器上一个新的 Socket 引用，该 Socket 连接到客户端的 Socket;

（6）连接建立后，通过使用 I/O 流来进行通信。每一个 Socket 都有一个输出流和一个输入流。客户端的输出流连接到服务器端的输入流，而客户端的输入流连接到服务器端的输出流;

（7）按协议对 Socket 对象读/写操作;

（8）关闭 Socket 对象。

TCP 是一个双向的通信协议，因此数据可以通过两个数据流在同一时间发送。下面介绍通过一些类提供的一套完整有用的方法来实现 Socket。

16.3.2 Socket 类

java.net.Socket 类代表客户端和服务器用来互相沟通的套接字。客户端要获取一个 Socket 对象，需通过 Socket 类实例化; 而服务器要获得一个 Socket 对象，则通过 accept() 方法的返回值。Socket 对象可以用来向服务器发出连接请求，并交换数据。

1．Socket 类常用的构造方法

（1）Socket(String host, int port) throws UnknownHostException,IOException——创建一个流套接字并将其连接到指定主机上的指定端口号。

（2）Socket(InetAddress host, int port) throws IOException——创建一个流套接字并将其连接到指定 IP 地址的指定端口号。

（3）Socket(String host, int port, InetAddress localAddress, int localPort) throws IOException——创建一个套接字并将其连接到指定远程主机上的指定远程端口。

（4）Socket(InetAddress host, int port, InetAddress localAddress, int localPort) throws IOException——创建一个套接字并将其连接到指定远程地址上的指定远程端口。

Socket()通过系统默认类型的 SocketImpl 创建未连接套接字。

当 Socket 构造方法返回时，并没有简单地实例化一个 Socket 对象，它实际上会尝试连接到指定的服务器和端口。例如，有以下语句:

```
Socket mysocket = new Socket("218.198.118.112",2010);
```

创建了一个 Socket 对象并赋初值，要连接的远程主机的 IP 地址是 218.198.118.112，端口号是 2010。

2．Socket 类的常用方法

下面列出了一些主要的方法，注意客户端和服务器端都有一个 Socket 对象，所以无论客户端还是服务端都能够调用这些方法：

（1）void connect(SocketAddress host, int timeout)——throws IOException　将此套接字连接到服务器，并指定一个超时值。

（2）InetAddress getInetAddress()——返回套接字连接的地址。

（3）InetAddress getLocalAddress()——获取套接字绑定的本地地址。

（4）int getPort()——返回此套接字连接到的远程端口。

（5）int getLocalPort()——返回此套接字绑定到的本地端口。

（6）SocketAddress getRemoteSocketAddress()——返回此套接字连接的端点地址，如果未连接，则返回 null。

（7）SocketAddress getLocalSocketAddress()——返回此套接字绑定的端点地址，如果未绑定，则返回 null。

（8）InputStream getInputStream()——throws IOException　返回此套接字的输入流。

（9）OutputStream getOutputStream()——throws IOException　返回此套接字的输出流。

（10）boolean isBound()——返回套接字的绑定状态。

（11）boolean isClosed()——返回套接字的关闭状态。

（12）boolean isConnected()——返回套接字的连接状态。

（13）void close()——throws IOException　关闭此套接字。

例 16-4　接收来自服务器的信息。

思政材料

```
import java.net.*;
import java.io.*;
public class MySocketTest {
 public static void main(String args[]) {   //接收来自服务器的信息
  int t; Socket socket;
  DataInputStream in = null; DataOutputStream out = null;
  try { socket = new Socket("218.198.118.111", 3306);
   System.out.println("isBound: " + socket.isBound());
   System.out.println("LocalPort: " + socket.getLocalPort());
   System.out.println("Port: " + socket.getPort());
   System.out.println("InetAddress: " + socket.getInetAddress());
   System.out.println("RemoteSocketAddress:
"+socket.getRemoteSocketAddress());
   System.out.println("isConnected: " + socket.isConnected());
   in = new DataInputStream(socket.getInputStream());
   out = new DataOutputStream(socket.getOutputStream());
   for (int x = 1; x <= 10; x+= 2) {
    out.writeInt(x);                       //向服务器发送信息
    t = in.readInt();                      //读取服务器发来的信息，堵塞状态
    System.out.println("客户收到:" + t);    //显示服务器发来的信息
    Thread.sleep(500);                     //休眠 500 毫秒
```

```
        }
    } catch (Exception e) { System.out.println("服务器端没有启动服务程序");}
}}
```

16.3.3 ServerSocket 类

服务器应用程序通过使用 java.net.ServerSocket 类以获取一个端口,并且侦听客户端请求。ServerSocket 类的构造方法如下:

（1）public ServerSocket()——throws IOException 创建非绑定服务器套接字。

（2）public ServerSocket(int port)——throws IOException 创建绑定到特定端口的服务器套接字。

（3）public ServerSocket(int port, int backlog)——throws IOException 利用指定的 backlog 创建服务器套接字并将其绑定到指定的本地端口号。

（4）public ServerSocket(int port, int backlog, InetAddress address)——throws IOException 使用指定的端口、侦听 backlog 和要绑定到的本地 IP 地址创建服务器。

ServerSocket 类的常用方法如下:

（1）Socket accept()——侦听并接受到此套接字的连接。

（2）void bind(SocketAddress endpoint,int backlog)——在有多个网卡的服务器上，将 ServerSocket 绑定到特定地址。

（3）void bind(SocketAddress endpoint)——将 ServerSocket 绑定到特定地址。

（4）void close()——关闭此套接字。

（5）InetAddress getInetAddress()——返回此服务器套接字的本地地址。

（6）SocketAddress getLocalSocketAddress()——返回此套接字绑定的端点的地址，如果尚未绑定，则返回 null。

（7）int getLocalPort()——返回此套接字在其上侦听的端口。

（8）boolean isBound()——返回 ServerSocket 的绑定状态。

（9）boolean isClosed()——返回 ServerSocket 的关闭状态。

（10）String toString()——作为 String 返回此套接字的实现地址和实现端口。

（11）public void setSoTimeout(int timeout)——通过指定超时值启用/禁用 SO_TIMEOUT，以毫秒为单位。

例 16-5 ServerSocket 类的使用。

```
import java.io.*; import java.net.*;
public class CopyOfServerSocketTest {
 public static void main(String args[]) {
   ServerSocket serverSocket = null;
   Socket socket = null; int y;
   DataOutputStream out = null; DataInputStream in = null;
   try { ServerSocket serverSocket1 = new ServerSocket(2010,100);
     serverSocket1.getLocalPort();serverSocket=new ServerSocket(2010);
```

```
    } catch (IOException e1) { System.out.println(e1); }
    try { System.out.println("等待客户机呼叫...");
      socket = serverSocket.accept();    //堵塞状态, 除非有客户呼叫
      out = new DataOutputStream(socket.getOutputStream());
      in = new DataInputStream(socket.getInputStream());
      while (true) { y = in.readInt();    //读取客户发来的信息, 堵塞状态
        out.writeInt(2 * y); System.out.println("服务器收到:" + y);
        Thread.sleep(500); }
    } catch (Exception e) { System.out.println("客户已断开"); }
}}
```

例 16-6 模拟用户存话费和手机漫游的 C/S 结构应用系统。功能实现：手机用户启动客户，向运行服务器软件的远端服务员交纳手机话费，请求服务员开通异地漫游业务。具体程序会随教材课件提供，这里略。

例 16-7 Socket 客户端实例。如下的 GreetingClient 是一个客户端程序，该程序通过 socket 连接到服务器并发送一个请求，然后等待一个响应。

```
import java.net.*; import java.io.*;
public class GreetingClient {
 public static void main(String[] args) {
   String serverName = args[0];
   int port = Integer.parseInt(args[1]);
   try {System.out.println("Connecting to "+serverName + " on port " + port);
     Socket client = new Socket(serverName, port);
     System.out.println("Just connected to " +
client.getRemoteSocketAddress());
     OutputStream outToServer = client.getOutputStream();
     DataOutputStream out = new DataOutputStream(outToServer);
     out.writeUTF("Hello from " + client.getLocalSocketAddress());
     InputStream inFromServer = client.getInputStream();
     DataInputStream in = new DataInputStream(inFromServer);
     System.out.println("Server says " + in.readUTF());
     client.close();
   }catch(IOException e){ e.printStackTrace(); }
 }}
```

例 16-8 Socket 服务端实例。如下的 GreetingServer 程序是一个服务器端应用程序，使用 Socket 来监听一个指定的端口。

```
import java.net.*;
import java.io.*;
public class GreetingServer extends Thread {
 private ServerSocket serverSocket;
 public GreetingServer(int port) throws IOException {
   serverSocket=new ServerSocket(port); serverSocket.setSoTimeout(10000);
 }
 public void run() {
```

```
    while(true){
     try { System.out.println("Waiting for client on port " +
          serverSocket.getLocalPort() + "...");
       Socket server = serverSocket.accept();
       System.out.println("Just connected to " +
          server.getRemoteSocketAddress());
       DataInputStream in = new DataInputStream(server.getInputStream());
       System.out.println(in.readUTF());
       DataOutputStream out = new DataOutputStream
(server.getOutputStream());
       out.writeUTF("Thank you for connecting to "
         + server.getLocalSocketAddress() + "\nGoodbye!");
       server.close();
     }catch(SocketTimeoutException s){System.out.println("Socket timed
out!"); break;
     }catch(IOException e){ e.printStackTrace(); break; }
    }
   }
  public static void main(String[] args){
    int port = Integer.parseInt(args[0]);
    try { Thread t = new GreetingServer(port); t.start();
    }catch(IOException e) { e.printStackTrace(); }
  }}
```

编译以上 Java 代码，并执行以下命令来启动服务，使用端口号为 6066：

```
$ java GreetingServer 6066
Waiting for client on port 6066...
```

像下面一样开启客户端：

```
$ java GreetingClient localhost 6066
Connecting to localhost on port 6066
Just connected to localhost/127.0.0.1:6066
Server says Thank you for connecting to /127.0.0.1:6066
Goodbye!
```

16.4 UDP 程序设计

上节介绍了基于 TCP 的网络套接字（Socket）编程技术，可以把套接字形象地比喻为打电话，一方呼叫，另一方负责监听，一旦建立了套接字连接，双方就可以进行通信了。本节将介绍 Java 中基于 UDP（User Datagram Protocol，用户数据报协议）的网络信息传输方式。与 TCP 不同，UDP 是一种无连接的网络通信机制，更像邮件或短信息通信方式。

16.4.1 数据报通信基本概念

数据报（Datagrams）是指起始点和目的地都使用无连接网络服务的网络层的信息单元。基于 UDP 协议的通信和基于 TCP 协议的通信不同，基于 UDP 协议的信息传递更快，但不提供可靠性保证。也就是说，数据在传输时，用户无法知道数据能否正确到达目的地主机，也不能确定数据到达目的地的顺序是否和发送的顺序相同。

Java 通过两个类实现 UDP 协议顶层的数据报：DatagramPacket 与 DatagramSocket。

16.4.2 DatagramPacket 类

1. DatagramPacket 类的构造方法

（1）DatagramPacket(byte[] buf, int length)：构造数据包对象，用来接收长度为 length 的数据包。

（2）DatagramPacket(byte[] buf, int length, InetAddress address, int port)：构造数据报包，用来将长度为 length 的包发送到指定主机上的指定端口号。

（3）DatagramPacket(byte[] buf, int offset, int length)：构造数据报包对象，用来接收长度为 length 的包，在缓冲区中指定了偏移量。

（4）DatagramPacket(byte[] buf, int offset, int length, InetAddress address, int port)：将长度为 length 偏移量为 offset 的包发送到指定主机上的指定端口号。

（5）DatagramPacket(byte[] buf, int offset, int length, SocketAddress address)：将长度为 length 偏移量为 offset 的包发送到指定主机上的指定端口号。

（6）DatagramPacket(byte[] buf, int length, SocketAddress address)：构造数据报包，用来将长度为 length 的包发送到指定主机上的指定端口号。

2. DatagramPacket 类的常用方法（详细请查 java.net.DatagramPacket 类）

（1）InetAddress getAddress();
（2）byte[] getData();
（3）int getLength();
（4）int getOffset();
（5）int getPort();
（6）SocketAddress getSocketAddress();
（7）void setAddress(InetAddress iaddr);
（8）void setData(byte[] buf);
（9）void setData(byte[] buf, int offset, int length);
（10）void setLength(int length);
（11）void setPort(int iport);

（12）void setSocketAddress(SocketAddress address)。

16.4.3　DatagramSocket 类

DatagramSocket 类的常用方法（详细请查 java.net.DatagramSocket 类）

（1）void bind(SocketAddress addr)；

（2）void close()；

（3）void connect(InetAddress address, int port)；

（4）void connect(SocketAddress addr)；

（5）void disconnect()；

（6）InetAddress getInetAddress()；

（7）InetAddress getLocalAddress()；

（8）int getLocalPort()；

（9）SocketAddress getLocalSocketAddress()；

（10）SocketAddress getRemoteSocketAddress()；

（11）void receive(DatagramPacket p)；

（12）void send(DatagramPacket p)。

例 16-9　设计点对点的快速通信系统。

功能实现：实现局域网内两台主机之间的通信，要求用图形界面实现。

分析：本系统属于互为服务器和客户机的网络应用系统，采用 UDP 数据报编程技术可以实现快速的点对点通信。图形用户界面采用 swing 组件来实现。以主机 1 和主机 2 表示两台主机。具体程序会随教材课件提供，这里略。

16.4.4　MulticastSocket 类

单播（Unicast）、多播（Multicast）和广播（Broadcast）都是用来描述网络节点之间通信方式的术语。**单播**是指对特定的主机进行数据传送。**多播**也称组播，就是给一组特定的主机（多播组）发送数据。**广播**是多播的特例，是给某一个网络（或子网）上的所有主机发送数据包。多播数据报类似于广播电台，电台在指定的波段和频率上广播信息，接收者只有将收音机调到指定的波段、频率上才能收听到广播的内容。

在 Java 语言中，多播通过多播数据报套接 MulticastSocket 类（java.net.MulticastSocket 是 java.net.DatagramSocket 的子类）来实现。

1．MulticastSocket 的构造方法

（1）MulticastSocket()——创建多播套接字；

（2）MulticastSocket(int port)——创建多播套接字并将其绑定到特定端口；

（3）MulticastSocket(SocketAddress bindaddr)——创建绑定到指定套接字地址的

MulticastSocket。

2．MulticastSocket 的常用方法

（1）void joinGroup(InetAddress mcastaddr);

（2）void leaveGroup(InetAddress mcastaddr);

（3）void send(DatagramPacket p);

（4）public void receive(DatagramPacket p);

（5）void setTimeToLive(int ttl);

（6）int getTimeToLive( )。

例 16-10　设计多播系统。

功能实现：加入多播组的主机都能接收到发送端主机广播的信息。

分析：本系统属于网络应用中的多播应用系统，采用多播套接字编程技术可以实现单点对多点的通信。图形用户界面采用 swing 组件来实现。需要分别设计发送端程序和接收端程序。具体程序会随教材课件一起提供，这里略。

16.5　本章小结

Java 提供的网络功能按层次使用分为 URL、流套接字和数据报套接字。本章在简要介绍 Java 网络通信、TCP 协议、UDP 协议的基本知识之后，详细讨论了与之相关的类及其使用方法，并提供了一个"客户/服务器"结构的通信实例。java.net 包中包含网络通信所需要的类和接口。例如，InetAddress 类指明数据要达到的目的地和服务方的地址；URL 类封装了网络资源的访问；ServerSocket 类和 Socket 类实现面向连接的网络通信；DatagramSocket 类和 DatagramPacket 类实现数据报的收发通信。

16.6　习题

一、简答题

1．什么是 URL？举例说明如何通过 URL 获取指定网上的信息。

2．有哪几种 Socket？试举例说明它们的功能和使用方法。

3．试描述用 Socket 建立连接的基本程序框架。

4．基于 TCP 与 UDP 协议的通信方式有什么区别？

5．现有字符串 s="hello,java!"，则以此字符串生成待发送 DatagramPacket 包 dgp 的语句是什么？

6．介绍使用 Java Socket 创建客户端 Socket 的过程。

7．介绍使用 Java ServerSocket 创建服务器端 ServerSocket 的过程。

8．写出一种使用 Java 流式套接式编程时，创建双方通信通道的语句。

二、编程题

1．使用 TCP Socket/ServerSocket 对象编写两个类 TCPClient 和 TCPServer。

TCPClient 将连接到 TCPServer 上并发送多行文字。TCPServer 收到这些文字，并输出到屏幕上。

2．编写两个类 ChatClient 和 ChatServer。ChatServer 将修改上题中的 TCPServer 类，使用多线程机制，能同时对多个客户端发来的文字做出响应。

3．编写一个 Java Socket 程序，实现在客户端输入圆的半径，在服务器端计算圆的周长和面积，再将结果返回客户端。

4．编写一个客户端/服务器程序，实现客户端向服务器发送 10 个整数，服务器计算这 10 个数的平均值，将结果返回客户端的功能。

5．设计一个多人聊天的程序。

第 17 章　JSP 应用技术

JSP（JavaServer Pages）是一种支持动态内容开发的网页技术，它可以帮助开发人员利用特殊的 JSP 标签，将 Java 代码插入到 HTML 页面。JavaServer Pages 组件是 Java servlet 技术的一种扩展，旨在满足 Java Web 应用程序用户界面的一个角色。Web 开发人员编写 JSP 为文本文件，结合 HTML 或 XHTML 代码、XML 元素，并嵌入 JSP 动作和命令。JSP 技术设计的目的是使得 Web 应用程序员能够创建动态内容，重用预定义的组件 JavaBeans，并使服务器脚本与组件进行交互，将应用程序逻辑和页面显示分离。

在目前流行的 ASP、PHP、JSP 三种动态网页技术中，由于有 Java 语言等的强大支撑，相比较而言，JSP 应该是最具竞争力的，代表着动态网页技术未来发展的趋势。由于篇幅所限，本章就 HTML 技术、JSP 技术、JavaBean 技术、Servlet 技术等内容作简要介绍。

学习重点或难点：
- Java Web 开发技术介绍
- JSP 开发技术
- Servlet 开发技术
- 静态网页开发技术
- JavaBean 开发技术

学习本章后，能利用 JSP 相关应用技术，开展 Java Web 应用系统的设计与开发。

17.1　Java Web 应用开发技术概述

Java Web 应用开发，就是如何使用 Java 语言及有关的开发技术，来完成 Web 应用程序的开发过程。本节介绍 Java Web 开发所需要的主流技术和常用框架技术，以及开发 Java Web 应用所需要的开发环境、运行环境和开发工具。

17.1.1　Java Web 应用常见开发技术

Java Web 应用开发是基于 JavaEE（Java Enterprise Edition）框架的，而 JavaEE 是建立在 Java 平台上的企业级应用的解决方案。

（1）JavaEE 框架是由 Sun 公司开发的；

（2）Java Web 应用是在 JavaEE 框架中的 Web 服务器（容器）上运行的 Web 应用程序。

下面是一些相关的概念：

（1）Java Web 应用——是在 Web 容器上运行的 Web 资源构成的集合。

（2）Java Web 应用开发——是基于 JavaEE 框架的，需要由该框架的容器和组件支持下完成。

（3）容器——最主要的是 Web 容器、Web 服务器（Servlet 容器）、Tomcat 服务器。

（4）组件——组件（component）是指在应用程序中能发挥特定功能的软件单位。常见的有 3 类组件：

客户端组件——客户端的 Applet 和客户端应用程序。

Web 组件——Web 容器内的 JSP、Servlet、Web 过滤器、Web 事件监听器等。

EJB 组件——EJB 容器内的 EJB 组件。

（5）组件与容器的关系：组件是组装到 JavaEE 平台中独立的软件功能单元，每一个 JavaEE 组件都在容器中执行。

Java Web 应用程序供用户通过浏览器（例如 IE）发送请求，在 Web 服务器上运行程序，产生 Web 页面，并将页面传递给客户机器上的浏览器，将得到的 Web 页面呈现给用户。

开发客户端和服务器端的程序，其开发技术与方法是不同的。

页面（视图）：一般由 HTML、CSS、JavaScript 和 JSP 页面组成。

服务器（控制）：一般是由 Servlet、JSP 组成。

业务逻辑处理（模型）：一般是 JavaBean 或 EJB。

持久层（数据库处理）：一般是 JDBC、Hibernate。

Java Web 应用开发相关的一些术语有：

（1）HTML。HTML（Hypertext Markup Language）即超文本链接标示语言。使用 HTML 可以设计静态网页。

（2）CSS。CSS（Cascading Style Sheets）即层叠样式表，简称"样式表"，是一种美化网页的技术，主要完成字体、颜色、布局等方面的各种设置。

（3）JavaScript。JavaScript 是一种简单的脚本语言，JavaScript 增加了 HTML 网页的互动性，它可以在浏览器端实现一系列动态的功能，仅仅依靠浏览器就可以完成一些与用户的互动。

（4）JSP。JSP 页面由 HTML 代码和嵌入其中的 Java 代码组成。JSP 页面一般包含 JSP 指令、JSP 脚本元素、JSP 标准动作以及 JSP 内置对象等。

（5）Servlet。Servlet（Java 服务器小程序）是用 Java 编写的服务器端程序，由服务器端调用和执行。

（6）JavaBean。用 Java 语言编写并遵循一定规范的类，该类的一个实例称为 JavaBean，简称 Bean。JavaBean 可以被 JSP 引用，也可以被 Servlet 引用。

（7）JDBC。JDBC（Java Database Connectivity，数据库访问接口）是 Java Web 应用程序开发中最主要的 API 之一。JDBC API 主要用来连接数据库和直接调用 SQL 命令执行各种 SQL 语句。

（8）XML。XML（eXtensible Markup Language）可扩展的标记语言。在 Java Web 应用程序中，XML 主要用于描述配置信息。

（9）Struts2。Struts2 框架提供了一种基于 MVC 体系结构的 Web 程序的开发方法，简化了 Web 应用程序的开发，是目前最常用的开发框架。

（10）Hibernate。Hibernate 是一个面向 Java 环境的对象/关系数据库映射工具，即 ORM(Object-Relation Mapping 对象-关系映射)工具。在分层的软件架构中它位于下持久化层，封装了所有数据访问细节，使业务逻辑层可以专注于实现业务逻辑。

（11）其他技术，包括 Ajax、EL、JSTL、过滤器、监听器等技术。

17.1.2　Java Web 开发环境及开发工具

开发 Java Web 应用程序，需要相应的开发环境和开发工具。本节主要介绍 Java Web 开发环境的搭建和开发工具的使用。

1．JDK 的下载与安装

JDK 的下载与安装请参照 1.7.2 节与 1.7.3 节。

2．Tomcat 服务器的安装和配置

Tomcat 是一个免费的开源的 Serlvet 容器，可从 http://tomcat.apache.org 处下载最新的 Tomcat 版本。本书使用 tomcat-8.0.38 版本。

对于 Windows 操作系统，tomcat-8.0.38 提供了两种安装文件：一种是 apache-tomcat-8.0.38.exe，另一种是 apache-tomcat-8.0.38.zip。

1）安装和配置 Tomcat

双击 Tomcat 安装文件 apache-tomcat-8.0.38.exe，将启动 Tomcat 安装程序，根据安装向导，安装该程序。

2）测试 Tomcat

打开浏览器（IE），在地址栏中输入：http://localhost:8080 或 http://127.0.0.1:8080。

其中，localhost 和 127.0.0.1 均表示本地机器，8080 是 Tomcat 默认监听的端口号。

启动后打开 Tomcat 的默认主页，表示 Tomcat 安装成功。

3）Tomcat 的目录结构

Tomcat 安装目录下有 bin、conf、lib、logs、temp、webapps 和 work 等子目录，如表 17-1 所示。

表 17-1　Tomcat 安装目录

Tomcat 目录	用　　途
/bin	存放启动和关闭 Tomcat 的命令文件
/lib	存放 Tomcat 服务器及所有 Web 应用程序都可以访问的 JAR 文件
/conf	存放 Tomcat 的配置文件，如 server.xml、web.xml 等
/logs	存放 Tomcat 的日志文件

续表

Tomcat 目录	用　途
/temp	存放 Tomcat 运行时产生的临时文件
/webapps	通常把 Web 应用程序的目录及文件放到这个目录下
/work	Tomcat 将 JSP 生成的 Servlet 源文件和字节码文件放到这个目录下

3. MyEclipse（或 Eclipse 或 NetBeans IDE 8.0）集成开发工具的安装

MyEclipse 是一个基于 Java 的开放源代码的可扩展的应用开发平台，目前的最新版本为 MyEclipse 2016。

MyEclipse 也是一款商业的基于 Eclipse 的 Java EE 集成开发工具，官方站点是 http://www.myeclipseide.com/。进入到 MyEclipse 的下载页面后，有几个不同版本供下载，推荐下载 ALL in ONE 版本。一般双击下载的文件，然后一直单击 Next 按钮，直至结束。

17.1.3　Java Web 应用程序的开发与部署

1. Java Web 应用的开发过程示例

在 MyEclipse 下创建 Web 项目以及建立与部署 Java Web 项目的步骤如下：
（1）启动 MyEclipse，并选择或创建新（设置）工作区；
（2）建立 Java Web 项目；
（3）设计并编写有关的代码（网页和 Servlet）；
（4）部署；
（5）启动 Web 服务器（Tomcat），然后运行程序；
（6）若需要部署到其他服务器，还需要生成并发布 war 文件。

2. Java Web 应用程序的目录结构

Java Web 应用由一组静态 HTML 页、Servlet、JSP 和其他相关的组件组成。按照 Java EE 规范规定，一个 Web 应用程序包含以下部分：

（1）公开目录。公开目录存放所有可被访问的资源，包括 .html、.jsp、.gif、.jpg、.css、.js、.swf 等。

（2）WEB-INF 目录是一个专用区域，该目录下的文件只供容器使用，Web 容器要求在应用程序中必须有 WEB-INF 目录。WEB-INF 中包含：

① WEB-INF/web.xml 文件——配置信息文件。

② 一个 classes 目录——WEB-INF/classes 目录，编译后的 Java 类文件。

③ 一个 lib 目录——WEB-INF/lib 目录，Java 类库文件（*.jar）。

3．Java Web 应用程序的打包与部署

在 MyEclipse 中，在工程名上右击，选择 Export（导出）→WAR file 命令，选择保存地址后就可以了，完成后你会得到一个 WAR 包，可以直接部署到服务器上去运行。

4．配置虚目录

在 Tomcat 中配置虚拟目录要在 Tomcat 安装目录下的 conf/catalina/localhost 文件夹下新建一个.xml 文件。如，将文件 ch17_6_first.jsp（见例 17-6）文件放在 d:/WebApp/目录下，需要用如下语句配置虚拟目录：

```
<context path="/jsp" docBase="d:/WebApp"
   debug="0" reloadable="true" crossContext="true">
</context>
```

其中，<context>表示一个虚拟目录，它主要有两个属性，path 为虚拟目录的名字，而 docBase 则是具体的文件位置。在这里配置的虚拟路径名称为 jsp，文件的实际存放地址为 d:/WebApp。将此文件保存为 jsp.xml，这样就可以通过在地址栏中输入地址 http://127.0.0.1/jsp/*.jsp 来访问这个虚拟目录中的文件了。

17.2　静态网页开发技术

静态网页是指可以由浏览器解释执行而生成的网页，其开发技术主要有 HTML、JavaScript 和 CSS。

（1）HTML 是一组标签，负责网页的基本表现形式；

（2）JavaScript 是在客户端浏览器运行的语言，负责在客户端与用户的互动；

（3）CSS 是一个样式表，起到美化整个页面的作用。

本节主要介绍 HTML、JavaScript 和 CSS 三种技术及其使用，并给出设计示例。

17.2.1　HTML 网页设计

HTML 是 Hypertext Markup Language 的缩写，中文就是超文本标记语言的意思。

HTML 文本是由 HTML 命令组成的描述性文本，HTML 命令可以说明文字、图形、动画、声音、表格、链接等网页内容。

HTML 是一组标签，负责网页的基本表现形式；本节了解 HTML 的网页的基本结构、各种常用标签的使用格式和使用方法，但各类标签的属性设置与使用略。

静态网页是指没有后台数据库、不含程序、不可交互的网页。在程序设计中一般又把 HTML 网页称为静态网页。

HTML 也是不断变化发展的，HTML5 是 HTML 最新的修订版本，2014 年 10 月由万维网联盟（W3C）完成标准制定。HTML5 的设计目的是为了在移动设备上支持多媒体。HTML 还是不同修订版本的基础。

1．HTML 文档结构与基本语法

网页浏览页面结构如图 17-1 所示。

页面标题

地址栏输入 Web 路径与文件

页面显示的内容

图 17-1　网页浏览页面结构

设计完成该网页的代码如下：

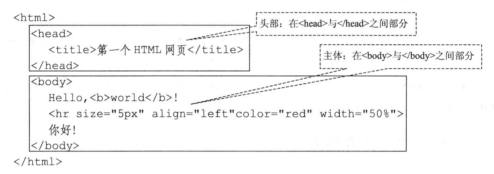

```
<html>
    <head>
        <title>第一个 HTML 网页</title>
    </head>
    <body>
        Hello,<b>world</b>!
        <hr size="5px" align="left"color="red" width="50%">
        你好！
    </body>
</html>
```

头部：在<head>与</head>之间部分

主体：在<body>与</body>之间部分

　　用 HTML 编写的超文本文档称为 HTML 文档（文件），是一个放置了"标签"的文本文件，以.html 或.htm 为扩展名，可供浏览器解释执行的网页文件。

　　网页文件是利用 HTML 所规定的标签定义网页中的各种元素的性质和特点，从而完成网页所要求的功能。

2．标签的分类

　　网页就像我们平时利用 Word 编辑显示文件一样。在网页上要展示的不同元素，需要采用不同的标签给出定义和说明。主要有：

　　（1）定义网页结构的标签；

　　（2）定义网页头部的标签；

　　（3）定义网页主体内容的标签，该类标签中主要包含：文字、行、段落、列表标签；表格；图形、超链接、视频、音频；表单等等。

　　标签有单标签和双标签。

　　单标签，例如，换行标记：

```
<br/>
```

　　双标签：例如，标题标记：

```
<h1 属性及其属性值>内容</h1>
```

由于篇幅所限，具体标签及其使用略，请参阅网址：http://www.runoob.com/html/ html-tutorial.html 来查阅与学习。

例 17-1　有序列表与无序列表应用示例，设计如图 17-2 所示的运行界面。

```
<html> <!--程序 ch17_01.html -->
  <head> <title>有序列表与无序列表</title> </head>
  <body>
    <b>班级新闻</b>
    <ul type="disc">
      <li>最新课程表</li>
      <li>关于普通话考试的通知</li>
      <li>div+css 高级应用学习</li>
    </ul>
    <hr width="100%" size="1" color="red">
    <strong>报名</strong>
    <ol type="A">
      <li>报名时间：3 月 16—21 日。</li>
      <li>报名地点：所在院系办公室。</li>
      <li>报名费用：按物价局规定 85 元/人/次（含培训费用），报名时交齐。</li>
    </ol>
  </body>
</html>
```

更多的例子，后续网页示例会进一步呈现。

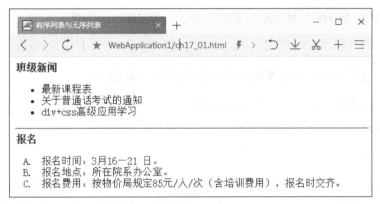

图 17-2　有序与无序列表运行界面

17.2.2　CSS 样式表

CSS 是一个样式表，起到美化整个页面的功能。CSS 是 Cascading Style Sheets（层叠样式表），也就是通常说的样式表。CSS 是一种美化网页的技术。

1. CSS 样式表的定义与使用

CSS 样式表的定义实际就是定义 CSS 选择器。

定义选择器的基本语法如下：

selector{属性:属性值;属性:属性值;……}

说明：

（1）CSS 选择器分为 3 种类型：

① 标记选择器，通过 HTML 标签定义选择器；

② 类别选择器，使用 class 定义选择器；

③ ID 选择器，使用 id 定义选择器。

（2）属性和值被冒号:分开，属性之间用分号;间隔，并由大括号{}包围。例如：

```
p {background-color:blue;color:red}              //定义标记 p 选择器
.cs1{font-family:华文行楷;font-size:15px}        //定义类别选择器.cs1
#cs2{color:yellow}                               //定义 ID 选择器#cs2
```

3 种类型的 CSS 选择器的具体语法如下：

（1）标记选择器——通过 HTML 标签定义样式表。

基本语法格式：

引用样式的对象{标签属性:属性值;标签属性:属性值;标签属性:属性值;……}

（2）类别选择器——使用 class 定义样式表。

格式 1：

标签名.类名{标签属性:属性值;标签属性:属性值;标签属性:属性值;……}

格式 2：

.类名{标签属性:属性值;标签属性:属性值;标签属性:属性值;……}

（3）ID 选择器——使用 id 定义样式表。

基本语法：

#id 名称{标签属性:属性值;标签属性:属性值;标签属性:属性值;……}

在 HTML 中使用 CSS 的方法有 4 种方式：行内式、内嵌式、链接式、导入式。具体这里不一一介绍，下面仅以内嵌式来示例说明，其他方式请自己了解与学习，学习网址：

http://www.runoob.com/css/css-tutorial.html

在 HTML 中使用 CSS 需要先定义有关的选择器，然后再使用。利用<style></style>标签对，将样式表（选择器）定义在<head></head>标签对之间。

例 17-2 在 HTML 中使用内嵌式 CSS 的示例。

```
<html><head><title>页面标题</title>
    <style type="text/css">
      p {color: #0000FF; text-decoration: underline; font-weight: bold;
font-size: 25px;}
```

```
    .info{font-size:12px;color:red;}
  </style>
 </head>
 <body><p>这是第 1 行正文内容……</p>
  <p class="info">这是第 2 行正文内容……</p>
 </body>
</html>
```

2．CSS 常用属性

CSS 常用属性主要有字体属性、颜色属性、背景属性、文本段落属性等，具体略。

3．案例——利用 CSS 对注册页面实现修饰

例 17-3　设计如图 17-3 所示的注册网页，该页面没有修饰，不够美观，采用 CSS 修饰页面，重新设计页面，如图 17-4 所示。

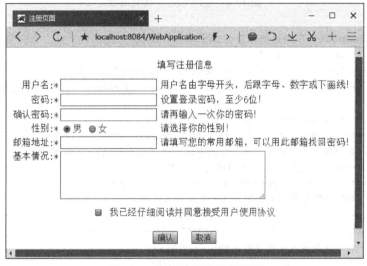

图 17-3　未使用 CSS 运行界面

分析：为了便于理解其设计过程，这里采用分两步实现，逐渐完善设计：

（1）按所给出的原始界面，设计 HTML 文档 ch17_3_1_register.html；

（2）设计 CSS 文档 ch17_3_Css.css，在该文档中包含所需要的格式控制，从而形成修饰后的页面；

（3）利用 ch17_3_Css.css 中定义的样式，重新设计 ch17_3_1_register.html，形成新网页 ch17_3_2_registerCss.html。

① HTML 文档的实现：由图 17-3 所给出的页面，实际上就是一个提交表单，即，需要设计注册网页（ch17_3_1_register.html），同时，为了使表单信息整齐，采用表格的形式组织表单元素。其代码如下：

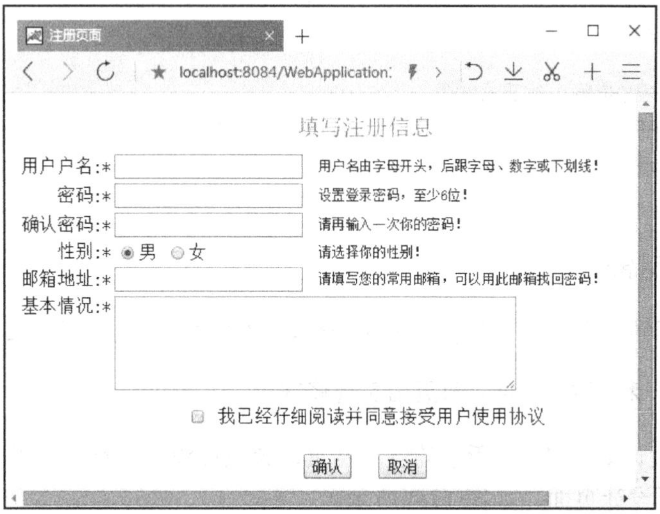

图 17-4　使用 CSS 后运行界面

```html
<html><head><title>注册页面</title></head>
  <body><form action="">
    <table border="0" align="center" width="600">
      <tr> <td colspan="3" align="center" height="40">填写注册信息</td>
</tr>
      <tr> <td align="right">用户名:*</td>
        <td><input type="text" name="userName"/></td>
        <td>用户名由字母开头，后跟字母、数字或下画线! </td></tr>
      <tr><td align="right">密码:*</td>
        <td><input type="password" name="userPwd"/></td>
        <td>设置登录密码，至少 6 位! </td></tr>
      <tr> <td align="right">确认密码:*</td>
        <td><input type="password" name="userPwd1"/></td>
        <td>请再输入一次你的密码! </td></tr>
       <tr> <td align="right">性别:*</td>
        <td><input type="radio" name="userSex" value="男" checked/>男
          <input type="radio" name="userSex" value="女"/>女</td>
        <td>请选择你的性别! </td></tr>
      <tr> <td align="right">邮箱地址:*</td>
        <td><input type="text" name="userEmail" /></td>
        <td>请填写您的常用邮箱，可以用此邮箱找回密码! </td></tr>
      <tr> <td align="right" valign="top">基本情况:*</td><td colspan="2">
       <textarea name="userBasicInfo" rows="5" cols="50"></textarea> </td>
</tr>
      <tr> <td colspan="3" align="center" height="40">
        <input type="checkbox" name="accept" value="yes"/>
          我已经仔细阅读并同意接受用户使用协议</td></tr>
      <tr><td colspan="3" align="center" height="40">
        <input type="submit" value="确认"/> 
        <input type="reset" value="取消"/></td></tr>
```

```
    </table></form>
</body></html>
```

目前代码的运行界面如图 17-3 所示，页面不够美观，需要改进，为此，需要使用 CSS 样式修饰页面。

② 设计 CSS 样式表文档：从图 17-3 和图 17-4 对比看，在图 17-4 中，改变了页面所有字体的大小，页面最上面的"填写注册信息"也改变了颜色、字体等，每项输入域后面的提示信息也改变了，根据这些变化，编写 CSS 文档 ch17_3_Css.css，在该文档中定义整体样式，例如控制页面的字体大小、内容标题的样式、表格的行高、提示信息的样式，以及定义表单域的样式，例如表单域的宽度和高度等。该文档的代码如下：

```
#title{color:#FF7B0B;font-size:20px;font-weight:bod;}
#i{width:350px;height:15px;color:blue;font-size:12px;}
table{text-align:left;}
#t{text-align:right;}
```

③ 利用 CSS 对页面实现修饰：利用 CSS 样式表中所定义的样式，对程序 ch17_3_1_register.html 修改，形成新代码文档 ch17_3_2_registerCss.html。

首先，将样式表文档导入到页面 ch17_3_1_register.html 中，修改情况如下：

```
<head><title>注册页面</title>
    <link href="ch17_3_Css.css" rel="stylesheet" type="text/css" charset=
"utf-8"/>
    </head>
```

然后，修改页面<body></body>之间的代码，其部分代码（其他类似修改）如下：

```
<tr><td colspan="3" align="center" height="40" id="title">填写注册信息
</td> </tr>
    <tr><td id="t" >用户名:*</td>
        <td><input type="text" name="userName"/></td>
        <td id="i" >用户名由字母开头，后跟字母、数字或下画线! </td>
    </tr>
```

17.2.3　JavaScript 脚本语言

JavaScript 是一种脚本语言，可以在浏览器中直接运行，是一种在浏览器端实现网页与客户交互的技术。JavaScript 是在客户端浏览器运行的语言，负责在客户端与用户的互动；简单的脚本设计语言类似于 Java 语言，但很简单易学，主要完成各类事件的响应与处理。

JavaScript 代码可以直接嵌套在 HTML 网页中，它响应一系列的事件，当一个 JavaScript 函数响应的动作发生时，浏览器就执行对应的 JavaScript 代码。

同样由于篇幅所限，JavaScript 脚本语言的具体使用略，请自己参阅如下网址了解与学习：http://www.runoob.com/js/js-tutorial.html。

这里仅举个示例（如下 ch17_4_registerCssJs.html）：JavaScript 实现输入验证。

例 17-4 根据所给出的不同信息的输入要求，利用 JavaScript 进行表单数据有效性验证，当不符合要求时，通过警告框给出提示，并重新输入。

分析：输入表单的验证就是对表单中输入的数据进行检验，如果表单中填入的数据不符合要求，则禁止提交，并给用户适当的提示信息，以便用户重新输入。只有当所有输入的数据符合所要求后，才允许提交，并进入表单标签的 action 属性所指定的处理程序，即：<form action="提交后，进入的处理页面">。

（1）需要验证的表单输入域和要求。

① 用户名：用户名是否为空，是否符合规定的格式（用户名由字母开头，后跟字母、数字或下画线!）；

② 密码：密码长度是否超过 6，两次密码输入是否一致；

③ 邮箱地址：邮箱地址必须符合邮箱格式。

（2）必须注意提交表单并实现输入验证的方式。

提交方式为：

<input type="button" value="提交" onClick="响应函数">

另外，在验证函数中当都满足格式后，实现提交：

document.forms[0].submit();

设计与实现：对于验证输入格式，实际上就是编写有关的 Javascript 函数，去验证表单中各输入域是否符合规定，若不符合规定，则给出提示信息。为此，使用 JavaScript 编写验证函数，并形成文件：ch17_4_JavaScript.js。

```
function validate(){
  var name=document.forms[0].userName.value;
  var pwd=document.forms[0].userPwd.value;
  var pwd1=document.forms[0].userPwd1.value;
  var email=document.forms[0].userEmail.value;
  var accept=document.forms[0].accept.checked;
  var regl=/[a-zA-Z]\w*/;
  var reg2= /\w+([-+.']\w+)*@\w+([-.]\w+)*.\w+([-.]\w+)*/;
  if(name.length<=0) alert("用户名不能为空！");
  else if(!regl.test(name)) alert("用户名格式不正确！");
  else if(pwd.length<6) alert("密码长度必须大于等于 6！");
  else if(pwd!=pwd1) alert("两次密码不一致！");
  else if(!reg2.test(email)) alert("邮件格式不正确！");
  else if(accept==false) alert("您需要仔细阅读并同意接受用户使用协议！");
  else document.forms[0].submit();
}
```

然后，在页面的<head></head>之，添加一行：

<script language="javascript" src="ch17_4_JavaScript.js"></script>

然后，修改注册页面，修改最后的"提交输入域"，其代码如下：

```
<input type="Button" value="确认" onClick="validate()"/>;
```

17.2.4 基于 HTML+JavaScript+CSS 的开发案例

1. JavaScript+CSS+DIV 实现下拉菜单

例 17-5 利用 JavaScript+DIV+CSS 实现如图 17-5 所示的下拉菜单。在"系列课程"下有 3 项子菜单：C++程序设计、Java 程序设计、C#程序设计；在"教学课件"下有 3 项子菜单：C++课件、Java 课件、C#课件；在"课程大纲"下也有 3 项子菜单：C++教学大纲、Java 教学大纲、C#教学大纲。当鼠标移动到最上行菜单的某项时，就自动显示其下拉子菜单项，图 17-5 显示的是当鼠标移到"课程大纲"菜单项时，显示的子菜单项。

图 17-5 JavaScript+DIV+CSS 实现的下拉菜单

分析：网页下拉菜单的设计实际上就是菜单项的显示与隐藏，当鼠标移到某菜单时，其下的菜单项就会显示，当鼠标离开该菜单及其子菜单项，其子菜单项就会隐藏。实现菜单项的显示与隐藏，需要使用 JavaScript 设计鼠标事件函数。同时，使用 DIV 标记，确定每个菜单的位置。

设计：（1）首先采用 JavaScript 设计两个鼠标事件函数。

① 当鼠标移动到菜单选项的时候显示对应的 DIV：function show(menu);

② 当鼠标移出的时候隐藏所有的 DIV：function hide()。

（2）设计 3 个 DIV，每个 DIV 对应一个菜单项及其对应的子菜单项，3 个菜单项对应的 DIV 的 id 分别为 menu1、menu2、menu3。

（3）设计关键：3 个 DIV 的位置确定。

实现：所编写的代码如下：

```
<html> <!--程序 ch17_5_Menu.html-->
 <head><title>下拉菜单示例</title>
  <script language="javaScript">
   function show(menu)     //当鼠标移动到菜单选项的时候显示对应的 DIV
   { document.getElementById(menu).style.visibility="visible"; }
   function hide() {       //当鼠标移出的时候隐藏所有的 DIV
     document.getElementById("menu1").style.visibility="hidden";
     document.getElementById("menu2").style.visibility="hidden";
```

```
       document.getElementById("menu3").style.visibility="hidden";
   }</script></head>
<body><table><tr bgcolor="#9999FF" align="center">
   <td width="120" onMouseMove="show('menu1')" onMouseOut="hide()">系列课
程</td>
   <td width="120" onMouseMove="show('menu2')" onMouseOut="hide()">教学课
件</td>
   <td width="120" onMouseMove="show('menu3')" onMouseOut="hide()">课程大
纲</td>
   </tr></table>
   <div id="menu1" onMouseMove="show('menu1')" onMouseOut="hide()" style=
"background:#9999FF;position:absolute;left:12;top:38;width:120; visibility:
hidden"><span>c++程序设计</span><br><span>java 程序设计</span><br><span>c#程序
设计</span><br></div>
   <div id = "menu2" onMouseMove = "show('menu2')" onMouseOut = "hide()"
style= "background:#9999FF; position:absolute; left:137; top:38; width:120;
visibility:hidden"><span>c++课件</span><br><span>java 课件</span><br> <span>
c#课件</span><br></div>
   <div id="menu3" onMouseMove="show('menu3')" onMouseOut="hide()"
   style="background:#9999FF;position:absolute;left:260; top:38; width:
120;
   visibility:hidden"><span>c++ 教 学 大 纲 </span><br><span>java 教 学 大 纲
</span><br><span>c#教学大纲</span><br>
   </div></body></html>
```

17.3　JSP 技术

JSP（Java Server Page）是一种运行在服务器端的脚本语言，是用来开发动态网页的，该技术是 Java Web 程序开发的重要技术。

本节介绍 JSP 技术的相关概念以及如何开发 JSP 程序，主要内容包括 JSP 技术概述、JSP 的处理过程、JSP 语法、JSP 的内置对象以及每种对象的使用方法和使用技巧以及简单 Web 应用程序的开发设计。

17.3.1　JSP 技术概述

JSP 是一种动态网页技术标准，它是在静态网页 HTML 代码中加入 Java 程序片段（Scriptlet）和 JSP 标签（tag），构成 JSP 网页文件，其扩展名为 .jsp。

当客户端请求 JSP 文件时，Web 服务器执行该 JSP 文件，然后以 HTML 的格式返回给客户（浏览器显示），即，JSP 程序的执行是由 Web 服务器（如 Tomcat 服务器）来完成的，所以，要运行 JSP 必须安装并配置服务器，具体安装和配置已经在 17.1 节中说明。

1. JSP 页面的结构

例 17-6　一个简单的 JSP 程序（ch17_6_first.jsp）代码，该程序的功能是计算 1～10

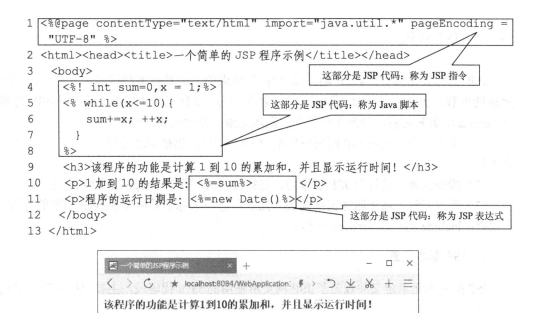

```
1  <%@page contentType="text/html" import="java.util.*" pageEncoding =
   "UTF-8" %>
2  <html><head><title>一个简单的 JSP 程序示例</title></head>
3   <body>
4     <%! int sum=0,x = 1;%>
5     <% while(x<=10){
6        sum+=x; ++x;
7      }
8     %>
9     <h3>该程序的功能是计算 1 到 10 的累加和，并且显示运行时间！</h3>
10    <p>1 加到 10 的结果是：<%=sum%>       </p>
11    <p>程序的运行日期是：<%=new Date()%></p>
12   </body>
13  </html>
```

这部分是 JSP 代码：称为 JSP 指令

这部分是 JSP 代码：称为 Java 脚本

这部分是 JSP 代码：称为 JSP 表达式

图 17-6　一个简单的 JSP 程序浏览界面

的和，并在页面上输出计算结果。注意代码中标注的各部分的名称。

程序结构： 处于 "<%" 和 "%>" 中间的代码为 JSP 代码，其余部分为 HTML 标记代码。

第 1 行是 JSP 指令，规定该页面所使用的字符编码、使用的工具 Jar 包等信息；

第 4 行是 JSP 的变量声明，并提供初始值；

第 5～8 行是 JSP 的 Java 代码段，其功能是累加求和；

第 10、11 行中的 "<%=　%>" 是 JSP 表达式。

2．JSP 程序的运行机制

JSP 程序是在服务器端（JSP 容器）运行的。服务器端的 JSP 引擎解释执行 JSP 代码，然后将结果以 HTML 页面形式发送到客户端。JSP 程序的运行机制如图 17-7 所示。

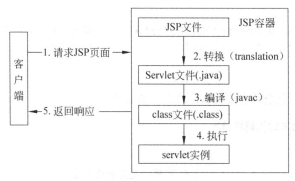

图 17-7　JSP 程序的运行机制示意图

17.3.2 JSP 语法

JSP 的标签是以"<%"开始，以"%>"结束的，而被标签包围的部分则称为 JSP 元素的内容。开始标签、结束标签和元素内容 3 部分组成的整体，称为 **JSP 元素**（Elements）。JSP 元素，分为 3 种类型：**基本元素、指令元素、动作元素**。

（1）基本元素：规范 JSP 网页所使用的 Java 代码，包括 JSP 注释、声明、表达式和脚本段。

（2）指令元素：是针对 JSP 引擎的，包括 include 指令、page 指令和 taglib 指令。

（3）动作元素：属于服务器端的 JSP 元素，它用来标记并控制 Servlet 引擎的行为，主要有：include 动作和 forward 动作。

1．JSP 基本元素

JSP 的基本元素定义并规范了 JSP 网页所使用的 Java 代码段，主要包括声明、表达式、脚本段和注释。

1）JSP 声明

在 JSP 页面中可以声明变量和方法，声明后的变量和方法可以在本 JSP 页面的任何位置使用，并在 JSP 页面初始化时被初始化。语法格式：

<%! 声明变量、方法和类 %>

例如：

```
<%! int a,b,c;           //声明整型变量 a,b,c。就是 Java 变量等的声明语法
    double d=6.0; %>     //声明 double 型变量 d,并初始化为 6.0
```

2）JSP 表达式

JSP 的表达式是由变量、常量组成的算式，它将 **JSP 生成的数值转换成字符串**嵌入 HTML 页面，并直接输出（显示）其值。语法格式：

<%= 表达式 %>

例如：

```
<%! String s=new String("Hello");%>   //声明变量,并初始化
<font color="blue"><%=s%></font>      //以"蓝色"显示 s 的值
```

3）JSP 代码块

JSP 代码段可以包含合法的 Java 语句。语法格式：

<% 符合 Java 语法的代码块 %>

例如：

```
<%! int d=0; %>         //声明,定义全局变量 d
<% int a=30; %>         //JSP 代码段,定义局部变量 a
```

```
<%                              //JSP 代码段，利用循环输出数据 0 到 7，且一行一个数
  for(int i=0;i<8;++i)
    out.print(i+"<br>"); %>   //outJSP 内置对象，表示在页面上输出 i 的值并换行
```

例 17-7 利用 Java 代码段设计程序，该程序的功能是"以直角三角形的形式显示数字"并"根据随机产生的数据的不同，显示不同的问候"，运行界面如图 17-8 所示。

思政材料

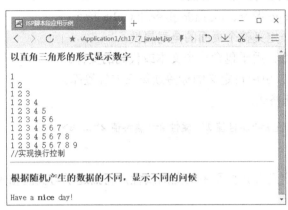

图 17-8 JSP 程序的运行示意图

```
<%@page contentType="text/html" import="java.util.*" pageEncoding=
"UTF-8"%>
<html> <head><title>JSP 脚本段应用示例</title></head>
 <body><h3>以直角三角形的形式显示数字</h3>
   <% for(int i=1;i<10;i++) {
       for(int j=1;j<=i;j++) out.print(j+"  ");//out 是 JSP 内置对象，用于输
出信息
       out.println("<br/>"); } %> //实现换行控制
 <hr><h3>根据随机产生的数据的不同，显示不同的问候</h3>
 <% if (Math.random()<0.5) { %> Have a <B>nice</B> day!
 <% } else { %> Have a <B>lousy</B> day! <%}%>
 </body></html>
```

4）注释

语法格式：

<%-- 要添加的文本注释 --%>

功能：在 JSP 程序中，当在发布网页时完全被忽略，不以 HTML 格式发给客户。

另外，在 JSP 程序中，也可以使用"HTML 注释"和"Java 注释"。

HTML 注释的语法格式：

<!-- 要添加的文本注释 -->

Java 注释语法格式：

<% //要添加的文本注释 %>或<% /*要添加的文本注释*/ %>

2．JSP 指令元素

JSP 指令是被服务器解释并被执行的。通过指令元素可以使服务器按照指令的设置执行动作或设置在整个 JSP 页面范围内有效的属性。在一条指令中可以设置多个属性，这些属性的设置可以影响到整个页面。

JSP 指令包括 page 指令、include 指令和 taglib 指令：

（1）page 指令：定义整个页面的全局属性。

（2）include 指令：用于包含一个文本或代码的文件。

（3）taglib 指令：引用自定义的标签或第三方标签库。

JSP 指令的语法格式：

<%@ 指令名称 属性 1="属性值 1" 属性 2="属性值 2"... %>

1）page 指令

page 指令用来定义 JSP 页面中的全局属性，它描述了与页面相关的一些信息，其说明如表 17-2 所示。

表 17-2 **page 指令及其说明**

属　　性	说　　明	设置值示例
language	指定用到的脚本语言，默认是 Java	<%@page language="java"%>
import	用于导入 java 包或 java 类	<%@page import="Java.util.Date"%>
pageEncoding	指定页面所用编码，默认与 contentType 值相同	UTF-8
extends	JSP 转换成 Servlet 后继承的类	Java.servlet.http.HttpServlet
session	指定该页面是否参与到 HTTP 会话中	true 或 false
buffer	设置 out 对象缓冲区大小	8kb
autoflush	设置是否自动刷新缓冲区	true 或 false
isThreadSafe	设置该页面是否是线程安全	true 或 false
info	设置页面的相关信息	网站主页面
errorPage	设置当页面出错后要跳转到的页面	/error/jsp-error.jsp
contentType	响应 jsp 页面的 MIME 类型和字符编码	text/html;charset=gbk
isErrorPage	设置是否是一个错误处理页面	true 或 false
isELIgnord	设置是否忽略正则表达式	true 或 false

例 17-8 设计 JSP 程序（ch17_8_page.jsp），显示（服务器）系统的当前时间。

分析：由于要使用日期类对象，所以要由 page 指令导入 java.util.Date 类，同时，由于页面中使用了汉字，需要使用支持汉字的编码，这里采用 UTF-8 编码，所以，需要用 page 指令指定 contentType="text/html" pageEncoding="UTF-8"。程序如下：

```
<%@ page contentType="text/html" pageEncoding="UTF-8" %>
<%@ page import="java.util.Date"%>
<html><head><title> page 指令 import 属性实例</title></head>
```

```
<body><% Date date = new Date(); %>
  <h1> page 指令的 import 属性实例演示!</h1><p>现在的时间是:<%=date%></p>
</body></html>
```

2）include 指令

include 指令称为文件加载指令，可以将其他的文件插入 JSP 网页，被插入的文件必须保证插入后形成的新文件符合 JSP 页面的语法规则。

include 指令语法格式：

<%@ include file="filename"%>

其中，include 指令只有一个 file 属性，filename 指被包含的文件的名称（相对路径），被插入的文件必须与当前 JSP 页面在同一 Web 服务目录下。

例 17-9　有两个文件：文件 ch17_9_include1.jsp 的功能是显示"Hello World!"；而文件 ch17_9_include2.jsp，首先输出（服务器）系统的日期和时间，然后通过 include 指令将 ch17_9_include1.jsp 文件包含进来。在网页地址中输入 ch17_9_include2.jsp 页面地址，其运行界面如图 17-9 所示。

图 17-9　使用 include 指令网页浏览图

（1）ch17_9_include1.jsp 代码。

```
<%@ page language="java" pageEncoding="UTF-8"%>
<html><head><title>被 include 包含的文件</title></head>
  <body> <h1> Hello World! </h1> </body>
</html>
```

（2）ch17_9_include2.jsp 代码。

```
<%@ page language="java" import="java.util.*" pageEncoding="UTF-8"%>
<html><head><title>include 指令实例</title></head>
<body><center> 现在的日期和时间是: <%=new Date()%><hr>
    <%@ include file="ch17_9_include1.jsp" %> </center>
</body></html>
```

3）taglib 指令

taglib 自定义标签指令用来让用户自己定义标签。使用自定义标签，既可以实现同一功能的代码重用，又可以使 JSP 页面易于维护。例如，可以将显示日期的代码定义为一个日期标签，每当需要显示日期时，就使用这个标签去实现。这样可以使同一段代码多次使用并且显得简洁，更改起来更方便。自定义标签的一般顺序是开发标签库，为标签库编写.tld 配置文件，最后在 JSP 页面里使用自定义标签。在 JSP 文件中 taglib 指令的使用格式如下：

```
<%@ taglib url="taglibURL" prefix="tagPrefix" %>
```

url 用来告诉 Web 容器在什么地方找到标签描述文件和标签库；prefix 定义了在 JSP 文件中使用该自定义标签的前缀。注意这些标签的前缀不可以为 jsp、jspx、java、javax、sun、servlet 等。

3. JSP 动作元素

JSP 动作元素是用来控制 JSP 引擎的行为，JSP 标准动作元素均以 jsp 为前缀，主要有如下 6 个动作元素：

（1）<jsp:include>——在页面得到请求时动态包含一个文件；

（2）<jsp:forward>——引导请求进入新的页面（转向到新页面）；

（3）<jsp:plugin>——连接客户端的 Applet 或 Bean 插件；

（4）<jsp:useBean>——应用 JavaBean 组建；

（5）<jsp:setProperty>——设置 JavaBean 的属性值；

（6）<jsp:getProperty>——获取 JavaBean 的属性值并输出。

另外，还有实现参数传递的子动作元素：<jsp:params>，该子动作与<jsp:include>或<jsp:forward>配合使用，不能单独使用。

在本小节重点介绍<jsp:include>、<jsp:forward>、<jsp:param>三种动作元素，对于<jsp:useBean>、<jsp:setProperty>、<jsp:getProperty>请自学（参阅网址：http://www.runoob.com/ jsp/jsp-tutorial.html）。

1）<jsp:include>动作

语法格式：

```
<jsp:include page="文件的名字"/>
```

功能：当前 JSP 页面动态包含一个文件，即将当前 JSP 页面、被包含的文件各自独立编译为字节码文件。当执行到该动作标签处，才加载执行被包含文件的字节码。

例如，修改例 17-9，采用动态包含，只是将程序 ch17_9_include2.jsp 中：

```
<%@ include file="ch17_9_include1.jsp" %>
```

修改为：

```
<jsp:include file="ch17_9_include1.jsp" %>
```

2）<jsp:forward>动作

<jsp:forward>动作用于停止当前页面的执行，转向另一个 HTML 或 JSP 页面。

语法格式：

```
<jsp:forward page="文件的名字"/>
```

3）<jsp:param>子标记

param 标记不能独立使用，需作为<jsp:include>、<jsp:forward>标记的子标记来使用。
语法格式：

```
<jsp:include  page="文件的名字">
    <jsp:param name="变量名字 1" value="变量值 1" /> ……
</jsp:include>
```

或

```
<jsp:forward  page="文件的名字">
    <jsp:param name="变量名字 1" value="变量值 1" /> ……
  </jsp:forward>
```

例 17-10 利用 included 动作实现参数传递，在 ch17_10_string.jsp 中要传递一个字符串 "QQ" 给文件 ch17_10_output.jsp，在 ch17_10_output.jsp 中接受该参数的值并输出。
ch17_10_string.jsp 代码如下：

```
<%@page contentType="text/html" pageEncoding="UTF-8"%>
<html><head><title>传参数页面</title></head>
  <body><h4> 该页面传递一个参数 QQ，直线下是接受参数页面的内容</h4><hr>
    <jsp:include page="ch17_10_output.jsp">
      <jsp:param name= "userName" value="QQ" />
    </jsp:include>
  </body></html>
```

ch17_10_output.jsp 代码如下：

```
<%@page contentType="text/html" pageEncoding="UTF-8"%>
<html><head><title>接受参数页面</title> </head>
<body>接受参数，并显示结果页面。<br><% String str = request.getParameter
("userName");%>
      <font color="blue" size="12"><%=str%></font>你好，欢迎你访问!
  </body></html>
```

17.3.3　JSP 内置对象概述

JSP 内置对象说明如表 17-3 所示。

表 17-3　JSP 内置对象概述

对象名称	所 属 类 型	有效范围	说　　明
application	javax.servlet.ServletContext	application	代表应用程序上下文，允许 JSP 页面与包括在同一应用程序中的任何 Web 组件共享信息
config	javax.servlet.ServletConfig	page	允许将初始化数据传递给一个 JSP 页面

对象名称	所属类型	有效范围	说　　明
exception	java.lang.Throwable	page	该对象含有只能由指定的 JSP"错误处理页面"访问的异常数据
out	javax.servlet.jsp.JspWriter	page	提供对输出流的访问
page	javax.servlet.jsp.HttpJspPage	page	代表 JSP 页面对应的 Servlet 类实例
pageContext	javax.servlet.jsp.PageContext	page	是 JSP 页面本身的上下文，它提供了唯一一组方法来管理具有不同作用域的属性
request	javax.servlet.http.HttpServletRequest	request	提供对请求数据的访问，同时还提供用于加入特定请求数据的上下文
response	javax.servlet.http.HttpServletResponse	page	该对象用来向客户端输入数据
session	javax.servlet.http.HttpSession	session	保存服务器与一个客户端间需要保存的数据，当客户端关闭网站所有网页时，session 变量会自动消失

JSP 内置对象的作用域说明如表 17-4 所示。

表 17-4　JSP 内置对象 page 等的作用域

作用域	说　　明
page	对象只能在创建它的 JSP 页面中被访问
request	对象可以在与创建它的 JSP 页面监听的 HTTP 请求相同的任意一个 JSP 中被访问
session	对象可以在与创建它的 JSP 页面共享相同的 HTTP 会话的任意一个 JSP 中被访问
application	对象可以在与创建它的 JSP 页面属于相同的 Web 应用程序的任意一个 JSP 中被访问

17.3.4　request 对象

request 对象是从客户端向服务器发出请求，包括用户提交的信息以及客户端的一些信息。当客户端通过 HTTP 协议请求一个 JSP 页面时，JSP 容器会自动创建 request 对象并将请求信息包装到 request 对象中，当 JSP 容器处理完请求后，request 对象就会销毁。

1．request 对象的常用方法

request 对象的常用方法及其说明如表 17-5 所示。

表 17-5　request 对象的常用方法

方　　法	说　　明
setAttribute(String name, Object obj)	用于设置 request 中的属性及其属性值
getAttribute(String name)	用于返回 name 指定的属性值，若不存在指定的属性，就返回 null
RemoveAttribute(String name)	用于删除请求中的一个属性
getParameter(String name)	用于获得客户端传送给服务器端的参数值

续表

方　法	说　明
getParameterNames()	用于获得客户端传送给服务器端的所有参数名字（Enumeration 类的实例）
getParameterValues(String name)	用于获得指定参数的所有值
getCookies()	用于返回客户端所有 Cookie 对象，结果是一个 Cookie 数组
getCharacterEncoding()	返回请求中的字符编码方式
getRequestURI()	用于获取发出请求字符串的客户端地址
getRemoteAddr()	用于获取客户端 IP 地址
getRemoteHost()	用于获取客户端名字
getSession([Boolean create])	用于返回和请求相关的 session。create 参数是可选的。若为 true 时，若客户端没有创建 session，就创建新的 session
getServerName()	用于获取服务器的名字
getServletPath()	用于获取客户端所请求的脚本文件的文件路径
getServerPort()	用于获取服务器的端口号

2．访问（获取）请求参数

1）访问请求参数的方法

访问格式：

String 字符串变量=request.getParameter("客户端提供参数的 name 属性名");

其中，参数 name 与客户端提供参数的 name 属性名对应，该方法的返回值为 String 类型，如果参数 name 属性不存在，则返回一个 null 值。

2）传参数的三种形式

（1）使用 JSP 的 forward 或 include 动作，利用传参数子动作实现传递参数。

（2）在 JSP 页面或 HTML 页面中，利用表单传递参数。

（3）追加在网址后的参数传递或追加在超链接后面的参数。

例 17-11　利用表单传递参数。提交页面上有两个文本框，在文本框中输入姓名和电话号码，单击"提交"按钮后，由服务器端应用程序接收提交的表单信息并显示出来。

分析：本题需要设计两个程序：输入页面程序（ch17_11_infoInput.jsp，接收信息并处理程序（ch17_11_infoReceive.jsp），其传递过程如图 17-10 所示。

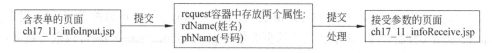

图 17-10　表单传递参数示意图

ch17_11_infoInput.jsp 页面关键代码：

```
<form action= "ch17_11_infoReceive.jsp" method="post">
    姓名:<input name= "rdName"><br>
```

```
电话:<input name= "phName"><br>
   <input type="submit" value="提 交">
</form>
```

ch17_11_infoReceive.jsp 页面的关键代码:

```
<body><% String str1=request.getParameter("rdName");
        String str2=request.getParameter("phName"); %>
 <font face="楷体" size=4 color=blue>
    您输入的信息为: <br>
    姓名: <%=str1%> <br>
    电话: <%=str2%><br>
 </font></body>
```

例 17-12 采用"追加在网址后实现参数传递"示例,对于例 17-11 设计的 JSP 网页 ch17_11_infoReceive.jsp,采用"追加在网址后实现参数传递"。假设要传递的参数是: 姓名为 abcdef,电话为 123456789,则在网址上输入如下信息:Http://127.0.0.1:8080/ch17/ch17_11_infoReceive.jsp?rdName=abcdef&phName=123456789

注意:所输入的信息之间不能有空格,参数名称 rdName 和 phName 必须与 ch17_11_infoReceive.jsp 中接收参数的属性名相同。同样,可以采用超链接的方式传递参数,修改例 17-11 中的 ch17_11_infoInput.jsp,将其中的表单替换为超链接:

```
<a href="ch17_11_infoReceive.jsp?rdName=abcdef&phName=123456789">传递参
数</a>
```

例 17-13 对于例 17-11,修改 ch17_11_infoReceive.jsp,采用 getParameterNames() 方法获得参数并显示参数值。修改 ch17_11_infoReceive.jsp 后的主要代码如下:

```
<body><% String  current_param = ""; String  current_vaul = "";
   request.setCharacterEncoding("UTF-8");
   Enumeration params = request.getParameterNames();
   while( params.hasMoreElements() ) {
     current_param = (String)params.nextElement();
     current_vaul=request.getParameter(current_param);
   %>参数名称: <%=current_param%>参数值:<%=current_vaul%><br>;
 <% }%></body>
```

3. 新属性的设置和获取

在页面使用 request 对象的 setAttribute("name",obj)方法,可以把数据 obj 设定在 request 范围(容器)内,请求转发后的页面使用 getAttribute("name")就可以取得数据 obj 的值。设置数据的方法格式:

void request.setAttribute("key",Object);

其中,参数 key 是键,为 String 类型,属性名称;参数 object 是键值,为 Object 类型,它代表需要保存在 request 范围内的数据。

获取数据的方法格式：

Object request.getAttribute(String name);

其中，参数 name 表示键名，所获取的数据类型是由 setAttribute("name",obj)中的 obj 类型决定的。

例 17-14　设计一个 Web 程序，实现由提交页面提交的任意两个实数的和，并给出结果显示。

分析：该题目需要 3 个程序：ch17_14_input.jsp，提交 2 个参数的页面；ch17_14_sum.jsp 获取表单提交的参数，转换为实数数据 s1、s2，并求和给属性 s3，再将 3 个新属性保存到 request 对象中（自己定义保存），然后转到显示页面；ch17_14_output.jsp 从 request 对象中获取 3 个属性值，并显示数据。三者的关系如图 17-11 所示。

图 17-11　从 request 对象中获取属性值示意图

（1）ch17_14_input.jsp 的关键代码：

```
<body><form action="ch17_14_sum.jsp" method="post">
    数据 1: <input type="text" name="shuju1" ><br>
    数据 2: <input type="text" name="shuju2" ><br>
    <input type="submit" value="提交" ></form></body>
```

（2）ch17_14_sum.jsp 的关键代码：

```
<body><%String str1=request.getParameter("shuju1");
    String str2=request.getParameter("shuju2");
    double s1=Double.parseDouble(str1);double s2= Double.parseDouble (str2);
    double s3=s1+s2; request.setAttribute("st1",s1);
    request.setAttribute("st2",s2); request.setAttribute("st3",s3);%>
<jsp:forward page="ch17_14_output.jsp"></jsp:forward></body>
```

（3）ch17_14_output.jsp 的关键代码：

```
<body>利用 getAttribute 方法获取利用 setAttribute 方法保存的值，并显示! <br>
  <% Double  a1=(Double)request.getAttribute("st1");
     Double  a2=(Double)request.getAttribute("st2");
     Double  a3=(Double)request.getAttribute("st3");
  %><%=a1%>+<%=a2%>=<%=a3%><br>利用 getParameter 方法获取获取请求参数，并显
示! <br>
     <% String  s1=request.getParameter("shuju1");
        String  s2=request.getParameter("shuju2");
     %> <%=s1%>+<%=s2%>=<%=a3%><br></body>
```

4. 获取客户端信息

例 17-15 使用 request 对象获取客户端的有关信息，运行界面如图 17-12 所示。首先由用户通过 ch17_14_input.jsp(例 17-14 中设计的程序)输入两个数据，再由 ch17_15_showInfo.jsp 程序，获取客户端的信息并显示。

图 17-12 使用 request 对象获取客户端的信息

（1）首先修改 ch17_14_input.jsp 中表单的 Action 属性值：

```
<form action="ch17_15_showInfo.jsp" method="post">
```

（2）使用 request 对象的相关方法获取客户信息，设计 ch17_15_showInfo.jsp：

```
<body><font color="blue">表单提交的信息: </font><br>
   输入的第 1 个数据是: <%=request.getParameter("shuju1") %><br>
   输入的第 2 个数据是: <%=request.getParameter("shuju2") %><br><br>
 <font  color="red">客户端信息: </font><br>
   客户端协议名和版本号: <%=request.getProtocol() %><br>
   客户机名: <%=request.getRemoteHost() %><br>
   客户机的 IP 地址: <%= request.getRemoteAddr() %><br>
   客户提交信息的长度: <%= request.getContentLength() %><br>
   客户提交信息的方式: <%= request.getMethod() %><br>
   HTTP 头文件中 Host 值: <%= request.getHeader("Host") %><br>
   服务器名: <%= request.getServerName() %><br>
   服务器端口号: <%= request.getServerPort() %><br>
   接受客户提交信息的页面: <%= request.getServletPath() %><br></body>
```

17.3.5　response 对象

response 对象和 request 对象相对应，用于响应客户请求，由服务器向客户端输出信息。当服务器向客户端传送数据时，JSP 容器会自动创建 response 对象，并把信息封装到 response 对象中，当 JSP 容器处理完请求后，response 对象会被销毁。response 和 request 结合起来完成动态网页的交互功能。

1．response 对象的常用方法

response 对象的常用方法及说明如表 17-6 所示。

表 17-6　response 对象的常用方法

方　　法	说　　明
SendRedirect(String url)	使用指定的重定向位置 URL 向客户端发送重定向响应
setDateHeader(String name,long date)	使用给定的名称和日期值设置一个响应报头，如果指定的名称已经设置，则新值会覆盖旧值
setHeader(String name,String value)	使用给定的名称和值设置一个响应报头，如果指定的名称已经设置，则新值会覆盖旧值
setHeader(String name,int value)	使用给定的名称和整数值设置一个响应报头，如果指定的名称已经设置，则新值会覆盖旧值
setContentType(String type)	为响应设置内容类型，其参数值可以为 text/html，text/plain，application/x_msexcel 或 application/msword
setContentLength(int len)	为响应设置内容长度
setLocale(java.util.Locale loc)	为响应设置地区信息

2．重定向网页

使用 response 对象中的 sendRedirect()方法实现重定向到另一个页面。

例如，将客户请求重定位到 login_ok.jsp 页面的代码如下：

```
response.sendRedirect("login_ok.jsp");
```

注意：重定向 sendRedirect(String url)和转发\<jsp:forward page=" "/>的区别如下：

（1）只能使用\<jsp:forward>在本网站内跳转，而使用 response.sendRedirect 跳转到任何一个地址的页面。

（2）\<jsp:forward>带着 request 中的信息跳转；sendRedirect 不带 request 信息跳转。

例 17-16　用户在登录界面（ch17_16_userLogin.jsp）输入用户名和密码，提交后验证（ch17_16_userReceive.jsp）登录者输入的用户名和密码是否正确，根据判断结果转向不同的页面，当输入的用户名是 abcdef，密码为 123456 时转发到 ch17_16_loginCorrect. jsp 页面，并显示"欢迎，abcdef 成功登录！"信息，当输入信息不正确，重定位到搜狐网站（http://sohu.com）。

分析：根据题目所给出的处理要求，其业务流程如图 17-13 所示。

图 17-13　网页转接示意图

实现：

（1）提交页面 ch17_16_userLogin.jsp，主要代码如下：

```
<form action="ch17_16_userReceive.jsp" method="post">
  姓 名: <input type="text" name="RdName"> <br>
  密 码: <input type="password" name="RdPasswd" > <br><br>
  <input type="submit" value="确 定" ></form>
```

（2）接收信息并验证程序 ch17_16_userReceive.jsp，其关键代码如下：

```
<body><%String Name = request.getParameter("RdName");
      String Passwd = request.getParameter("RdPasswd");
      if (Name.equals("abcdef") && Passwd.equals("123456")) {%>
        <jsp:forward page="ch17_16_loginCorrect.jsp"/>
      <% } else response.sendRedirect("http://sohu.com");%></body>
```

（3）登录成功页面 ch17_16_loginCorrect.jsp，其关键代码如下：

```
<body><% String Name = request.getParameter("RdName"); %>
  欢迎, <%=Name%>成功登录! </body>
```

3．页面定时刷新或自动跳转

采用 response 对象的 setHeader 方法，实现页面的定时跳转或定时自刷新。
例如：

```
response.setHeader("refresh","5"); //每隔 5 秒，页面自刷新一次
response.setHeader("refresh","10;url=http://www.sohu.com");
                   //延迟 10 秒后，自动重定向到网页 http://www.sohu.com
```

例 17-17 设计一个 JSP 程序（ch17_17_time.jsp），每间隔 1 秒，页面自动刷新，并在页面上显示当前的时间。

实现： 其关键代码如下：

```
<body> 当前时间是: <%=new Date().toLocaleString()%><br>
  <hr><%response.setHeader("refresh","1");%> </body>
```

17.3.6　session 对象

会话（session）的含义是：用户在浏览某个网站时，从进入网站到浏览器关闭所经过的这段时间称为一次会话。当客户重新打开浏览器建立到该网站的连接时，JSP 引擎为该客户再创建一个新的 session 对象，属于一次新的会话。

1．session 对象的主要方法

session 对象的主要方法及其说明如表 17-7 所示。

表 17-7　session 对象的主要方法

方　　法	说　　明
Object getAttribute(String attriname)	用于获取与指定名字相联系的属性，若不存在，将会返回 null
void setAttribute(String name,Object value)	用于设定指定名字的属性值，并且把它存储在 session 对象中
void removeAttribute(String attriname)	用于删除指定的属性（包含属性名、属性值）
Enumeration getAttributeNames()	用于返回 session 对象中存储的每一个属性对象，结果集是一个 Enumeration 类的实例
long getCreationTime()	用于返回 session 对象被创建时间，单位为毫秒
long getLastAccessedTime()	用于返回 session 最后发送请求的时间，单位为毫秒
String getId()	用于返回 session 对象在服务器端的编号
long setMaxInactiveInterval()	用于返回 session 对象的生存时间，单位为秒
boolean isNew()	用于判断目前 session 是否为新的 Session,若是则返回 ture,否则返回 false
void invalidate()	用于销毁 session 对象，使得与其绑定的对象都无效

2．创建及获取客户的会话信息

例 17-18　利用 session 对象获取会话信息并显示（ch17_18_session.jsp）。

```
<%@page contentType = "text/html" pageEncoding = "UTF-8" import =
"java.util.*" %>
<html><head><title>利用 session 对象获取会话信息并显示</title></head>
    <body><hr>session 的创建时间是:<%=new Date(session.getCreationTime())%>
<br>
    session 的 Id 号:<%=session.getId()%><br>
    客户最近一次访问时间是:<%=new java.sql.Time(session.getLastAccessedTime())
%> <br>
    两次请求间隔多长时间 session 将被取消(ms):
    <%=session.getMaxInactiveInterval()%><br>
    是否是新创建的 session:<%=session.isNew()?"是":"否"%>
    <hr></body></html>
```

17.3.7　application 对象

　　application 对象用于保存应用程序中的公有数据，在服务器启动时对每个 Web 程序都自动创建一个 application 对象，只要不关闭服务器，application 对象将一直存在，所有访问同一工程的用户可以共享 application 对象。

1．application 对象的主要方法

在 application 对象中也可以实现属性的设置、获取，application 对象的属性操作有：

（1）Object getAttribute(String attriname)——获取指定属性的值；

（2）void setAttribute(String attriname,Object attrivalue)——设置一个新属性并保存值；

（3）void removeAttribute(String attriname)——从 application 对象中删除指定的属性；

（4）Enumeration getAttributeNames()——获取 application 对象中所有属性的形成。

2．案例——统计网站访问人数

例 17-19　利用 application 对象的属性存储统计网站访问人数。

分析：对于统计网站访问人数，需要判断是否是一个新的会话，从而判断是否是一个新访问网站的用户，然后才能统计人数。

实现：设计程序 ch17_19_applicatin.jsp，其代码如下：

```
<%@ page language="java" import="java.util.*" pageEncoding="UTF-8"%>
<html><head><title>统计网站访问人数及其当前在线人数</title> </head>
<body><%! Integer yourNumber=new Integer(0);%>
<% if (session.isNew()){                         //如果是一个新的会话
    Integer number = (Integer) application.getAttribute("Count");
    if (number==null) number = new Integer(1);    //如果是第 1 个访问本站
    else number=new Integer(number.intValue() + 1);
    application.setAttribute("Count", number);
    yourNumber = (Integer) application.getAttribute("Count");
  } %> 欢迎访问本站，您是第  <%=yourNumber%>个访问用户。
</body></html>
```

17.3.8　out 对象

out 对象的主要功能是向客户输出响应信息。其主要方法为 print()，可以输出任意类型的数据，HTML 标记可以作为 out 输出的内容。

例 17-20　分析下面程序的运行情况，并给出运行界面。

```
<%@ page language="java" pageEncoding="UTF-8"%>
<html><head><title>out 的使用</title></head>
  <body>利用 out 对象输出的页面信息: <br><hr>
  <% out.print("aaa<br/>bbb");
  out.print("<br/>用户名或密码不正确，请重新
    <a href='http://www.sohu.com'><font size='15' color='red'>登录</font>
</a>");
    out.print("<br><a href='javascript:history.back()'>后退</a>……"); %>
  </body></html>
```

17.3.9 JSP 应用程序设计综合示例

1. 网上答题及其自动评测系统

例 17-21 设计一个网上答题及其自动评测系统。本案例设计一个简单的网上答题与评测，其运行界面如图 17-14 所示。该程序包括两部分：首先是试题页面的设计及其解答的提交；其次是，当提交解答后，系统自动评阅并给出评阅结果。图 17-14（a）是试题页面，图 17-14（b）是评阅后给出的解答页面。

（a）试题页面　　　　　　　　　　　（b）解答评阅页面

图 17-14　一个简单网上答题及自动评测系统运行示意图

分析：该案例需要设计两个 JSP 页面：一个是提交信息页面，另一个是获取提交信息并进行处理显示结果的页面。其设计关键是如下两点：

（1）对于互斥的单选按钮、只允许单选的列表框，只传递一个参数。

（2）对于复选框、可多选列表框，需传递多个参数，通过数组保存并获取参数值。

实现：

（1）提交信息页面程序为 ch17_21_input.jsp，其代码如下：

```
<%@ page language="java" import="java.util.*" pageEncoding="UTF-8"%>
<html><head><title>简单的网上试题自动评测——试题</title></head><body>
  <form action="ch17_21_show.jsp" method="post">
  一、 2+3=? <br>
  <input type="radio" name="r1" value="2" checked="checked">2 
  <input type="radio" name="r1" value="3">3   
  <input type="radio" name="r1" value="4">4  
  <input type="radio" name="r1" value="5">5<br>
  二、下列哪些是偶数? <br>   
  <input type="checkbox" name="c1" value="2">2  
  <input type="checkbox" name="c1" value="3">3  
  <input type="checkbox" name="c1" value="4">4  
  <input type="checkbox" name="c1" value="5">5<br>
  三、下列哪些是动态网页? <br>   
  <select size="4" name="list1" multiple="multiple">
  <option value="asp">ASP</option> <option value="php">PHP</option>
```

```
<option value="htm">HTML</option><option value="jsp">JSP</option>
<option value="xyz" selected="selected">xyz</option></select><br>
四、下列组件哪个是服务器端的? <br>   
<select size="1" name="list5">
 <option value = "jsp">JSP</option><option value = "servlet">SERVLET
</option>
    <option value="java">JAVA</option><option value="jdbc"> JDBC </option>
</select><br>
五、在服务器端用来接受用户请求的对象是:
<input type="text" size="20" name="text1"><br>
<div align="left"><blockquote><input type="submit" value="提交" name=
"button1">
    <input type="reset" value="重置" name="button2"></blockquote>
</div></form></body></html>
```

获取提交信息并进行处理页面为 ch17_21_show.jsp,其代码如下:

```
<%@ page language="java" import="java.util.*" pageEncoding="UTF-8"%>
<html><head><title>简单的网上试题自动评测——评测</title></head><body>
  <% String s1 = request.getParameter("r1");
    if (s1!=null){ out.println("一、解答为:2+3=" + s1 + "   ");
      if (s1.equals("5")) out.println("正确! " + "<br>");
      else out.println("错误! " + "<br>");
    } else out.println("一、没有解答! ");
    out.println("-------------------------<br>");
    String[] s21 = request.getParameterValues("c1");
    if (s21 != null) { out.println("二、解答为:偶数有: ");
      for (int i=0; i<s21.length;++i) out.println(s21[i] + "   ");
      if (s21.length==2 && s21[0].equals("2") && s21[1].equals("4"))
        out.println("正确! " + "<br>");
      else out.println("错误! " + "<br>");
    } else out.println("二、没有解答! ");
    out.println("-------------------------<br>");
    String[] s31 = request.getParameterValues("list1");
    if (s31 != null) { out.println("三、解答为: 动态网页有: ");
      for (int i = 0; i < s31.length; ++i) out.println(s31[i] + "    ");
      if (s31.length == 3 && s31[0].equals("asp") && s31[1].equals("php")
        && s31[2].equals("jsp"))  out.println("正确! " + "<br>");
      else out.println("错误! " + "<br>");
    } else out.println("三、没有解答! ");
    out.println("-------------------------<br>");
    String s4 = request.getParameter("list5");
    if (s4 != null) { out.println("四、解答为:服务器端的组件是有: ");
      out.println(s4 + "      ");
      if (s4 !=null && s4.equals("servlet")) out.println("正确! "+"<br>");
      else  out.println("错误! " + "<br>");
    } else out.println("四、没有解答! ");
    out.println("-------------------------<br>");
    String s5 = request.getParameter("text1");
```

```
  if (s5 !=null) {out.println("五、解答为: ");out.println(s5+"  ");
    if (s5 !=null && s5.equals("request")) out.println("正确! "+"<br>");
    else out.println("错误! " + "<br>");
  } else out.println("五、没有解答! ");
  out.println("-----------------------<br>"); %>
</body></html>
```

2. 设计简单的购物车应用案例

例 17-22 设计一个简单的购物车程序。该案例提供了两类不同的商品,不同类型的商品需要在不同的网页上浏览,并添加到购物车中,最后显示购物车中所选购的商品。其运行界面如图 17-15 所示,图(a)是购买"肉类"商品的页面,图(b)是购买"球类"的页面,两个页面可以互相跳转,并可以再向购物车中添加商品,图(c)是购物车中已经购买的商品显示页面。

    (a)购买"肉类"的页面   (b)购买"球类"的页面   (c)购物车商品页面

图 17-15 一个简单的购物车程序

分析: 从所给出的需求,该系统需要 3 个页面,且 3 个页面共享购物信息直到购物结束,显然,该购物过程是在 session 范围内完成的,需要使用 session 对象实现信息共享。

实现:

(1)购买"肉类"商品的页面,其 ch17_22_buy1.jsp 程序如下:

```
<%@ page language="java" import="java.util.*" pageEncoding="UTF-8"%>
<html><head><title>购物肉类商品页面</title></head>
 <body><% request.setCharacterEncoding("UTF-8");
   if (request.getParameter("c1") != null)
     session.setAttribute("s1", request.getParameter("c1"));
   if (request.getParameter("c2") != null)
     session.setAttribute("s2", request.getParameter("c2"));
   if (request.getParameter("c3") != null)
     session.setAttribute("s3", request.getParameter("c3"));%>
各种肉大甩卖,一律二十块:<br>
<form method="post" action="ch17_22_buy1.jsp">
  <p><input type="checkbox" name="c1" value="猪肉">猪肉 
    <input type="checkbox" name="c2" value="牛肉">牛肉 
    <input type="checkbox" name="c3" value="羊肉">羊肉</p>
  <p> <input type="submit" value="提交" name="B1">
    <a href="ch17_22_buy2.jsp">买点别的</a>  
```

```
                <a href="ch17_22_display.jsp">查看购物车</a></p>
    </form></body></html>
```

（2）购买"球类"商品的页面，其 ch17_22_buy2.jsp 程序如下：

```
<%@ page language="java" import="java.util.*" pageEncoding="UTF-8"%>
<html><head><title>购买球类页面</title></head><body>
  <% request.setCharacterEncoding("UTF-8");
     if (request.getParameter("b1") != null)
       session.setAttribute("s4", request.getParameter("b1"));
     if (request.getParameter("b2") != null)
       session.setAttribute("s5", request.getParameter("b2"));
     if (request.getParameter("b3") != null)
       session.setAttribute("s6", request.getParameter("b3")); %>
  各种球大甩卖,一律十八块:
  <form method="post" action="ch17_22_buy2.jsp">
   <p> <input type="checkbox" name="b1" value="篮球">篮球 
     <input type="checkbox" name="b2" value="足球">足球 
     <input type="checkbox" name="b3" value="排球">排球</p>
   <p> <input type="submit" value="提交" name="x1">
     <a href="ch17_22_buy1.jsp">买点别的</a> 
     <a href="ch17_22_display.jsp">查看购物车</a></P>
  </form></body></html>
```

（3）显示购物车信息的页面，其 ch17_22_display.jsp 程序如下：

```
<%@ page language="java" import="java.util.*" pageEncoding="UTF-8"%>
<html><head><title>显示购物车购物信息</title></head><body>
   你选择的结果是:<br><% request.setCharacterEncoding("UTF-8"); String
str="";
     if (session.getAttribute("s1") != null) {
      str = (String) session.getAttribute("s1");out.print(str + "<br>"); }
     if (session.getAttribute("s2") != null) {
      str = (String) session.getAttribute("s2"); out.print(str + "<br>"); }
     if (session.getAttribute("s3") != null) {
      str = (String) session.getAttribute("s3"); out.print(str + "<br>"); }
     if (session.getAttribute("s4") != null) {
      str = (String) session.getAttribute("s4"); out.print(str + "<br>"); }
     if (session.getAttribute("s5") != null) {
      str = (String) session.getAttribute("s5"); out.print(str + "<br>"); }
     if (session.getAttribute("s6") != null) {
      str = (String) session.getAttribute("s6"); out.print(str + "<br>"); } %>
  </body></html>
```

17.4 JavaBean 技术

JavaBean 是 Java Web 程序的重要组件,它是一些封装了数据和操作的功能类,供 JSP 或 Servlet 调用,完成数据封装和数据处理等功能。下面介绍 JavaBean 的设计、部署以及在 JSP 中的使用。

17.4.1　JavaBean 技术

JavaBean 是 Java Web 程序的重要组成部分,是一个可重复使用的软件组件,是用 Java 语言编写的、遵循一定标准的类,它封装了数据和业务逻辑,供 JSP(或 Servlet)调用,完成数据封装和数据处理等功能。

1. JavaBean 的设计

JavaBean 的设计规则如下:

(1)JavaBean 是一个公共类;

(2)JavaBean 类具有一个公共的无参的构造方法;

(3)JavaBean 所有的属性定义为私有的;

(4)在 JavaBean 中,需要对每个属性提供两个公共方法。设属性名是 xxx,要提供的两个方法:

① setXxx()——用来设置属性 xxx 的值。

② getXxx()——用来获取属性 xxx 的值(若属性类型是 boolean,则方法名为 isXxx());

(5)定义 JavaBean 时,通常放在一个命名的包下。

例 17-23　设计一个表示圆的 JavaBean 类 Circle.java,并且该 JavaBean 中具有计算圆的周长和面积的方法。

分析:描述一个圆,需要圆心、半径、绘制圆的颜色以及是否填充圆,另外,需要知道这是绘制的第几个圆,所以,该圆需要 6 个属性:圆的编号(整型),圆心的 x 坐标、圆心的 y 坐标,半径,绘制颜色(字符串类型),是否填充(布尔型)。另外,该类必须具有其业务处理功能:计算圆的面积和圆的周长。

设计:根据 JavaBean 的设计原则,定义有关的属性,并给出其对应的 get/set 方法,并且一定要包含一个不带参数的构造方法。

实现:编写圆的 JavaBean 类 Circle.java。其代码如下:

```
package beans;                 //JavaBean 必须放在一个用户命名的包下
public class Circle {
  private int number;          //圆的编号
  private double x;            //圆心 x 值
  private double y;            //圆心 y 值
  private double radius;       //半径
  private String color;        //绘制颜色
  private boolean fill;        //是否填充
  public int getNumber(){ return number;} //成员 number 的 get 方法
  public void setNumber(int number){ this.number=number;}//成员 number 的
set 方法
  public double getX(){ return x;}
```

```
    public void setX(double x){ this.x = x;}
    public double getY(){ return y;}
    public void setY(double y){ this.y = y;}
    public double getRadius(){ return radius;  }
    public void setRadius(double radius){ this.radius = radius;}
    public String getColor(){ return color;}
    public void setColor(String color){ this.color = color;}
    public boolean isFill(){ return fill;}
    public void setFill(boolean fill){ this.fill = fill;}
    public Circle(){}        // 公共无参构造方法，这里使用的是默认构造方法
    public double circleArea(){ return Math.PI*radius*radius;}//计算圆面积
的方法
    public double circleLength(){ return 2*Math.PI*radius;}    //计算圆周长
的方法
    }
```

2．JavaBean 的安装部署

设计的 JavaBean 类在编译后，必须部署到 Web 应用程序中才能被 JSP 或 Servlet 调用。

有两种部署方式：

（1）将单个 JavaBean 类，部署到"工程名称/WEB-INF/classes/"下。

（2）JavaBean 的打包类 Jar，部署到/WEB-INF/lib 下。

注意：

（1）在 MyEclipse 开发环境中，当部署 Web 工程时，JavaBean 会自动部署到正确的位置。

（2）若设计的 JavaBean 被修改，需要重新部署工程才能生效。

17.4.2　在 JSP 中使用 JavaBean

在 JSP 页面中，可以通过脚本代码直接访问 JavaBean，也可以通过 JSP 动作标签来访问 JavaBean。

采用后一种方法，可以减少 JSP 网页中的程序代码，使它更接近于 HTML 页面。

本节主要介绍利用 JSP 动作标签来访问 JavaBean。

访问 JavaBean 的 JSP 动作标签有：

（1）<jsp:useBean>——声明并创建 JavaBean 对象实例；

（2）<jsp:setProperty>——对 JavaBean 对象的指定属性设置值；

（3）<jsp:getProperty>——获取 JavaBean 对象指定属性的值，并显示在网页上。

例 17-24　设计 Web 程序，计算任意两个整数的和，并在网页上显示结果。要求：在 JavaBean 中实现数据的求和功能。

分析：该问题需要两个网页 input.jsp 和 show.jsp，以及一个实现数据计算的 JavaBean 类(Add.java)。其处理流程是：网页 input.jsp 提交任意两个整数，而网页 show.jsp 获取两

个数值后创建 JavaBean 对象，并调用求和方法获得和值，再显示计算结果。

设计关键：在两页面间利用 request 对象实现数据共享（利用请求参数 shuju1、shuju2）。它们之间的关系如图 17-16 所示。

图 17-16　网页转接及使用 JavaBean 对象示意图

实现：

（1）首先设计实现数据求和的 JavaBean 类 Add.Java。

（2）设计提交任意两个整数的 JSP 页面（input.jsp）。

1．声明 JavaBean 对象

声明 JavaBean 对象，需要使用<jsp:useBean>动作标签。

声明格式：

<jsp:useBean id="对象名" class= "类名" scope= "有效范围"/>

功能：在指定的作用范围内，调用由 class 所指定类的无参构造方法创建对象实例。若该对象在该作用范围内已存在，则不生成新对象，而是直接使用。

使用说明：

（1）class 属性——用来指定 JavaBean 的类名，注意，必须使用完全限定类名。

（2）id 属性——指定所要创建的对象名称。

（3）scope 属性——指定所创建对象的作用范围，其取值有 4 个：page、request、session、application，默认值是 page，分别表示页面、请求、会话、应用 4 种范围。例如，对于例 17-24 所设计的 JavaBean，要在 show.jsp 页面中，创建一个 Add 类对象 c，且其作用范围是 session，则需要使用语句：

```
<jsp:useBean id="c" class= "beans.Add" scope= "session"/>
```

若采用如下语句，则其作用范围是 page。

```
<jsp:useBean  id="c" class= "beans.Add" />
```

2．访问 JavaBean 属性——设置 JavaBean 属性值

设置 JavaBean 属性值，要使用<jsp:setProperty>动作标签。而<jsp:setProperty>动作标签是通过 JavaBean 中的 set 方法给相应的属性设置属性值。该动作标签有 4 种设置方式。

1）简单 JavaBean 属性设置

在获得 Javabean 实例后，就可以对其属性值进行重新设置，设置属性值的格式：

```
<jsp:setProperty name="beanname" property="propertyname" value=
"beanvalue"/>
```

其中，beanname 代表 JavaBean 对象名，对应<jsp:useBean>标记的 id 属性；propertyname 代表 JavaBean 的属性名；beanvalue 是要设置的值。在设置值时，自动实现类型转换（将字符串自动转换为 JavaBean 中属性所声明的类型）。

功能：为 beanname 对象的指定属性 propertyname 设置指定值 beanvalue。

例如，对于例 17-24，给 c 对象的两个属性设置值，分别为 10 和 20，则需要的语句为：

```
<jsp:useBean id="c" class= "beans.Add" scope= "session"/>
<jsp:setProperty name="c" property="shuju1" value="10"/>
<jsp:setProperty name="c" property="shuju2" value="20"/>
```

另外，在 JSP 中，可以使用 JSP 脚本代码，对 JavaBean 实例设置属性值，例如

```
<jsp:useBean id="c" class= "beans.Add" scope= "session"/>
<% c.setShuju1(10); c.setShuju2(20);%>
```

2）将单个属性与输入参数直接关联

对于客户端所提交的请求参数，可以直接给 JavaBean 实例中的同名属性赋值。

设置格式：

<jsp:setProperty name="beanname" property="propertyname"/>

功能：将参数名称为 propertyname 的值提交给同 JavaBean 属性名称相同的属性，并自动实现数据类型转换。

例如，对于例 17-24，可以采用如下语句：

```
<jsp:setProperty name="c" property="shuju1" />
<jsp:setProperty name="c" property="shuju2" />
```

3）将单个属性与输入参数间接关联

若 JavaBean 的属性与请求参数的名称不同，则可以通过 JavaBean 属性与请求参数之间的间接关联实现赋值。

设置格式：

<jsp:setProperty name="beanname"
property="propertyname" param="paramname"/>

功能：将请求参数名称为 paramname 的值给 JavaBean 的 propertyname 属性设置属性值。

假设，所设计的提交页面 input2.jsp，其代码如下：

```
<form action=show.jsp" method="post">
    加数: <input name="number1"><br><br>
```

```
被加数: <input name="number2"><br><br>
    <input type=submit value="提交">
</form>
```

在设计的 Add.java 类中，两属性名为：private int shuju1,shuju2;

由于在 JSP 页面和 JavaBean 的类 add.java 中，两处的属性不同名，所以需要采用间接关联的方式实现参数传递。其传递语句为：

```
<jsp:setProperty name="c" property="shuju1" param="number1"/>
<jsp:setProperty name="c" property="shuju2" param="number2"/>
```

4）将所有的属性与请求参数关联

将所有的属性与请求参数关联，实现自动赋值并自动转换数据类型。

设置格式：

<jsp:setProperty name="beanname" property="*"/>

功能：将提交页面中表单输入域所提供的输入值提交到 JavaBean 对象中相同名称的属性中。

例如，对于例 17-24，通过提交页面 input2.jsp 将数值提供给对象 c，其语句为：

```
<jsp:setProperty name="c" property="*"/>
```

注意：若 JavaBean 类 Add.java 中的属性名称（shuju1、shuju2）与 input2.jsp 中两个输入域属性名称（name="shuju1"、name="shuju2"）不同，就不能给 JavaBean 对象的相应属性设置值。

3．访问 JavaBean 属性——获取 JavaBean 属性值并显示

在 JSP 页面显示 JavaBean 属性值，需要使用<jsp:getProperty>动作标签。

设置格式：

<jsp:getProperty name="beanname" property="propertyname"/>

功能：获取 JavaBean 对象指定属性的值，并显示在页面上。

说明：jsp:getProperty 动作标签是通过 JavaBean 中的 get 方法获取对应属性的值。

例如，用 jsp:useBean 创建的对象实例 c，获取并在页面上显示属性值的语句为：

```
<jsp:getProperty name="c" property="shuju1"/>
<jsp:getProperty name="c" property="shuju2"/>
```

4．访问 JavaBean 方法——调用 JavaBean 业务处理方法

当使用 jsp:useBean 实例化一个 JavaBean 对象（或通过 jsp:setProperty 修改属性值）后，可以调用 JavaBean 的业务处理方法，完成该对象所希望处理的功能。

调用方式一般采用 JSP 脚本代码。例如，用 jsp:useBean 创建的对象实例 c，通过

jsp:setProperty 修改属性值后，计算并显示和值。其代码如下：

```
加数: <jsp:getProperty name="c" property="shuju1"/><br>
被加数: <jsp:getProperty name="c" property="shuju2"/><br>
和值为: <%=c.sum()%><br>
```

对于例 17-24，利用 JSP 访问 JavaBean 的 show.jsp 页面，其代码如下：
说明：
（1）为 c 对象的属性赋值。

```
<jsp:setProperty name="c" property="*"/>
等价于
<jsp:setProperty name="c" property="shuju1"/>
<jsp:setProperty name="c" property="shuju2"/>
```

（2）显示属性值。

```
<jsp:getProperty name="c" property="shuju1"/>
<jsp:getProperty name="c" property="shuju2"/>
等价于 <%=c.getShuju1()%><%=c.getShuju2%>
```

在例 17-24 的 show.jsp 页面中，使用 JSP 动作标签访问 JavaBean 的，对于 show.jsp 页面，可以通过程序代码（脚本）直接访问 JavaBean，其代码如下：

```
package beans;
public class Add{
    private int shuju1,shuju2;
    public Add(){}
    public int getShuju1(){ return shuju1;}
    public void setShuju1(int shuju1){this.shuju1 = shuju1;}
    public int getShuju2(){return shuju2;}
    public void setShuju2(int shuju2){this.shuju2 =shuju2;}
    public int sum(){ return shuju1+shuju2;}
}<!-- 程序 input.jsp -->
<%@ page language="java" pageEncoding="UTF-8"%>
<html><head> <title>提交任意 2 个整数的页面</title> </head><body>
  <h3> 按下列格式要求，输入两个整数: </h3><br>
  <form action="show.jsp" method="post">
    加数: <input name="shuju1"><br><br>
    被加数: <input name="shuju2"><br><br><input type=submit value="提交">
  </form></body></html>
<!-- 程序 show.jsp -->
<%@ page language="java" import="java.util.*" pageEncoding="utf-8"%>
<html><head><title>利用 JavaBean+JSP 求两数和</title> </head><body>
    <jsp:useBean id="c" class="beans.Add" scope= "request"/>
    <jsp:setProperty name="c" property="*"/>
    <p>调用 jsp:getProperty 作标签以及求和方法获取数据并显示: <br>
      <jsp:getProperty name="c" property="shuju1"/>+
      <jsp:getProperty name="c" property="shuju2"/>=<%=c.sum()%><br>
```

```
        </p><p>调用使用类的方法获取数据并显示: <br>
        <%=c.getShuju1()%>+<%= c.getShuju2()%>= <%=c.sum()%><br></p>
    </body></html>
<%@ page contentType = "text/html" import = "beans.Add" pageEncoding =
"UTF-8"%>
    <html><head><title>利用 JavaBean+JSP 求两数和</title></head><body>
        <%request.setCharacterEncoding("UTF-8"); %>
        <% Add c=new Add();
            String s1=request.getParameter("shuju1");
            String s2=request.getParameter("shuju2");
            int x=Integer.parseInt(s1); int y=Integer.parseInt(s2);
            c.setShuju1(x); c.setShuju2(y);
        %><%=c.getShuju1()%>+<%= c.getShuju2()%>= <%=c.sum()%><br>
    </body></html>
```

5. 案例——基于 JavaBean+JSP 求任意两数代数和

例 17-25　对于例 17-24 分别给出了利用 JSP 动作标签和 JSP 脚本代码对 Javabean 对象的创建及其属性值的访问。但是在 show.jsp 中都存在 JSP 脚本代码，这不是 JSP 程序所提倡的，下面重新设计例 17-24，使两个页面中都不出现 JSP 脚本代码。

改进思想: 需要改进 JavaBean 类 Add.java 的设计，该类需要设置 3 个属性: 加数、被加数、和值，并通过和值属性的 get/set 方法在 show.jsp 页面中设置该属性值并显示属性值。

实现:

（1）重新设计实现数据求和的 JavaBean 类 Add.Java。

（2）提交整数的 JSP 页面（input.jsp），代码不变。

（3）计算并显示计算结果的 show.jsp。

① 重新设计实现数据求和的 JavaBean 类 Add.Java，其代码如下:

```
package beans;
public class Add{
    private int shuju1,shuju2;
    private int sum;
    public Add(){}
    public int getShuju1(){ return shuju1;}
    public void setShuju1(int shuju1){this.shuju1 = shuju1;}
    public int getShuju2(){return shuju2;}
    public void setShuju2(int shuju2){this.shuju2 =shuju2;}
    public int getSum(){ return shuju1+shuju2;}
    public void setSum(int sum){this.sum =sum;}
}
```

② 提交整数的 JSP 页面（input.jsp），代码不变。关键代码如下:

```
<form action="show.jsp" method="post">
    加数: <input name="shuju1"><br><br>
```

被加数: <input name="shuju2">

<input type=submit value="提交">
</form>

③ 计算并显示计算结果的 show.jsp，其代码如下：

```
<%@ page language="java" import="java.util.*" pageEncoding="GB2312"%>
<html><head><title>利用 JavaBean+JSP 求两数和</title> </head><body>
   <jsp:useBean id="c" class="beans.Add" scope= "request"/>
   <jsp:setProperty name="c" property="*"/>
   <p>调用 jsp:getProperty 作标签显示结果值: <br>
     <jsp:getProperty name="c" property="shuju1"/>+
     <jsp:getProperty name="c" property="shuju2"/>=
     <jsp:getProperty name="c" property="sum"/></p></body></html>
```

17.4.3 多个 JSP 页面共享 JavaBean

在 JSP 中，对于<jsp:useBean>动作标记可以使用 scope 属性来指定 bean 存储的位置（作用域），可以让多个 JSP 页面（或多个 Servlet 或 Servlet 与 JSP）共享数据。

1．共享 JavaBean 的创建

共享 JavaBean 的创建格式：

<jsp:useBean id="…" class="…" scope="…"/>

其中，属性 scope 的取值有 4 个：
（1）page——页面范围；
（2）request——请求范围；
（3）session——会话范围；
（4）application——应用范围。
① page 共享：默认值，使用非共享（作用域为页面）的 bean。
② request 共享：共享作用域为请求的 bean。在处理当前请求的过程中，bean 对象应存储在 request 对象中，可以通过 getAttribute 访问到它。
③ session 共享：共享作用域为会话的 bean。bean 会被存储在与当前请求关联的 session 中，和普通的会话对象一样，可以使用 getAttribute 访问到它们。
④ application 共享：共享作用域为应用（即作用域为 ServletContext）的 bean。bean 将存储在 application 中，由同一 Web 应用中的所有 JSP 共享，可以使用 getAttribute 访问到它们。

2．案例——网页计数器 JavaBean 的设计与使用

例 17-26 设计一个 JavaBean 记载网页的访问数量，在动态页面中访问该 JavaBean，实现网页的计数。假设要统计两个网页总共的访问量。
分析：该问题需要统计网页访问次数，在 JavaBean 中有计数属性，在页面被访问时，

该计数器自动增 1, 同时要存放该数值, 所以, 在被访问页面需要创建 apllication 范围的一个 JavaBean 对象。为了体现不同页面对 apllication 范围的 JavaBean 对象的共享, 这里设计两个页面程序 counter1.jsp 和 counter2.jsp。

设计: 要解决该问题, 需要 3 个组件 (一个 javaBean 和两个 jsp), 即:

(1) 具有统计功能的 JavaBean;

(2) 获取 Javabean 中的计数属性的值的 JSP 页面: counter1.jsp;

(3) 显示结果的 JSP 页面: counter2.jsp。

实现:

(1) 设计记载网页访问数量的 JavaBean: Count.java;

(2) 在第 1 个需要计数的网页 (counter1.jsp) 中访问 JavaBean 对象;

(3) 在第 2 个需要计数的网页 (counter2.jsp) 中访问 JavaBean 对象。代码如下

```
package beans;
public class Counter {
  private int count;
  public Counter() {count = 0;}
  public int getCount() { count++; return count; }
  public void setCount(int count) {this.count = count;}
}
<%@ page contentType="text/html" pageEncoding="UTF-8"%>
<html><head><title>网页访问数量</title></head><body>
  <jsp:useBean id="counter" scope="application" class="beans.Counter" />
    这次访问的是第 1 个页面: counter1.jsp!<br>
    两页面共被访问次数: <jsp:getProperty name="counter" property="count"/>
</body></html>
<%@ page contentType="text/html" pageEncoding="UTF-8"%>
<html><head><title>网页访问数量</title></head><body>
  <jsp:useBean id="counter" scope="application" class="beans.Counter" />
    这次访问的是第 2 个页面: counter2.jsp!<br>
    两页面共被访问次数: <jsp:getProperty name="counter" property="count"/>
</body></html>
```

17.4.4 数据库访问 JavaBean 的设计

例 17-27 数据库操作在一个 Web 应用程序中的后台处理中占有很大的比重, 本例设计一组 JavaBean 封装数据库的基本操作, 供上层模块调用, 提高程序的复用性和可移植性。

分析: 假设操作的数据库名是 test, 表格是 user (userid, username, sex), 封装的基本操作是记录的添加、修改、查询全部、按 userid 查找用户、按 userid 删除用户。

设计: 该案例需要设计以下组件:

(1) 数据库 test 及其数据库表 user。

(2) 在类路径(src)下建立属性文件 db.properties, 存放数据库的基本信息, 这样做的

好处是数据库信息发生变化时只需要修改该文件，不用重新编译代码。

（3）建立一个获取连接和释放资源的工具类 JdbcUtil.java。

（4）建立类 User.java 实现记录信息对象化，体现面向对象程序设计思想。

（5）建立类 UserDao.java 封装基本的数据库操作。

① 向数据库中添加用户记录的方法：public void add(User user)。

② 修改数据库用户记录的方法：public void update(User user)。

③ 删除数据库用户记录的方法：public void delete(String userId)。

④ 根据 id 查询用户的方法：public User findUserById(String userId)。

⑤ 查询全部用户的方法：public List<User> QueryAll()。

这些组件之间的关系如图 17-17 所示。

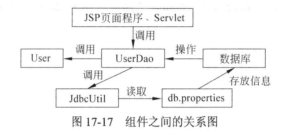

图 17-17　组件之间的关系图

（1）在类路径(src)下建立文件 db.properties，在该文件内存放数据库的基本信息：数据库驱动程序名、数据库连接字符串、数据库用户名称及其密码。其内容如下：

```
driver=com.mysql.jdbc.Driver
url=jdbc:mysql://localhost:3306/test?useUnicode=true&characterEncoding
=utf-8
username=root
password=123456
```

（2）建立一个获取连接和释放资源的工具类 JdbcUtil.java。

```
package dbc;
import java.sql.*;
import java.util.Properties;
public final class JdbcUtil {
  private static String driver;
  private static String url;
  private static String user;
  private static String password;
  private static Properties pr=new Properties();
  private JdbcUtils(){}
  //设计该工具类的静态初始器中的代码,该代码在装入类时执行,且只执行一次
  static {
  try{pr.load(JdbcUtils.class.getClassLoader().getResourceAsStream
("db.properties"));
    driver=pr.getProperty("driver");  url=pr.getProperty("url");
    user=pr.getProperty("username");password=pr.getProperty("password");
```

```
        Class.forName(driver);
      } catch(Exception e){throw new ExceptionInInitializerError(e); }
    }//下面是设计获得连接对象的方法 getConnection()
    public static Connection getConnection() throws SQLException {
      return DriverManager.getConnection(url, user, password);
    }//下面是设计释放结果集、语句和连接的方法 free()
    public static void free(ResultSet rs, Statement st, Connection conn) {
      try { if (rs != null) rs.close();
      } catch (SQLException e) {e.printStackTrace();}
      finally {
      try {if (st != null) st.close(); } catch (SQLException e)
{e.printStackTrace(); }
        finally {
         if (conn != null) try {conn.close(); } catch(SQLException e)
{e.printStackTrace();}
        }
      }
    }}
```

（3）建立类 User.java 实现记录信息对象化，基于对象对数据库关系表进行操作。

```
package vo;
public class User {
  private String userid,username,sex;
  public String getUserid() {return userid;}
  public void setUserid(String userid) {this.userid = userid;}
  public String getUsername() {return username;}
  public void setUsername(String username) {this.username = username;}
  public String getSex() {return sex;}
  public void setSex(String sex) {this.sex = sex;}
}
```

（4）在上面步骤的基础上建立类 UserDao.java 封装基本的数据库操作。

```
package dao;
import java.sql.*;
import java.util.ArrayList;
import java.util.List;
import vo.User;
import dbc.JdbcUtil;
public class UserDao {
 public void add(User user)throws Exception{//向数据库中添加用户记录的方法
add()
    Connection conn = null; PreparedStatement ps = null;
    try { conn = JdbcUtil.getConnection();
      String sql = "insert into user values (?,?,?) ";
      ps = conn.prepareStatement(sql);
      ps.setString(1,user.getUserid()); ps.setString(2,user.getUsername());
      ps.setString(3,user.getSex()); ps.executeUpdate();
    }finally {JdbcUtil.free(null,ps, conn);} }
```

```
        public void update(User user) throws Exception{//修改数据库用户记录的方法
update()
     Connection conn = null; PreparedStatement ps = null;
     try{ conn = JdbcUtil.getConnection();
      String sql="update user set username=?,sex=? where userid=? ";
      ps = conn.prepareStatement(sql);
      ps.setString(1,user.getUsername()); ps.setString(2,user.getSex());
      ps.setString(3, user.getUserid());ps.executeUpdate();
      }finally {JdbcUtil.free(null,ps, conn);} }
        public void delete(String userId) throws Exception{//删除数据库用户记录的
方法 delete()
     Connection conn = null; PreparedStatement ps = null;
     try {conn = JdbcUtil.getConnection();
      String sql = "delete from user where userid=?";
      ps = conn.prepareStatement(sql);
      ps.setString(1,userId); ps.executeUpdate();
      }finally {JdbcUtil.free( null,ps, conn);}
     }//下面是根据 id 查询用户的方法 findUserById()
     public User findUserById(String userId) throws Exception{
     Connection conn = null; PreparedStatement ps = null; ResultSet rs = null;
     User user=null;
     try { conn = JdbcUtil.getConnection();
       String sql = "select * from user where userid=? ";
       ps = conn.prepareStatement(sql); ps.setString(1, userId);
       rs=ps.executeQuery();
       if(rs.next()){
         user=new User(); user.setUserid(rs.getString(1));
         user.setUsername(rs.getString(2)); user.setSex(rs.getString(3));
       }
     }finally {JdbcUtil.free(rs, ps, conn);}
     return user; }
     public List<User> QueryAll() throws Exception{//查询全部用户的方法 QueryAll()
     Connection conn = null; PreparedStatement ps = null; ResultSet rs = null;
     List<User> userList=new ArrayList<User>();
     try { conn = JdbcUtil.getConnection();
       String sql = "select * from user ";
       ps=conn.prepareStatement(sql); rs=ps.executeQuery();
       while(rs.next()){
         User user=new User(); user.setUserid(rs.getString(1));
         user.setUsername(rs.getString(2)); user.setSex(rs.getString(3));
         userList.add(user);
       }
     }finally {JdbcUtil.free(rs, ps, conn);}
     return userList;
     }}
```

17.5 Servlet 技术

在 Web 应用程序开发中，一般由 JSP 技术、JavaBean 技术和 Servlet 技术的结合实现 MVC 开发模式。

在 MVC 开发模式中，将 Web 程序的组件分为 3 部分：视图、控制、业务，分别由 JSP、Servlet 和 JavaBean 实现。前几节已经介绍了 JSP 和 JavaBean 技术。本节介绍 Servlet 技术以及它与 JSP、JavaBean 技术的集成。

17.5.1 Servlet 技术

Servlet 是用 Java 语言编写的服务器端程序，是由服务器端调用和执行的、按照 Servlet 自身规范编写的 Java 类。Servlet 可以处理客户端传来的 HTTP 请求，并返回一个响应。本节介绍 Servlet 的设计方法。

1．Servlet 编程接口

Servlet 编程接口如表 17-8 所示。

表 17-8   Servlet 编程接口

功　　能	类和接口
Servlet 实现	javax.servlet.Servlet，javax.servlet.SingleThreadModel
	javax.servlet.GenericServlet，javax.servlet.http.HttpServlet
Servlet 配置	javax.servlet.ServletConfig
Servlet 异常	javax.servlet.ServletException，javax.servlet.UnavailableException
请求和响应	javax.servlet.ServletRequest，javax.servlet.ServletResponse
	javax.servlet.ServletInputStream，javax.servlet.ServletOutputStream
	javax.servlet.http.HttpServletRequest，javax.servlet.http.HttpServletResponse
会话跟踪	javax.servlet.http.HttpSession，javax.servlet.http.HttpSessionBindingListener
	javax.servlet.http.HttpSessionBindingEvent
Servlet 上下文	javax.servlet.ServletContext
Servlet 协作	javax.servlet.RequestDispatcher
其他	javax.servlet.http.Cookie，javax.servlet.http.HttpUtils

2．设计 Servlet

1）Servlet 基本结构

```
package ...;
import ... ;
public class Servlet 类名称 extends HttpServlet {
```

```
public void init() { }
public void doGet(HttpServletRequest request,HttpServletResponse response){}
public void doPost(HttpServletRequest request,HttpServletResponse response){}
public void service(HttpServletRequest request,HttpServletResponse response){}
public void destroy(){ }
} // 说明: Servlet 类需要继承类 HttpServlet
```

Servlet 的父类 HttpServlet 中包含了几个重要方法,可根据需要重写它们。

(1) init():初始化方法,Servlet 对象创建后,接着执行该方法。

(2) doGet():当请求类型是 get 时,调用该方法。

(3) doPost():当请求类型是 post 时,调用该方法。

(4) service():Servlet 处理请求时自动执行 service()方法,该方法根据请求的类型 (get 或 post),调用 doGet()或 doPost()方法,因此,在建立 Servlet 时,一般只需要重写 doGet()和 doPost()方法。

(5) destroy():Servlet 对象注销时自动执行。

2)Servlet 建立步骤:

(1) 建立 Web 工程;

(2) 建立 Servlet,在项目 src 下创建。重写 Servlet 的 doGet 或 doPost 方法。修改 web.xml 配置文件,注册所设计的 Servlet;

(3) 部署并运行 Servlet。

17.5.2 Servlet 常用对象及其方法

JSP 内置对象与 Servlet 类(接口)的关系,如表 17-9 所示。

表 17-9 JSP 内置对象与 Servlet 类(接口)的关系

JSP 内置对象	Servlet 类或接口
out	javax.servlet.http.HttpServletResponse 得到 PrintWriter 类并创建 Servlet 的 out 对象
request	javax.servlet.http.HttpServletRequest
response	javax.servlet.http.HttpServletResponse
session	javax.servlet.http.HttpSession
application	javax.servlet.ServletContext
config	javax.servlet.ServletConfig
exception	javax.servlet.ServletException

1. javax.servlet.http.HttpServletRequest

类 HttpServletRequest 的对象对应 JSP 的 request 对象,常用方法如下:

(1) void setCharacterEncoding()——设置请求信息字符编码,常用于解决 post 方式 下参数值汉字乱码问题;

（2）String getParameter(String paraName)——获取单个参数值；

（3）String[] getParameterValues(String paraName)——获取同名的参数的多个值；

（4）Object getAttribute(String attributeName)——获取 request 范围内属性的值；

（5）void setAttribute(String attributeName,Object object)——设置 request 范围内属性的值；

（6）void removeAttribute(String attributeName)——删除 request 范围内的属性。

2．javax.servlet.http.HttpServletResponse

类 HttpServletResponse 对象对应 JSP 的 response 对象，常用方法如下：

（1）void response.setContentType(String contentType)——设置响应信息类型；

（2）PrintWriter response.getWriter()——获得 out 对象；

（3）void sendRedirect(String url)——重定向；

（4）void setHeader(String headerName，String headerValue)——设置 http 头信息值。

3．javax.servlet.http.HttpSession

类 HttpSession 的对象对应 JSP 的 session 对象，但在 Servlet 中，该对象需要由 request.getSession()方法获得。常用方法如下：

（1）HttpSession request.getSession()——获取 session 对象；

（2）long getCreationTime()——获得 session 创建时间；

（3）String getId()——获得 session id；

（4）void setMaxInactiveInterval()——设置最大 session 不活动间隔（失效时间），以秒为单位；

（5）boolean isNew()——判断是否是新的会话，是返回 true，不是返回 false；

（6）void invalidate()——清除 session 对象，使 session 失效；

（7）object getAttribute(String attributeName)——获取 session 范围内属性的值；

（8）void setAttribute(String attributeName,Object object)——设置 session 范围内属性的值；

（9）void removeAttribute(String attributeName)——删除 session 范围内的属性。

4．javax.servlet.ServletContext

类 ServletContext 的对象对应 JSP 的 application 对象，但在 Servlet 中，该对象需要由 this.getServletContext()方法获得。常用方法如下：

（1）ServletContext this.getServletContext()——获得 ServletContext 对象；

（2）object getAttribute(String attributeName)——获取应用范围内属性的值；

（3）void setAttribute(String attributeName,Object object)——设置应用范围内属性的值；

（4）void removeAttribute(String attributeName)——删除应用范围内的属性。

17.5.3 基于 JSP+Servlet 的用户登录验证

例 17-28 实现一个简单的用户登录验证程序，如果用户名是 abc，密码是 123，则显示欢迎用户的信息，否则显示"用户名或密码不正确"。

分析：在该案例中，JSP 页面只完成提交信息和验证结果的显示，而验证过程由 Servlet 完成，这些组件通过 request（或 HttpServletRequest）对象实现数据共享。由提交页面将数据传递给 Servlet，而 Servlet 获取数据并实现验证，根据验证结果，转向显示验证结果的页面。

设计：根据分析，该系统需要设计 3 个组件以及修改 web.xml 文件。

（1）登录表单页面：login.jsp。

（2）处理登录请求并实现验证的 Servlet：LoginCheckServlet.java。

（3）显示提示的页面：info.jsp。

（4）修改 web.xml，配置 Servlet 的信息。

假设，组件之间共享数据的参数为：username（用户名称）和 userpwd（密码）。

实现：

（1）登录页面 login.jsp；

（2）处理登录的 Servlet：LoginCheckServlet.java；

（3）修改配置文件：在 web.xml 中，添加 LoginCheckServlet 的配置信息；

（4）显示结果的页面 Info.jsp。

详细代码如下：

（1）登录页面 login.jsp。

```
<%@ page  pageEncoding="UTF-8"%>
<html><head><title>登录页面</title></head><body>
  <form action="loginCheck" method="post">
    请输入用户名: <input type="text" name="username"/><br/>
    请输入密码: <input type="password" name="userpwd"/><br/>
    <input type="submit" value="登录"/><input type="reset"/>
 </form></body></html>
```

（2）处理登录的 Servlet：LoginCheckServlet.java。

```
package servlets;
import java.io.IOException;
import javax.servlet.ServletException;
import javax.servlet.http.HttpServlet;
import javax.servlet.http.HttpServletRequest;
import javax.servlet.http.HttpServletResponse;
public class LoginCheckServlet extends HttpServlet {
 public  void  doPost(HttpServletRequest  request, HttpServletResponse
response)
    throws ServletException, IOException {
```

```
String userName=request.getParameter("username");
String userPwd=request.getParameter("userpwd"); String info="";
if(("abc".equals(userName)) && "123".equals(userPwd)) info = "欢迎你"+
userName+ "! ";
else info="用户名或密码不正确! ";
request.setAttribute("outputMessage", info);
request.getRequestDispatcher("/info.jsp").forward(request,response);
}}
```

（3）修改配置文件，在 web.xml 中，添加 LoginCheckServlet 的配置信息。

```
<servlet>
 <servlet-name> LoginCheckServlet </servlet-name>
 <servlet-class> servlets.LoginCheckServlet</servlet-class>
</servlet>
<servlet-mapping>
 <servlet-name> LoginCheckServlet </servlet-name>
 <url-pattern>/loginCheck</url-pattern>
</servlet-mapping>
```

（4）显示结果的页面 Info.jsp。

```
<%@ page pageEncoding="UTF-8"%>
<html><head><title>显示结果页面</title></head>
 <body> <%=request.getAttribute("outputMessage") %> </body></html>
```

17.5.4　在 Servlet 中使用 JavaBean

Servlet 和 JavaBean 都是类，但 JavaBean 是供 JSP 或 Servlet 调用。

在 JSP 中使用 JavaBean，前面已经介绍过。

在 Servlet 使用 JavaBean 有两种方式：

（1）在一个 Servlet 中单独使用 JavaBean。

一般需要完成的操作是：

① 在 Servlet 中实例化 JavaBean；

② 通过实例化的对象调用 JavaBean 方法，完成业务处理，并获得处理结果；

③ 将获得的结果交给 Servlet 继续处理。

（2）在 Servlet 与 JSP 之间或 Servlet 之间实现共享的 JavaBean。

17.5.5　JSP 与 Servlet 的数据共享

JSP 组件之间通过内置对象（request、session 和 application）实现数据共享。

这些对象分别与 Servlet 中的 HttpServletRequest、HttpSession、ServletContext 的相对应。对于一个 Web 应用程序，其中的 JSP 组件与 Servlet 组件之间可以通过 request

（HttpServletRequest）、session（HttpSession）和 application（ServletContext）实现不同作用范围的数据共享。

1．基于请求的数据共享

基于请求的共享就是共享用户的请求数据，请求数据存放在"请求对象"中。

请求共享的范围是用户请求访问的当前 Web 组件以及和当前的 Web 组件共享同一请求的其他 Web 组件。服务器响应完用户请求后，相应的 request 对象也会结束其生命周期，request 对象占用的内存也会被回收，因此，基于请求的数据共享的效率是比较高的。

请求共享的数据有两类：请求参数数据与请求属性数据。

1）共享请求参数数据

（1）请求参数的传递。共享请求参数的传递有 4 种传递方式：

① 通过表单提交后，由表单 action 属性指定进入的页面或 Servlet，它们所接受的表单数据，就是请求参数数据；

② 带参数的超链接，所传递的参数也是请求参数；

③ 在地址栏中，输入的参数，也是请求参数；

④ 在 JSP 中，利用 Forward 或 include 动作时，利用参数子动作标签所传递的数据，也是请求参数。

（2）请求参数的获取。在另一个组件内，可以从请求对象内获取请求参数并进行加工处理。通过 request/HttpServletRequest 的实例，利用 getParameter()方法获取，其格式为：

String request.getParameter("参数变量名称");

2）共享请求属性数据

对于请求属性数据的共享，需要先保存形成属性值，然后，在另一个组件，再取出该属性的值，再进行处理加工。

（1）请求属性数据的形成与保存。通过 request/HttpServletRequest 的实例，利用 setAttribute()方法形成属性及其属性值并保存，其格式为：

request.setAttribute("属性名",对象类型的属性值);

（2）请求属性数据的获取。对于请求属性数据在另一个组件中，获取属性数据的格式为（注意数据类型）：

对象类型（强制类型转换)request.getAttribute("属性名");

（3）若不想再共享某属性，可从 request 中删除该属性，删除格式为：

request.removeAttribute("属性名");

2．基于会话的数据共享

对于会话共享采用的是属性数据共享，其共享过程是：需要先形成属性并保存到会话对象（session）内，然后，在另一个组件，再取出该属性的值并进行处理加工。

1）会话属性数据的形成与保存

通过 session/HttpSession 的实例对象，利用 setAttribute()方法形成属性及其属性值并保存，其格式为：

```
session.setAttribute("属性名",对象类型的属性值);
```

注意：对于 Servlet 组件，需要先获取 HttpSession 的实例对象，然后再使用 setAttribute()方法。获取 HttpSession 的实例对象的语句为：

```
HttpSession request.getSession(boolean create)
```

2）会话属性数据的获取

会话属性数据在另一个组件中，获取属性数据的格式为（注意数据类型）：

对象类型（强制类型转换）session.getAttribute("属性名");

3）删除共享会话属性

若不想再共享某属性，可从 session 中删除该属性，删除格式为：

session/application.removeAttribute("属性名");

3．基于应用的数据共享

对于基于应用的数据共享与会话数据共享的处理类似。

1）应用属性数据的形成与保存

利用 setAttribute()方法形成属性及其属性值并保存，格式为：

application.setAttribute("属性名",对象类型的属性值);

注意：对于 Servlet 组件，要首先获取 ServletContext 的实例对象，其获取方法为：

ServletContext application=this.getServletContext();

2）应用属性数据的获取

应用属性数据在另一个组件中，获取属性数据的格式为：

对象类型（强制类型转换）application.getAttribute("属性名");

3）删除共享应用属性

若不想再共享某属性，可从 application 中删除该属性，删除格式为：

application.removeAttribute("属性名");

17.5.6 JSP 与 Servlet 的关联关系

JSP 和 Servlet 都是在服务器端执行的组件，两者之间可以互相调用，JSP 可以调用 Servlet，Servlet 也可以调用 JSP；同时，一个 JSP 可以调用另一个 JSP，一个 Servlet 也可以调用另一个 Servlet。但它们的调用格式是不同的。分如下 4 种：

（1）JSP 页面调用 Servlet；

（2）Servlet 跳转到 JSP 页面；

（3）Servlet 调用另一个 Servlet；

（4）JSP 跳转到另一个 JSP。

17.5.7 基于 JSP+Servlet+JavaBean 实现复数运算

例 17-29 设计程序完成复数运算，用户在页面上输入两个复数的实部和虚部，并选择运算类型，程序完成复数的指定运算。运行界面如图 17-18 所示。

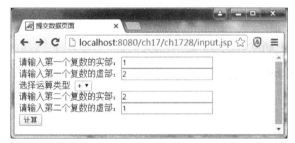

图 17-18 基于 JSP+Servlet+JavaBean 实现复数运算示意图

分析：该案例使用 JSP、Servlet、JavaBean 三种技术集成，实现系统的设计，JSP 主要完成信息的提交和显示；Servlet 主要完成对请求数据的获取与处理；JavaBean 主要用于业务处理并实现数据的存储。

设计：该程序需要设计：

（1）输入表单页面 input.jsp——将该页面的请求参数信息，传给 Servlet。

（2）接收运算请求的 Servlet，CaculateServlet.java——该 Servlet 接收 input.jsp 的请求信息，并创建 JavaBean 对象实例，然后调用 JavaBean 的业务处理方法，完成业务处理，形成新的结果，并将结果在 request 范围内实现属性数据共享，然后转向输出信息页面 output.jsp。

（3）封装复数运算的 JavaBean，Complex.java——该 JavaBean 有 2 个属性，并有完成加、减、乘、除的 4 种业务方法。

（4）显示结果的页面 output.jsp——接受 Servlet 传递的共享数据，并显示。

实现：

（1）首先编写复数类 JavaBean：Complex.java；

（2）提交信息的页面 input.jsp，在该页面内需要提交 5 个参数；

（3）实现控制的 Servlet：CaculateServlet.java；

（4）修改 web.xml，完成对 CaculateServlet.java 的配置；

（5）显示计算结果的页面：output.jsp。

（1）首先编写复数类 JavaBean：Complex.java，其代码如下：

```
package beans;
public class Complex {
  private double real,ima;
  public Complex(double real, double ima) {this.real=real;this.ima=ima;}
  public Complex() {}
  public double getIma() {return ima;}
  public void setIma(double ima) {this.ima = ima;}
  public double getReal() {return real;}
  public void setReal(double real) {this.real = real;}
  public Complex add(Complex a) {
   return new Complex(this.real + a.real, this.ima + a.ima);
   }
  public Complex sub(Complex a) {
   return new Complex(this.real - a.real, this.ima - a.ima);
   }
  public Complex mul(Complex a) {
   double x= this.real * a.real - this.ima * a.ima;
   double y= this.real* a.ima + this.ima * a.real;
   return new Complex(x,y);
   }
  public Complex div(Complex a) {
   double z = a.real * a.real + a.ima * a.ima;
   double x = (this.real * a.real + this.ima * a.ima) / z;
   double y = (this.ima * a.real - this.real * a.ima) / z;
   return new Complex(x, y);
   }
  public String info() {
   if (ima >= 0.0)  return real + "+" + ima + "*i";
   else return real + "-" + (-ima) + "*i";
   }}
```

（2）提交信息的页面 input.jsp，在该页面内需要提交 5 个参数，其代码如下：

```
<%@ page pageEncoding="UTF-8"%>
<html><head><title>提交数据页面</title></head><body>
   <form method="post" action="calculate">
   请输入第一个复数的实部: <input type="text" name="r1"/><br>
   请输入第一个复数的虚部: <input type="text" name="i1"/><br>
   选择运算类型
   <select name="oper">
   <option>+</option><option>-</option><option>*</option><option>/
</option>
```

```
     </select><br/>
     请输入第二个复数的实部: <input type="text" name="r2"/><br>
     请输入第二个复数的虚部: <input type="text" name="i2"/><br>
     <input type="submit" value="计算"/>
  </form></body></html>
```

（3）实现控制的 Servlet：CaculateServlet.java，其代码如下：

```
package servlets;
import java.io.IOException;
import javax.servlet.*;
import beans.Complex;
public class CaculateServlet extends HttpServlet {
 public void doPost(HttpServletRequest request, HttpServletResponse
response)
      throws ServletException, IOException {
   double r1=Double.parseDouble(request.getParameter("r1"));
   double i1=Double.parseDouble(request.getParameter("i1"));
   String oper=request.getParameter("oper");
   double r2=Double.parseDouble(request.getParameter("r2"));
   double i2=Double.parseDouble(request.getParameter("i2"));
   String result="";
   Complex c1=new Complex(r1,i1); Complex c2=new Complex(r2,i2);
   if("+".equals(oper)) result=c1.add(c2).info();
   else if("-".equals(oper)) result=c1.sub(c2).info();
   else if("*".equals(oper)) result=c1.mul(c2).info();
   else result=c1.div(c2).info();
   request.setAttribute("outputMessage", result);
   request.getRequestDispatcher("/output.jsp").forward(request,response);
 }
 public void doGet(HttpServletRequest request,HttpServletResponse response)
   throws ServletException, IOException { doPost(request,response); }
}
```

（4）修改 web.xml，完成对 CaculateServlet.java 的配置，添加的配置信息如下：

```
<servlet>
  <servlet-name>CalculateServlet </servlet-name>
  <servlet-class> servlets.CaculateServlet</servlet-class></servlet>
<servlet-mapping>
  <servlet-name>CalculateServlet </servlet-name>
  <url-pattern>/calculate </url-pattern></servlet-mapping>
```

（5）显示计算结果的页面：output.jsp，其代码如下：

```
<%@ page pageEncoding="UTF-8"%>
<html><head><title>显示结果页面</title></head>
 <body><%=request.getAttribute("outputMessage") %></body></html>
```

17.6　本章小结

HTML 是组织展示内容的标记语言、CSS 是美化页面的样式表、JavaScipt 是客户端的脚本语言，本章对这 3 种技术进行了简单介绍。本章还介绍了 JSP 的基本语法、JSP 指令和 JSP 动作，并通过案例介绍其使用方法。本章还介绍了 Java Web 程序的重要组件——JavaBean，重点给出了 JavaBean 在 JSP 中的使用。本章还介绍了 Java Web 程序重要组件——Servlet 的设计与使用，介绍了 Servlet 的工作原理、编程接口、基本结构、信息配置及部署和运行等知识；阐述了 JSP 与 Servlet 以及 Servlet 和 JavaBean 的关系并通过实例说明它们如何结合起来使用。

17.7　习题

一、简答题

1．简述 JSP 语法的主要内容。JSP 的隐含对象有哪些？JSP 指令有哪几类？

2．如何将 JSP 与 Servlet 结合起来进行 Web 应用的开发？

二、编程题

1．简单设计题。要求：

（1）在网页上显示当前时间（客户端机器），一秒刷新一次；

（2）延迟执行某段代码，如让网页 3 秒钟后转到网页 http://www.163.com；

（3）在网页上显示当前日期，星期（客户端机器）。如果时间在 6:00～12:00 之间，输出"早上好"；如果时间在 12:00～18:00，输出"下午好"；如果时间在 18:00～24:00 之间，输出"晚上好"；如果时间在 0:00～6:00，输出"凌晨好"。

2．加载文件，制作一个 JSP 文件，计算一个数的平方，然后再制作一个 JSP 文件，在客户端显示出来。要求，应用<jsp:include>动作加载上述的 JSP 文件并在客户端的"查看源文件"中观察源文件。本题目是否可以采用 include 指令实现加载？为什么？

3．设计一个注册页面 register.jsp，用户填写的信息包括姓名、性别、出生年月、民族、个人介绍等，用户单击"注册"按钮后将注册信息通过 output.jsp 显示出来。要求编写一个 JavaBean，封装用户填写的注册信息。

4．实现一个网上书店，要求：1）创建一个包含书店中的所有商品的数据库；2）客户进入该书店时，程序便从中取出所有商品资料显示在网页上；3）客户可以自由地选购商品。提示：后台数据库至少需包含 3 个表，分别是商品信息、客户信息和订单信息。

要求采用如下设计模式：JSP+Servlet+ JavaBean+JDBC。

附录 A   ASCII 编码表

十进制	Hx	Oct	字符	十进制	Hx	Oct	Html	字符	十	Hx	Oct	Html	字符	Dec	Hx	Oct	Html	字符
0	0	000	NUL (null)	32	20	040	&#32;	Space	64	40	100	&#64;	@	96	60	140	&#96;	`
1	1	001	SOH◙(start of heading)	33	21	041	&#33;	!	65	41	101	&#65;	A	97	61	141	&#97;	a
2	2	002	STX◙(start of text)	34	22	042	&#34;	"	66	42	102	&#66;	B	98	62	142	&#98;	b
3	3	003	ETX♥(end of text)	35	23	043	&#35;	#	67	43	103	&#67;	C	99	63	143	&#99;	c
4	4	004	EOT♦(end of transmission)	36	24	044	&#36;	$	68	44	104	&#68;	D	100	64	144	&#100;	d
5	5	005	ENQ♣(enquiry)	37	25	045	&#37;	%	69	45	105	&#69;	E	101	65	145	&#101;	e
6	6	006	ACK♠(acknowledge)	38	26	046	&#38;	&	70	46	106	&#70;	F	102	66	146	&#102;	f
7	7	007	BEL●(bell)	39	27	047	&#39;	'	71	47	107	&#71;	G	103	67	147	&#103;	g
8	8	010	BS ◘(backspace)	40	28	050	&#40;	(	72	48	110	&#72;	H	104	68	150	&#104;	h
9	9	011	TAB (horizontal tab)	41	29	051	&#41;	)	73	49	111	&#73;	I	105	69	151	&#105;	i
10	A	012	LF (NL line feed, new line)	42	2A	052	&#42;	*	74	4A	112	&#74;	J	106	6A	152	&#106;	j
11	B	013	VT ♂(vertical tab)	43	2B	053	&#43;	+	75	4B	113	&#75;	K	107	6B	153	&#107;	k
12	C	014	FF ♀(NP form feed, new page)	44	2C	054	&#44;	,	76	4C	114	&#76;	L	108	6C	154	&#108;	l
13	D	015	CR (carriage return)	45	2D	055	&#45;	-	77	4D	115	&#77;	M	109	6D	155	&#109;	m
14	E	016	SO ♫(shift out)	46	2E	056	&#46;	.	78	4E	116	&#78;	N	110	6E	156	&#110;	n
15	F	017	SI ☀(shift in)	47	2F	057	&#47;	/	79	4F	117	&#79;	O	111	6F	157	&#111;	o
16	10	020	DLE►(data link escape)	48	30	060	&#48;	0	80	50	120	&#80;	P	112	70	160	&#112;	p
17	11	021	DC1◄(device control 1)	49	31	061	&#49;	1	81	51	121	&#81;	Q	113	71	161	&#113;	q
18	12	022	DC2↕(device control 2)	50	32	062	&#50;	2	82	52	122	&#82;	R	114	72	162	&#114;	r
19	13	023	DC3‼(device control 3)	51	33	063	&#51;	3	83	53	123	&#83;	S	115	73	163	&#115;	s
20	14	024	DC4¶(device control 4)	52	34	064	&#52;	4	84	54	124	&#84;	T	116	74	164	&#116;	t
21	15	025	NAK§(negative acknowledge)	53	35	065	&#53;	5	85	55	125	&#85;	U	117	75	165	&#117;	u
22	16	026	SYN▬(synchronous idle)	54	36	066	&#54;	6	86	56	126	&#86;	V	118	76	166	&#118;	v
23	17	027	ETB‡(end of trans. block)	55	37	067	&#55;	7	87	57	127	&#87;	W	119	77	167	&#119;	w
24	18	030	CAN↑(cancel)	56	38	070	&#56;	8	88	58	130	&#88;	X	120	78	170	&#120;	x
25	19	031	EM ↓(end of medium)	57	39	071	&#57;	9	89	59	131	&#89;	Y	121	79	171	&#121;	y
26	1A	032	SUB→(substitute)	58	3A	072	&#58;	:	90	5A	132	&#90;	Z	122	7A	172	&#122;	z
27	1B	033	ESC←(escape)	59	3B	073	&#59;	;	91	5B	133	&#91;	[	123	7B	173	&#123;	{
28	1C	034	FS ∟(file separator)	60	3C	074	&#60;	<	92	5C	134	&#92;	\	124	7C	174	&#124;	|
29	1D	035	GS ↔(group separator)	61	3D	075	&#61;	=	93	5D	135	&#93;	]	125	7D	175	&#125;	}
30	1E	036	RS ▲(record separator)	62	3E	076	&#62;	>	94	5E	136	&#94;	^	126	7E	176	&#126;	~
31	1F	037	US ▼(unit separator)	63	3F	077	&#63;	?	95	5F	137	&#95;	_	127	7F	177	&#127;	DEL

注：可由 "int i;for(i=0;i<128;i++) System.out.printf("%c ",i);" 程序段输出 128 个 ASCII 码符。

附录 B　Java 关键字

关键字	描　述
abstract	抽象方法，抽象类的修饰符
assert	断言条件是否满足
boolean	布尔数据类型
break	跳出循环或者 label 代码段
byte	8 位有符号数据类型
case	switch 语句的一个条件
catch	和 try 搭配扑捉异常信息
char	16 位 Unicode 字符数据类型
class	定义类
const	未使用
continue	不执行循环体剩余部分
default	switch 语句中的默认分支
do	循环语句，循环体至少会执行一次
double	64 位双精度浮点数
else	if 条件不成立时执行的分支
enum	枚举类型
extends	表示一个类是另一个类的子类
final	表示一个值在初始化之后就不能再改变了，表示方法不能被重写，或者一个类不能有子类
finally	为了完成执行的代码而设计的，主要是为了程序的健壮性和完整性，无论有没有异常发生都执行代码。
float	32 位单精度浮点数
for	for 循环语句
goto	未使用
if	条件语句
implements	表示一个类实现了接口
import	导入类
instanceof	测试一个对象是否是某个类的实例
int	32 位整型数
interface	接口，一种抽象的类型，仅有方法和常量的定义
long	64 位整型数
native	表示方法用非 Java 代码实现

关键字	描　　述
new	分配新的类实例
package	一系列相关类组成一个包
private	表示私有字段，或者方法等，只能从类内部访问。不用于类
protected	表示属性或者方法，在所属包中可见，或者在任何包中该类的子类可见。不用于类
public	表示共有属性、方法或者类，在任何包任何程序可见
return	方法返回值
short	16 位数字
static	表示在类级别定义，所有实例共享的方法或属性等
strictfp	浮点数比较使用严格的规则
super	表示基类
switch	选择语句
synchronized	表示同一时间只能由一个线程访问的代码块
this	表示调用当前实例或者调用另一个构造方法
throw	抛出异常
throws	定义方法可能抛出的异常
transient	修饰不要序列化的字段
try	表示代码块要做异常处理或者和 finally 配合表示是否抛出异常都执行 finally 中的代码
void	标记方法不返回任何值
volatile	标记字段可能会被多个线程同时访问，而不做同步
while	while 循环

附录 C Java 运算符及其优先级

优先级	类　别	运算符	结合性
1	后缀	() [] .(点运算符)	左到右
2	一元	++(后置) --(后置)	右到左
		++(前置) --(前置) + - ! ~	右到左
3	类转/新建	(type) new	右到左
4	乘性	* / %	左到右
5	加性	+ -	左到右
6	移位	<< >>(用符合位扩展) >>>(用 0 扩展)	左到右
7	关系/实例测试	> >= < <= instanceof	左到右
8	相等	== !=	左到右
9	按位与	&	左到右
10	按位异或	^	左到右
11	按位或	|	左到右
12	逻辑与	&&	左到右
13	逻辑或	||	左到右
14	条件	? :	右到左
15	赋值	= += -= *= /= %= <<= >>= >>>= &= ^= |=	右到左